计算机系统
基础概念及编程实践

钱晓捷 编著

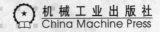
机械工业出版社
China Machine Press

图书在版编目（CIP）数据

计算机系统：基础概念及编程实践/钱晓捷编著 . —北京：机械工业出版社，2018.8
（高等院校计算机教材系列）

ISBN 978-7-111-60809-7

Ⅰ.计⋯ Ⅱ.钱⋯ Ⅲ.计算机系统－高等学校－教材 Ⅳ.TP303

中国版本图书馆 CIP 数据核字（2018）第 201670 号

　　本书融合计算机学科的"计算机组成原理""微机原理"和"汇编语言程序设计"课程的基本内容，同时补充"数字逻辑"课程基础知识，延伸"计算机系统结构"课程核心概念，结合 C 语言和汇编语言编程实践，从软件角度理解计算机系统的工作原理。

　　本书可以作为"计算机系统基础"或"计算机硬件技术基础"课程的教材或参考书，也就是适合综合"计算机组成原理"与"汇编语言"等教学内容的课程，该课程还可以替代"汇编语言"课程，或者作为"计算机组成与结构""嵌入式系统"等需要硬件基础知识的前导课程。本书具有以"软"带"硬"、浅显易懂、突出实践等特点，也满足计算机应用开发人员对计算机硬件核心知识的要求。

出版发行：机械工业出版社（北京市西城区百万庄大街 22 号　邮政编码：100037）

责任编辑：张梦玲　　　　　　　　　　　　　责任校对：李秋荣

印　　刷：北京文昌阁彩色印刷有限责任公司　版　　次：2018 年 9 月第 1 版第 1 次印刷

开　　本：185mm×260mm　1/16　　　　　　印　　张：22.25

书　　号：ISBN 978-7-111-60809-7　　　　　定　　价：59.00 元

前　言

我国计算机科学与技术专业，尤其是计算机工程方向，往往开设多门有关计算机组成与结构的课程，一般包括"数字逻辑""计算机组成原理""汇编语言程序设计""微机原理及接口技术"和"计算机系统结构"等。然而，计算机相关的其他专业并不要求全面深入的硬件技术知识，也没有足够的学时展开如此众多的教学内容。本书基于软件工程专业的课程教学实践，融合上述硬件技术相关课程的基本内容，从技术应用角度通过软件编程介绍计算机硬件组成和计算机工作原理。

在多门课程内容的融合过程和具体的教学实践中，需要努力解决好诸多教学问题，这也就形成了本书内容的特点。

1. 融合计算机组成原理和微机技术实例

传统上，计算机组成原理面向计算机学科，主要介绍计算机硬件的组成结构和工作原理。而微机原理主要针对电子、通信等机电类专业，从应用角度介绍通用微型计算机（简称为微机）的应用技术。本书采取通过实例理解原理的基本思路，即以计算机组成原理为主体，结合微机原理（IA-32 处理器和 PC）实例。这样，一方面利于学生掌握原理，避免重复学习；另一方面使学生熟悉广泛应用的通用微机系统，为应用奠定基础。

2. 以 C 和汇编语言实践贯穿逻辑主线

虽然本书以计算机工作原理和硬件技术为主体，但教学内容中使用 C（或 C++）高级语言、底层汇编语言编程作为实践环节。从第 1 章开始引入 C 语言编程环境（DEVC），第 2 章主要以 C 语言编程体会数据表示的原理，第 5、6 章融合 C 语言编译程序生成的汇编语言代码和 MASM 汇编语言程序，相互对照，最终目的是使学生掌握汇编语言编程。这使得本书内容从高级语言到低级语言，再深入到计算机硬件，贯穿计算机层次结构；也使得学生能够自然地从软件编程过渡到计算机硬件原理，为进一步学习计算机组成、微机接口技术、嵌入式系统应用奠定基础。

3. 面向软件开发和系统应用取舍课程内容

融合多门课程，需要在内容上进行合理取舍，本书的主要原则是：面向软件开发和系统应用，不以设计处理器、硬件电路为目标，侧重工作原理、硬件电路的外特性。例如，简述运算原理、微程序和硬布线特点，舍弃运算器、微程序和硬布线控制器的设计实现；重点介绍基本指令，突出汇编语言程序结构；只依靠计数器体会接口技术，简介其他接口，引入指令流水线、指令级并行、数据级并行和线程级并行等系统结构先进技术。具体教学内容的选择则采取删繁就简的基本思路。例如，数据编码主要介绍定点整数格式、IEEE 754 标准的浮点格式，不展开定点小数格式、非标准浮点格式相关内容。再如，对于存储器芯片，说明各种存储器芯片特点，而不是内部工作原理；阐明地址译码原理，而不是连接细节。

4. 补充数字逻辑基础知识

对于缺乏硬件电路知识的学生，本书补充了数字逻辑基础知识。这使得无须单独开设"数字逻辑"先修课程，数字逻辑只作为本书的一章。教学内容涉及基本概念和核心原理，具体包括：逻辑代数，门电路（含三态门），组合逻辑电路的编码器、译码器、加法器，时序逻辑电路的触发器、寄存器、计数器，PLD 和电子设计自动化（EDA）。教学要求以理解为主，满足后续内容的需求即可。

5. 浅显易懂、图文并茂的写作风格

为了使得抽象的计算机工作原理易于理解，本书努力做到描述清晰准确、浅显易懂，尽量使用图表提供形象化的释义。重点内容常结合程序示例，让学生在上机实践中体会问题所在，激发学生探究的兴趣，然后再答疑解惑、详细讲解。每章之后编排有较多习题，分成两种类型：一类包括简答题、判断题和填空题，用于使学生掌握基本概念和要点，通过课堂提问与交互方式进行，便于了解学生自习情况；另一类包括问答、计算、编程等应用题，重点考察学生对计算机工作原理的理解和应用能力，在学生提交作业后进行课堂解答。部分题目有一定难度，适合学生深入研讨。

本书由钱晓捷编著，感谢程楠、石磊、关国利、张青、穆玲玲、姚俊婷等同事的帮助，感谢华章公司的支持。限于水平，书中难免存在不当之处，欢迎广大师生交流指正（作者的电子邮箱：iexjqian@zzu.edu.cn）。

编　者

2018 年 5 月

教 学 建 议

本书遵循"计算机系统能力"的培养要求，比较全面地介绍计算机硬件系统中各部件的工作原理、组成结构以及连接方式，使学生建立计算机系统的整机概念，理解计算机系统层次结构，熟悉硬件与软件之间的接口，掌握指令集结构和汇编语言编程的基本知识，能够运用计算机的基本原理和基本方法，分析有关计算机系统的应用问题。

本书以 C 语言引出汇编语言，用软件编程贯穿计算机组成与结构的逻辑主线，汇集计算机硬件的重点知识和基本原理，各章主要教学内容参见下表，具体的课时安排以 16 周、每周 4 授课学时（64 总学时）为例（未计算上机实验学时）。

章节	内容简介	参考学时
第 1 章 计算机系统概述	通过计算机和 Intel 80x86 系列处理器的发展了解计算机基本概念，结合冯·诺依曼计算机结构熟悉计算机核心工作原理，展开计算机硬件组成、总线结构和软件组成内容，理解计算机系统的层次结构	4
第 2 章 数据表示	理解计算机内部如何表达整数、字符、实数，即掌握定点整数编码、字符 ASCII 码和浮点实数编码，并结合 C 语言基本数据类型的程序示例加深对数值编码、数据存储和运算规则的认知	12
第 3 章 数字逻辑基础	从逻辑代数的基本概念引出常用门电路原理和功能，通过编码器、译码器、触发器、寄存器等常用器件说明数字电路的设计、分析过程，结合可编程逻辑器件引出硬件描述语言和电子设计自动化	4
第 4 章 处理器	简介处理器内部的控制器和运算器基本组成，说明 8 位处理器、16 位 8086、32 位 80386 和 Pentium 的功能结构，重点展开 IA-32 处理器通用寄存器、工作方式和逻辑地址等处理器编程结构	2
第 5 章 指令系统	以 IA-32 处理器指令系统为例并结合汇编语言编程，学习指令编码、数据寻址、常用指令功能，熟悉汇编语言的语句格式、程序框架、开发方法，掌握汇编语言的常量表达和变量应用	14
第 6 章 汇编语言程序设计	围绕顺序、分支、循环和子程序结构，结合汇编语言和 C 语言程序，熟悉指令寻址、控制转移类指令，掌握汇编语言程序设计方法，理解 C 语言基本语句的汇编语言实现	18
第 7 章 存储系统	以存储层次结构中的主存储器、高速缓冲存储器为主体，熟悉半导体存储器的类型、特点、连接，理解 Cache 的工作原理和组成结构，了解虚拟存储器以及 IA-32 处理器的存储管理机制	6
第 8 章 输入 / 输出接口	在熟悉 I/O 接口的特点、编址和指令基础上，结合 I/O 接口电路理解进行查询传送、中断传送和 DMA 传送的原理，并了解常用的定时控制接口、并行接口、异步串行通信接口和模拟接口	2
第 9 章 处理器性能提高技术	熟悉技术成熟的精简指令集和指令流水线思想，以 IA-32 处理器为例了解高性能处理器运用的并行处理技术，如数据级并行的 SIMD 指令、指令级并行的动态执行，以及线程级并行的多核思想	2

本书需要读者具有 C 语言编程基础，教学宜采用小班化形式，建议融课堂讲授与编

程实践于同一个实验室，以便于适时转换、相互结合，更有助于编程指导和问题研讨，提高教学效果。课前应布置学生自学内容，根据学生对课程内容的掌握情况，适时安排课堂讨论、答疑解惑，这样可以减少授课学时，提升教学效率。

本书强调通过软件编程掌握计算机硬件工作原理，较好的授课形式是教师知识讲解与学生编程实践相结合，并通过有关现象引导学生研讨，进而使其掌握教学内容。如果条件不具备，也建议教师通过示例程序的开发、运行，让学生观察程序开发过程和运行结果，主动参与交流，推动教学内容的展开。如果单独开设上机实验，不妨从高级语言和汇编语言两个方面布置任务：

- 高级语言编程：基于 C 语言（高级语言）程序理解硬件原理对软件应用的支持作用，主要包括定点整数的表达与存储、整数表达的范围和溢出、字符的表达与存储、浮点实数的表达与存储、程序访问的局部性原理、地址边界对齐问题等。

- 汇编语言编程：基于汇编语言（低级语言）程序熟悉计算机常用指令的功能与应用，体会高级语言如何编译为低级语言，主要包括 MASM 开发过程及常用指令功能、分支结构程序、循环结构程序、过程调用程序及堆栈作用、高级语言生成汇编代码等。

如果具备硬件实验条件，可以另行引入简单的数字逻辑基础实验、基本的计算机组成部件实验或者简单的微机接口实验。

目 录

第 1 章　计算机系统概述

数字电子计算机经历了电子管、晶体管、集成电路为主要部件的时代。随着大规模集成电路的应用，计算机的功能越来越强大、体积却越来越小，微型计算机（简称微型机或微机）应运而生，并成为通用计算机的主要应用形式。本书基于 Intel 80x86 处理器和个人微机（PC）硬件平台，结合 C 语言和汇编语言的软件编程，介绍计算机系统的工作原理。

1.1　计算机的发展

计算机的诞生和发展是 20 世纪重要的科技成果之一。微型计算机的应用深入人类社会的方方面面，极大地改变了人们的工作、学习和生活方式，成为 21 世纪不可或缺的通用性工具。

1.1.1　计算机发展概况

美国宾夕法尼亚大学摩尔学院的莫克利（J.W.Mauchly）和埃克特（J.P.Eckert）制造了世界上第一台电子数字通用计算机——ENIAC（Electronics Numerical Integrator And Calculator）。ENIAC 最初用于为军队编制各种武器的弹道表，后经多次改进，成为能进行各种科学计算的通用计算机，在 1946 年得以公开。

1. 计算机发展简史

计算机的发展突飞猛进，经历了电子管、晶体管、中小规模集成电路和超大规模集成电路 4 个阶段。

- 第一代计算机（以第一台计算机 ENIAC 问世开始到 20 世纪 50 年代末期）。第一代计算机的主要特征是使用电子管作为逻辑器件，软件还处于初始阶段，使用机器语言与符号语言编制程序。
  第一代计算机是计算机发展的初级阶段，其体积比较大，运算速度也比较低，存储容量不大。为了解决一个问题，所编制的程序很复杂。这一代计算机主要用于科学计算。
- 第二代计算机（从 20 世纪 50 年代末期到 60 年代初期）。第二代计算机的主要特征是使用晶体管作为电子器件，在软件方面开始使用计算机高级语言，为更多的人学习和使用计算机铺平了道路。
  这一代计算机的体积大大减小，具有质量轻、寿命长、耗电少、运算速度快、存储容量比较大等优点。因此，这一代计算机不仅用于科学计算，还用于数据处理和事务处理，并逐渐用于工业控制。

- 第三代计算机（从 20 世纪 60 年代中期到 70 年代初期）。第三代计算机的主要特征是使用中小规模集成电路作为电子器件，出现了操作系统，计算机的功能越来越强，应用范围越来越广。

  使用中小规模集成电路制成的计算机，其体积与功耗都得到了进一步减小，可靠性和运算速度等指标也得到了进一步提高，并且为计算机的小型化、微型化提供了良好的条件。在这一时期中，计算机不仅用于科学计算，还用于文字处理、企业管理、自动控制等领域，出现了计算机技术与通信技术相结合的管理信息系统，可用于生产管理、交通管理、情报检索等领域。

- 第四代计算机（20 世纪 70 年代初期至今）。第四代计算机是指用大规模与超大规模集成电路作为电子器件制成的计算机。这一代计算机的各种性能都得到了大幅度提高，应用的软件也越来越丰富，其应用涉及国民经济的各个领域，已经在办公室自动化、数据库管理、图像识别、语音识别、专家系统等众多领域大显身手，并且进入了家庭。

  1971 年以来，作为第四代计算机重要产品的微型计算机得到了飞速的发展，对计算机的普及起到了决定性的作用。计算机的应用有力地推动了国民经济的发展和科学技术的进步，同时也对计算机技术提出了更高的要求，从而促进了计算机进一步发展。现代计算机系统以超大规模集成电路为基础，具有运算速度高、存储容量大、功能强劲的特点，不仅实现了微型化和网络化，也将进一步实现智能化。

2. 摩尔定律

从利用算盘实现机械式计算到电子计算机出现，期间经历了千年历史。但从 1946 年第一台通用数字电子计算机 ENIAC 开始到计算机广泛应用的信息时代，却只有短短的几十年时间。大规模集成电路生产技术的不断提高推动了计算机的飞速发展。摩尔定律（Moore's Law）很好地说明了这个现象。

1965 年，美国 Intel 公司的创始人之一摩尔（G. Moore）预言：集成电路的晶体管密度每年将翻倍。现在这个预言通常被表达为：每隔 18 个月硅片密度（晶体管容量）将翻倍。也常被表达为：每 18 个月，集成电路的性能将提高一倍，而其价格将降低一半。这个预言就是所谓的摩尔定律。摩尔预计这个规律会持续 10 年，而事实上这个规律已经持续了 50 多年，也许还将继续维持 5 年或 10 年。

伴随着摩尔定律，我们看到原来封闭在机房的庞大计算机系统已经走入普通家庭，成为人们日常使用的桌面微机、平板电脑和智能终端等。事实上，以微处理器为基础的计算机在整个计算机设计领域占据统治地位。工作站和个人计算机（Personal Computer，PC）成为计算机工业的主要产品，使用微处理器的服务器取代了传统的小型机，大型机则几乎由通用微处理器组成的多处理器系统取代，甚至高端的巨型机也采用大量微处理器构成。更不用说形影难离的智能手机、无处不在的嵌入式计算机，它们正改变着我们应用计算机的方式。因此，体型微小的微处理器从性能等方面来讲已经不再"微弱"。于是，人们自然地将微处理器简称为处理器，而本书论述的计算机系统也主要指微型计算机系统，具体的实例则是通用个人微机（PC，包括台式电脑、笔记本电脑等）。

但是，摩尔定律不会永远持续，电子器件的物理极限在悄然逼近。20 世纪 80 年代中期以前，处理器的性能提高主要由工艺技术驱动。此后，处理器的性能提高更多地得益于计算机系统结构的革新。从通用寄存器结构、精简指令集计算机（Reduced Instruction Set Computer，RISC）、高速缓冲存储器（Cache）、虚拟存储器管理，到指令级并行、线程级并行、单芯片多核心等并行技术，先进的系统结构已经成为提高处理器性能的主要推动力。

1.1.2　微型计算机的发展

在巨型机、大型机、小型机和微型机等各类计算机中，微型计算机（Microcomputer）是性能、价格、体积较小的一类。在科学计算、信息管理、自动控制、人工智能等应用领域中，微型计算机是最常见的一类。工作、学习和娱乐中使用的桌面个人微机（PC）是我们最熟悉且最典型的微型机系统；支撑网络的文件服务器、WWW 服务器等各类服务器属于高档微型机系统；生产生活中运用的各种智能化电子设备从计算机系统角度看同样也是微型机系统，只不过作为其控制核心的处理器常被封装在电子设备内部，不易被觉察，因此常称它们为嵌入式计算机系统。桌面系统、服务器和嵌入式计算构成现代计算机的主要应用形式，微型机都是其中的主角。

计算机的运算和控制核心称为处理器（Processor），即中央处理单元（Central Processing Unit，CPU）。微型机中的处理器常采用一块大规模集成电路芯片，所以也被称为微处理器（Microprocessor），它代表着整个微型机系统的性能。因此，通常将以微处理器为核心构造的计算机称为微型计算机。

处理器的性能经常用字长（Word）、时钟频率、集成度等基本的技术参数反映。字长表明处理器每个时间单位可以处理的二进制数据位数，如一次运算、传输的位数。时钟频率表明处理器的处理速度，反映了处理器的基本时间单位。集成度表明处理器的生产工艺水平，通常用芯片上集成的晶体管数量来表达。晶体管只是一个由电子信号控制的电子开关。集成电路在一个芯片上集成成千上万的晶体管完成特定功能。

1. 通用微处理器

1971 年，美国 Intel 公司为日本制造商设计可编程计算器时，把采用多个专用芯片的方案修改成一个通用处理器，于是诞生了世界上第一个微处理器 Intel 4004。Intel 4004 微处理器字长 4 位，集成了约 2300 个晶体管，时钟频率为 108kHz。以它为核心组成的 MCS-4 计算机是世界上第一台微型计算机。随后，Intel 4004 被改进为 Intel 4040。

1972 年，Intel 公司研制出字长 8 位的微处理器芯片 8008，其时钟频率为 500kHz，集成了约 3500 个晶体管。这之后的几年当中，微处理器开始走向成熟，出现了以 Motorola 公司 M6800、Zilog 公司 Z80 和 Intel 公司 8080/8085 为代表的中、高档 8 位微处理器。Apple（苹果）公司的 Apple 机就是这一时期著名的个人微型机。

1978 年开始，各公司相继推出一批 16 位字长的微处理器，如 Intel 公司的 8086 和 8088、Motorola 公司的 M68000、Zilog 公司的 Z8000 等。例如，Intel 8086 的时钟频率为 5MHz，集成了多达 2.9 万个晶体管。这一时期的著名微机产品是 IBM 公司采用 Intel 公司微处理器、Microsoft 操作系统开发的 16 位 PC。

1985 年，Intel 公司借助 IBM PC 的巨大成功，进一步推出了 32 位微处理器 Intel 80386，其集成了多达 27.5 万个晶体管，时钟频率达 16MHz。从这时起，微处理器步入快速发展阶段。就 Intel 公司来说，它陆续研制生产了 80486、Pentium（奔腾）、Pentium Pro（高能奔腾）、MMX Pentium（多能奔腾）、Pentium II、Pentium III 和 Pentium 4 等微处理器。例如，2003 年 Intel 公司生产的 Pentium 4 处理器，具有 1.25 亿个晶体管，时钟频率达到 3.4GHz。兼容 IBM PC 的 32 位 PC、Apple 公司的 Macintosh 机等，在这个时期得到飞速发展，伴随着多媒体技术和互联网络，这些 PC 成为我们工作和生活中不可缺少的一部分。

2000 年，Intel 公司在微型机的高端产品服务器中使用了 64 位字长的新一代微处理器 Itanium（安腾）。事实上，其他公司的 64 位微处理器在 20 世纪 90 年代已经出现，但也主要应用于服务器产品中，不能与通用 80x86 微处理器兼容。2003 年 4 月，AMD 公司推出首款兼容 32 位 80x86 结构的 64 位微处理器，称为 x86-64 结构。2004 年 3 月，Intel 公司也发布了首款扩展 64 位能力的 32 位微处理器，它采用扩展 64 位主存技术 EM64T（Extended Memory 64 Technology）。64 位微处理器主要将整数运算和主存寻址能力扩大到 64 位，极大地提高了微型机的处理能力，后被称为 Intel 64 结构。2005 年以后，采用 64 位技术的桌面微型机逐渐获得用户青睐。与此同时，生产厂商已经可以在一个半导体芯片上制作两个微处理器核心，原来面向高端的并行处理器技术开始走向桌面系统，微型计算机系统也进入了一个全新的 64 位多核处理器阶段。

2. 专用微处理器

除了装在 PC、笔记本电脑、工作站、服务器上的通用微处理器（常简称为 MPU）外，还有其他应用领域的专用微处理器：单片机（微控制器）和数字信号处理器。

单片机（Single Chip Microcomputer）是指通常用于控制领域的微处理器芯片，其内部除处理器外还集成了计算机的其他一些主要部件，如主存储器、定时器、并行接口、串行接口，有的芯片还集成了模拟/数字、数字/模拟转换电路等。换句话说，一个芯片几乎就是一个计算机，只要配上少量的外部电路和设备，就可以构成具体的应用系统。

单片机是国内习惯的名称，国际上多称其为微控制器（Micro Controller）或嵌入式控制器（Embedded Controller），简称为 MCU。微控制器的初期阶段（1976～1978 年）以 Intel 公司的 8 位 MCS-48 系列为代表。1978 年以后，微控制器进入普及阶段，以 8 位为主，最著名的是 Intel 公司的 8 位 MCS-51 系列，还有 Atml 公司的 8 位 AVR 系列、Microchip Technology 公司的 PIC 系列。1982 年以后，出现了高性能的 16 位、32 位微控制器，如 Intel 公司的 MCS-96/98 系列，尤其是基于 ARM（Advanced RISC Machine）核心的微处理器。ARM 核心采用精简指令集 RISC 结构，具有耗电少、成本低、性能高的特点，因此使用 ARM 为核心研制的各种微处理器已经广泛应用于 32 位嵌入式系统，如 Cortex-M3/M4 微控制器。而面向高性能应用领域的 ARM 核心则是 Cortex-A 系列，主要应用于移动通信领域，如智能手机和平板电脑。目前，高端专用微处理器也实现了

64 位处理，并支持多核技术。

　　数字信号处理器（Digital Signal Processor）简称为 DSP 芯片，实际上也是一种微控制器（单片机），但更专注于数字信号的高速处理，内部集成有高速乘法器，能够进行快速乘法和加法运算。自 1979 年 Intel 公司开发 Intel 2920 以后，DSP 芯片也经历了多代发展，其中美国德州仪器 TI（Texas Instruments）公司的 TMS320 各代产品具有代表性，如 1982 年的 TMS32010、1985 年的 TMS320C20、1987 年的 TMS320C30、1991 年的 TMS320C40，以及 TMS320C2000 / TMS320C5000 / TMS320C6000 系列等。DSP 芯片市场主要分布在通信、消费类电子产品和计算机领域。我国推广和应用较多的是 TI 公司、AD 公司和 Motorola 公司的 DSP 芯片。

　　利用微控制器、数字信号处理器或通用微处理器，结合具体应用就可以构成一个控制系统，如当前的主要应用形式：嵌入式系统。嵌入式系统融合了计算机软硬件技术、通信技术和半导体微电子技术，把计算机直接嵌入应用系统之中，构造信息技术（Information Technology，IT）的最终产品。

　　自从 20 世纪 70 年代微处理器产生以来，它就一直沿着通用处理器、微控制器和数字信号处理器（DSP）3 个方向发展。这 3 类微处理器的基本工作原理一样，但各有特点，技术上它们不断地相互借鉴和交融，应用却不尽相同。

1.1.3　Intel 80x86 系列处理器

　　美国 Intel 公司是目前世界上最有影响的处理器生产厂家，也是世界上第一个生产微处理器芯片的厂家。其生产的 80x86 系列处理器一直是个人微机的主流处理器。Intel 80x86 系列处理器的发展就是微型计算机发展的一个缩影。

1. 16 位 80x86 处理器

　　1971 年，Intel 公司生产的 4 位处理器芯片 Intel 4004 宣告了微型计算机时代的到来。1972 年，Intel 公司开发了 8 位处理器芯片 Intel 8008；1974 年接着生产了 Intel 8080；1977 年，Intel 公司将 8080 及其支持电路集成在一块电路芯片上，形成了性能更高的 8 位处理器 8085。1978 年，Intel 公司在其 8 位处理器基础上，陆续推出了 16 位结构的 8086、8088 和 80286 等处理器，它们在 IBM PC 系列中获得广泛应用，被称为 16 位 80x86 处理器。

　　Intel 公司于 1978 年推出的 16 位 8086 处理器，是该公司生产的第一个 16 位芯片。8086 支持的所有指令，即指令系统（Instruction Set）成为整个 Intel 80x86 系列处理器的 16 位基本指令集。其随后推出的 80186 和 80286 处理器，增加了若干实用指令。

2. IA-32 处理器

　　IBM PC 系列机的广泛应用推动了处理器芯片的生产。Intel 公司在推出 32 位的 80386 处理器后，明确宣布 Intel 80386 芯片的指令集结构（Instruction Set Architecture，ISA）被确定为以后开发的 80x86 系列处理器的标准，称为 Intel 32 位结构——IA-32（Intel Architecture-32）。现在，Intel 公司的 80386、80486 以及奔腾（Pentium）各代处理器被通称为 IA-32 处理器或 32 位 80x86 处理器。

IA-32 指令系统在兼容原 16 位 80286 指令系统基础上，全面升级为 32 位，还新增了有关位操作、条件设置等指令。Intel 80386/80486/Pentium/Pentium Pro 等 IA-32 处理器新增若干实用指令，但非常有限。为了顺应技术向多媒体和通信方向发展的潮流，Intel 公司在后续处理器加入了多媒体扩展指令（统称为 SIMD 指令），形成了 Pentium MMX（多能奔腾）、Pentium II、Pentium III 和 Pentium 4 处理器。

3. Intel 64 处理器

互联网、多媒体、3D 视频等的广泛应用，对计算机性能提出了越来越高的要求。Intel、AMD、IBM、Sun 等厂商已陆续设计并推出了多种采用 RISC 结构的 64 位处理器。但是，这些 64 位处理器主要面向服务器和工作站等高端应用，不能兼容通用 PC。例如，Intel 公司于 2000 年推出 64 位 Itanium（安腾）处理器，2002 年又推出 Itanium 2 处理器。Intel 公司称该处理器的指令集结构为 Intel 64 位结构（IA-64），以区别于原来的 Intel 32 位结构（IA-32）。虽然这两个名称似乎有继承性，但实际上，IA-64 结构根本不是 IA-32 结构的 64 位扩展。

一直以来，80x86 处理器的更新换代都保持与早期处理器的兼容，以便继续使用现有的软硬件资源。但是，Intel 公司迟迟不愿将 80x86 处理器扩展为 64 位，这给了 AMD 公司（它是生产 IA-32 处理器兼容芯片的厂商）一个机会。它于 2003 年 9 月率先推出支持 64 位、兼容 80x86 指令集结构的 Athlon 64 处理器（K8 核心），将桌面 PC 引入到了 64 位领域。

2005 年，在 PC 用户对 64 位技术的企盼和 AMD 公司 64 位处理器产品的压力下，Intel 公司推出了扩展存储器 64 位技术（Intel Extended Memory 64 Technology，Intel EM64T）。EM64T 技术是 IA-32 结构的 64 位扩展，首先应用于支持超线程技术的 Pentium 4 终极版（支持双核技术）和 6xx 系列 Pentium 4 处理器。随着 EM64T 技术的出现，IA-32 指令系统也扩展成 64 位，现被称为 Intel 64 结构（Intel 64 Architecture）。这之后的 Pentium 4、酷睿（Core）2 和酷睿 i 等系列多核处理器都支持 Intel 64 结构，可称为 Intel 64 处理器。

Intel 64 结构为软件提供了更大的存储空间。在新增的 64 位工作方式下，大多数指令升级支持对 64 位数据的处理，还新增了一些 64 位指令，但也有少数指令在 64 位方式下不再应用。

1.2 冯·诺依曼计算机结构

第一台电子数字通用计算机 ENIAC 用电子管实现，采用字长为 10 位的十进制计数方式。ENIAC 可以编程，但只有很少的存储空间。其编程通过手工拔插电缆和拨动开关完成，通常需要半小时到一天的时间。莫克利和埃克特提出了改进程序输入方式的设想，希望能够像存储数据那样存储程序代码。

1944 年，冯·诺依曼被 ENIAC 项目吸引，并在一份备忘录中提出了能够存储程序的计算机设计构想。Herman Goldstine 发表了这份备忘录,并冠以冯·诺依曼的名字。这样,术语"冯·诺依曼计算机"被广泛引用,它代表存储程序计算机结构,并成为现代计算机的基本特征。冯·诺依曼计算机的主要设计思想如下:

- 采用二进制形式表示数据和指令。指令由操作码和地址码组成。
- 将程序和数据存放在存储器中,计算机在工作时从存储器取出指令加以执行,自动完成计算任务。这就是"存储程序"和"程序控制"(简称存储程序控制)的概念。
- 指令的执行是顺序的,即一般按照指令在存储器中存放的顺序执行,程序分支由转移指令实现。
- 计算机由存储器、运算器、控制器、输入设备和输出设备 5 大基本部件组成,并规定了这 5 部分的基本功能。

1.2.1 二进制编码

冯·诺依曼计算机的基本思想之一是采用二进制(Binary)形式表示数据(Data)和指令(Instruction)。这说明现实中的一切信息(数据),包括控制计算机操作的指令,在计算机中都是一串"0"和"1"数码。这串数码是按照一定规律组合起来的,即二进制编码规则。不同的信息用不同的数码表示,同样的信息也可以用不同的编码规则、不同的数码表示(以便计算机进行不同的处理)。

指令是控制计算机操作的基本命令,是处理器不需要翻译就能识别(直接执行)的"母语",即机器语言。程序虽然可以用 C/C++ 或 Java 等高级语言编写,但需要由编译程序或解释程序翻译成指令,才可以由处理器执行,所以程序是由指令构成的。

指令的二进制编码规则形成了指令的代码格式,它由操作码和地址码组成。指令的操作码(Opcode)表明指令的操作,如数据传送、加法运算等基本操作。操作数(Operand)是参与操作的数据,主要以寄存器或存储器地址形式指明数据的来源,所以也称为地址码。例如,数据传送指令的源地址和目的地址,加法指令的加数、被加数以及和值都是操作数。

二进制只支持"0"和"1"两个数码,可以表示电源的关(Off)和开(On)两种状态,对应数字信号的低电平(Low)和高电平(High)。数字计算机中信息的最基本单位就是一个二进制位(所以,计算机专业书籍中的"位"常常是二进制位,而不是日常生活中的十进制位),或称为比特(Bit)。4 个二进制位称为半字节(Nibble),8 个二进制位构成一个字节(Byte)。IBM PC 系列微机以 16 位结构的 Intel 8086 和 Intel 80286 为处理器,并获得广泛应用,所以 Intel 80x86 系列处理器常称 16 位数据为一个字(Word),这样 32 位数据被称为双字(Double Word),64 位数据被称为 4 字(Quad Word)。

这里应该再次明确一下处理器字长的概念,处理器字长指单位时间处理器可以处理的二进制数据位数。因此,字长(位数)随处理器不同,可以是 8 位、16 位、32 位或 64 位(但字节总是表示 8 位)。例如,Linux 操作系统最初基于 32 位 Intel 80386 处理器开发,就定义一个字的数据位数是 32 位,相应地称 16 位数据为半字(Half Word),而称 64 位数据为双字。

数据用二进制位表达,就是一串 0 和 1 组成的序列。表达数据时,通常按日常书写习惯——低位在右边，高位在左边。但有时为了表达数据存储或传输顺序方便，也可能低位在左、高位在右。为避免歧义，数据最低位常被称为最低有效位（Least Significant Bit，LSB）、数据的最高位则被称为最高有效位（Most Significant Bit，MSB）。对于日常书写，右边 D_0 位是 LSB；最左边是 MSB，对应字节、字、双字和 4 字的数据依次是 D_7、D_{15}、D_{31} 和 D_{63} 位，如图 1-1 所示。但是，二进制表达既不直观，也不方便，所以通常用易于与其相互转换的十六进制（Hexadecimal）表达。本书主要借用汇编语言通常使用的方法，用后缀字母 H（大小写均可）表示十六进制数据（高级语言通常用前缀 0x 或 0X 表示十六进制），而二进制数用后缀字母 B（大小写均可）表示。一个十六进制位对应 4 个二进制位，即 0H=0000B，1H=0001B，……9H=1001B，AH=1010B，……FH=1111B。

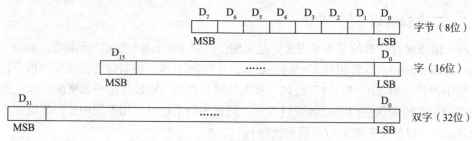

图 1-1　数据的位格式

1.2.2　存储程序和程序控制

冯·诺依曼计算机的基本思想之二是按照存储的程序控制计算机工作。"存储程序"是把指令以代码的形式事先输入计算机的主存储器中，这些指令按一定的规则组成程序。"程序控制"则是当计算机启动后，程序就会控制计算机按规定的顺序逐条执行指令，自动完成预定的信息处理任务。因此，程序和数据在执行前需要存放在主存储器中，在执行时才从主存储器进入处理器。

主存储器是一个很大的信息储存库，被划分成许多存储单元。为了区分和识别各个存储单元，并按指定位置进行存取（Access，也常称为访问），就给每个存储单元分配一个的编号，称为"存储器地址"（Memory Address）。例如，对物理存储器的每个单元顺序编号，从 0 开始一直到最大能够支持的地址编号，如图 1-2 所示。对存储器的基本操作是存取，即可以按照要求向指定地址（位置）存进（称为写入（Write））或取出（称为读出（Read））信息。只要指定位置就可以存取数据的方式，被称为"随机存取"。

现代计算机中，主存储器采用字节编址（字节可寻址，Byte Addressable），即主存储器的每个存储单元具有一个地址，保存 1 字节（8 个二进制位）的信息。这是因为字节已经成为最常用的存储单位。不过，对于多字节

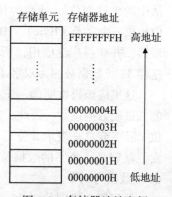

图 1-2　存储器地址空间

数据来说，会出现存储顺序和边界对齐等问题（详见后续章节介绍）。

传统计算机采用处理器字长编址主存储器，即字编址：每个存储单元具有一个地址，保存一个字长的信息。这种字编址方式的硬件电路设计相对简单，可以简化数据处理，但字长与具体的处理器有关，可以是 8 位、16 位、32 位或者 64 位，是不定的，这给计算机软硬件移植带来了麻烦。

主存储器也可以采用位编址，即每个存储单元具有一个地址，保存一个二进制位的信息。这种方法的优势是可以直接通过地址访问到每个最基本的数据位，但这太浪费地址编号了。不过，位编址的方法可以应用于对外设端口的地址编排，这样方便控制外设。因为许多外设控制或者外设状态都只需要用一位或若干位表达。

1.2.3　顺序执行

冯·诺依曼计算机的基本思想之三是程序通常按照存储顺序逐条指令执行，遇到转移指令才进行流程跳转。转移指令是实现分支、循环、调用等功能的指令，类似高级语言的 goto、if 等语句。

由于指令保存于存储器，完整的指令执行过程首先是从主存储器读取指令（简称"取指（Fetch）"），然后才是处理器执行指令。又由于指令采用复杂的二进制编码，所以处理器通常还需要解码指令代码的功能（简称"译码（Decode）"），然后执行指令完成指令所规定的操作（简称"执行（Execute）"）。当一条指令执行完以后，处理器会自动地去取下一条将要执行的指令，重复上述过程直到整个程序执行完毕。处理器就是在重复进行着"取指—译码—执行周期（Fetch—Decode—Execute Cycle）"过程中完成了一条一条指令的执行，实现了程序规定的任务，如图 1-3 所示。指令执行过程，由取指—执行两个步骤，再分解为取指—译码—执行 3 个步骤，还可以进一步细化为更多步骤并重叠操作，形成指令流水线。

图 1-3　指令的取指—译码—执行周期

处理器内部设计有一个程序计数器（Program Counter，PC），处理器利用它确定下一条要执行指令存放在主存储器的地址。为了实现顺序执行，程序计数器具有自动增加数量（增量）的能力，指示处理器按照存储器地址顺序执行指令，即程序的顺序执行。专门设计的转移指令能够改变程序计数器内的数值，从而改变程序的执行顺序，实现分支、循环、调用等程序结构。

1.2.4　组成部件

冯·诺依曼计算机的基本思想之四是控制器、运算器、存储器、输入设备和输出设备 5 大部件组成计算机硬件。控制器是整个计算机的控制核心；运算器是对信息进行运算处理的部件；存储器是用来存放数据和程序的部件；输入设备将数据和程序变换成计算机内部所能识别和接受的信息方式，并按顺序把它们送入存储器中；输出设备将计算机处理的结果以人们能接受的或其他机器能接受的形式送出。

原始的冯·诺依曼计算机在结构上是以运算器为中心的，后来演变为以存储器为中心，如图1-4所示。由图1-4可知，计算机各部件之间的联系是通过两种信息流实现的。实线代表控制流（指令流），虚线代表数据流。数据由输入设备输入，存入存储器中；在运算过程中，数据从存储器读出，送到运算器进行处理；处理的结果存入存储器，或经输出设备输出；而这一切则是由控制器执行存于存储器中的指令实现的。

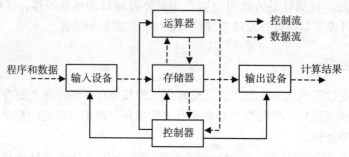

图 1-4　冯·诺依曼计算机结构

现代计算机在很多方面都对冯·诺依曼计算机结构进行了改进，但主要的设计思想并没有根本改变，因此仍然被认为属于冯·诺依曼计算机结构。

1.3　计算机系统的组成

计算机系统包括硬件和软件两大部分。硬件（Hardware）是指构成计算机的实在的物理设备，是看得见、摸得着的物体，就像人的躯体。软件（Software）一般是指在计算机上运行的程序（广义的软件还包括由计算机管理的数据以及有关的文档资料），是指示计算机工作的命令，就像人的思想。计算机主要是指其硬件系统，当然其核心是处理器。

1.3.1　计算机的硬件组成

传统计算机的5大组成部件体现在现代计算机中，是3个硬件子系统：处理器、存储器和输入/输出系统，如图1-5所示。处理器（CPU）包括运算器和控制器，是信息处理的中心部件，现在都被制作在一起，形成处理器芯片。存储系统由寄存器、高速缓冲存储器、主存储器和辅助存储器构成层次结构。处理器和存储系统在信息处理中起主要作用，是计算机硬件的主体部分，通常被称为"主机"。输入（Input）设

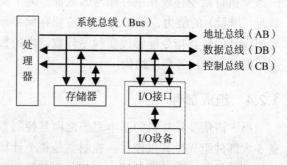

图 1-5　计算机的硬件组成

备和输出（Output）设备统称为外部设备（Peripheral），简称为外设或 I/O 设备；输入 / 输出系统的主体是外设，但还包括外设与主机之间相互连接的接口（Interface）电路。

1. 通用计算机组成结构

为简化各个部件的相互连接，现代计算机广泛应用总线结构。采用总线连接系统中各个功能部件使得计算机系统具有了组合灵活、扩展方便的特点。

（1）处理器

计算机的核心是处理器，也就是 CPU。它是采用大规模集成电路技术生产的半导体芯片，芯片内集成了控制器、运算器和高速存储单元（即寄存器）。高性能处理器内部非常复杂，例如，运算器不仅有基本的整数运算器，还有浮点处理单元甚至多媒体数据运算单元，控制器还包括存储管理单元、代码保护机制等。处理器及其支持电路构成了计算机系统的控制中心，对系统的各个部件进行统一的协调和控制。

（2）存储系统

高性能计算机的存储系统由处理器内部的寄存器（Register）、高速缓冲存储器（Cache）、主板上的主存储器和以外设形式出现的辅助存储器构成。存储器（Memory）是存放程序和数据的部件。

计算机的主存储器（简称主存或内存）由半导体存储器芯片组成，安装在机器内部的电路板上，相对辅助存储器来说造价高、速度快，但容量小，主要用来存放当前正在运行的程序和正待处理的数据。计算机的辅助存储器（简称辅存或外存）主要由磁盘、光盘存储器等构成，以外设的形式安装在机器上，相对主存储器造价低、容量大、信息可长期保存，但速度慢，主要用来长久保存程序和数据。

从读写功能区别存储器，它被分为只读存储器（Read Only Memory，ROM）和可读可写存储器。构成主存的半导体存储器具有随机读写的特点，所以半导体可读可写存储器常被称为随机存取存储器（Random Access Memory，RAM）。构成主存既需要 RAM，也需要 ROM，但注意半导体 RAM 芯片在断电后原存在其中的信息将会丢失，而 ROM 芯片中的信息可在断电后长期保存。磁盘存储器通常都是可读可写存储器，常见的光盘是只读存储器（即 CD-ROM）。

（3）I/O 接口和 I/O 设备

I/O 设备是指计算机上配备的输入设备和输出设备，也称外部设备或外围设备（简称为外设），其作用是让用户与计算机实现交互。

通用微型机上配置的标准输入设备是键盘，标准输出设备是显示器，二者又合称为控制台。计算机还可选择鼠标器、打印机、绘图仪、扫描仪等 I/O 设备。作为外部存储器驱动装置的磁盘驱动器，既是输出设备，又是输入设备。

由于各种外设的工作速度、驱动方法差别很大，无法与处理器直接匹配，所以不能将它们直接连接到计算机主机。这里就需要有一个 I/O 接口来充当外设和主机间的桥梁，通过该接口电路来完成信号变换、数据缓冲、联络控制等工作。在微型机中，较复杂的 I/O 接口电路常制成独立的电路板（也常被称为接口卡，Card），使用时将其插在微型机主板上。

（4）系统总线

总线（Bus）是用于多个部件相互连接、传递信息的公共通道，物理上就是一组公用导线。任一时刻在总线上只能传送一种信息，也就是只能有一个部件在发送信息，但可以有多个部件在接收信息。这里的系统总线（System Bus）是指计算机系统中，处理器与存储器和I/O设备进行信息交换的主要公共通道。

总线有几十条到百十条信号线，这些总线信号一般可分为3组：地址总线（Address Bus，AB）传输主存单元或I/O端口的地址（编号），数据总线（Data Bus，DB）供处理器与主存或外设传输数据，控制总线（Control Bus，CB）用于协调系统中各部件的操作。

2. PC 结构

1981年，以生产大型机著称的蓝色巨人IBM公司从8位Apple-II微型机中看到了市场潜力，选用Intel公司的8088处理器和Microsoft公司的DOS操作系统开发了IBM PC（Personal Computer）；1982年将它进一步扩展为IBM PC/XT（Expanded Technology）。1984年，Intel公司推出新一代16位处理器80286，IBM以它为核心组成16位增强型个人计算机——IBM PC/AT（Advanced Technology）。现在IBM PC/XT/AT三款机器统称为16位IBM PC系列。由于IBM公司在发展PC时采用了技术开放的策略，使得许多公司围绕PC研制生产了大量的配套产品和兼容机，并提供了巨大的软件支持，使得PC风靡世界。

IBM公司继生产16位PC系列之后，推出了采用32位Intel 80386处理器的第2代个人系统PS/2，因为与16位PC不兼容，导致应用受限。与此同时，PC兼容机生产厂商继续基于PC/AT结构生产32位个人微机。32位PC采用IA-32或其兼容处理器，以微软Windows或自由软件Linux为操作系统，充分运用计算机领域软硬件新技术，使得PC功能越来越强大、应用越来越广泛，成为我们日常工作、学习或娱乐当中不可或缺的电子设备。

以IBM PC/AT结构为基础的32位PC，在几十年发展和应用历史中形成了多种主板结构和形式，但基本组成相似，图1-6为Pentium系列处理器的主板结构图。

（1）处理器

IBM PC/AT选用Intel 80286作为处理器，32位PC采用IA-32处理器或与其兼容的处理器。PC主板上除了处理器这个"大脑"，还有与之配合的控制芯片组，可看作主板的"心脏"。控制芯片组提供主板上的关键逻辑电路，包括高速缓存（即缓冲存储器的简称）控制单元、主存控制单元、处理器到PCI总线的控制电路

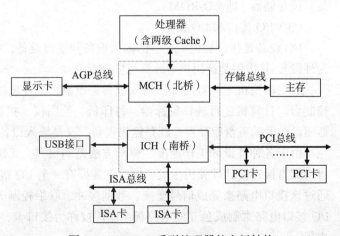

图1-6　Pentium 系列处理器的主板结构

（称为桥，Bridge）、电源管理单元、中断控制器、DMA 控制器和定时计数器等。控制芯片组决定着主板的特性，如支持的处理器类型、使用的主存类型、容量等很多重要的性能和参数。

IBM PC 系列由于芯片集成度不高，很多功能要靠多个单独的芯片完成，如中断控制器 8259、DMA 控制器 8237、定时计数器 8253/8254。80386 及以上的主板开始采用芯片组，主板上的芯片个数也在逐渐减少。Pentium 主板形成了所谓的"南北桥"分控体系，之后又改用加速中心结构。MCH（Memory Controller Hub）即北桥芯片，主要控制两级高速缓存、主存、加速图形端口（AGP）显示卡等。ICH（Input/Output Controller Hub）即南桥芯片，主要控制硬盘驱动器接口、PCI 总线接口、通用串行总线 USB 接口及 ISA 总线，具有键盘控制模块、实时时钟模块，提供对 UART 串行接口、打印机并行接口等的支持。

（2）主存

计算机主存由半导体存储芯片 ROM 和 RAM 构成。PC 的 ROM 部分主要是固化 ROM-BIOS。BIOS（Basic Input/Output System）表示"基本输入 / 输出系统"，是 PC 软件系统最底层的程序。它由诸多子程序组成，主要用来驱动和管理诸如键盘、显示器、打印机、磁盘、时钟、串行通信接口等基本的输入 / 输出设备。ROM 空间包含机器复位后初始化系统的程序，操作系统被引导到 RAM 空间执行。由于大量应用程序都需要 RAM 空间，因此通用微型机的主存主要由 RAM 芯片构成。

PC 的主存速度和容量一直是提高机器整体性能的一个瓶颈。在 16 位 PC 系列时代，主存采用双列直插 DIP 插座的动态存储器 DRAM，芯片个数很多，占用主板很大面积，容量也不过 64KB 或 1MB。32 位 PC 将多个内存芯片直接焊接在一块小小的印制电路板上，形成"主存条"，然后将其插在主板预留的 2～4 个主存插槽上。主板上的主存容量从最初的 4MB，逐渐发展到 4GB 及以上。

为了提高存储系统的存取速度：一方面，PC 生产厂商采用存取速度更快的 DRAM 芯片组成内存系统，如同步 SDRAM(Synchronous DRAM) 芯片、双数据传输率（Double Data Rate，DDR）SDRAM 芯片等；另一方面，在处理器与主存之间加入由快速静态存储器（SRAM）组成的高速缓冲存储器（Cache）。80386 主板提供了单级 Cache。80486 芯片内部已经集成了 8KB 容量的 Cache，同时主板还支持第二级 Cache。Pentium 处理器内部集成了片上 Cache，同时主板通常具有 256KB 或 512KB 的第二级 Cache。Pentium II 及以后的处理器将两级 Cache 都集成在了处理器芯片上，Pentium 4 还支持第三级 Cache。

（3）I/O 接口

为了增强处理器功能，PC 主板以 I/O 操作形式设置了中断控制器、DMA 控制器和定时控制器等 I/O 接口电路。32 位 PC 的这些功能都集成在控制芯片组的南桥芯片中。

中断（Interrupt）是处理器正常执行程序的流程被某种原因打断并暂时停止，转向执行事先安排好的一段处理程序（中断服务程序），待该处理程序结束后仍返回被中断的指令继续执行的过程。中断的原因来自处理器内部就是内部中断，也称为异常（Exception）；中断的原因来自处理器外部，就是外部中断。例如，指令的调试需要利用中断，PC 以中断方式响应键盘输入。DMA（Direct Memory Access，直接存储器存取）是指主存和外设间直接的、不通过处理器的高速数据传送方式。例如，磁盘与主存的大量数据传送就采用 DMA 方式。计算机系统的许多操作都需要系统的定时控制，如机器的时钟、机箱内扬声器的声频振荡信号。

（4）系统总线

16 位 PC 采用 16 位 ISA 系统总线连接各个功能部件。由于 PC 获得广泛应用，IBM AT 结构常被称为 PC 工业标准结构（Industry Standard Architecture，ISA），其系统总线也被称为 ISA 总线。

32 位 PC 上使用过 32 位 EISA 总线（Extended ISA，扩展 ISA 总线）、视频电子标准协会（Video Electronics Standards Association，VESA）针对 80486 处理器引脚开发的 32 位局部总线 VESA，后来主要使用外设部件互连（Peripheral Component Interconnect，PCI）总线连接 I/O 接口卡。同时，在需要大量数据传输的主存与处理器之间设置了专用的存储总线；同样系统与显示接口卡之间也设计了专用总线，即加速图形端口（Accelerated Graphics Port，AGP）总线，用于对 3D 图形显示卡的支持。早期的 32 位 PC 为了使用 ISA 接口卡，还保留了低速的 ISA 总线。

PC 主板上有多个用于扩展功能的扩展槽，如主存条插槽、深褐色 AGP 总线插槽、白色 PCI 总线插槽，以及连接硬盘和光盘驱动器的 IDE 插槽等。主板后面直接向主机箱外部提供了键盘接口、鼠标接口、并行打印机接口 LPT、串行通信接口 COM，以及通用串行总线（Universal Serial Bus，USB）接口等。这些扩展槽和接口大多数是某种总线的对外连接线。

1.3.2 计算机的总线结构

组成计算机的各个部件间要经常进行大量而高速的信息传输，这就要求部件间建立高速可靠的信息传输通道。实际上，总线常是制约整个计算机系统性能的关键。

在计算机工业发展的早期，这些部件间建立了点到点的直接联系。这种部件间的直接连接，虽有直接传送、独立使用、传送速度快的优点；但其致命弱点是部件间相互关系太多，连接线密如蛛网，复杂的部件将无法连接。为此，系统设计者提出了"总线（Bus）"的连接方法。20 世纪 60 年代 PDP-11 计算机 UniBus 总线的设计取得了极大成功；在 70 年代微处理器设计和微型机系统的高速发展中，总线成为普遍采用的连接方法，即形成了计算机系统的总线结构。

1. 总线类型

图 1-4 所示的冯·诺依曼计算机没有总线的概念，图 1-5 是早期简单的微型计算机系统的总线结构，图 1-6 则是实际的 32 位 PC 总线结构（Pentium 系列处理器时代）。

总线伴随着微型机的发展而发展，不同层次、不同部件间也有不同的总线。正如图 1-7 所示的计算机总线层次结构，总线连接方法广泛用于计算机系统的各个连接级别（层次）上：从大规模集成电路芯片内部，主机板中处理器、存储器及 I/O 接口电路之间，主机模板与各种接口模板之间（常称一块具有特定功能的印制电路板为模板或模块，简称为板或卡：Card），直到计算机系统与外部设备之间以及计算机系统之间。

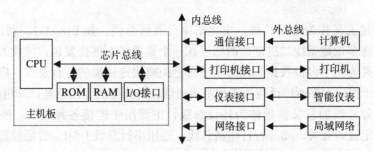

图 1-7　计算机的总线层次结构

（1）芯片总线

芯片总线（Chip Bus）是指大规模集成电路芯片内部，或系统中各种不同器件连接在一起的总线，用于芯片级互连。

芯片总线也称为局部总线（Local Bus），对处理器来说就是其引脚信号，如 32 位 PC 的处理器、主控芯片组等部件之间的连接总线。另外，处理器与主存单元之间专用的存储器总线也可以认为是局部总线。

随着集成电路制造技术的发展，原来只能通过多个芯片构成一个功能单元或一个电路模块，现在可以用一个大规模集成电路芯片实现。所以，大规模集成电路芯片内部也广泛使用总线连接，如处理器内部的高速缓存、存储管理单元、执行部件之间，有时又将它们称为片内总线。

（2）内总线

内总线（Internal Bus）是指计算机系统中功能单元（模板）与功能单元间连接的总线，用于计算机主机内部的模板级互连。内总线也称为板级总线、母板总线或系统总线。

系统总线（System Bus）是一个笼统的概念，通常是指计算机系统的主要总线。在早期或低档微型机中，内部总线只有一条，计算机系统中的各个功能部件都与该总线相连，而这个总线也往往从处理器引脚延伸而来，所以这个总线起着举足轻重的作用，称其为系统总线也就顺理成章了（参见图 1-5）。例如，16 位 PC 的 ISA 总线就是其系统总线。

随着计算机的飞速发展和总线结构的日趋复杂，内部总线从一条变为多条，功能由弱到强，也逐渐不与处理器有关。例如，现在的 32 位 PC 主要采用 PCI 总线连接外设接口电路，虽然 PCI 总线的英文原意是外设部件互连（Peripheral Component Interconnect），但鉴于它的重要作用，常常也称其为系统总线（参见图 1-6）。PCI 总线是从局部总线概念引出的，所以过去也称 PCI 总线为局部总线。

（3）外总线

外总线（External Bus）是指计算机系统与其外设或计算机系统之间连接的总线，用于设备级互连。

芯片总线和内总线通常采用并行传输方式，其数据总线的个数有 8、16、32 或 64 等，每次都是以字节、字、双字或 4 字等为单位传输数据。采用并行传输方式的总线称为并行总线。

外总线过去又称为通信总线，主要指串行通信总线，如 EIA-232。利用串行总线，发送方需要将多位数据按二进制位的顺序在一个数据线上逐位发送，接收方则逐位接收后再将其合并为一个多位数据。相对于适合近距离快速传输的并行总线，串行总线以其成本低、抗干扰能力强而广泛应用于远距离通信，最典型的应用就是计算机网络。

现在，外总线的意义常延伸为外设总线，主要用于连接各种外设。外总线种类较多，常与特定设备有关，如并行打印机总线、通用串行总线 USB、智能仪器仪表并行总线 IEEE 488（又称为 GPIB 总线）等。

总线结构类似计算机系统的"公路网"，内总线相当于"公路网"中的主干道，芯片总线（局部总线）好像某一区域内的道路，外部总线则类似于连接其他系统的省道或国道。

2. 处理器总线

处理器芯片的对外引脚（Pin）用于与其他电路进行连接。处理器总线主要由 3 组信号总线组成：地址总线、数据总线和控制总线。

（1）地址总线（Address Bus，AB）

在该组信号线上，处理器输出将要访问的主存单元或 I/O 端口的地址信息。地址线的多少决定了系统能够直接寻址存储器的容量大小和外设端口范围。

由于每个信号只能为高或低电平两种状态，对应 1 或 0 两种编码，所以对于 N 位地址信号线的处理器来说，最多能够组合 2^N 个状态（编码），从全 0（00……00）到全 1（11……11）。每个编码作为一个地址（编号），每个地址指示一个存储单元或 I/O 端口，其中包含一个字节数据。这样，N 位地址总线的处理器能够直接访问 2^N 地址空间，最大主存容量支持到 2^NB。例如，8086 具有 20 位地址总线，其支持的主存容量是 2^{20}B=1024×1024B=1024KB=1MB，这里 1K=2^{10}=1024。再如，IA-32 处理器具有 32 位地址总线，支持的主存容量为 2^{32}B=4×1024×1MB=4GB，这里 1G=1024M。

注意，日常生活中通常采用十进制计数，千（K）、兆（M）、千兆（G）的递增单位是 10^3。而计算机内部采用二进制，K、M、G 等也使用二进制，以 2^{10} 为递增单位。例如，对于硬盘容量，厂商使用十进制增量单位 10^3 表达其存储容量，而计算机操作系统采用二进制增量 2^{10} 表达其格式化后的存储容量，因此就出现了计算机资源管理器中显示的存储容量小于硬盘厂商所标称的存储容量的现象。

（2）数据总线（Data Bus，DB）

处理器进行读（Read）操作时，主存或外设的数据通过该组信号线输入处理器；处理器进行写（Write）操作时，处理器的数据通过该组信号线输出到主存或外设。数据总线可以双向传输信息，为双向总线。

数据总线是处理器与存储器或外设交换信息的通道，其条数就是一次能够传送数据的二进制位数，通常等于处理器字长。例如，16 位处理器 8086 的数据总线就是 16 位，32 位处理器 80386 和 80486 具有 32 条数据信号线。

为了简化硬件，传统上，处理器字长与内部处理数据的位数、数据总线的条数，甚至存储单元的位数都相同。但是，在现代，处理器字长主要是内部一次处理数据的位数，也是通用寄存器的位数，而数据总线条数可以大于、等于或小于字长。例如，处理器 8088 的内部结构、寄存器等都是 16 位，即字长为 16 位；但为了便于与当时大量 8 位设备连接，8088 的数据总线却是 8 位的，也因此常称 8088 为"准 16 位"处理器。再如，Pentium 处理器属于 32 位字长的 IA-32 处理器，但其数据总线设计为 64 位，这样与 64 位存储器连接时可以一次传输 64 位（8B）数据。而 32 位数据总线的 80386 和 80486 就只能一次传输 32 位（4B）数据。

（3）控制总线（Control Bus，CB）

控制信号线用于协调系统中各部件的操作。其中，有些信号线将处理器的控制信号或状态信号送往外界，有些信号线将外界的请求或联络信号送往处理器，个别信号线兼有以上两种情况。控制总线决定了总线的功能强弱、适应性的好坏。各类总线的特点主要取决于其控制总线。

当然，控制总线最主要的工作是控制处理器的数据传输操作。例如，通常设计存储器读（MEMR）信号用于指示处理器正在从存储器当中载入数据，存储器写（MEMW）信号用于指示处理器正在将数据存储到存储器中，外设读（IOR）信号和外设写（IOW）信号指示与外设进行数据交换。

3. 总线的数据传输

总线的主要功能是实现数据的传输。总线连接了许多模块（或称设备，Device）。当一个模块需要与另一个模块传输信息时，它需要首先获得控制总线的权利，然后发出模块地址和读写控制信号，最终完成数据传输。控制总线完成数据传输的模块是主控（Master）模块或主模块、主设备，与之相应被动实现数据交换的模块则是被控（Slave）模块或从模块、从设备。例如，在微型机的处理器与存储器之间，处理器是主模块，存储器是从模块。

总线可能连接多个可以作为主模块的器件，但是在总线使用上有限制：在某一时刻，只能有一个主模块控制总线，其他模块此时可以作为从模块。同样，在某一时刻，只能有一个模块向总线发送数据，但可以有多个模块从总线接收数据。

总线最基本的数据传输是以数据总线宽度为单位的读和写。基于主控模块角度，总线读操作是数据由从模块到主模块的数据传送，写操作是数据由主模块到从模块的数据传送。例如，处理器读取主存数据，称为载入（Load）；处理器向主存写入数据，称为存储（Store）。而处理器从外设读取数据，称为输入（Input）；向外设写入数据，称为输出（Output），如图 1-8 所示。

高性能总线都支持数据块传送、即成组、猝发（Burst）传送。只要给出起始地址，后续读写总线周期将固定块长的数据一个接一个地从相邻

图 1-8   总线的数据传输

地址读出或写入。

有的总线允许写后读（Read-After-Write）和读修改写（Read-Modify-Write）操作。地址只提供一次，然后先写后读或者先读后写同一个地址单元。前者适用于校验，后者适用于对共享数据的保护。

一般来说，数据传送只在一个主模块和一个从模块之间进行。有些总线支持一个主模块对多个从模块的写入操作，这称为广播（Broadcast）。

4. 总线的性能指标

总线性能反映了计算机的数据传输能力。通常使用总线的宽度、频率和带宽描述总线的数据传输能力，即性能指标。

总线宽度指总线能够同时传送的数据位数，即所谓的 8 位、16 位、32 位或 64 位等数据信号个数。总线数据位数越多，一次能够传送的数据量越大。

总线频率指总线信号的时钟频率（工作频率），常以兆赫兹（MHz）为单位。时钟频率越高，工作速度越快。

总线带宽（Bandwidth）指单位时间传输的数据量，也称为总线传输速率或吞吐率（Bus Throughput），常以每秒兆字节（MB/s）、每秒兆位（Mb/s）或每秒位（b/s）为单位。"带宽"原是电子学常用的概念，表示频带宽度（频率范围），计算机领域中用于表示数据传输能力。

如果将计算机系统的总线比喻为交通系统的公路，则总线宽度、频率和带宽可以类比为公路的车道数、车速和车流量。车辆的通行能力（流量）取决于车道数和车速。总线传输能力（带宽）取决于总线的数据宽度（数据总线的条数）、时钟频率和传输类型。总线带宽的一般计算公式为

$$总线带宽 = 传输的数据量 \div 需要的时间$$

例如，8086 处理器的数据总线为 16 位，典型的时钟频率是 5MHz，即每个时钟周期是 $1/5MHz=0.2 \times 10^{-6}s$。8086 需要 4 个时钟周期构成一个总线周期，实现一次 16 位数据传送，故 8086 处理器的总线带宽是

$$16 \div (4 \times 0.2 \times 10^{-6}) \text{ b/s} = 20 \times 10^6 \text{b/s} = 20\text{Mb/s} = 2.5\text{MB/s}$$

注意，这里的 1M 等于 10^6。对于系统时钟频率 66MHz 的 Pentium 处理器，其基本非流水线总线周期用两个时钟周期传送 64 位数据，其总线带宽是

$$64 \div \left(2 \times \frac{1}{66} \times 10^{-6} \right) \text{b/s} = 264\text{MB/s}$$

2-1-1-1 的猝发读传送周期用 5 个时钟传送 32 字节，其总线带宽是

$$32 \div \left(5 \times \frac{1}{66} \times 10^{-6} \right) \text{B/s} = 422.4\text{MB/s}$$

另外，还要注意总线带宽所使用的基本单位是位（常以小写字母 b 表示）还是字节（常用大写字母 B 表达），以免误解其实际的数据传输性能。例如，我们常说百兆、千兆的网络，实际上是 100Mb/s 和 1000Mb/s。再如，USB 2.0 最高理论带宽（日常也称为速率、速度）是 480Mb/s，USB 3.0 最高理论带宽是 5Gb/s。这些例子都采用了二进制位作

为数据单位，不是通常认为的字节。另外，由于这些指标都是理论上的最高速度，所以日常应用中体验的平均速度通常要远低于这个理论速度。

1.3.3 计算机系统的层次结构

现代计算机系统是一个由软件和硬件构成的十分复杂的系统。为了方便计算机的应用、开发和设计，可以将计算机系统划分成多个层次或级别（Level）。一个层次对应一类人员看到的计算机特性，它需要下层提供支持，同时又为上层提供服务，如图 1-9 所示。

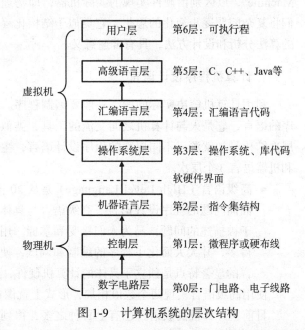

图 1-9 计算机系统的层次结构

最上层是用户层，是计算机用户看到的计算机，也是我们最熟悉的计算机形态。计算机系统呈现给用户的是各种各样的可执行程序和数据文件，如 Word 文字处理软件、多媒体播放器、游戏程序等。

第 5 层是高级语言层，面向软件程序员，包括 C、C++、Java、FORTRAN、BASIC 等，各种软件需要使用这些程序设计语言编程实现。程序员进行程序设计时，需要操作系统、编译程序等软件支持，可以较少了解下层，尤其是硬件的情况。

第 4 层是系统程序员看到的汇编语言层，汇编语言是处理器指令的助记符形式。高级语言程序需要翻译为汇编语言代码，进而转换为指令让处理器执行。对于汇编语言程序员来说，他需要利用操作系统提供的功能，掌握指令系统，理解主存的组织，但并不关心指令如何由硬件实现。

第 3 层是操作系统层。操作系统是最主要的系统程序，所以这一层也称为系统软件层。它不仅以库代码形式给程序员提供功能调用，也给系统管理员提供各种控制命令，还直接面向用户提供各种实用软件。

第 2 层是机器语言层，由处理器直接识别的指令组成，典型特征是计算机的指令集结构（Instruction Set Architecture，ISA），面向系统结构设计师。从程序员角度看，指令用于编写程序，是控制计算机运行的最小功能单位；从计算机系统看，计算机硬件只能识别指令，运行由指令组成的程序。因此，该层具有承上启下的功能，一方面为上层软件提供硬件指令支持；另一方面是下层硬件实现的目标，即所谓软硬件界面。

第 1 层是控制层，针对硬件设计师。这一层可以由微程序（Microprogram）实现，也可以由硬布线（Hardwire）实现。硬布线即为硬件线路，它使用数字逻辑器件生成控制信号，具有速度快的优势。微程序用由硬件实现的微指令（微代码，Microcode）编写，方便修改，但相对硬布线执行速度略慢。这一层也常称为微程序层。Intel 公司所谓的微结构（Microarchitecture）对应这个控制层。

电子数字计算机建立在由逻辑门电路和电子线路组成的物理器件基础上，是计算机的具体物理实现，这就是数字电路层。

不同的人员看到不同的计算机。常将用软件实现的机器称为虚拟机（Virtual Machine），以区别由硬件实现的实际机器，即物理机。将计算机系统层次化，利用了人们将复杂问题逐步简化的思想，它类似于结构化程序设计中采用的自顶向下、逐步求精的算法分析和设计方法，具有普遍意义。

1. 计算机程序设计语言

利用计算机解决实际问题，一般要编制程序。程序设计语言就是程序员用来编写程序的语言，它是人与计算机之间交流的工具，类似人类交流语言的作用。计算机系统的层次结构最初就源于不同层次的程序设计语言，主要是从高到低的高级语言、汇编语言和机器语言 3 个层次。

- 高级语言（High Level Language）是从 20 世纪 50 年代中期开始逐步发展起来的面向问题的程序设计语言。高级语言与具体的计算机硬件无关，其表达方式接近于被描述的问题，易为人们接受和掌握。用高级语言编写程序要比低级语言容易得多，并大大简化了程序的编制和调试，使编程效率得到大幅度的提高。高级语言的显著特点是独立于具体的计算机硬件，通用性和可移植性好。

使用高级语言实现两个数值相加，形式上就像通常的数学表达式：$x=100+256$。

目前，计算机高级语言已有上百种之多，得到广泛应用的有十几种，每一种高级语言都有其最适用的领域。用任何一种高级语言编写的程序都要通过编译程序（Compiler）翻译成机器语言程序（称为目标程序）后计算机才能执行，或者通过解释程序边解释边执行。

- 汇编语言（Assembly Language）是为了便于理解与记忆，将机器指令用助记符号代替而形成的一种语言。汇编语言的语句通常与机器指令对应，因此，汇编语言与具体的计算机有关，属于低层（低级）语言（Low Level Language）。由于汇编语言采用了助记符，因此，它比机器语言直观，容易理解和记忆，用汇编语言编写的程序也比机器语言程序易阅读、易排错。高级语言程序通常也需要翻译成汇编语言程序，再进一步翻译成机器语言代码。汇编语言程序翻译成机器语言的过程称为"汇编"，完成汇编工作的程序是汇编程序（Assembler）。

使用 Intel 公司的指令语法实现 "100+256" 两数相加，程序片段如下：

```
MOV EAX, 100        ;使用传送指令 MOV 将 100 赋值给寄存器 EAX
ADD EAX, 256        ;使用加法指令 ADD 将 256 与 EAX(=100) 相加，结果保存于 EAX
```

汇编语言本质上就是机器语言，它可以直接、有效地控制计算机硬件，因而容易产生运行速度快、指令序列短小的高效率目标程序。这些优点使得汇编语言在程序设计中占有重要的位置，是不可被取代的。但相对于高级语言的简单和易学，汇编语言的缺点也是明显的。它与处理器密切有关，要求程序员比较熟悉计算机硬件系统、考虑许多细节问题，导致编写程序烦琐，调试、维护、交流和移植困难。因此，有时可以采用高级语言和汇编语言混合编程的方法，互相取长补短，更好地解决实际问题。

然而，高级语言为了接近自然语言、便于使用，隐藏了计算机的组成结构、操作细节等物理特性。所以，本书将从 C 语言程序引出汇编语言代码，并逐步掌握汇编语言编程，进而从软件角度体会计算机工作原理，同时从底层实现的角度更好地理解高级语言程序。

- 机器语言（Machine Language）是底层的计算机语言，对应机器指令，每一条机器指令都是二进制形式的指令代码。用机器语言编写的程序，计算机硬件可以直接识别。对于不同的计算机硬件（指令集结构），其机器语言是不同的。

对应实现 "100+256" 的两条 IA-32 处理器指令代码如下：

```
10111000 01100100 00000000 00000000 00000000
00000101 00000000 00000001 00000000 00000000
```

几乎没有人能够读懂上述二进制代码序列的功能，因为机器语言看起来就是毫无意义的一串代码。当然，也可以使用更易表达的十六进制，对应如下：

```
B8 64 00 00 00
05 00 01 00 00
```

所以，使用机器语言编写程序的难度较大，容易出错，也很难发现错误。现在，除了偶尔在不得已的情况下，使用处理器指令代码填充程序某处外，几乎不采用机器语言编写程序了。

程序的开发过程就是高级语言源程序从高层到底层的逐层翻译过程，如图 1-10 所示。

2. 软件与硬件的等价性原理

现代计算机是一个十分复杂的软硬件结合而成的整体。但是，计算机系统中并没有一条硬性准则来明确指定什么必须由硬件完成，什么必须由软件完成。因为，从理论上说，任何一个由软件所完成的操作也可以直接由硬件来实现，任何一条由硬件所执行的指令也能用软件来完成，这就是所谓的软件与硬件的等价性原理。

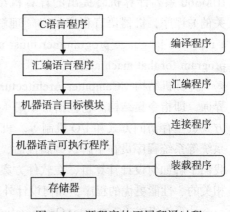

图 1-10 源程序的逐层翻译过程

软件与硬件的等价性原理是指软硬件在逻辑功能上的等价，并不意味着性能和成本的等价。软件易于实现各种逻辑和运算功能，但是往往速度较慢。硬件则可以高速实现逻辑和运算功能，但是难以实现复杂功能或计算。对于某一功能采用硬件方案还是软件方案，既取决于硬件的价格、速度、变更周期，也取决于软件开发成本、速度和生存周期等因素。

例如，在早期计算机和低档处理器中，由硬件实现的指令较少，像乘法操作，就由一个子程序（软件）实现；但是，如果用硬件线路直接完成，则速度很快。由硬件线路直接完成的操作，可以由控制器中微指令编制的微程序来实现，把某种功能从硬件转移到微程序上。另外，还可以把许多复杂的、常用的程序硬件化，制作成所谓的"固件"（Firmware）。固件是介于传统的软件和硬件之间的实体，功能上类似于软件，但形态上又是硬件。固件现在通常归类为硬件。

微程序是计算机硬件和软件相结合的重要形式。第三代以来的计算机大多采用了微程序控制方式，以保证计算机系统具有最大的兼容性和灵活性。用微指令编写的微程序从形式上看，与用机器指令编写的系统程序差不多。微程序深入到机器的硬件内部，以实现机器指令操作为目的，控制着信息在计算机各部件之间流动。微程序基于存储程序的原理，把微程序存放在控制存储器中，所以也是借助软件方法实现计算机工作自动化的一种形式。

这些充分说明软件和硬件是相辅相成的。一方面，硬件是软件的物质支柱，正是在硬件高度发展的基础上才有了软件的生存空间和活动场所；没有大容量的主存和辅存，大型软件将发挥不了作用；而没有软件的"裸机"也毫无用处，等于没有灵魂的人的躯壳。另一方面，软件和硬件相互融合、相互渗透、相互促进的趋势正越来越明显。硬件软化可以增强系统功能和适应性，而软件硬化则能有效发挥硬件成本日益降低的潜力。

3. 计算机的结构、组成与实现

具有承上启下作用的机器语言层，常被称为传统机器层，是早期程序员（即机器语言程序员）所看到的计算机属性。这对应由阿姆达尔（Amdahl）于 1964 年在推出 IBM360 系列计算机时提出的计算机结构的经典定义：为该机器编写正确的（时间无关的）程序，机器语言程序员必须理解的计算机结构（The structure of a computer that a machine language programmer must understand to write a correct (timing independent) program for that machine.）。

计算机结构（Computer Architecture）的传统定义确定了计算机系统中软件和硬件的界面，即指令集结构。它包括指令集（指令系统）、指令格式、数据类型、寄存器、寻址方式、主存访问方式和 I/O 机制等。机器语言和汇编语言程序员，以及编译程序和操作系统等系统程序员在了解这些属性后，才能编写出运行正确的程序。学习计算机结构让我们了解如何设计计算机，在软件方案和硬件方案当中如何进行取舍，如何编写处理器相关的、性能更优的程序，如何设计外部设备以及外设驱动程序等。

计算机组成（Computer Organization）也被译为计算机组织，是计算机结构的逻辑实现（逻辑设计），对应计算机层次结构的控制层。它包括计算机各部件的功能以及各部件的联系，涉及如何控制计算机、信号产生方式、存储器类型等。学习计算机组成让我们理解计算机是如何工作的，或者说理解计算机的工作原理。

计算机实现（Computer Implementation）是计算机组成的物理实现，对应数字电路层。它包括处理器、主存等部件的物理结构、器件的集成度和速度、部件连接、信号传输，以及电源、冷却和组装技术等，主要利用器件技术进行物理实现。

计算机的结构、组成和实现是三个不同的概念。例如，计算机结构决定是否设置浮点开方指令，计算机组成选择采用微程序、硬布线或固件方式实现开方指令，而具体的物理实现方案则属于计算机实现范畴。但是，计算机的结构、组成和实现相互间有着十分密切的依赖关系，有时区别并不明显。一种计算机结构可以有多种计算机组成，一种计算机组成又可以有多种物理实现。所以，现在人们往往笼统地使用计算机系统结构（体系结构）这个概念，它既包括经典的指令集结构，也包括计算机组成和计算机实现。

4. 软件兼容与系列机和兼容机

集成电路生产能力的不断提高和计算机革新技术的大量涌现，使得计算机不断更新换代。为了最大限度地保护已有的研究成果，尤其是开发成本不断增加的软件资源，程序设计人员提出了软件兼容（Software Compatibility）的要求。软件兼容是指同一个软件可以不加修改地运行于体系结构相同的各档机器，结果一样，但运行时间可能不同。

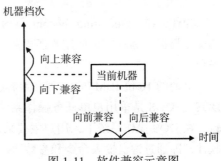

图 1-11　软件兼容示意图

软件兼容可从机器性能和推出时间分成向上（向下）兼容和向前（向后）兼容，如图 1-11。向上兼容是指软件能够在更高档次机器上保持兼容。向下兼容是指软件能够在较低档次机器上保持兼容。向后兼容是指软件能够在此后生产的机器上保持兼容。向前兼容是指软件能够在此前生产的机器上保持兼容。

系列机是指一个厂家生产的具有相同计算机结构，但具有不同组成和实现的一系列（Family）不同档次、不同型号的机器。例如，IBM 公司先后推出的 IBM PC、IBM PC/XT 和 IBM PC/AT 就是 16 位 IBM PC 系列机。兼容机是指不同厂家生产的具有相同计算机结构（不同的组成和实现）的计算机。例如，32 位 PC 就是以 IBM PC/AT 的结构为基础生产的 IBM PC/AT 兼容机。系列机和兼容机保证了软件兼容，同时也是"一种计算机结构可以有多种计算机组成，一种计算机组成又可以有多种物理实现"的体现。

为了保证软件的向上向下、向前向后兼容，系列机和兼容机必须保持结构不变，但这又限制了计算机结构的发展。事实上，为了提高性能和扩大应用领域，后续推出的各档机器必然会对原有计算机结构进行改进。例如，32 位 PC 的 IA-32 处理器就陆续增加了对浮点处理指令、多媒体指令等的支持。所以，可以对系列机和兼容机的向下、向前兼容不做要求，有时向上兼容也可能做不到，但一定要保证向后兼容。系列机和兼容机需要在保证向后兼容的前提下，不断改进其组成和实现，延续该计算机结构的生命。

兼容还是一个广泛的概念，包括软件兼容、硬件兼容、系统兼容等。兼容具有巨大的意义，兼容使机器便于推广，也使用户便于使用计算机。

1.3.4　计算机系统的软件组成

完整的计算机系统包括硬件和软件，软件又分成系统软件和应用软件。系统软件是为了方便使用、维护和管理计算机系统的程序及其文档，其中最重要的是操作系统。应用软件是解决某个问题的程序及其文档，大到用于处理某专业领域问题的程序，小到完成一个非常具体功能的程序。

从事计算机的开发应用都需要使用各种语言处理程序。例如，编写高级语言或汇编语言程序的编辑程序，将源程序文件翻译成目标代码文件的编译程序、汇编程序，将目标代码文件按格式要求连接成可执行程序文件的连接程序，以及排查编程错误的调试程序等。

本书将从大多数读者熟悉的 C 语言入手，逐渐引出汇编语言，主要应用到的软件环境是 C/C++ 语言的集成开发环境 DEVC 和汇编程序 MASM。

1. 操作系统

操作系统（Operating System，OS）管理着系统的软硬件资源，为用户提供使用机器的交互界面，为程序员使用资源提供可供调用的驱动程序，为其他程序构建稳定的运行平台。

早期的 16 位 IBM PC 系列和兼容机主要采用磁盘操作系统（Disk Operating System，DOS）。DOS 是单用户单任务操作系统，通常只有一个用户的一个应用程序在机器上执行。在 DOS 操作系统下，用户主要采用字符命令行（Command Line）操作方式使用 PC 软件，即通过键盘输入命令和参数启动程序执行。

32 位和 64 位 PC 主要使用 32 位或 64 位 Windows 或 Linux 操作系统。Windows 发展有多个版本，依次是 Windows 98、Windows 2000、Windows XP，以及 Windows 7、Windows 10 等。Windows 操作系统主要为用户提供图形用户界面（Graphic User Interface，GUI），即主要利用鼠标单击的窗口操作方式，还提供控制台环境（CMD.EXE 程序）。控制台环境具有类似 DOS 的外观和操作，也采用键盘直接输入命令，所以被称为"命令提示符"，通常被称为命令行窗口，也常被误称为 DOS 窗口，但控制台环境的功能更加强大，还支持汉字输入 / 输出等。另外，32 位 Windows 操作系统还支持模拟 DOS 环境（COMMAND.COM 程序）。模拟 DOS 环境虽不是真正的 DOS 平台，但兼容绝大多数 DOS 应用程序，同时可以借助 32 位 Windows 的强大功能和良好保护。

Windows XP、Windows 7、Windows 10 等都对应有 64 位操作系统，其控制台环境也是 64 位的（仍为 CMD.EXE 程序），同时兼容 32 位控制台应用程序。但是，64 位 Windows 已经不支持模拟 DOS（即没有 COMMAND.COM 程序）。在 64 位 Windows 系统中，需要安装 DOS 模拟器，才能运行 DOS 应用程序。

本书的软件开发主要基于 32 位 Windows 控制台环境。相对操作简单的触屏、图形界面来说，字符输入的命令行虽然单调，但却是最基本的交互方式。

2. DEVC

有许多 C/C++ 集成开发环境（Integrated Development Environment，IDE）可用于 C/C++ 语言的学习。Bloodshed Dev-C++（本书简称 DEVC）简单小巧且开源，成为初学者的一个重要选择。

DEVC 是一个应用于 32 位 Windows 操作系统平台的 C/C++ 语言集成开发环境，是一款基于 GCC 编译器 MinGW 端口的自由软件。由于原开发人员在 2005 年推出 Dev-C++ 5 beta 9（4.9.9.2）版本（http://www.bloodshed.net 或 https://bloodshed-dev-c.

en.softonic.com）后停止了继续开发，所以现在它由其他公司进行更新，国内也推出了多个中文版，并开始支持 64 位系统。

　　DEVC 有许多版本，由于不同的版本基于的 GCC 编译器不尽相同，其生成的代码会有所不同。而本书后续章节将研读编译器生成的汇编语言代码，为避免不同版本产生差异，本书采用原开发人员网站下载的 Dev-C++ 5 beta 9（4.9.9.2）版本，默认安装到 C 分区根目录下（C:\DEV-CPP）。

　　不妨编辑一个简单的源程序文件，进行开发运行，熟悉 DEVC 基本操作。例如，学习 C 语言时的最经典的 Hello 程序，其代码可以如下（注：DEVC 中的主函数 main 必须定义为 int，不能定义为 void）：

```
#include <stdio.h>
int main()
{
    printf("Hello, world !\n");
    exit(0);
}
```

　　DEVC 的主界面如图 1-12 所示，假设源程序文件取名 hello.c，保存于 DEVC 安装目录（C:\Dev-Cpp）中。如果源程序没有错误，选择 DEVC 主界面中的"运行"→"编译"命令将生成可执行程序 hello.exe 文件。

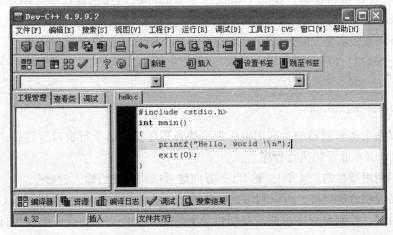

图 1-12　DEVC 的主界面

　　但是，当选择"运行"→"运行"（或"编译运行"）命令执行生成的 hello.exe 程序时，是不是没有看到期望的结果？这是怎么回事呢？如果仔细观察，会发现出现了一个窗口，但还没有来得及看清就消失了。其实，这个一闪而过的窗口就是程序执行的结果。那为什么又消失了呢？

　　这是因为上述源程序文件在 DEVC 环境生成的是 Windows 控制台（Console）应用程序。当启动控制台程序时，Windows 会打开一个控制台窗口；然后执行该程序，显示结果；程序执行结束，马上关闭这个控制台窗口。当然，对 C 语言比较熟悉的读者会在程序退出语句前添加一个语句，让程序退出前暂停（例如，添加暂停语句

（system("pause");）。

不过，绝大多数实际的应用程序都不会在最后添加暂停语句。所以，问题来了。在 Windows 图形界面下，怎样运行 Windows 控制台应用程序，才能看到执行的显示结果呢？具体来说，DEVC 集成环境中生成了 hello.exe 文件，如果脱离集成开发环境，如何运行 hello.exe 程序呢？

通常，我们会直接双击运行程序。在 Windows 资源管理器中，展开文件所在的文件夹（即目录，微软使用形象化的文件夹替代专业术语"目录"，以便普通用户理解），双击可执行文件名运行。程序的确执行了，但程序窗口一闪而过，无法看到显示结果。所以，对于要查看执行结果的控制台应用程序，不应（在 Windows 资源管理器中）直接双击运行。

运行 Windows 控制台应用程序的常规方法如下：

1）打开命令行窗口。

2）输入可执行程序的路径和文件名，按 Enter 键执行。

3）执行结束，关闭命令行窗口。

在 32 位 Windows 图形界面下，主要有两种方法打开 32 位控制台窗口：

- 选择"开始→（所有）程序→附件→命令提示符"命令。
- 选择"开始→运行"命令，在打开的"运行"对话框中，输入"CMD"命令。

打开 32 位控制台窗口，实际上是执行了 Windows 的控制台程序 CMD.EXE。它保存于 Windows 所在文件夹（Windows 用 %SystemRoot% 表示，Windows XP、Windows 7 和 Windows 8 版本是安装分区的 WINDOWS）的 SYSTEM32 子文件夹下。

命令行窗口打开后，需要输入可执行程序的完整路径和文件名（大小写字母均可），例如：

```
c:\dev-cpp\hello.exe
```

也可以在资源管理器中，利用鼠标把可执行程序拖到命令行窗口。然后，需要按下键盘的 Enter 键才能开始执行程序。

提示：利用键盘的上（↑）、下（↓）方向键可以调出之前输入的命令。

不需要控制台窗口时，可以利用鼠标关闭，也可以输入控制台环境的"exit"命令。

很多时候，控制台程序可能需要同目录下的相关文件支持，或者需要执行同目录的其他程序，这时最好将程序所在的目录作为当前目录。这时，需要使用控制台更改目录（Change Directory，CD）命令，例如：

```
cd c:\dev-cpp
```

如果不在同一个磁盘分区，则首先需要改变分区，使用分区字母加冒号即可，例如：

```
d:
```

然后，使用更改目录命令。例如，将 D 分区根目录下的 MASM 子目录作为当前目录的命令如下：

```
cd \masm
```

如果读者希望熟练掌握控制台操作，需要补充磁盘分区、文件路径、当前目录和控制台命令等知识。本书介绍一个快捷打开控制台窗口并进入当前目录的方法。

这需要读者编辑一个批处理文件，例如取名 CMD.BAT。批处理文件实质是一个纯文本文件，只是其文件扩展名必须是 BAT。该批处理文件的内容如下：

```
@echo off
%SystemRoot%\system32\cmd.exe
@echo on
```

首行命令的含义是不显示如下命令，最后一行命令的作用是恢复显示命令。中间一行才是关键的语句，即打开控制台窗口。实际上，多数情况下只需要"cmd.exe"就可以了。

对于需要经常运行某个目录下的控制台程序，本书建议采用以下操作方法：

事先创建 CMD.BAT 批处理文件，并复制 CMD.BAT 到可执行程序所在的目录。在需要运行该目录下的程序时：

1）在资源管理器中双击 CMD.BAT 文件，即打开命令行窗口，并将 CMD.BAT 文件所在的分区和目录作为当前目录；

2）输入可执行程序的文件名，或者将可执行程序拖到该命令行窗口，按 Enter 键执行；

3）关闭命令行窗口，输入"exit"命令。

上述方法同样适用于模拟 DOS 平台，只不过需要把其中的 cmd.exe 替换为 command.com，创建的批处理文件也可以更名为 DOS.BAT 以示区别。

3. MASM

支持 Intel 80x86 处理器的汇编程序有很多。在 DOS 和 Windows 操作系统下，主流汇编程序为 Microsoft MASM，Borland 公司的 TASM 也常用，两者相差不大。在 Linux 操作系统下，标准的汇编程序是 GAS，而 NASM 也较常用。

20 世纪 80 年代初，Microsoft 公司推出 MASM 1.0。MASM 4.0 支持 80286/80287 的处理器和协处理器指令；MASM 5.0 支持 80386/80387 处理器和协处理器指令，并加入了简化段定义伪指令和存储模式伪指令，汇编和连接的速度更快。MASM 6.0 是 1991 年推出的，支持 80486 处理器指令，它对 MASM 进行重新组织，并提供了许多类似高级语言的新特点。MASM 6.0 之后又有一些改进，Microsoft 公司推出 MASM 6.11；利用它的免费补丁程序可以升级到 MASM 6.14，支持到 Pentium III 的多媒体指令系统。MASM 6.11 是最后一个独立发行的 MASM 软件包，这以后的 MASM 都存在于 Visual C++ 开发工具中，例如，Visual C++ 6.0 的 MASM 升级包中有 MASM 6.15，可以支持 Pentium 4 的 SSE2 指令系统。Visual C++.NET 2003 中有 MASM 7.10，但没有大的更新。Visual C++.NET 2005 提供的 MASM 8.0 支持 Pentium 4 的 SSE3 指令系统，同时提供了一个 ML64.EXE 程序用于支持 64 位指令系统。之后的 Visual C++.NET 都包含 32 位的 MASM 和 64 位 ML64.EXE 汇编程序。

本书采用 MASM 6.x 汇编程序，有关 MASM 的具体应用将在第 5 章展开。

习题

1-1 简答题

（1）计算机字长（Word）指的是什么？

（2）处理器的"取指—译码—执行周期"是指什么？

（3）总线信号分成哪 3 组信号？

（4）外部设备为什么又称为 I/O 设备？

（5）Windows 的控制台窗口与模拟 DOS 窗口有什么不同？

1-2 判断题

（1）处理器是计算机的控制中心，内部只包括 5 大功能部件的控制器。

（2）处理器并不直接连接外设，而是通过 I/O 接口电路与外设连接。

（3）处理器进行读操作，就是把数据从处理器内部读出传送给主存或外设。

（4）软件与硬件的等价性原理说明软硬件在功能、性能和成本等方面是等价的。

（5）支持 USB 2.0 版本的 USB 设备一定能够以高速（480Mb/s）传输数据。

1-3 填空题

（1）CPU 是英文_____的缩写，中文译为_____，微型机采用_____芯片构成 CPU。

（2）二进制 16 位共有_____个编码组合，如果一位对应处理器一个地址信号，16 位地址
信号共能寻址_____主存空间。

（3）某个处理器具有 16 个地址总线，通常可以用_____表达最低地址信号，用 A_{15} 表达
最高地址信号。

（4）英文缩写 ISA 常表示 PC 工业标准结构（Industry Standard Architecture）总线，也表示
指令集结构，后者的英文原文是_____。

（5）在计算机层次结构中，_____层起着承上启下的软硬件界面作用。

1-4 什么是摩尔定律？它能永久成立吗？

1-5 什么是通用微处理器、单片机（微控制器）、DSP 芯片、嵌入式系统？

1-6 冯·诺依曼计算机的基本设计思想是什么？

1-7 区别如下术语：主存、存储单元、存储单元地址、存储单元内容。

1-8 计算机系统通常划分为哪几个层次？普通计算机用户和软件开发人员对计算机系统的认识一样吗？

1-9 区别如下概念：助记符、汇编语言、汇编语言程序和汇编程序。

1-10 EISA 总线的时钟频率是 8MHz，每两个时钟可以传送一个 32 位数据，计算其总线带宽。

1-11 什么是系列机和兼容机？你怎样理解计算机中的"兼容"特性？例如，你可以以 PC 为例，谈谈你对软件兼容（或兼容性）的认识，说明为什么 PC 具有如此强大的生命力？

1-12 说明高级语言、汇编语言、机器语言三者的区别，谈谈你对汇编语言的认识。

第2章 数据表示

计算机处理的对象是各种数据（Data），但计算机只能识别 0 和 1 两个数码（数字），所以进入计算机的任何信息都要转换成 0 和 1 数码，即计算机中的数据需要使用二进制的 0 和 1 组合表示（Representation）。要理解计算机的工作原理，首先需要理解各种数据在计算机内部是如何表示和存储的。本章首先介绍表达数据的二进制和十六进制，然后讲解计算机表示整数、字符、实数的编码方法，并结合高级语言的数据类型实例理解数据编码以及在主存中的存储形式。通过 C 语言的编程实践，我们将更深刻地体会二进制数值编码对软件编程的影响。

2.1 数制

P 进制是采用 P 个数字表达一个数的位置计数法，其中 P 是一个正整数，称为基数。现实生活中我们接触了多种数制。例如，人有 10 个手指，所以习惯了十进制计数。又如，时间的分和秒是六十进制，而一天则由 24 小时组成。

2.1.1 二进制和十六进制

计算机的硬件基础是数字电路，它处理具有低电平和高电平两种稳定状态的脉冲信号，所以使用了二进制。为了便于表达二进制数，计算机技术又引入了十六进制数。

1. 二进制

为便于存储及物理实现，计算机中采用二进制表达数值。二进制数的特点如下：逢 2 进 1，由 0 和 1 两个数码组成，基数为 2，各个位权以 2^k 表示。

$$a_n a_{n-1} \cdots a_1 a_0 . \ a_{-1} a_{-2} \cdots a_{-m}$$
$$= a_n \times 2^n + a_{n-1} \times 2^{n-1} + \cdots + a_1 \times 2^1 + a_0 \times 2^0 + a_{-1} \times 2^{-1} + a_{-2} \times 2^{-2} + \cdots + a_{-m} \times 2^{-m}$$
$$= \sum_{k=-m}^{n} a_k \tag{2-1}$$

其中，a_k 非 0 即 1，参见图 2-1。

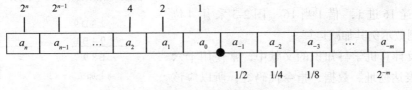

图 2-1　二进制形式

二进制数的算术运算类似于十进制，只不过是逢 2 进 1、借 1 当 2。表 2-1 是二进制运算规则，而图 2-2 采用 4 位二进制数，示例了二进制的加、减、乘、除运算。注意，加、减法会出现进位或借位，乘积和被除数是双倍长的数据，除法有商和余数两个部分。

表 2-1　二进制运算规则

加法运算	减法运算	乘法运算
$1+0=1$	$1-0=1$	$1 \times 0=0$
$1+1=0$（进位 1）	$1-1=0$	$1 \times 1=1$
$0+0=0$	$0-0=0$	$0 \times 0=0$
$0+1=1$	$0-1=1$（借位 1）	$0 \times 1=0$

$$1101+0011=0000 （进位1）$$
```
    1101
+   0011
   10000
```
a）加法

$$1101-0011=1010$$
```
    1101
-   0011
    1010
```
b）减法

$$1101 \times 0011=00100111$$
```
      1101
×     0011
      1101
+    11010
    100111
```
c）乘法

$$01001001 \div 1101=0101 （余数1000）$$
```
            101
   1101 ) 1001001
          -1101
           010101
          - 1101
            1000
```
d）除法

图 2-2　二进制数的算术运算

2. 十六进制

由于二进制数书写较长、难以辨认，因此常用易于与之转换的十六进制数来描述二进制数。十六进制数的基数是 16，共有 16 个数码：0、1、2、3、4、5、6、7、8、9 和 A、B、C、D、E、F（也可以使用小写字母 a～f，依次表示十进制的 10～15），逢 16 进位，各个位的位权为 16^k。

$$a_n a_{n-1} \cdots a_1 a_0 \cdot a_{-1} a_{-2} \cdots a_{-m}$$
$$= a_n \times 16^n + a_{n-1} \times 16^{n-1} + \cdots + a_1 \times 16^1 + a_0 \times 16^0 + a_{-1} \times 16^{-1} + a_{-2} \times 16^{-2} + \cdots + a_{-m} \times 16^{-m}$$

$$（2-2）$$

其中，a_i 为 0～F 中的一个数码。

十六进制数的加减运算也类似于十进制，但注意，逢 16 进 1，借 1 当 16。图 2-3 采用 4 位十六进制数示例其加减运算。

涉及计算机学科知识的文献中，常使用十六进制数表达地址、数据、指令代码等，所以应该熟悉十六进制数及其加减运算。

$$23D9+94BE=B897$$
```
    23D9
+   94BE
    B897
```
a）加法

$$A59F-62B8=42E7$$
```
    A59F
-   62B8
    42E7
```
b）减法

图 2-3　十六进制加减运算

2.1.2　数制之间的转换

同一个数值可以用各种数制表达。在学习计算机技术时，常需将数据形式在不同的数制间进行转换，以便更好地理解和表达。为了区别不同进制的数据，计算机技术文献中常使用后缀字母 B（b）、H（h）分别表示二进制数和十六进制数，而高级语言 C/C++定义前缀 0x（0X）表达十六进制数。

1. 二进制、十六进制数转换为十进制数

二进制数、十六进制数转换为十进制数需按权展开，即式（2-1）和式（2-2）。例如：

$$0011.1010B=1 \times 2^1+1 \times 2^0+1 \times 2^{-1}+0 \times 2^{-2}+1 \times 2^{-3}=3.625$$

$$1.2H=1 \times 16^0+2 \times 16^{-1}=1.125$$

2. 十进制数的整数部分转换为二进制数和十六进制数

十进制数的整数部分转换为二进制数和十六进制数可用除法，即把要转换的十进制数的整数部分不断除以二进制数和十六进制数的基数 2 或 16，并记下余数，直到商为 0 为止。由最后一个余数起逆向取各个余数，则为该十进制数的整数部分转换成的二进制数和十六进制数。

图 2-4 演示了转换 126 的过程，结果是 126=01111110B，126=7EH。

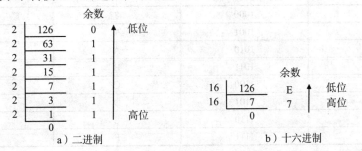

图 2-4　十进制整数的转换

3. 十进制数的小数部分转换为二进制数和十六进制数

十进制数的小数部分要转换为二进制数和十六进制数，分别乘以各自的基数，记录整数部分，直到小数部分为 0 为止。

图 2-5 演示了转换 0.8125 的过程，结果是 0.8125=0.1101B，0.8125=0.DH。

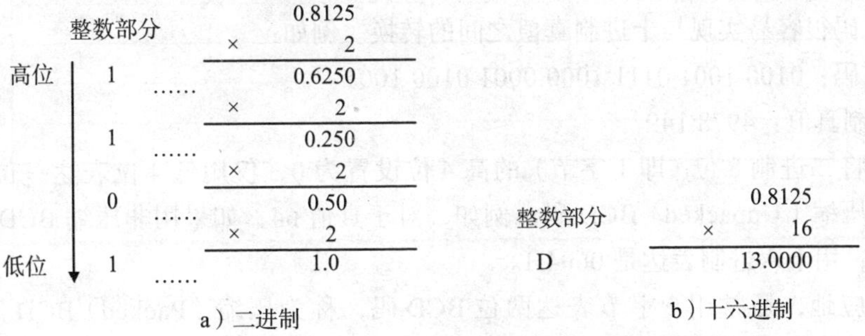

图 2-5　十进制小数的转换

小数部分的转换会发生总是无法乘到 0 的情况，这时可选取一定位数（精度），当然这将产生无法避免的转换误差。

4. 二进制数和十六进制数之间转换

二进制数和十六进制数之间具有对应关系：以小数点为基准，整数从右向左（从低位到高位）、小数从左向右（从高位到低位）每 4 个二进制位对应一个十六进制位，所以相互转换非常简单，如表 2-2 所示。这也是采用十六进制形式表达二进制形式数据的主要原因。表 2-2 还给出了 BCD 码。

表 2-2　不同进制间（含 BCD 码）的对应关系

十进制	二进制	十六进制	BCD 码
0	0000	0	0
1	0001	1	1
2	0010	2	2
3	0011	3	3
4	0100	4	4
5	0101	5	5
6	0110	6	6
7	0111	7	7
8	1000	8	8
9	1001	9	9
10	1010	A	
11	1011	B	
12	1100	C	
13	1101	D	
14	1110	E	
15	1111	F	

例如，00111010B=3AH，F2H=11110010B。

5. BCD 码和十进制数之间转换

BCD（Binary Coded Decimal）是二进制编码的十进制数，一个十进制数位在计算机中用 4 位二进制编码来表示。常用的是 8421 BCD 码，它用 4 位二进制编码的低 10 个编码表示 0 ~ 9 这 10 个数字，参见表 2-2。

BCD 码很容易实现与十进制真值之间的转换。例如：

BCD 码：0100 1001 0111 1000.0001 0100 1001

十进制真值：4978.149

如果将二进制 8 位（即 1 字节）的高 4 位设置为 0，仅用低 4 位表达一位 BCD 码，则称为非压缩（Unpacked）BCD 码。例如，对于真值 64，如果用非压缩 BCD 码表示需要 2 字节，用十六进制表达是 0604H。

相对应地，通常用 1 字节表达两位 BCD 码，称为压缩（Packed）BCD 码。例如，对于真值 64，如果用压缩 BCD 码表示只需要 1 字节，用十六进制表达是 64H。

4 个二进制位可以有 16 个不同的编码，但 BCD 码只使用其中 10 个。虽然它浪费了 6 个编码，但能够比较直观地表达十进制数，也容易与 ASCII 码相互转换，便于输入 / 输出。另外，它还可以比较精确地表达数据。例如，对于一个简单的数据 0.2，采用浮点格式（详见 2.4 节）无法精确表达，而采用 BCD 码可以只使用 4 位 "0010" 表达。

2.2　整数编码

编码是用文字、符号或者数码来表示某种信息（数值、语言、操作指令、状态等）的过程。组合 0 和 1 数码就是二进制编码。用 0 和 1 数码的组合在计算机中表达的数值称为机器数（常以二进制或者十六进制形式表达）；对应地，现实中真实的数值称为真值（常以十进制形式表达）。对于数值来说，计算机主要使用两种编码方式：定点格式和浮点格式。定点格式常用于表达整数，其表达的数值范围有限，但硬件实现比较简单。浮点格式常用于表达实数，表达的数值范围很大，但硬件实现比较复杂。

2.2.1　定点整数格式

计算机中表达数值，需要约定小数点的位置。定点格式（Fixed Point Format）固定小数点的位置表达数值，计算机中通常将数值表达成纯整数或纯小数，这种机器数称为定点数。整数可以将小数点固定在机器数的最右侧（实际上，小数点并不用表达出来），也就是图 2-1 中只表达小数点之前的纯整数部分，这就是整数处理器支持的定点整数，如图 2-6 所示。如果将小数点固定在机器数的最左侧，也就是图 2-1 中只表达小数点之后的纯小数部分，就是定点小数。

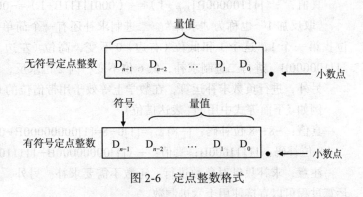

图 2-6　定点整数格式

定点整数如果不考虑正负，只表达 0 和正整数，就是无符号整数（简称无符号数）。在上面的数值转换和运算中，默认采用无符号整数。N 位二进制共有 2^N 个编码，表达真值 $0 \sim 2^N-1$，即 N 位表达的范围是 $0 \sim 2^N-1$。

例如，8 位二进制有 256 个编码，依次是 00000000，00000001，00000010，…，11111110，11111111，使用十六进制表达是 00，01，02，…，FE，FF，对应表达无符号整数真值为 $0,1,2,\cdots,254,255$。而 16 位二进制数表达无符号整数的范围是 $0 \sim 65535$，32 位表达的范围是 $0 \sim 2^{32}-1$。

如果要表达数值正负，需要占用一个位，通常用机器数的最高位（故称为符号位），一般用 0 表示正数，用 1 表示负数（当然也可以相反），这就是有符号整数（简称有符号数、带符号数）。

2.2.2　有符号整数编码

确定使用编码的最高位表达整数的正负，那量值又如何编码呢？计算机系统使用多种有符号整数的编码形式，以便适应不同的应用需求。

1. 补码

补码（Two's Complement）是计算机中默认采用的有符号整数的编码。因为采用补码，减法运算可以变换成加法运算，硬件电路可以只设计加法器。

补码中最高位表示符号：正数用 0，负数用 1；正数补码的量值同无符号整数，直接表示数值大小；负数补码的量值是将对应正整数补码取反（即 0 变为 1，1 变为 0），然后加 1 形成。

例如：

正整数 105，用 8 位补码表示为 $[105]_{补码}$=01101001B；

负整数 -105，用 8 位补码表示为 $[-105]_{补码}$=$[01101001B]_{取反}$+1=10010110B+1=10010111B。

一个负数真值在用机器数补码表示时，需要一个"取反加 1"的过程。同样，将一个最高位为 1 的补码（即真值为负数）转换成真值时，也需要一个"取反加 1"的过程。

例如：

8 位补码：11100000B；

真值：$-([11100000B]_{取反}+1)=-(00011111B+1)=-00100000B=-2^5=-32$。

"取反加 1"也称为"求补"。二进制求补还有一个简单的方法：数值位从低位向高位找第一个 1，这个 1 和低位（右边）0 不变，高位（左边）求反。例如，对 8 位补码"11100000B"进行二进制求补，低 6 位不变，高 2 位求反，成为"00100000B"。

另外，进行负数求补运算，在数学上等效于用带借位的 0 作减法。

例如（下面等式中用 [1] 表达借位）：

真值：-8；8 位补码：$[-8]_{补码}$=[1]0-8=[1]00000000B-00001000B=11111000B。

8 位补码：11111000B；真值：$-([1]00000000B-11111000B)=-00001000B=-8$。

注意，求补只针对负数进行，正数不需要求补。另外，十六进制更便于表达，上述运算过程可以直接使用十六进制数。

例如（下面等式中用 [1] 表达借位）：

真值：-8；8 位补码：$[-8]_{补码}$=[1]0-8=[1]00H-08H=F8H。

8 位补码：F8H；真值：$-([1]00H-F8H)=-08H=-8$。

用 N 位二进制编码有符号整数，仍共有 2^N 个编码，但由于符号要占用一个数位，表达真值的范围是 $-2^{N-1} \sim +2^{N-1}-1$。使用补码表达有符号整数，和无符号整数表达的数值个数一样，但数值范围不同。

例如，8 位二进制补码中只有 7 个数位表达数值，其所能表示的数值范围是 $-128 \sim -1$、$0 \sim +127$，对应补码是 10000000 ～ 11111111、000000000 ～ 011111111，若用十六进制表达是 80 ～ FF、00 ～ 7F。16 位和 32 位二进制补码所能表示的数值范围分别是 $-2^{15} \sim +2^{15}-1$ 和 $-2^{31} \sim +2^{31}-1$。

2. 原码和反码

原码和反码也是表达有符号整数的编码，仍然使用最高位表示符号：正数用 0，负数用 1。量值部分，无论正数、负数，原码与无符号整数编码相同；而正数的反码与无符号整数编码相同，负数的反码则需要将正数编码取反。或者说，正数的原码和反码与补码采用的编码一样，也与无符号整数编码相同；而负数的原码是对应正数原码的符号位改为 1，负数的反码是对应正数反码的取反。

所以，求负数的原码、反码和补码，都需要首先计算其对应正数的编码，然后取反符号位（设置为 1）得到原码，再取反其他位得到反码，最后加 1 就是补码。

例如：

真值：32；机器数：[32]原码=[32]反码=[32]补码=00100000B=20H。

真值：−32；机器数：[−32]原码=10100000B=A0H，[−32]反码=11011111B=DFH，[−32]补码=11100000B=E0H。

使用原码和反码进行加减运算比较麻烦，而且数值 0 都有两种表达形式。另外，有符号整数还有偏移码等，参见 2.4 节。

表 2-3 使用 8 位二进制的关键编码对比了各种有符号整数编码的区别。

表 2-3　有符号整数表示（编码）

真值	原码	反码	补码
−128			10000000
−127	11111111	10000000	10000001
−126	11111110	10000001	10000010
...	...	...	...
−1	10000001	11111110	11111111
−0	10000000	11111111	00000000
+0	00000000	00000000	00000000
+1	00000001	00000001	00000001
...	...	...	...
+126	01111110	01111110	01111110
+127	01111111	011111111	01111111

从表 2-3 可以直观地看到，即使对于整数，一个真值也可以有多种编码表达。反过来说，计算机内部的一个代码由于采用不同的编码，表达的真值也可能不同。例如，假设计算机内部有一个 8 位二进制代码"1000 0001"。如果按照无符号整数编码规则理解，它是真值"129"；如果按照有符号整数的原码规则，它是真值"−1"；如果按照有符号整数的反码规则，它是真值"−126"；而计算机默认采用有符号整数的补码规则，它其实是真值"−127"。如果熟悉 8421 压缩 BCD 码的规则，它还可以理解为真值"81"。

所以，计算机内部的 0/1 数码需要根据二进制编码规则，才能确定其表示的现实含义。

3. 高级语言（C 语言）的整数类型

作为硬件直接支持的整数编码，高级语言定义了相应的整数类型，并成为基本的数据类型。表 2-4 罗列了 C 语言的整型数据类型。

表 2-4   C 语言的整型数据类型

有符号整型	无符号整型	IA-32 处理器位数（字节数）
char	unsigned char	8（1）
short [int]	unsigned short [int]	16（2）
int	unsigned int	32（4）
long [int]	unsigned long [int]	32（4）
long long [int]	unsigned long long [int]	64（8）
—	*p	32（4）

表 2-4 中，方括号表示可选，"*p"表示指针，数据类型"long long"是 ISO C99 引入的。不明确声明时，C 语言默认采用有符号数（也可用"signed"符号显式声明），通常使用补码。对于无符号常量，应使用后缀"U"表示。最后一列给出了（本书默认的）32 位平台上各种整型数据的长度。

为了控制输入/输出，C 语言还定义了格式控制符（简称格式符），用于输入函数 scanf 和输出函数 printf 等，整型数据相关的格式符参见表 2-5。

表 2-5   C 语言的整型格式控制符

格式控制符	数据类型及含义
%c	char，单个字符
%s	字符串（字符数组）
%d（或 %i）	int，有符号整数（十进制形式）
%u	unsigned int，无符号整数（十进制形式）
%x（或 %X）	无符号整数（十六进制形式）
%p	指针（变量地址）

表 2-5 中，格式控制符"%x"和"%X"分别表示输出小写字母和大写字母。"%d"、"%u"和"%x"默认输出 int 整型的长度。在 32 位平台，int 整型是 32 位的，可以在格式控制符 d、u 和 x 前，加一个字母"h"指定 short 短整型，即 16 位。而在 16 位平台，int 整型是 16 位的，需要加"l"（字母，不是数字）指定 long 长整型类型，即 32 位。

下面不妨编写两个简单的 C 语言程序，实现十进制数与十六进制数的转换，复习 C 语言的整型数据应用，同时让我们从机器表达的层次重新认识高级语言的整型数据。

【例 2-1】 十六进制数转换为十进制数。

```
#include <stdio.h>
main()
{
    int x;
    printf("\nEnter a hex number: ");
    scanf("%x",&x);
    printf("hex number=0x%X\n",x);
    printf("unsigned number=%u\n",x);
    printf("signed number=%d\n",x);
}
```

例 2-1 所示程序不复杂，提示并要求用户从键盘输入一个十六进制数，然后依次以十六进制形式、十进制无符号整数形式和十进制有符号整数形式显示。

例如，输入十六进制数"81"的运行结果如图 2-7a 所示。

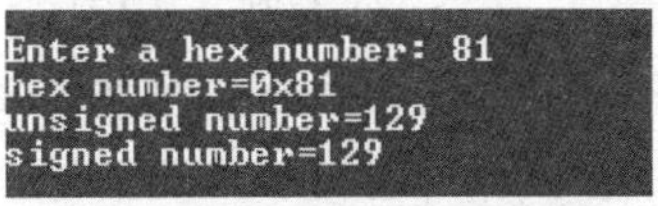

```
Enter a hex number: 81
hex number=0x81
unsigned number=129
signed number=129
```

```
Enter a decimal number: 129
hex number=0x81
unsigned number=129
signed number=129
```

a）十六进制数转换为十进制数 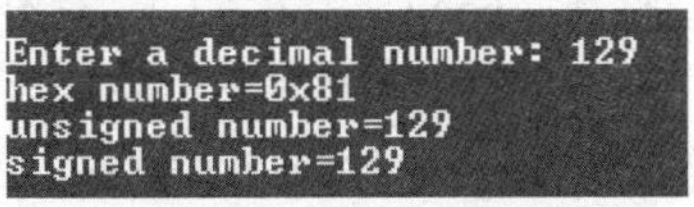　　　　　b）十进制数转换为十六进制数

图 2-7　十六进制数与十进制数相互转换的运行结果

【例 2-2】　十进制数转换为十六进制数。

```c
#include <stdio.h>
main()
{
    int y;
    printf("\nEnter a decimal number: ");
    scanf("%d",&y);
    printf("hex number=0x%X\n",y);
    printf("unsigned number=%u\n",y);
    printf("signed number=%d\n",y);
}
```

例 2-2 所示程序也比较简单，提示并要求用户从键盘输入一个十进制数，同样依次以十六进制形式、十进制无符号整数形式和十进制有符号整数形式显示。例如，输入十进制整数"129"的运行结果如图 2-7b 所示。

读者也许会想到，例 2-1 和例 2-2 这两个程序不是可以作为练习十进制数与十六进制数相互转换的验证程序吗？是的。不过，从图 2-7a 中看到，十六进制数"81"作为有符号整数不是"−127"（表 2-3），显示的是正数"129"。

这是因为程序中定义的变量是整型 int，在 32 位处理器系统中，其默认是 32 位的，所以例 2-1 和例 2-2 是基于 32 位二进制编码的十进制数与十六进制数的相互转换。输入十六进制数"81"，实际上只是最低的十六进制 2 位，其高 6 位都是 0（按照常规无须输入），所以结果是正整数。

建议读者此时放下书本，上机实践一下。可以使用本书第 1 章介绍的 DEVC 集成开发环境，也可以使用略复杂的 Visual C++，或者比较陈旧的 Turbo C 集成开发环境等。运行程序，尝试输入更大的数值或者负数，观察显示结果。或者将整型变量 x 或 y 修改一下类型，例如，int 改变为 char，或者 unsigned char，让程序能够正确进行 8 位二进制编码的十进制数与十六进制数的相互转换（以便能够验证表 2-3）。运行修改的程序，再次输入不同的数值，会不会有什么错误，或者令你疑惑的现象？对于这些"奇怪"的现象，你可能现在还不清楚原因，不过没关系，不妨记录下来，也许随着后续内容的学习就自然明白了。

4. C 语言 int 类型的长度

如果读者在基于 16 位 DOS 平台的 Turbo C 2.0 编译程序下开发生成例 2-1 和例 2-2

的可执行程序，运行时会发现其与基于 32 位 Windows 控制台的例 2-1 和例 2-2 程序有什么不同？

例如，对于利用 Turbo C 2.0 生成的例 2-1 程序，输入十六进制数 "FFFF" 时，对应输出无符号整数 "65535"（$2^{16}-1$）、有符号整数 "−1"；对于例 2-2 程序，输入有符号整数 "−1" 时，对应输出 4 位十六进制数 "0xFFFF"，输出无符号整数 "65535"，参见图 2-8。在 32 位平台，对于例 2-1 程序，运行时输入十六进制数 "FFFF"，对应输出无符号整数和有符号整数均为 "65535"；对于例 2-2 程序，输入有符号整数 "−1"，对应输出 8 位十六进制数 "0xFFFFFFFF"，输出无符号整数 "4294967295"（$2^{32}-1$）。

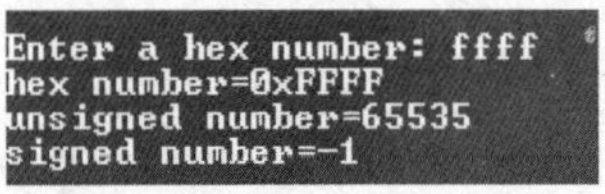

a）十六进制数转换为十进制数    b）十进制数转换为十六进制数

图 2-8   十六进制数与十进制数相互转换的运行结果（16 位 DOS 环境）

这是因为 C 语言标准并没有明确整型数据的长度，而 C 语言编译程序则是基于处理器字长（也与操作系统和编译器有关）确定 int 整型的长度。所以，运行于 16 位 80x86处理器和 DOS 操作系统的 Turbo C 将 int 声明为二进制 16 位（对应十六进制 4 位），而基于 32 位 IA-32 处理器和 32 位 Windows 操作系统的 DEVC、Visual C++ 6.0 等确定 int为二进制 32 位（对应十六进制 8 位），如表 2-6 所示。对于某个 C/C++ 编译程序所采用的整型长度，读者可以使用其 sizeof 运算符获知（参考本章习题）。

表 2-6   C 语言整数类型的长度与处理器字长的关系

整数类型	16 位处理器（字节数）	32 位处理器（字节数）	64 位处理器（字节数）
char	1	1	1
short	2	2	2
int	2	4	4
long	4	4	8
long long	—	8	8
*p	2	4	8

由于类型 int、long 在不同的平台表达的位数不尽相同，为保证移植性，ISO C99 在头文件 stdint.h 中引入另一种整数类型，可用于无歧义地声明 N 位整型变量：intN_t（N 位有符号整数）和 uintN_t（N 位无符号整数），N 取值 8、16、32 和 64。例如，int32_t和 uint32_t 分别表示 32 位有符号整数和无符号整数。

2.2.3   整数的类型转换

在实际应用问题中，经常会遇到不同类型的数据，一般需要转换为相同的数据类型才能进行混合处理。C 语言允许各种不同的数据类型进行转换，即可以通过类型符进行显式（强制）类型转换，也支持按照默认规则进行隐式类型转换。

赋值时，赋值号右边表达式会被转换为左边变量的类型。表达式中数据的默认转换规则是从小到大，也就是位数少（取值范围小）的数据类型转换为位数多（取值范围大）

的数据类型。例如，在 ISO C90 标准下，32 位平台的整型数据从小到大转换的类型依次如下：

char、short → int → unsigned int → long long → unsigned long long

（ISO C99 标准下，转换类型则是 int → long long → unsigned long long）

另外，使用 printf 的格式符 %u 和 %d 分别输出有符号数和无符号数时也伴随有隐式类型转换（默认转换为 int 类型）。

尽管位数可能增加了，但转换原则是保持低位部分不变。当然，有时也需要把位数多的数据类型截断为位数少的数据类型，同样，保留下来未截断的低位部分也不变。

1. 无符号数增加位数的转换：零位扩展

应用问题常需要增加表达数据的位数，如将 16 位数据扩展成 32 位数据，以便匹配数据类型或扩大数据表达范围等。不过，位数扩展后，数据大小不能因此改变。

对于无符号数据，只要在前面加 0 就实现了位数扩展、大小不变，这就是零位扩展（Zero Extension）。例如，8 位无符号（unsigned char）数据 0x80，零位扩展为 16 位（unsigned short）数据 0x0080，或零位扩展为 32 位（unsigned long）数据 0x00000080，它们都表示真值 128。

2. 有符号数增加位数的转换：符号扩展

当 8 位有符号数扩展为 16 位或更多位，或者 16 位有符号数扩展为 32 位或更多位，也就是对有符号数据进行位数扩展时，需要进行符号扩展（Sign Extension），即用需要扩展的有符号数的符号位（最高位）形成需扩展的高位部分。例如，8 位有符号（char）数据 0x64 为正整数（真值 100），符号位为 0，符号扩展成 16 位（short）数据是 0x0064，仍然表达真值 100。又如，16 位有符号（short）数据 0xFF00 为负数（真值 −256），符号位为 1，符号扩展成 32 位（long）数据是 0xFFFFFF00H，还表达真值 −256。特别典型的例子是真值 −1，8 位（char）补码是 0xFF，16 位（short）补码是 0xFFFF，而 32 位（long）补码是 0xFFFFFFFF。

扩展整型数据位数，对于无符号整数使用零位扩展，对于有符号整数使用符号扩展，它们使数据位数增加，但数据大小并没有改变。

3. 相同位数的有符号数和无符号数的转换

把一个有符号整数转换为相同位数的无符号整数，或者相反，如 int 与 unsigned int 之间数据的相互转换，实际上内部代码（机器数）并没有改变（每个二进制位都不变），只是对编码的解释（含义）不同，因而表达的真值可能不同。

例如，对于 8 位无符号（unsigned char）整数 129，其内部编码是 0x81；当其转换为 8 位有符号（char）整数时，内部编码不变，但按照补码规则解读 0x81，它的最高位是 1（表示负数），真值为 −127。当然，对于 8 位无符号（unsigned char）整数 127，内部编码是 0x7F，转换为 8 位有符号（char）整数时，真值仍然是 127。

所以，对于编码最高位为 0 的正整数，无论是有符号数还是无符号数，它们表达的真值都是相同的。而对于编码最高位为 1 的负整数，相互转换时数值有 $\pm 2^N$（N 是编码位数）的改变，如图 2-9 所示。

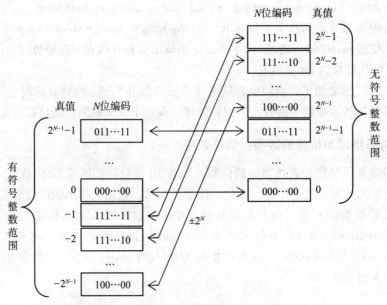

图 2-9 相同位数的有符号和无符号整数的转换关系

【例 2-3】 相同位数的有符号数和无符号数的相互转换。

```
#include <stdio.h>
main()
{
    unsigned char z;
    printf("\nEnter a unsigned number: ");
        scanf("%d",&z);
    printf("hex number=0x%X\n",z);
    printf("unsigned number=%u\n",z);
    printf("signed number=%d\n",(char) z);
}
```

例 2-3 所示程序取 N 为 8（对应字符类型），输入一个无符号整数（0 ~ 255），然后依次输出十六进制编码、无符号整数（应与输入相同）和经强制类型转换的有符号整数，验证有符号与无符号整数的相互转换。

读者也可以修改例 2-3 的程序，输入一个有符号整数（-128 ~ +127），然后强制类型转换输出为无符号整数。

4. 增加位数的有符号数和无符号数的转换

当位数少的无符号数需要转换为位数多的有符号数，或者相反，例如，16 位无符号数需要转换为 32 位有符号数，或者 16 位有符号数需要转换为 32 位无符号数时，转换的原则如下：首先，进行零位扩展（无符号数）或符号扩展（有符号数）增加位数；然后，进行数据位数相同的有符号数与无符号数的转换。

读者可以编写一个程序进行验证。例如，定义一个 16 位有符号变量（short），使用 scanf 函数输入一个数值（假设为 -32），显示其 16 位代码（0xFFE0）。转换为 32 位无符号数（unsigned int），以十六进制输出其 32 位编码（0xFFFFFFE0），以十进制输出其无符号表达的真值（4294967264），以及有符号表达的真值（-32），参见例 2-4。

【例 2-4】 增加位数的有符号数和无符号数的相互转换。

```
#include <stdio.h>
main()
{
    short z;
    printf("\nEnter a signed number: ");
    scanf("%d",&z);
    printf("short hex number=0x%X\n",(unsigned short)z);
    printf("int hex number=0x%X\n",(unsigned int)z);
    printf("unsigned number=%u\n",(unsigned int)z);
    printf("signed number=%d\n", z);
}
```

5. 减少位数的有符号数和无符号数的转换

数据处理过程中，为了保证取值范围足够大，避免溢出，可以使用位数较多的数据类型。而最终结果可能需要采用位数较少的数据类型，以减少存储空间。减少位数的有符号数和无符号数的转换实际上就是数据截断：需要位数的低位不变，多出的高位丢弃，不区分有符号数和无符号数。

例如，对于 32 位整数 0x7580FF70，截断为 16 位是 0xFF70，截断为 8 位是 0x70。

读者不妨结合前面的例题程序，编写一个减少位数的有符号数和无符号数的转换程序（本章习题），以验证数据截断的情况。减少位数，就是抛弃高位。如果要保持数据大小不变，必须保证被抛弃的高位不包含有效数字，即无符号数据高位是 0，有符号数高位是符号位；否则大数就会改变，效果类似于取余。

2.2.4 整数的加减运算及溢出

定点整数编码可以精确地表达范围内的数值，没有任何误差。但是，当进行整数运算、高位截断等时，结果可能超出了该类整型数据的取值范围，这就是溢出（Overflow）。水满则溢，所以数据溢出，结果就有错误。

然而，需要注意的是，C 语言程序执行时不会因为溢出而发出警告信号。我们首先通过一个简单的求数组元素平均值程序认识这个问题。

【例 2-5】 高级语言的溢出问题。

```
#include <stdio.h>
#define COUNT 4
short mean1(short d[], short num);
short mean2(short d[], short num);
main()
{   short array1[COUNT]={32767, 32767, 0, -32767};
    short array2[COUNT]={32767, 32767, 1, -32767};
```

```
        printf("For the array1:\n");              /* 数组 1 的平均值 */
        printf("The mean 1 is  %d\n",mean1(array1,COUNT));
        printf("The mean 2 is  %d\n\n",mean2(array1,COUNT));

        printf("For the array2:\n");              /* 数组 2 的平均值 */
        printf("The mean 1 is  %d\n",mean1(array2,COUNT));
        printf("The mean 2 is  %d\n",mean2(array2,COUNT));
}
short mean1(short d[], short num)
{   short i;
    short temp=0;                          /* 临时变量为 2 字节短整型 */
    for (i=0; i<num; i++)
        temp=temp+d[i];
    temp=temp/num;
    return(temp);
}
short mean2(short d[], short num)
{   short i;
    long temp=0;                          /* 临时变量为 4 字节长整型 */
    for (i=0; i<num; i++)
        temp=temp+d[i];
    temp=temp/num;
    return(temp);
}
```

为了便于说明问题，本例采用两个短整型数组。对于程序中给定的两个数组 short array1[4]={32767,32767,0,−32767} 和 short array2[4]={32767,32767,1,−32767}，可以很容易地计算各自的平均值，分别是 8191（取整）和 8192。但是，对于程序中的两个求平均值的函数来说，mean1 对数组 2 的结果却是错误的（显示为负值 −8192），如图 2-10 所示。

相对于数组 1，数组 2 仅仅增加了 1，第一个求平均值函数 mean1 就出错了，这是为什么？通过对比第二个求平均值函数 mean2，发现求和过程的临时变量使用了长整型，这似乎说明了什么？

图 2-10　例 2-5 的运行结果

C 语言整数类型默认是有符号整数，16 位短整型表达的范围是 $-2^{15} \sim +2^{15}-1$，即 $-32768 \sim +32767$。对于数组 1 的 4 个数据（32767，32767，0，−32767），和值是 32767，属于范围内；但对于数组 2 的 4 个数据（32767，32767，1，−32767），和值是 32768，mean1 函数用短整型变量 temp 表达已经超出范围，即溢出了，所以出错了。而 mean2 函数用长整型变量 temp 表达不会超出范围，所以不出错。但是，为什么错误的平均值为负值，错得这么离谱呢？

1. 整数的表达范围

前面已经学过，N 位无符号整数和有符号整数（补码）的数值表达范围分别是 $0 \sim 2^N-1$ 和 $-2^{N-1} \sim +2^{N-1}-1$。但是，ANSI C 语言标准没有要求用补码表示有符号整数，只定义了必须能够表示的最小取值范围，而许多程序都假设用补码表示有符号数，并具有 N 位补码所能表示的数值大小。

C 语言库中的头文件 limits.h 定义了一组常量（INT_MAX、INT_MIN、UINT_MAX 等），用于限定编译器对不同整型数据类型的取值范围。例如，DEVC 中的头文件 limits.h 有如下语句：

```
/* Maximum and minimum values for ints. */
#define INT_MAX         2147483647
#define INT_MIN         (-INT_MAX-1)
#define UINT_MAX        0xffffffff
/* Maximum and minimum values for shorts. */
#define SHRT_MAX        32767
#define SHRT_MIN        (-SHRT_MAX-1)
#define USHRT_MAX       0xffff
/* Maximum and minimum values for longs and unsigned longs. */
#define LONG_MAX        2147483647L
#define LONG_MIN        (-LONG_MAX-1)
#define ULONG_MAX       0xffffffffUL
```

ISO C99 在头文件 stdint.h 中引入 intN_t（N 位有符号整数）、uintN_t（N 位无符号整数），用于无歧义地声明 N 位变量，并用常量定义了 N 位对应的最小值和最大值（INT32_MIN、INT32_MAX、UINT32_MAX 等）。例如，DEVC 中的头文件 stdint.h 有如下语句：

```
/* 7.18.2.1  Limits of exact-width integer types */
#define INT8_MIN (-128)
#define INT16_MIN (-32768)
#define INT32_MIN (-2147483647 - 1)
#define INT64_MIN  (-9223372036854775807LL - 1)

#define INT8_MAX 127
#define INT16_MAX 32767
#define INT32_MAX 2147483647
#define INT64_MAX 9223372036854775807LL

#define UINT8_MAX 0xff               /* 255U */
#define UINT16_MAX 0xffff            /* 65535U */
#define UINT32_MAX 0xffffffff        /* 4294967295U */
#define UINT64_MAX 0xffffffffffffffffULL    /* 18446744073709551615ULL */
```

通过这两个头文件，可以清楚地看到各种整型数据的定义范围。例如，16 位有符号整数（short 和 int16_t）的数值范围是 $-32768 \sim +32767$。

2. 整数的加减运算

高级语言使用加号"+"、减号"−"表达数据的加减运算。计算机内部仅使用加法器实现整数的加减运算，因为有符号整数默认采用补码表示，减法运算可以转换为加法。数学家早已发现，对 N 位十进制做减法运算（被减数 − 减数 = 差），可以转换为加法，即被减数 + (10^N − 减数)，其中 (10^N − 减数) 是 10 的补码，丢弃进位就是差值。例如，126−8=118；126+ (10^3−8) =[1]118，不要进位就是结果：118。这个方法可以扩展到二进制运算，以简化计算机的算术运算：

补码加法：$[x+y]_{补码}=[x]_{补码}+[y]_{补码}$

补码减法：$[x-y]_{补码}=[x]_{补码}+[-y]_{补码}$

通过求 $-y$ 的补码，减法运算转化为了加法运算，所以计算机硬件电路只需加法器。

这样，不论是无符号数的加减，还是有符号数的加减，它们都基于同样的二进制加法运算规则：一个 N 位数据加另一个 N 位数据，真值结果会有 $N+1$ 位；只取低 N 位，丢弃第 $N+1$ 位，则计算机获得 N 位结果。这个过程称为模数（Modular）运算，如图 2-11 所示（图中数字为示例）。

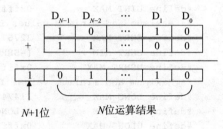

图 2-11　整数的模数运算

3. 进位和溢出

对于 N 位加法运算，真实和值可能有 $N+1$ 位，但是计算机内部的模数运算丢弃第 $N+1$ 位的结果，显然会带来问题。

对于无符号整数加法运算，如果真实和值只有 N 位，与模数和值相同，这时真实和值在取值范围内，模数和值结果正确。而如果真实和值有 $N+1$ 位，则与模数和值不同，这时真实和值超出取值范围，这就是溢出的情况，如图 2-12a 所示。实际上，多出的第 $N+1(D_N)$ 位就是数学上的进位（Carry）。所以，为了区别于有符号整数的溢出，无符号整数的超出范围一般称为进位。

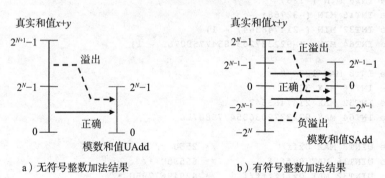

a）无符号整数加法结果　　　　　b）有符号整数加法结果

图 2-12　真实和值与模数和值

对于 N 位无符号整数 x 和 y 相加的模数和值，其数学表达式为

$$\text{UAdd}_N(x,y)=\begin{cases} x+y, & x+y<2^N \quad （正确） \\ x+y-2^N, & 2^N \leqslant x+y<2^{N+1} \quad （进位） \end{cases}$$ （2-3）

其中，UAdd 表示无符号整数的模数和值，$x+y$ 表示真实和值。有进位时，模数和值 UAdd 是真实和值截断第 $N+1$ 位的结果，即真实和值减去 2^N，换句话说，模数和值只要加上进位就是真实和值。

同样，对于有符号整数加法运算，真实和值在其取值范围内，模数运算的和值是正确的；而如果真实和值超出了取值范围，显然就是溢出了，模数运算的和值也就不正确了，如图 2-12b 所示。如果两个正数相加（或正数减去负数），而结果大于能够表达的最大正数，称为正溢出。如果两个负数相加（或负数减去正数），而结果小于能够表达的最小负数，称为负溢出。

对于 N 位有符号整数 x 和 y 相加的模数和值，其数学表达式为

$$\text{SAdd}_N(x,y)=\begin{cases} x+y+2^N, & x+y<-2^{N-1} \quad (\text{负溢出}) \\ x+y, & -2^{N-1} \leqslant x+y<2^{N-1} \quad (\text{正确}) \\ x+y-2^N, & 2^{N-1} \leqslant x+y \quad (\text{正溢出}) \end{cases} \tag{2-4}$$

其中，SAdd 表示有符号整数的模数和值，$x+y$ 表示真实和值。有溢出时，模数和值 SAdd 是真实和值截断第 $N+1$ 位的结果，正溢出时是真实和值减去 2^N，负溢出时则是真实和值加上 2^N。

进位表示无符号整数相加的结果超出范围，溢出表示有符号整数相加的结果超出范围，但处理器的加法器硬件电路进行模数运算，并不区别有无符号。实际上，进位和溢出问题是同时存在的，图 2-13 以 8 位二进制运算为例演示了 4 种进位和溢出组合情况。其中，相加结果的中括号表示进位（低位部分结果正确，加上进位就是真实和值），惊叹号表示溢出（结果错误）。

二进制运算	无符号整数	有符号整数
01111110	126	126
+ 11111000	248	−8
[1]01110110	[256+]118	118

a）有进位、无溢出

二进制运算	无符号整数	有符号整数
01111110	126	126
+ 00001000	8	8
10000110	134	−122!

b）无进位、有溢出

二进制补码	无符号整数	有符号整数
10010111	151	−105
+ 00100000	32	32
10110111	183	−73

c）无进位、无溢出

二进制补码	无符号整数	有符号整数
10010111	151	−105
+ 11100000	224	−32
[1]01110111	[256+]119	119!

d）有进位、有溢出

图 2-13 补码运算示例

4. 进位和溢出的判断

N 位无符号数相加的进位判断比较简单，硬件电路只要检测第 $N+1$ 位是否为 1 即可。人工判断更是一目了然，$N+1$ 位真实和值大于 N 位能够表达的最大值（2^N-1）就是进位。

对有符号数相加的溢出判断，硬件电路通常基于如下原理：最高位和次高位的进位相异表示有溢出。如果最高位无进位、次高位有进位，是正溢出；如果最高位有进位、次高位无进位，则是负溢出。其判断原则如图 2-14 所示（假设为 8 位补码）。

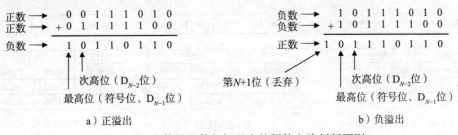

a）正溢出　　　　　　　　　　　　b）负溢出

图 2-14 有符号整数相加溢出的硬件电路判断原则

对于人工判断溢出，硬件电路基于的原则未免有些烦琐，可以利用如下规则：两个正数相加、结果是负数（正溢出），或两个负数相加、结果是正数（负溢出），发生溢出；正数加负数，或负数加正数，不会溢出。或者如下表述：只有当两个相同符号数相加（两个不同符号数相减），而运算结果的符号与原数据符号相反时，发生溢出。其他情况下，不会发生溢出。

虽然 C 语言并不指示进位和溢出，但是既然存在进位和溢出问题，处理器就需要表明模数运算是否出现了进位和溢出，以便了解可能的错误，或进行修正。通常处理器会各设置一个标志位标示出现进位和溢出（详见第 4 章）。

此时，再分析例 2-5 程序。对于数组 2：

```
short array2[COUNT]={32767, 32767, 1, -32767};
```

使用第 1 个求平均值函数 mean1，计算机进行 16 位短整型加法运算：32767+32767+1，结果是 0x7FFF+0x7FFF+1=0xFFFF（无进位）。而 -32767=0x8001，0xFFFF 再加 -32767，就是 0xFFFF+0x8001=0x18000（有进位）。模数运算截断进位，结果是 0x8000，表示负数真值 -32768，除以 4 求平均值就是显示的最终结果 -8192。当然这是溢出导致的错误。

而如果采用第 2 个求平均值函数 mean2，短整型符号扩展为 32 位长整型，求和过程为 0x7FFF+0x7FFF+1+0xFFFF8001=0x100008000（98304），同样截断进位，结果是 0x8000（32768），除以 4 求平均值的结果正确：8192。

2.2.5　整数的移位运算

二进制数的基本单位是比特位（bit），移位是以位为单位将数据向左或向右的移动。

整数的左移操作，是将数据低位（右端）向高位（左端）移动，最高位被移出、丢弃，最低位补 0，这称为逻辑左移或算术左移，如图 2-15a 所示。左移一位相当于数值乘以 2（假设没有进位或溢出）。C 语言使用运算符" $<<$ "表示左移。若移位数 K 等于或大于数据长度 N，通常只移动 $K \bmod N$（K 除于 N 的余数）位数。

整数的右移操作，是将数据高位（左端）向低位（右端）移动，最低位被移出、丢弃。如果最高位补 0，称为逻辑右移，如图 2-15b 所示；如果最高位保持不变，称为算术右移，如图 2-15c 所示。右移一位相当于数值除以 2。C 语言使用运算符" $>>$ "表示右移，但 C 语言标准没有明确定义应该使用哪种右移操作。实际上，对于无符号数，必须使用逻辑右移；而对于有符号数，几乎所有编译器都采用算术右移（以保证数据的正负不变）。

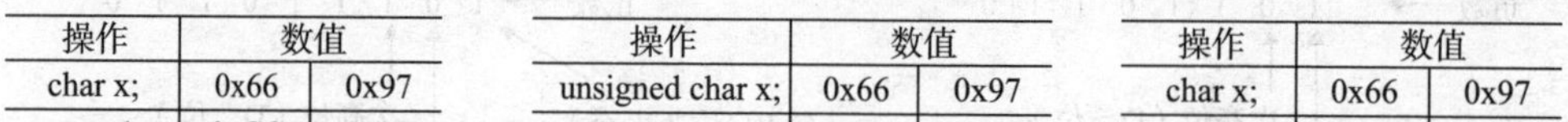

操作	数值	
char x;	0x66	0x97
x << 1	0xCC	0x2E
x << 4	0x60	0x70

a）逻辑左移（算术左移）

操作	数值	
unsigned char x;	0x66	0x97
x >> 1	0x33	0x4B
x >> 4	0x06	0x09

b）逻辑右移

操作	数值	
char x;	0x66	0x97
x >> 1	0x33	0xCB
x >> 4	0x06	0xF9

c）算术右移

图 2-15　整数的移位运算

下面简单介绍一下整数的乘法、除法运算。

简单的处理器没有乘法、除法运算电路，需要用加法、移位等运算指令编写乘除运算函数（子程序）实现乘除运算。当然，因为它没有硬件电路，所以乘除运算的速度很慢。早期计算机采用串行乘法、除法电路，即使用加法器配合移位操作实现乘除，指令系统包含乘法、除法指令，虽然有硬件电路，但比较简单、运算速度较慢。现代计算机采用并行乘法、除法电路，使用专门的阵列乘法器、阵列除法器实现乘除，虽然硬件复杂，但速度快、性能高。

C语言使用运算符"*""/"和"%"依次表示乘法、除法和取余操作。但是，C语言的 N 位乘 N 位只取低 N 位结果，应该关注乘积结果不要溢出。被除数和除数也是位数相同，并没有扩展被除数为双倍长。

2.2.6 整数运算的数学性质

采用定点格式编码的整数需要区别有无符号，还有类型转换的扩展和截断、加法运算的进位和溢出等，在实际应用中需要注意，以免带来隐含的错误或潜在的风险。C语言对语法规则比较宽松，更应该关注相关问题。

我们来看一个求和函数，C语言程序如下：

```
int sum(short d[], unsigned int num)
{       int i;
        long temp=0;
        for (i=0; i<=num-1; i++)
            temp=temp+d[i];
        return(temp);
}
```

这个函数看起来没有问题，代入实参运行通常也没有错误。但是，人们往往容易忽略特殊情况，例如，当数据个数 num 等于 0 时，这个求和函数逻辑上应该返回 0。而实际上，num 代入实参 0 时，该函数运行时会遇到一个存储器错误。

为什么会出现这种情况呢？

你也许认为"i<=num-1"可以简化为"i<num"。的确，这样修改后，num 代入 0 返回结果 0，程序正确了。但是，"i<=num-1"是符合逻辑的，为什么出错呢？

仔细查阅程序代码，你会发现 num 被声明为无符号整型。不过，num 表示数据个数，不会为负数，当然属于无符号整数，好像也没有不妥。实际上，问题就出在此处。这是因为，C语言规定：在同一个表达式中，如果同时存在有符号数和无符号数，有符号数隐式转换为无符号数参与运算，包括比较运算符。所以，由于声明 num 为无符号数，比较表达式"i<=num-1"是将 i 和 num-1 的数值按照无符号数进行比较。num 为 0 时，num-1=-1，其编码是 0xFFFFFFFF，作为无符号数，它是真值 $2^{32}-1$。而 i 无论如何增量，也不会超过这个 32 位无符号数的最大值，进行"小于或等于"的比较将总是成立（为真），因而数组元素的求和也将循环执行，直到要读取不可访问的存储器空间，导致系统提示存储器错误而强制关闭这个程序。因此，本例只要将 num 修改为默认的有符号整型就可以了。

为了进一步理解无符号数可能导致表达式理解错误的情况，表 2-7 给出了若干关系表达式。读者应首先明确表达式进行的是无符号数运算还是有符号数运算，这样通过其编码（表 2-7 中结尾字母 B 表示这是一个二进制数）就容易理解其实质了，进而得出运算结果（表 2-7 中带有星号"＊"的结果可能与你预想的不同）。

表 2-7　C 语言的整数比较

关系表达式	数据类型	编码解释	比较结果
0 == 0U	无符号数	00⋯0B = 00⋯0B	真
−1 < 0	有符号数	11⋯1B（−1）< 00⋯0B（0）	真
−1 < 0U	无符号数	11⋯1B（$2^{32}-1$）> 00⋯0B（0）	假 ＊
2147483647 > −2147483647 −1	有符号数	011⋯1B（$2^{31}-1$）> 100⋯0B（-2^{31}）	真
2147483647U > −2147483647 −1	无符号数	011⋯1B（$2^{31}-1$）< 100⋯0B（2^{31}）	假 ＊
2147483647 > (int) 2147483648U	有符号数	011⋯1B（$2^{31}-1$）> 100⋯0B（-2^{31}）	真 ＊
−1 > −2	有符号数	11⋯1B（−1）> 11⋯10B（−2）	真
(unsigned) −1 > −2	无符号数	11⋯1B（$2^{32}-1$）> 11⋯10B（$2^{32}-2$）	真

这些示例说明，C 语言中无符号整数运算，尤其是有符号数隐式转换为无符号数，易导致错误或者漏洞。所以，需要留心无符号数导致的错误，不要仅因为是非负数而使用无符号数。当然，避免错误的方法之一是不使用无符号数。也正是因为这些问题，除 C/C++ 语言外，很少有语言支持无符号数。例如，Java 只支持有符号整数，明确采用补码及其取值范围，并按照补码原则进行运算。

但是，无符号数在某些情况下又非常有用。例如，数据无数值含义、仅是位的集合（各位含义独立）时显然是无符号数，地址（指针）自然也是无符号数，实现模数运算、多精度运算时也需要无符号数。

由此可以推断出 C/C++ 语言中整数运算的数学性质如下（变量 x、y 和 z 是无符号整型，或者是有符号整型）：

1）支持结合律（Associativity），例如：x+y+z = x+(y+z)，x*y*z = x*(y*z)。

2）支持交换律（Commutativity），例如：x+y = y+x，x*y = y*x。

3）不满足单调性（Monotonicity），例如：如果 x > 0，不一定有 x+y > y；如果 x > 0 且 y > 0，不一定有 x*y > 0。

有关 C 语言应用中的问题，读者可以深入研读有关编程技术资料，本书侧重于运用相关编码知识阐述原因，帮助读者更好地理解问题实质。

2.3　字符编码

在计算机中，各种字符需要用若干位的二进制码的组合表示，即字符的二进制编码。计算机中常以 8 个二进制位（1 字节）为单位表达字符。

2.3.1　ASCII

字母和各种字符必须按特定的规则用二进制编码才能在计算机中表示。编码方式可以有多种，其中最常用的一种编码是 ASCII（American Standard Code for Information Interchange，美国标准信息交换码）。现在使用的 ASCII 码源于 20 世纪 50 年代，完成于 1967 年，由美国标准化组织（ANSI）定义在 ANSI X3.4-1986 中。

标准 ASCII 码采用 7 位二进制编码，故有 128 个，如表 2-8 所示。计算机存储单位为 8 位，表达 ASCII 码时最高位 D_7 通常为 0；通信时，D_7 位通常用作奇偶校验位。

表 2-8　标准 ASCII 码及其字符

ASCII 码	字符	ASCII 码	字符	ASCII 码	字符	ASCII 码	字符
00H	NUL	20H	SP	40H	@	60H	`
01H	SOH	21H	!	41H	A	61H	a
02H	STX	22H	"	42H	B	62H	b
03H	ETX	23H	#	43H	C	63H	c
04H	EOT	24H	$	44H	D	64H	d
05H	ENQ	25H	%	45H	E	65H	e
06H	ACK	26H	&	46H	F	66H	f
07H	BEL	27H	'	47H	G	67H	g
08H	BS	28H	(	48H	H	68H	h
09H	HT	29H	)	49H	I	69H	i
0AH	LF	2AH	*	4AH	J	6AH	j
0BH	VT	2BH	+	4BH	K	6BH	k
0CH	FF	2CH	,	4CH	L	6CH	l
0DH	CR	2DH	-	4DH	M	6DH	m
0EH	SO	2EH	.	4EH	N	6EH	n
0FH	SI	2FH	/	4FH	O	6FH	o
10H	DLE	30H	0	50H	P	70H	p
11H	DC1	31H	1	51H	Q	71H	q
12H	DC2	32H	2	52H	R	72H	r
13H	DC3	33H	3	53H	S	73H	s
14H	DC4	34H	4	54H	T	74H	t
15H	NAK	35H	5	55H	U	75H	u
16H	SYN	36H	6	56H	V	76H	v
17H	ETB	37H	7	57H	W	77H	w
18H	CAN	38H	8	58H	X	78H	x
19H	EM	39H	9	59H	Y	79H	y
1AH	SUB	3AH	:	5AH	Z	7AH	z
1BH	ESC	3BH	;	5BH	[	7BH	{
1CH	FS	3CH	<	5CH	\	7CH	|
1DH	GS	3DH	=	5DH	]	7DH	}
1EH	RS	3EH	>	5EH	^	7EH	~
1FH	US	3FH	?	5FH	-	7FH	Del

1. ASCII 的控制字符

ASCII 码表中的前 32 个和最后一个编码是不可显示的控制字符，用于表示某种操作。例如：0xD（13）表示回车 CR（Carriage Return），控制屏幕光标时就是使光标回到本行首位；0xA（10）表示换行 LF（Line Feed），就是使光标进入下一行，但列位置不变；0x8 表示退格 BS（Backspace）；0x7F 表示删除 Del（Delete）。另外，0x7 表示响铃 BEL（Bell），0x1B 常对应键盘的 ESC 键（多数人称其为 Escape 键）。ESC（Extra Services Control）字符常与其他字符一起发送给外设（如打印机），用于启动一种特殊功能，很多程序中常使用它表示退出操作。

并不是所有设备都支持这些控制字符，也不是所有设备都按照同样的功能应用这些控制字符，但不少控制字符获得广泛使用。例如，在 C 语言中，转义符"\n"设置显示（打印）位置为下一行首列。那么，C 语言转义符"\n"是哪个字符呢？其实，使用的 ASCII 控制字符依系统不同而不同：Microsoft 的 DOS 和 Windows 操作系统使用回车 CR 和换行 LF 两个控制字符实现，UNIX（Linux）操作系统使用一个换行 LF 控制字符实现，而 Apple 公司的 Mac 操作系统使用一个回车 CR 控制字符实现。所以，编写底层应用程序时，需要理解这些不同，尤其是跨平台应用时。例如，同一个文本文件在不同的操作系统下打开时，就会遇到换行问题。功能略强的文本类编辑软件都具有处理这个问题的能力，但功能简单的 Windows 记事本程序就没有处理这个问题的能力，会出现文本换行错误的情况。

读者不妨使用 Windows 记事本尝试打开 DEVC 中的头文件，注意这些头文件来源于 UNIX（Linux）操作系统。

2. ASCII 的可显示字符

在 ASCII 码表中，从 0x20 开始（包括 0x20）的 95 个编码是可显示（打印）的字符，其中包括数字（0 ~ 9）、英文字母、标点符号等。从表 2-8 中可看到，数字 0 ~ 9（即字符 '0' ~ '9'）的 ASCII 码为 0x30 ~ 0x39，去掉高 4 位（或者说减去 0x30）就是（非压缩）BCD 码。大写字母 A ~ Z 的 ASCII 码为 0x41 ~ 0x5A，而小写字母 a ~ z 的 ASCII 码是 0x61 ~ 0x7A。大写字母和对应的小写字母相差 0x20（32），所以大小写字母很容易相互转换。ASCII 码中，0x20 是空格字符。尽管它显示空白，但要占据一个字符的位置，所以它也是一个字符，用 SP 表示。熟悉这些字符的 ASCII 码规律对解决一些应用问题很有帮助，例如，英文字符就是按照其 ASCII 码大小进行排序的。

处理器只是按照二进制数操作字符编码，并不区别可显示（打印）字符和非显示（控制）字符，只有外部设备才区别对待，产生不同的作用。例如，ASCII 字符设备总是以 ASCII 形式处理数据，要显示（打印）数字"8"，必须将其 ASCII 码（0x38）提供给显示器（打印机）。

另外，PC 还采用扩展 ASCII 码，主要表达各种制表用的符号等。扩展 ASCII 码最高位 D_7 为 1，以与标准 ASCII 码区别。

由于英文字符默认采用 ASCII 码，而 ASCII 码对应一个无符号数值，所以英文字符实际上就是一个 8 位无符号整型数据。据此原理，可以只使用一个循环语句很方便地显示 ASCII 表的可显示字符：

```
char c;
```

```
for (c=0x20; c<0x7f; c++)  printf("%c", c);
```

当然，如果希望以更清晰的表格形式显示 ASCII 表，需要略复杂的程序。

3. C 语言的字符和字符串

高级语言支持字符型数据类型，通常采用 ASCII 码，用 1 字节（二进制 8 位）存储。例如，在 C/C++ 语言中，char 表示字符类型，可用于定义字符变量；字符串变量则需要利用字符数组形式定义。输入/输出函数的格式符"%c"和"%s"分别表示字符和字符串类型。

你是否感到疑惑：在 C 语言中，字符 'd' 和字符串 "d" 到底有什么区别？希望下面的程序能够帮助你找到答案。

【例 2-6】 高级语言的字符类型。

```
#include <stdio.h>
typedef unsigned char *byte_pointer;
void show_bytes(byte_pointer var, int len);
main()
{    char c='d';
     char s[]={"0123456789"};
     printf("char c='%c'=%d=0x%X\n",c,c,c); /* 显示字符及其 ASCII 码值 */
     printf("string s='%s'\n",s); /* 显示字符串 */
     printf("Bytes in Machine:  ");
     show_bytes((byte_pointer) &s, sizeof(s)); /* 显示字符串中每个字节的编码 */
}
/* 以十六进制形式逐个显示变量的每个字节编码  */
void show_bytes(byte_pointer var, int len)
{    int i;
     for (i=0; i<len; i++)
         printf("%.2X ", var[i]);
     printf("\n");
}
```

本例程序利用 show_bytes 函数，逐个显示每个字节的内容。它实现的算法是利用字节指针指向变量，将每个存储单元的内容以十六进制形式显示。变量长度（即字节个数）使用 C 语言的 sizeof 运算符获得。

例 2-6 的运行结果如图 2-16 所示。程序先显示了字符 'd' 及其 ASCII 码值（十进制 100，即十六进制 0x64），然后显示了字符串 "0123456789"，并显示了每个字符的 ASCII 码值。

```
char c='d'=100=0x64
string s='0123456789'
Bytes in Machine:  30 31 32 33 34 35 36 37 38 39 00
```

图 2-16　例 2-6 的运行结果

字符串连续存放于主存，先显示的字符保存在低存储器地址（地址编号小）位置，尽管字符串变量 s 只定义了 10 个字符，但占用了 11 字节的存储空间（sizeof(s)=11），多出的 1 字节是最后的结尾标志 0，它是由 C 语言编译程序自动在结尾加入的。所以，在 C 语言中，单个字符和只有一个字符的字符串的区别是后者多一个结尾字符。

字符串通常由多个字符组成，在计算机中常用 3 种方法标识字符串结束。第一种方法是固定字符串长度，这是最简单的方法，但显然不够灵活。第二种方法是保存字符串长度，例如，在 Pascal 等语言中，字符串最开始的单元存放该字符串的长度。第三种方法是使用结尾字符，也就是字符串最后使用一个特殊的标识符号，这是比较常用的方法。结尾字符可以自行定义，曾使用过字符"$"（如 DOS 的 9 号功能调用）、回车字符 CR、换行字符 LF 等，现在多采用 C/C++ 和 Java 语言规定的 0。

这个 0 就是 ASCII 表的首个字符，称为空字符（ASCII 码值为 0，可用转义符表达为"\0"），编程语言中常用常量 NULL（或 NUL 等）表示。不要与字符 '0'（ASCII 码值为 0x30），以及空格字符（ASCII 码值为 0x20）混淆。使用 0 作为字符串结尾，可以避免在字符串中出现结尾字符的情况，是比较理想的方法。

4. 多字节数据的存储形式

字符串总是按低地址到高地址的顺序逐个保存每个字符的 ASCII 码值，编译程序在最后添加结尾字符。那么，对于多字节数据，如 2 字节短整型、4 字节长整型变量，它们的各个字节是按照什么顺序保存在存储单元中的呢？

【例 2-7】 长整型变量的存储。

```
#include <stdio.h>
typedef unsigned char *byte_pointer;
/* 以十六进制形式逐个显示变量的每个字节编码  */
void show_bytes(byte_pointer var, int len)
{ … }      /* 略 */
main()
{    long x=0x12345678;
     printf("\nlong x=0x%lX\n",x); /* 显示长整型数据，以及每个字节编码和存储顺序 */
     printf("Bytes in Machine:  ");
     show_bytes((byte_pointer) &x, sizeof(x));
}
```

例 2-7 的运行结果如图 2-17 所示。可以看到，4 字节的长整型数据（0x12345678），在主存中连续存放，逐个字节保存的顺序是：高字节数据（0x12）保存在高地址处（显示在后），低字节数据（0x78）保存在低地址处（显示在前）。

```
long x=0x12345678
Bytes in Machine:  78 56 34 12
```

图 2-17　例 2-7 的运行结果

对于多字节数据，在以字节为基本存储单位的主存（即字节编址的存储器）中，将占用多个连续的字节存储空间。如果高字节数据保存在高存储地址，低字节数据保存在低存储地址（可简述为"高对高、低对低"），这种存储方式称为数据存储的"小端（Little Endian）"方式。通过上述运行于 PC 平台的显示结果可以看出，PC 的 IA-32 处理器采用小端方式。而大多数 RISC 处理器则相反，采用"大端（Big Endian）"方式，即高字节数据保存在低存储地址，低字节数据保存在高存储地址（可简述为"高对低、低对高"）。参见图 2-18 示例数据 0x12345678 的存储形式。

术语"小端"和"大端"来自《格列佛游记》的小人国故事，小人们为吃鸡蛋从小端打开还是从大端打开发起了一场"战争"。专家在制定网络传输协议时借用了这个词汇，这就是计算机结构中的字节顺序问题，在多字节数据的传输、存储和处理中都存在这样的问题。就像吃鸡蛋无所谓小端还是大端，两种字节顺序各有特点，并不比对方更好，只是有些情况更适合采用小端方式，有些情况采用大端方式更快。

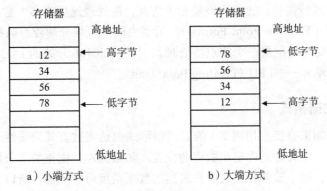

图 2-18　多字节数据的存储顺序

2.3.2　Unicode

ASCII 码表达了英文字符，但无法表达世界上所有语言的字符，尤其是像非拉丁语系的语言，如中文、日文、韩文、阿拉伯文等。为此，各国也都定义了各自的字符集，但相互之间并不兼容。例如，1981 年我国制定了《信息交换用汉字编码字符集　基本集》（GB 2312—1980）国家标准（简称国标码）。该标准规定每个汉字使用 16 位二进制编码，即两个字节表达，共计 7445 个汉字和字符。实际应用中，为了保持与标准 ASCII 码兼容，不产生冲突，国标码两个字节的最高位被设置为 1，这称为汉字机内码。不过，汉字机内码会与扩展 ASCII 码冲突（因它们的最高位都是 1），所以一些西文制表符有时会显示为莫名其妙的汉字（所谓的乱码）。

为了解决世界范围的信息交流问题，1991 年国际上成立了统一码联盟（Unicode Consortium），制定了国际信息交换码 Unicode。在其网站上对"什么是 Unicode？"给出了如下解答："Unicode 给每个字符提供了一个唯一的数字，不论是什么平台，不论是什么程序，不论是什么语言。"Unicode 使用 16 位编码，能够对世界上所有语言的大多数字符进行编码，并提供了扩展能力。Unicode 作为 ASCII 的超集，保持了与其兼容。Unicode 的前 256 个字符对应 ASCII 字符，16 位编码的高字节为 0，低字节等于 ASCII 码值。例如，大写字母 A 的 ASCII 码值是 0x41，用 Unicode 编码是 0x0041。

在 Microsoft 办公软件（文字处理软件 Word、文档演示软件 PowerPoint 和电子表格软件 Excel）中，利用"插入"菜单中的"字符"命令，可以方便地看到字符的 Unicode 值。

现在 Unicode 已经越来越被大家认同，很多程序设计语言和计算机系统支持它。例如，Java 语言和微机 Windows 操作系统的默认字符集就是 Unicode。Unicode 标准还在发展，2017 年 6 月 20 日发布了 Unicode 10.0.0 版本，详情请访问统一码联盟网站（http://www.unicode.org）。

2.4　实数编码

简单的数据处理、实时控制领域一般使用整数，所以传统的处理器或简单的微控制器只有整数处理单元。实际应用当中还要使用实数，尤其是科学计算等工程领域。有些实数经过移动小数点位置，可以用整数编码表达和处理，但可能要损失精度。实数也可以经过一定格式转换后，完全用整数指令仿真，但处理速度难尽人意。计算机表达实数采用浮点格式（Floating Point Format）。为了由硬件直接处理浮点数据，早期的 Intel 80x86 处理器需要另外配置一个浮点协处理器，而从 80486 开始的 IA-32 处理器内部都集成了浮点处理单元——FPU（Floating Point Unit）。

2.4.1　浮点数据格式

计算机中，如果直接使用图 2-1 的二进制形式表达实数有其局限性。例如，在位数有限的情况下，一个关键是确定小数点的位置。如果偏左，则整数部分能够表达的范围小；而如果偏右，则小数部分位数少，表达的数据精度可能不够。所以，计算机中的实数采用浮点格式，也就是小数点可以浮动，以便兼顾表达实数的数值大小和精度。

实数（Real Number）常采用科学表示法表达，例如，"−123.456"可表示为 -1.23456×10^2。该表示法包括 3 个部分，即指数、有效数字两个域和一个符号位。指数用来描述数据的幂，它反映数据的大小或量级；有效数字反映数据的精度。在计算机中，表达实数的浮点格式也可以采用科学表示法，只是指数和有效数字要用二进制数表示，指数是 2 的幂（而不是 10 的幂），正负符号也只能用 0 和 1 区别。

数值表达有表达范围和精度（准确度）问题。对于定点整数来说，尽管其表达数值的范围有限，但范围内的每个数值都是准确无误的。但是，实数是一个连续系统，理论上任意大小与精度的数据都可以表示。而在计算机中，由于处理器的字长和寄存器位数有限，实际所表达的数值是离散的，其精度和大小都是有限的。显而易见，有效数字位数越多，能表达数值的精度也就越高；指数位数越多，能表达数值的范围就越大。所以，浮点格式表达的数值只是实数系统的一个子集。

1. IEEE 浮点数据格式

在 20 世纪 80 年代之前，浮点数据格式并没有统一标准。不同格式的浮点数在程序移植时，需要进行格式转换，还可能导致运算结果不一致。为此，IEEE 成立委员会制定浮点数标准，其主要起草者是美国加州大学伯克利分校数学系威廉·凯亨教授。他帮助 Intel 公司设计了 8087 浮点协处理器，并以此为基础形成了 IEEE 754 标准（1985 年），目前几乎所有计算机都采用 IEEE 754 标准表示浮点数。

计算机中的浮点数据格式如图 2-19 所示，分成指数、有效数字和符号 3 个部分。IEEE 754 标准制定了 32 位（4 字节）编码的单精度浮点数格式和 64 位（8 字节）编码的双精度浮点数格式。

● 符号（Sign）：表示数据的正负，

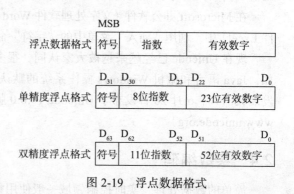

图 2-19　浮点数据格式

在最高有效位（MSB）。负数的符号为 1，正数的符号为 0。

- 指数（Exponent）：也称为阶码，表示数据以 2 为底的幂，恒为整数，使用偏移码（Biased Exponent）表达。单精度浮点数用 8 位表达指数，双精度浮点数用 11 位表达指数。

- 有效数字（Significand）：表示数据的有效数字，反映数据的精度。单精度浮点数用最低 23 位表达有效数字，双精度浮点数用最低 52 位表达有效数字。有效数字一般采用规格化（Normalized）形式，是一个纯小数，所以也称为尾数（Mantissa）、小数或分数（Fraction）。

2. 浮点阶码

类似于补码、反码等编码，偏移码（简称移码）也是一种表达有符号整数的编码。标准偏移码选择从全 0 到全 1 编码中间的编码作为 0，也就是从无符号整数的全 0 编码开始向上偏移一半后得到的编码作为偏移码的 0（对 8 位就是 128=10000000B）。以这个 0 编码为基准，向上的编码为正数，向下的编码为负数。于是，N 位偏移码 = 真值 $+2^{N-1}$。

例如，对于 8 位编码，真值 0 的无符号整数编码是全 0，标准偏移码则表示为 0+128=00000000B+10000000B=10000000B，恰好是中间的编码。真值 127 的无符号整数编码是 01111111B，标准偏移码则表示为 127+128=01111111B+10000000B=11111111B。

反过来，采用标准偏移码的真值 = 偏移码 -2^{N-1}。例如，对于偏移码全 0 的编码，其真值 =00000000B−10000000B=0−128=−128。对比补码，偏移码仅符号位与之相反，参见表 2-9。

表 2-9　8 位二进制数的补码、标准偏移码、浮点阶码

十进制真值	补码	标准偏移码	浮点阶码
+127	01111111	11111111	11111110
+126	01111110	11111110	11111101
+2	00000010	10000010	10000001
+1	00000001	10000001	10000000
0	00000000	10000000	01111111
−1	11111111	01111111	01111110
−2	11111110	01111110	01111101
−126	10000010	00000010	00000001
−127	10000001	00000001	
−128	10000000	00000000	

为了便于进行浮点数据运算，指数采用偏移码。但是，在 IEEE 754 标准中，全 0、全 1 两个编码用于特殊目的，其余编码表示阶码数值。单精度浮点数据格式中的 8 位指数的偏移基数为 127，用二进制编码 0000001 ～ 11111110 表达 −126 ～ +127，参见图 2-20。双精度浮点数的偏移基数为 1023。相互转换的公式如下。

单精度浮点数据：指数真值 = 浮点阶码 − 127，浮点阶码 = 指数真值 +127。

双精度浮点数据：指数真值 = 浮点阶码 − 1023，浮点阶码 = 指数真值 +1023。

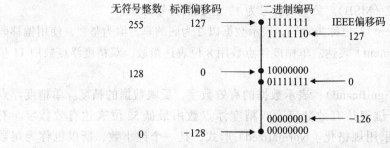

图 2-20   标准偏移码和 IEEE 偏移码

3. 规格化浮点数

十进制科学表示法的实数可以有多个形式，例如：

$$-1.23456 \times 10^2 = -0.123456 \times 10^3 = -12.3456 \times 10^1$$

小数点左移或右移，对应进行指数增量或减量。在浮点格式中，数据也会出现同样的情况。为了避免多样性，同时也为了能够表达更多的有效位数，浮点数据格式的有效数字一般采用规格化形式：1.XXX…XX。由于去除了前导 0，它的最高位恒为 1，随后都是小数部分，这样有效数字只需要表达小数部分，其小数点在最左端（无须表达），它隐含一个整数 1（没有表达），表达的数值范围是 1 ≤ 有效数值 < 2。这就是通常使用的浮点数据，称为规格化有限数（Normalized Finite）。

所以，一个规格化浮点数的真值可以利用下面公式计算，其中 S 是符号位。

单精度浮点数据：

$$真值 = (-1)^S \times （1+0.\ 尾数） \times 2^{（阶码 -127）} \tag{2-5}$$

双精度浮点数据：

$$真值 = (-1)^S \times （1+0.\ 尾数） \times 2^{（阶码 -1023）} \tag{2-6}$$

IEEE 754 标准带有一个隐含位，则尾数可表达的位数就多一位，使得数据精度更高。

【例 2-8】 把浮点格式数据转换为实数表达。

某个单精度浮点数如下：

BE580000H=1011 1110 0101 1000 0000 0000 0000 0000 B

将它分成 1 位符号、8 位阶码和 23 位有效数字 3 部分：

BE580000H=1 01111100 10110000000000000000000 B

符号位为 1，表示负数。

指数编码是 01111100，表示指数 =124 − 127= −3。

有效数字部分是 10110000000000000000000，表示有效数 =1.1011 B=1.6875。

所以，这个实数为 $-1.6875 \times 2^{-3} = -1.6875 \times 0.125 = -0.2109375$。

【例 2-9】 把实数转换成浮点数据格式。

对实数 "100.25" 进行如下转换：

$$100.25=0110\ 0100.01B=1.10010001B \times 2^6$$

于是，符号位为 0。

指数部分是6，8位阶码为10000101（6+127=133）。

有效数字部分是10010001000000000000000。

这样，100.25表示成单精度浮点数为

$$0\ 10000101\ 10010001000000000000000B$$
$$=0100\ 0010\ 1100\ 1000\ 1000\ 0000\ 0000\ 0000\ B$$
$$=0x42C88000$$

结果是0x42C88000。

4. 非规格化浮点数和零

浮点格式的规格化数所表达的实数是有限的。例如，对于单精度规格化浮点数，其最接近0的情况是指数最小（-126），有效数字最小（1.0），即$\pm 2^{-126}$（$\approx \pm 1.18 \times 10^{-38}$）。当数据比这个最小数还要小，还要接近0时，规格化浮点格式无法表示，这就是下溢（Underflow）。

为了能够表达更小的实数，制定了非规格化浮点数（Denormalized Finite）。它用指数编码为全0表示-126，有效数字仅表示小数部分，但不能是全0，表示形式如下：0.XXX…XX。这时，有效数字最小编码是仅有最低位为1，其他为0，表示数值2^{-23}。这样非规格化浮点数能够表示到$\pm 2^{-126} \times 2^{-23}$（$\approx \pm 1.40 \times 10^{-45}$）。

非规格化浮点数表示了下溢，程序员可以在下溢异常处理程序中利用它。

如果数据比非规格化浮点数所能表达的（绝对值）最小数还要接近0，就只能使用机器零（有符号零，Signed Zero）表示。机器零的指数和有效数字的编码都是全0，符号位可以是0或1，所以分成+0和-0。机器零用浮点数据格式表达了真值0，以及小于规格化数（或非规格化数）绝对值最小值的无法表达的实数。

5. 无穷大

对于单精度规格化浮点数，其最大数的情况是：指数最大（127），有效数字最大（编码为全1，表达数值$1+1-2^{-23}$），即数值$\pm (2-2^{-23}) \times 2^{127}$（$\approx \pm 3.40 \times 10^{38}$）。当数据比这个最大数还要大时，规格化浮点格式无法表示，这就是上溢（Overflow）。

大于规格化浮点数所能表达的最大数的真值，浮点格式用有符号无穷大（Signed Infinity）表达。它根据符号位分为正无穷大（$+\infty$）和负无穷大（$-\infty$），指数编码为全1，有效数字编码为全0。

正无穷大在数值上大于所有有限数，负无穷大则小于所有有限数。无穷大既可能是操作数，也可能是运算结果。例如，$1.0/-0.0 = -\infty$，$1.0/0.0 = -1.0/-0.0 = +\infty$等。

浮点格式通过组合指数和有效数字的不同编码，可以表达规格化有限数、非规格化有限数、有符号零、有符号无穷大，如表2-10和图2-21所示（X表示任意，可为0或1）。

表2-10 IEEE 754标准的数据分类

阶码	有效数字	数据类型
00……00	00…00	机器零
	00…01 ～ 11…11	非规格化数

（续）

阶码	有效数字	数据类型
00…01 ~ 11…10	00…00 ~ 11…11	规格化数
11…11	00…00	无穷大
	非全 0	非数（NaN）

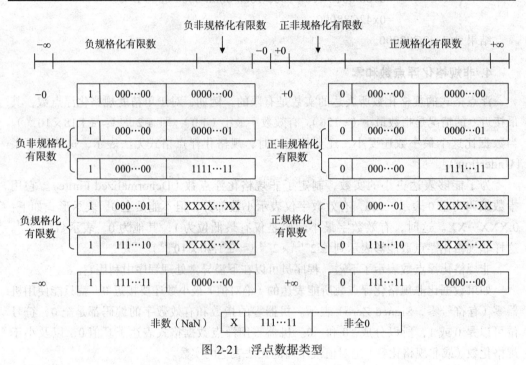

图 2-21   浮点数据类型

除此之外，标准浮点格式还支持一类特殊的编码：指数编码是全 1，有效数字编码不是全 0，即非数（Not a Number，NaN）。NaN 用于表达无法确定的数值，如 $\sqrt{-1}$、$\infty - \infty$、$\infty \times 0$、0/0 等。因为 NaN 不是实数的一部分，程序员可以利用 NaN 等进行特殊情况的处理。

NaN 又分成静态（Quiet）非数（QNaN）和信号（Signal）非数（SNaN）。QNaN 通常不指示无效操作异常，高级程序员利用它可以加速调试过程；SNaN 在算术运算中用作操作数时会产生异常，高级程序员利用它进行特殊情况的处理。另外，QNaN 还包括了一个特殊的编码，用于表示不定数（Indefinite），其编码是：符号和指数部分是全 1，有效数字部分是 100…0。

6. 浮点数的舍入控制

只要可能，浮点处理单元就会按照单精度或双精度要求的格式产生一个精确值。但是，使用浮点格式表达实数以及进行浮点数据运算过程中，经常会出现精确值无法用要求的格式编码的情况，这时就需要进行舍入控制（Rounding Control）。IEEE 754 标准支持 4 种舍入类型，如表 2-11 所示。

表 2-11 舍入控制

舍入类型	舍入原则
就近舍入（偶）	舍入结果最接近准确值。如果上下两个值一样接近，就取偶数结果（最低位为 0）
向下舍入（趋向 −∞）	舍入结果接近但不大于准确值
向上舍入（趋向 +∞）	舍入结果接近但不小于准确值
向零舍入（趋向 0）	舍入结果接近但绝对值不大于准确值

"就近舍入（Round to Nearest）"是默认的舍入方法，类似于"四舍五入"原则，适用于大多数应用程序，它提供了最接近准确值的近似值。例如，有效数字超出规定数位的多余数字是 1001，它大于超出规定最低位的一半（即 0.5），故最低位进 1。如果多余数字是 0111，它小于最低位的一半，则舍掉多余数字（截断尾数，简称截尾）即可。对于多余数字是 1000，正好是最低位一半的特殊情况，最低位为 0 则舍掉多余位，最低位为 1 则进位 1，使得最低位仍为 0（偶数）。所以，就近舍入也称为向偶舍入（Round to Even）。在大多数的实际应用中，就近舍入可以避免统计误差（因为进位或者不进位的情况可能各占一半）。

"向下舍入（Round Down）"用于得到运算结果的上界。对正数，就是截尾；对负数，只要多余位不全为 0 则最低位进 1。

"向上舍入（Round Up）"用于得到运算结果的下界。对负数，就是截尾；对正数，只要多余位不全为 0 则最低位进 1。

"向零舍入（Round toward Zero）"就是向数轴原点舍入，不论是正数还是负数都截尾，使绝对值小于准确值，所以也称为截断舍入（Truncate）。它常用于浮点处理单元进行整数运算。

【例 2-10】 把实数 0.2 转换成浮点数据格式。

许多浮点指令都存在舍入问题，有时还会出现规格化有限数外的情况。例如，将实数"0.2"转换为二进制数，但它是"0011"的无限循环数据：

$$0.2=0.001100110011 \text{B}=1.100110011001100110011 \text{B} \times 2^{-3}$$

于是，符号位是 0。

指数部分是 −3，8 位阶码为 01111100（−3+127=124）。

有效数字是无限循环数，按照单精度要求取前 23 位，即 10011001100110011001100；后面是 110011 B，需要进行舍入处理。按照默认的最近舍入方法，应该进 1。所以，有效数字编码是 10011001100110011001101。

这样，0.2 表示成单精度浮点数为

0 01111100 10011001100110011001101 B

=0011 1110 0100 1100 1100 1100 1100 1101 B

=0x3E4CCCCD

结果是 0x3E4CCCCD。通过这个例子可以看到，计算机把一个简单的"0.2"都表达不准确，可见浮点格式数据只能表达精度有限的近似值。但如果采用 BCD，真值"0.2"可以表达为"00000010B"（即 0x02，假设小数点在中间）。

有些实数由于无法精确表达，必然带来误差。尽管误差很小，但必须保证在允许的范围内。因为当这个误差充分累积时，就有可能导致出错（参见本章习题讨论）。

7. 高级语言（C 语言）的浮点数据类型

浮点数据类型也是高级语言的基本数据类型。虽然 C 语言标准并没有规定机器使用 IEEE 754 浮点标准，然而在 C/C++ 语言中，float 和 double 分别声明单精度和双精度浮点数据（分别是 32 位（4 字节）和 64 位（8 字节）数据编码）。另外，较新版本的 C 语言，包括 ISO C99，包含 long double 类型。许多机器和编译程序将 long double 等价于 double，但是基于 80x86 处理器的 PC 使用其特有的 80 位扩展精度格式。

C 语言输入 / 输出函数也定义了浮点格式控制符，如表 2-12 所示。

通过下面的例题，我们可以更直观地理解实数在计算机内部的浮点格式编码和存储形式。

表 2-12　C 语言的浮点格式控制符

格式控制符	数据类型及含义
%f	float 或 double，十进制有符号实数
%e（或 %E）	float 或 double，指数格式有符号实数
%g（或 %G）	float 或 double，根据需要使用 %f 或 %e

【例 2-11】 高级语言的浮点数据类型。

```c
#include <stdio.h>
main()
{   long x, *xp;
    float y, *yp;
    union long_float
    { long varlong;
      float varfloat;
    }var;
    /* 对应例 2-8，验证浮点数编码表达的实数真值   */
    x=0xBE580000;
    xp=&x;
    yp=(float *)xp;
    y=*yp;
    printf("Codes in machine: %lX\n", x);
    printf("Float data: %.8f\n", y);
    var.varlong=x;
    printf("Codes in machine: %lX\n", var.varlong);
    printf("Float data: %.8f\n\n", var.varfloat);
    /* 对应例 2-9，验证实数真值的浮点数编码   */
    y=100.25;
    yp=&y;
    xp=(long *)yp;
    x=*xp;
    printf("Float data: %f\n", y);
    printf("Codes in machine: %lX\n", x);
    var.varfloat=y;
    printf("Float data: %f\n", var.varfloat);
    printf("Codes in machine: %lX\n\n", var.varlong);
    /* 输入实数，显示其浮点数编码（可输入 0.2，对应验证例 2-10）  */
    printf("Enter a real number:  ");
    scanf("%f", &var.varfloat);
    printf("Codes in Machine: %lX\n", var.varlong);
}
```

32 位单精度浮点数（float）占用 4 字节，与长整型数据（long）占用的存储空间一样。本例程序使用了两种方法验证实数真值与浮点数据编码的对应关系。一种方法是使用指针，将长整型（或单精度浮点）数据的指针赋值给单精度浮点（或长整型）数据实现类型转换，虽然是有些奇怪的指针赋值，但数据编码并没有改变。另一种方法利用了 C 语言的共同体 union 类型，将长整型和单精度浮点使用共同的存储空间保存，也就是同一个数据编码，但具有两种数据类型。事先给定的两个数据可用于验证例 2-8 和例 2-9 的分析，程序运行结果如图 2-22 所示。

本例程序最后实现输入实数，显示其对应浮点格式编码的功能（相反的功能实现留作习题）。如果输入 0.2，可用于验证例 2-10 对舍入控制的分析；也可以任意输入一个实数了解其内部编码，并与前述浮点格式分析做对照。

```
Codes in machine:  BE580000
Float data: -0.21093750
Codes in machine:  BE580000
Float data: -0.21093750

Float data:  100.250000
Codes in machine:  42C88000
Float data:  100.250000
Codes in machine:  42C88000

Enter a real number:  0.2
Codes in Machine: 3E4CCCCD
```

图 2-22 例 2-11 程序的运行结果

2.4.2 浮点运算的数学性质

高级语言通常使用 IEEE 754 标准的单精度和双精度浮点数表达实数，由于浮点格式的特点，在进行类型转换、运算处理时也应注意其数学性质，以免留下隐患。

1. 浮点数据类型转换

C/C++ 语言支持整型数据与浮点数据之间的相互转换，转换原则是尽量保持数据真值不变，这就需要按照各自的编码规则重新编码，参见表 2-13。

表 2-13 C 语言的整型数据与浮点数据相互转换

转换类型	转换规则
int 转换为 float	数字不会溢出，但有效数字可能有舍入
int 或 float 转换为 double	（整数不超过 53 位）精确转换
double 转换为 float	可能溢出为无穷大，还可能有舍入
double 或 float 转换为 int	向零舍入，截断小数部分。对于超出整数范围或者是 NaN 的情况，C 语言没有指定固定的结果。通常被设置为补码最小值：-2^{N-1}

【例 2-12】 整型数据转换为单精度浮点数据。

已知：int x=12345

其二进制编码：11000000111001（0x00003039）

转换：float y = (float) x

$$11000000111001 = 1.1000000111001 \times 2^{13}$$

符号位：0

指数是 13，阶码：10001100

有效数字部分：10000001110010000000000

整数 12345（整型编码为 0x00003039）转换为单精度浮点数，其编码是

     0 10001100 10000001110010000000000 B

     =0100 0110 0100 0000 1110 0100 0000 0000 B

     =0x4640E400

不同类型的数据进行转换时，需要留心是否会发生溢出。1996 年 6 月 4 日，美国阿丽亚娜（Ariana）5 火箭首次发射仅仅 37 秒后就偏离航道，然后解体爆炸了。调查发现，这是因为一个 64 位浮点数据转换为 16 位有符号整数时，发生了溢出。这个溢出值是火箭的平均速率，比阿丽亚娜 4 火箭所能达到的速率高出了 5 倍。在设计阿丽亚娜 4 火箭软件时，设计者确认速率不会超过 16 位整数，在设计阿丽亚娜 5 火箭时，这部分直接使用了原来的设计，并没有重新检查。

2. 浮点运算

表达实数的浮点格式比较复杂，因而实现浮点数据的运算过程和硬件电路也比较复杂。IEEE 754 标准将浮点数看成实数进行运算，获得精确结果；然后，将结果按要求精度进行处理，这个过程中可能需要舍入处理，结果也可能发生溢出。

例如，浮点加减运算的操作流程如图 2-23 所示，一般要经过如下 4 个步骤。

1）0 操作数检查：如果参与运算的一个数据是 0，则直接赋值另一个数据为加减运算结果，不必进行后续复杂的处理，以节省时间。

2）对阶操作：只有两个数据的阶码（指数）相同（也就是小数点对齐），才可以进行尾数的加减运算。选择阶码小的数据，增加其值直至与另一个数据的阶码相同（对阶）；阶码每增加 1，其尾数右移 1 位。选择阶码小的数据进行对阶，后移出去的是最低位，误差较小。

3）尾数求和：阶码相同，就可以进行尾数求和运算。

4）结果规格化（包括舍入处理、溢出处理）：尾数求和的结果未必是规格化形式，所以需要进行规格化处理。如果求和的尾数绝对值大于等于 2，则需要右移，同时阶码增加（向右规格化）；如果阶码增加后超过阶码的最大值，则阶码上溢。如果求和的尾数小于 1，则需要左移，同时阶码减小（向左规格化）；如果阶码减小后比阶码的最小值还要小，则阶码下溢。尾数处理成大于等于 1、小于 2 的规格化（1.M）形式，但位数可能超过了指定位数（单精度为 23 位，双精度为 52 位），需要进行舍入处理。

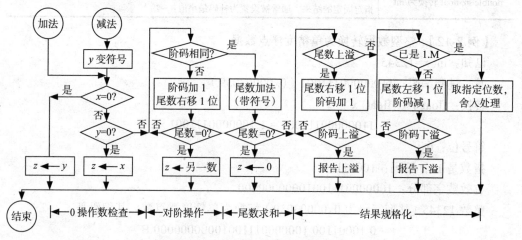

图 2-23　浮点加减运算的操作流程

完全按照硬件处理过程演示实数的加减运算，其过程比较繁杂难懂。为了更好地理解，下面使用 7 位尾数、4 位指数的二进制形式进行简化模拟（双斜线后面是注释）：

$1.1011011 \times 2^{0001} + 1.1101100 \times 2^{0011}$ 　　　　　// （1）0 操作数检查

$= 0.011011011 \times 2^{0011} + 1.1101100 \times 2^{0011}$ 　　　// （2）对阶操作

$= (0.011011011 + 1.1101100) \times 2^{0011}$ 　　　　// （3）尾数求和

$= 10.010001011 \times 2^{0011}$

$= 1.0010001011 \times 2^{0100}$ 　　　　　　　// （4）结果规格化（本例是向右规格化）

$= 1.0010001 \times 2^{0100}$ 　　　　　　　　// 舍入处理

3. 浮点运算的数学性质

有如下一段 C 语言代码，你认为单精度浮点数 y1 和 y2 会显示多少？

```
float y1, y2;
y1=3.14+(1e20-1e20);
y2=3.14+ 1e20-1e20;
printf("%f\n",y1);
printf("%f\n",y2);
```

按照人们的惯性思维，y1 和 y2 的结果很显然都应该是 3.14。但是，这是 C 语言程序，需要按照 C 语言语法规则理解。按照运算符优先规则，优先运算括号内表达式，"(1e20-1e20)" 为 0，y1 确实是 3.14。

同级运算按照从左到右的顺序进行，所以在 y2 表达式中，先进行 "3.14+ 1e20" 运算。浮点数 "1e20"（10^{20}）的阶码（66）远远大于浮点数 "3.14" 的阶码（1），需要进行图 2-23 的对阶操作。浮点数 "3.14" 的阶码需要加 65 才能与 "1e20" 的阶码相同，同时 "3.14" 的尾数也需要向右移动 65 位。单精度浮点数的尾数部分只有 23 位，不到 65 次右移就已经使得尾数为 0 了，也就是说 "3.14" 在与 "1e20" 对阶过程中成为 0 了，这对应图 2-23 所示流程图中 "z←另一数" 的情况。因此，"3.14+ 1e20" 运算的浮点数结果是 "1e20"，所以 y2 的最终运算结果是 0。这就是浮点运算的 "大数" 吃 "小数" 现象。

同样，不难理解为什么单精度浮点运算 "(1e20*1e20)*1e-20" 的结果会是无穷大（+∞），而几乎相同的运算 "1e20*(1e20*1e-20)" 结果正确（1e20）。

由此也可以推断出浮点运算的基本数学性质（变量 x、y 和 z 是浮点数）：

1）不具有结合律（Associativity），例如，x+y+z 不一定等于 x+(y+z)，x*y*z 不一定等于 x*(y*z)。

2）支持交换律（Commutativity），例如，x+y = y+x，x*y = y*x。

3）满足单调性（Monotonicity），例如，对于任意 x、y 和 z 的值，如果 x ≥ y，那么 x+z ≥ y+z；如果 x ≥ y 且 z ≥ 0，那么 x*z ≥ y*z；如果 x ≥ y 且 z ≤ 0，那么 x*z ≤ y*z；只要 x ≠ NaN，就有 x*x ≥ 0。

本章介绍了数值（整数和实数）、文字（字符和字符串）在计算机内的编码形式。实际上，数据还有声音、图像、视频等形式，也需要进行编码表示，有时还必须进行压缩编码，这些数据表示内容需要大家深入学习其他课程。

习题

2-1　简答题

（1）使用二进制 8 位表达无符号整数，257 有对应的编码吗？

（2）字符"F"的 ASCII 码和数值 70 的整数编码在计算机内部是否一样？

（3）大小写字母转换使用了什么规律？

（4）这里有一个数字开头的文件名和一个字母开头的文件名，如果将它们按照从小到大的顺序排列，哪个文件会排在前面？

（5）为什么浮点数据编码有舍入问题，而整数编码却没有？

2-2　判断题

（1）对于一个正整数，它的原码、反码和补码都一样，也都与无符号数的编码一样。

（2）常用的 BCD 码为 8421 BCD 码，其中的 8 表示 D_3 位的权重。

（3）无符号数在前面加零扩展，数值不变；有符号数在前面进行符号扩展，位数加长 1 位，数值增加 1 倍。

（4）在文字编辑软件中，按下键盘上的空格键往往显示空白，所以 ASCII 的空格编码不是字符编码。

（5）IEEE 754 规定的浮点数据格式的阶码与标准偏移码一样。

2-3　填空题

（1）计算机中有一个"01100001"编码。如果把它当作无符号数，它是十进制数＿＿＿＿＿；如果认为它是 BCD 码，则表示真值＿＿＿＿＿；又如果它是某个 ASCII 码，则代表字符＿＿＿＿＿。

（2）C 语言用"\n"表示让光标回到下一行首位，在 DOS、Windows 中需要输出两个控制字符：一个是回车，其 ASCII 码是＿＿＿＿＿，它将光标移动到当前所在行的首位；另一个是换行，其 ASCII 码是＿＿＿＿＿，它将光标移到下一行。

（3）8 个二进制位具有＿＿＿＿＿个不同的编码。如果某种编码用 00H 表示真值 −2，01H 表示 −1，02H 表示 0，03H 表示 1……依次顺序编码表示，则 FFH 表示真值＿＿＿＿＿。

（4）有一个 32 位整数编码，在 IA-32 处理器的主存中占用＿＿＿＿＿字节空间，起始于405000H 地址，则最高字节存放的地址是＿＿＿＿＿。

（5）单精度浮点数据格式共有＿＿＿＿＿位，其中符号位占 1 位，阶码部分占＿＿＿＿＿位，尾数部分占＿＿＿＿＿位。

2-4　下列十六进制数表示无符号整数，请转换为十进制形式的真值：

（1）FFH　　　　（2）0H　　　　（3）5EH　　　　（4）EFH

2-5　将下列十进制数真值转换为压缩 BCD 码：

（1）12　　　　（2）24　　　　（3）68　　　　（4）99

2-6　将下列压缩 BCD 码转换为十进制数：

（1）10010001　　（2）10001001　　（3）00110110　　（4）10010000

2-7　将下列十进制数用 8 位二进制补码表示：

（1）0　　　　　（2）127　　　　（3）−127　　　　（4）−57

2-8 进行十六进制数据的加减运算，并说明是否有进位或借位：

（1）1234H+7802H

（2）F034H+5AB0H

（3）C051H−1234H

（4）9876H−ABCDH

2-9 假设某 C 语言程序有一个字符串变量声明如下：

```
char *string = "ABCabc890!";
```

请按照顺序逐个字节写出其机器码。

2-10 利用 sizeof() 可以填入类型名或者变量名，获得该类型或变量所占用的存储空间字节数。编写一个 C 语言程序，利用 sizeof() 运算符显示所使用编译器给 int、long 等类型分配的存储空间字节数。

2-11 参考例 2-4 等程序，编写一个将 32 位有符号数截断为 16 位和 8 位并输出的程序，用于验证减少位数的有符号数和无符号数的转换。应至少输入负数、较大的正数和较小的正数 3 种情况，给出程序正确运行的结果。

2-12 编写一个函数 uadd_ok，如果两个无符号整数 x+y 没有溢出（进位），函数返回 1，否则返回 0。函数原型如下：

```
int uadd_ok(unsigned short x, unsigned short y);
```

　　为便于验证，程序使用短整型，要求能通过主程序输入不同的数值进行验证，尤其应验证如下 3 组数据（前两组无进位，后一组有进位）：

```
unsigned short x=0, y=0;
unsigned short x=65535, y=0;
unsigned short x=65535, y=1;
```

2-13 编写一个函数 sadd_ok，如果两个有符号整数 x+y 没有溢出，函数返回 1，否则返回 0。函数原型如下：

```
int sadd_ok(short x, short y);
```

　　为便于验证，程序使用短整型，要求能通过主程序输入不同的数值进行验证，尤其应验证如下 4 组数据（前两组无溢出，后两组有溢出）：

```
short x=32767, y=0;
short x=-32767, y=-1;
short x=32767, y=1;
short x=-32767, y=-2;
```

2-14 在 32 位平台，下列程序执行后输出的结果是_____。（提示：32768=0x8000。）

```
main()
{ int x=-32769;
    printf( "%hd\n",x);
}
```

A. 32769 　　　　　　B. −32769 　　　　　　C. 32767 　　　　　　D. −32767

2-15   一个 C 语言程序在一台 32 位机器上运行。程序中定义了 3 个变量 x、y、z，其中 x 和 z 是 int 型，y 是 short 型。当 x=127、y=−9 时，执行赋值语句 z=x+y 后，x、y、z 的值分别是 _____。

    A. x=0000007FH，y=FFF9H，z=00000076H

    B. x=0000007FH，y=FFF9H，z=FFFF0076H

    C. x=0000007FH，y=FFF7H，z=FFFF0076H

    D. x=0000007FH，y=FFF7H，z=00000076H

2-16   已知 C 语言中有如下定义：

```
unsigned int ux;
int sx;
```

    判断下列各表达式是否总是成立：

    （1）ux >= 0   （2）ux > −1

    （3）ux>>3==ux/8   （4）sx>>3==sx/8

2-17   多字节数据的存储顺序对不同类型的处理器有"小端""大端"的区别。编写一个 C 语言程序，判断当前运行的平台采用何种存储顺序方式。注意，不能通过显示结果判断，依靠人工判断。可以参考如下编程思路：定义一个多字节整型数据变量，通过该变量的主存地址获得首个字节数据，并与多字节整数的低字节数据进行比较。

2-18   在 32 位平台，一个 C 语言程序声明有如下变量初值，给出其对应的机器数（十六进制表示的编码）。

    （1）char x1 = 'Z';   （2）unsigned short x2 = 128;   （3）int x3 = −32768;

    （4）float y1=0;   （5）float y2 = 28.75   （6）float y3 = −1.1

2-19   已知 0xBF600000 是 C 语言程序中 float y 变量的初值，给出 y 的实数真值。

2-20   浮点数据为什么要采用规格化形式？解释如下浮点格式数据的有关概念：

    （1）数据上溢和数据下溢

    （2）规格化有限数和非规格化有限数

    （3）NaN 和无穷大

    （4）就近舍入

2-21   参考例 2-11 程序，编写一个 C 语言程序，实现将输入的 4 字节编码（十六进制形式）作为单精度浮点格式编码，显示其对应的实数真值。利用这个程序，读者可以验证前面习题的结果。

2-22   编写一个 C 语言程序，输入一个整型数据，显示其内部编码。然后，将这个整数转换为单精度浮点数，显示其单精度浮点数的编码。验证例 2-12 数据。

2-23   有一个真值 4097，如果分别使用 C 语言的 int 和 float 类型的变量保存，给出它们在 32 位平台机器中的机器编码（十六进制表示），并说明哪段二进制位序列在这两个机器码中相同。

2-24   有一个真值 −2147483647（$2^{31}-1$），如果分别使用 C 语言的 int 和 float 类型的变量保存，给出它们在 32 位平台机器中的机器编码（十六进制表示），并说明哪种表达的真值完全准确，哪种表达的真值是一定精度的近似值。

2-25   爱国者导弹定位错误。

1991 年 2 月 25 日，美国在沙特阿拉伯达摩地区设置的爱国者导弹未能成功拦截伊拉克的飞毛腿导弹，致使飞毛腿导弹击中了一个美军军营。拦截失败归结于爱国者导弹系统时钟的一个软件错误，而引起这个软件错误的原因是实数的精度问题。

爱国者导弹系统用计数器实现内置时钟，每隔 0.1s 计数一次。程序使用一个 24 位二进制定点小数作为 0.1s 时间单位。然而，实数 "0.1" 转换为二进制数却是 "0011" 的无限循环数据（与例 2-10 的 "0.2" 一样，其中后缀字母 B 表示二进制数）：

$$0.1 = 0.0\ \dot{0}01\dot{1}\ B = 0.000\ 1100\ 1100\ 1100\ 1100\ 1100\ \dot{1}\dot{1}\ B$$

使用 24 位二进制定点小数表达 0.1，小数点后仅 23 位，超出部分直接截断，其机器数 x 为

$$x = 0.000\ 1100\ 1100\ 1100\ 1100\ 1100\ B$$

于是 0.1 的真值与机器数的误差（绝对值）是

$$
\begin{aligned}
&|0.1 - x| \\
&= 0.000\ 1100\ 1100\ 1100\ 1100\ 1100\ \dot{1}\dot{1}\ B \\
&\quad - 0.000\ 1100\ 1100\ 1100\ 1100\ 1100\ B \\
&= 0.000\ 0000\ 0000\ 0000\ 0000\ 0000\ \dot{1}\dot{1}\ B \\
&= 2^{-20} \times (0.0\ \dot{0}01\dot{1}\ B) \\
&= 2^{-20} \times 0.1 \\
&\approx 9.54 \times 10^{-8}
\end{aligned}
$$

已知爱国者导弹在准备拦截飞毛腿导弹之前，已经连续工作了 100h，飞毛腿导弹的速度大约为 2000m/s。100h 相当于计了 $100 \times 60 \times 60 \times 10 = 36 \times 10^5$ 次，因而导弹的时钟误差是 $9.54 \times 10^{-8} \times 36 \times 10^5 \approx 0.343$s。这时，由于累积的时钟误差而导致的距离误差是 $2000 \times 0.343\text{s} \approx 687$m。所谓 "差之毫厘，失之千里"，难怪没能够拦截成功。

（1）如果采用就近舍入方法，仍使用 24 位二进制定点小数表达 "0.1"，其机器数 $x = 0.000$ 1100 1100 1100 1100 1101 B，计算在上述情况下的距离偏差。

（2）如果系统采用单精度浮点格式 float 表达实数 "0.1"，给出其内部编码，在上述情况下距离偏差是多少米？

（3）使用 float 浮点格式必须对计数值进行转换，然后对两个浮点数相乘，这比直接将两个二进制数相乘要慢。所以实际应用中，不是所有小数都用浮点数表示。例如，将一个整数变量乘以一个确定的小数常量，可先用一个确定的定点整数与整数变量相乘，然后通过移位运算来确定小数点。若改进使用 32 位二进制定点小数 $x = 0.000$ 1100 1100 1100 1100 1100 1100 1101 B 表示 "0.1"，则距离偏差是更大还是更小？

第3章 数字逻辑基础

计算机的硬件线路由数字逻辑电路组成。为了更好地理解计算机的工作原理，本章从作为数字逻辑数学基础的逻辑代数入手，接着展开构成集成电路基础的逻辑门电路；然后介绍组合逻辑电路的编码器、译码器和加法器，时序逻辑电路的触发器、寄存器和计数器；最后介绍可编程逻辑器件及电子设计自动化方法。

3.1 逻辑代数

数字电路是处理数字信号的电子线路。不同于时间和数值均连续变化的模拟信号（Analog Signal），数字信号（Digital Signal）是时间和数值离散的信号。数字信号是一种二值信号，用高电平和低电平两个电平分别表示两个稳定状态，电平的突变形成上升沿和下降沿，高低电平形成脉冲。图 3-1 是理想的数字信号波形。逻辑代数研究数字电路输入输出之间的逻辑关系，它的基本运算也是数字电路要实现的主要操作。因此，数字电路也常被称为数字逻辑电路或逻辑电路。

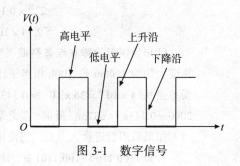

图 3-1 数字信号

逻辑代数由哲学领域的逻辑学发展而来，是用代数的形式来描述、分析、设计逻辑电路的数学工具。逻辑代数首先是由英国数学家乔治·布尔（George Boole）在 1847 年提出的，后人为纪念他把逻辑代数称为布尔代数，后来由于克劳德·香农（Claude E.Shannon）在 1938 年把布尔代数直接应用在继电器开关电路的分析与设计，故逻辑代数又称为开关代数。随着电子数字技术的发展，机械触点开关被无触点电子开关取代，开关代数也被逻辑代数的名称取代。

3.1.1 逻辑关系

逻辑（Logic）是指事物的前因后果所遵循的规律，有两个逻辑状态：真和假。两个逻辑状态正好可以对应开关的接通与断开、电压的高与低、信号的有与无、晶体管的导通与截止等两种稳定的物理状态。逻辑状态还可以用数字 1 和 0 表示，分别表示逻辑真和逻辑假，对应数字信号高电平和低电平。所以在逻辑代数中，逻辑变量只有两个取值，称为逻辑 1 和逻辑 0，但它们仅表示两种状态，没有数量含义或大小之分。

两种逻辑状态通过逻辑关系反映事物间的相互关联，复杂的数字逻辑电路也需要各种逻辑关系描绘数字信号之间的联系。在数字逻辑中，最基本的逻辑关系是"与""或"

和"非"3种。

1. 逻辑与（AND）

逻辑问题中，如果某一事件发生的多个条件必须同时具备该事件才能发生，则这种因果关系称为逻辑与关系。图 3-2a 示例两个开关 A、B 控制一盏灯 F 的电路。要使灯 F 亮，开关 A、B 必须同时闭合；开关 A、B 只要任意一个以上断开，灯 F 就不亮。电路事件为灯亮，其条件为开关同时闭合。因此，这是一个逻辑与电路。

图 3-2　逻辑与

假定 1 表示开关闭合，0 表示开关断开；1 表示灯亮，0 表示灯不亮；开关作为输入逻辑变量，灯作为输出逻辑变量，各变量有 0 和 1 两种取值。图 3-2b 列出各种情况的组合表，即逻辑与真值表。真值表是逻辑变量的所有可能组合及其对应结果构成的二维表，在数字逻辑中经常用来表达输入与输出之间的关系。

在逻辑代数中，逻辑与关系用"与"运算描述。"与"运算又称为逻辑乘，其运算符号为"·"（表达式中可以省略），有时也用"∧"表示。逻辑与的逻辑表达为

$$F = A \cdot B \quad 或 \quad F = AB \qquad (3-1)$$

逻辑与运算的特点是，只要有 0 则与结果为 0，只有全部为 1 与结果才是 1，可以总结为"任 0 则 0，全 1 则 1"。与运算规则如图 3-2c 所示。

数字逻辑电路中，与门电路实现逻辑与运算。与门电路的逻辑符号如图 3-2d 所示。

2. 逻辑或（OR）

逻辑问题中，如果某一事件发生的多个条件中只要有一个或一个以上条件成立该事件就可以发生，则这种因果关系称为逻辑或关系。图 3-3a 是两个开关 A、B 控制一盏灯 F 的电路。要使灯 F 亮，只需开关 A、B 之一闭合；只有开关 A、B 同时断开，灯 F 才不亮。电路事件为灯亮，其条件为开关之一闭合。因此，这是一个或逻辑电路。

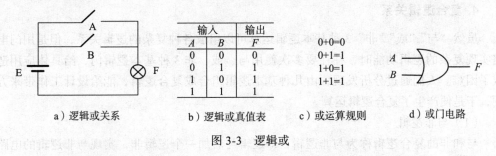

图 3-3　逻辑或

同样假定 1 表示开关闭合，0 表示开关断开；1 表示灯亮，0 表示灯不亮。逻辑或的

真值表如图 3-3b 所示。

在逻辑代数中，逻辑或关系用"或"运算描述。"或"运算又称为逻辑加，其运算符号为"+"，有时也用"∨"表示。逻辑或的逻辑表达式为

$$F=A+B \tag{3-2}$$

逻辑或运算的特点是，只要有 1 则或结果为 1，只有全部为 0 或结果才是 0，可以总结为"任 1 则 1，全 0 则 0"。或运算规则如图 3-3c 所示。

数字逻辑电路中，或门电路实现逻辑或运算。或门电路的逻辑符号如图 3-3d 所示。

3. 逻辑非（NOT）

逻辑问题中，如果某一事件的发生取决于条件的否定，即事件与事件发生的条件之间构成矛盾，则这种因果关系称为逻辑非关系。图 3-4a 是开关 A 控制一盏灯 F 的电路。要使灯 F 亮，需要开关 A 不能闭合，即断开；开关 A 闭合，灯 F 不亮。电路事件为灯亮，与开关闭合相矛盾。因此，这是一个非逻辑电路。

a）逻辑非关系　　　b）逻辑非真值表　　　c）非运算规则　　　d）非门电路

图 3-4　逻辑非

同样假定 1 表示开关闭合，0 表示开关断开；1 表示灯亮，0 表示灯不亮。逻辑非的真值表如图 3-4b 所示。

在逻辑代数中，逻辑非关系用"非"运算描述。"非"运算又称为逻辑否（定）或求反运算，其运算符号为"-"（变量上面一个短线，称上划线），有时也用"﹁"表示。逻辑非的逻辑表达式为

$$F = \overline{A} \tag{3-3}$$

逻辑非的特点是，输入 0 则非结果是 1，输入 1 则非结果是 0，可以总结为"1 则 0，0 则 1"。非运算规则如图 3-4c 所示。

数字逻辑电路中，实现非运算的逻辑电路称为非门，也称为"反相器"，电路符号中有一个小圆圈表示"非"关系，非门电路的逻辑符号如图 3-4d 所示。

4. 复合逻辑关系

虽然"与""或""非"3 种基本逻辑运算可以组成各种复杂的逻辑关系，但是用门电路实现复杂的逻辑功能时，往往要多次使用与、或、非 3 种基本逻辑门，给具体应用造成了困难。人们通过分析发现，由几种基本逻辑组合成复合逻辑，能给设计工作带来方便，于是便产生了复合逻辑运算。

（1）与非逻辑

与和非的复合逻辑称为与非逻辑，即逻辑与后加一个逻辑非，实现与非逻辑的电路称为与非门。与非逻辑表达式要在相与的变量加上划线表示：

$$F = \overline{A \cdot B} \quad 或 \quad F = \overline{AB} \qquad\qquad （3-4）$$

与非逻辑符号以与门的输出加一个小圆圈表示。逻辑变量 A 和 B 的与非逻辑符号见表 3-1 第 4 行。

表 3-1 同时给出了所有常用逻辑关系的逻辑符号和逻辑表达式。为便于对比应用，逻辑符号给出了 3 种形式。第 1 种是欧美等国际上常用的符号形式，第 2 种是国家标准符号 GB/T 4728.12—2008，第 3 种是原来习惯使用的形式，可以认为是国标的简化形式。本书使用国际上常用的形式，也是逻辑设计等工具软件常用的形式。

（2）或非逻辑

或和非的复合逻辑称为或非逻辑，即逻辑或后加一个逻辑非。或非逻辑表达式是在相或的变量加上划线表示：

$$F = \overline{A + B} \qquad\qquad （3-5）$$

实现或非逻辑的电路称为或非门，参见表 3-1 第 5 行。

表 3-1　常用逻辑关系及逻辑符号

逻辑关系	逻辑符号		
	国外标准	国家标准	旧用标准
与 $F = A \cdot B$	A B —▷ F	A B — & — F	A B — F
或 $F = A + B$	A B —▷ F	A B — ≥1 — F	A B — + — F
非 $F = \overline{A}$	A —▷○— F	A — 1 ○— F	A — F
与非 $F = \overline{A \cdot B}$	A B —▷○ F	A B — & ○— F	A B — F
或非 $F = \overline{A + B}$	A B —▷○ F	A B — ≥1 ○— F	A B — + — F
异或 $F = A \oplus B$	A B —▷ F	A B — =1 ○— F	A B — ⊕ — F

（3）异或逻辑（XOR）

异或逻辑是当两个输入逻辑变量取值不同时输出为 1，取值相同时输出为 0。逻辑异或运算用符号"$\oplus$"表达，也可以转化为基本逻辑关系：

$$F = A \oplus B = \overline{A} \cdot B + A \cdot \overline{B} \qquad\qquad （3-6）$$

实现异或逻辑的电路称为异或门，见表 3-1 第 6 行。

两个逻辑变量的异或运算的特点是不同（异）则为 1（或）。对多个逻辑变量进行异或，可以用两两依次运算，或者两两运算的结果再运算。其特点是，如果奇数个变量的值是 1，则异或结果是 1；若偶数个变量的值是 1，则异或结果是 0。由此原理就可以实现奇偶校验电路。

奇偶校验（Parity）是一种最简单的数据检错方法。它可以检测出一位（或奇数位）错误，但不能检测出偶数位错误，也不能指示出错位置。由于出现一位错误的概率远大于多位同时出错的概率，而且软硬件实现都很简单，所以奇偶检验是一种最常用的校验方法。

奇偶校验是在若干有效数据位基础上，再增加一个校验位组成校验码。根据整个校验码中"1"的个数为奇数或偶数，奇偶校验又具体分成两种校验方法：

- 奇校验：整个校验码（有效数据位和校验位）中"1"的个数为奇数。如果有效数据位中"1"的个数为奇数，则校验位应该是"0"；如果有效数据位中"1"的个数为偶数，则校验位应该是"1"。这样校验码"1"的个数是奇数，为合法编码。
- 偶校验：整个校验码（有效数据位和校验位）中"1"的个数为偶数。如果有效数据位中"1"的个数为奇数，则校验位应该是"1"；如果有效数据位中"1"的个数为偶数，则校验位应该是"0"。这样校验码"1"的个数是偶数，为合法编码。

表 3-2 为奇偶检验码示例。其中有效数据位为 8 位，加上 1 个奇偶校验位（最高位表示），共 9 位组成校验码。

表 3-2　奇偶校验码示例

有效数据（8 位）	奇校验码（9 位）	偶校验码（9 位）
00000000	100000000	000000000
01101001	101101001	001101001
10111010	010111010	110111010
11111111	111111111	011111111

（4）同或逻辑

同或逻辑是当两个输入逻辑变量取值相同时输出为 1，取值不同时输出为 0。逻辑同或运算用符号"$\odot$"表达，实际上是异或之非，也可以转化为基本逻辑关系：

$$F = A \odot B = \overline{A \oplus B} = \overline{A} \cdot \overline{B} + A \cdot B \tag{3-7}$$

（5）与或非逻辑

与或非逻辑是 3 种基本逻辑的组合，即先逻辑与，然后逻辑或，最后进行逻辑非。例如，4 个变量的与或非逻辑表达式是

$$F = \overline{A \cdot B + C \cdot D} \tag{3-8}$$

5. C 语言的（逻辑）位运算和逻辑关系

C/C++ 语言具有（逻辑）位运算符，可用于任何整型数据类型（char、short、int、long、unsigned 等），如表 3-3 所示。（逻辑）位运算将数据作为位矢量，进行逐位逻辑运算。

表 3-3　C 语言的位运算符

运算符	含义	示例（数据为 char 类型）	示例运算结果
&	位与	0x69 & 0x55	0x41
|	位或	0x69 | 0x55	0x7D
~	位非	~ 0x69	0x96
^	位异或	0x69 ^ 0x55	0x3C

C 语言没有逻辑变量类型，使用 0 表示假（False），使用非 0（通常用 1）表示真（True）。但是，C 语言具有逻辑运算符，如表 3-4 所示。逻辑运算将整个数据作为真（非 0）或假（0）进行逻辑运算。

表 3-4　C 语言的逻辑运算符

运算符	含义	示例（数据为 char 类型）	示例运算结果
&&	逻辑与	0x69 && 0x55	0x01
||	逻辑或	0x69 || 0x55	0x01
!	逻辑非	!0x69	0x00

另外，运用关系运算符大于（>）、大于等于（>=）、小于（<）、小于等于（<=）、等于（==）、不等（!=）进行数据比较的结果属于逻辑变量，即真（等于 1）或者假（等于 0）。

3.1.2　逻辑代数运算规则

类似普通代数，逻辑代数也用字母表示变量，但逻辑变量只有 0 和 1 两种取值，变量之间只有"与""或""非" 3 种基本逻辑运算，所以逻辑代数比普通代数更为简单。

输入逻辑变量表示条件，也称为自变量；输出逻辑变量表示结果，也称为因变量。直接使用字母表达的逻辑变量称为原变量（如 A），上划线表示非逻辑的逻辑变量对应称为反变量（如 $\overline{A}$）。

1. 逻辑函数

设某个数字逻辑电路的输入逻辑变量为 A_1、A_2、$\cdots$、A_n，输出逻辑变量为 F。该数字逻辑电路的功能可以用一个逻辑函数表达，记为：

$$F=f(A_1,\ A_2,\ \cdots,\ A_n)$$

逻辑函数对应一个逻辑表达式，也常用真值表直观描述其逻辑功能。

（1）逻辑表达式

逻辑表达式是由逻辑变量和"与""或""非" 3 种基本运算符（及复合逻辑运算符）构成的式子。在前面逻辑关系的介绍中（式（3-1）～式（3-8））均使用了逻辑表达式。

为了方便，书写逻辑表达式时常按照如下规则省略某些运算符或括号：

- 对多个逻辑变量的"非"运算用上划线表示，不用加括号。例如，$\overline{A+B}$。
- 逻辑"与"运算符一般可以省略。例如，$A \cdot B$ 可以写成 AB。
- 括号内先运算，否则按照先"与"后"或"运算顺序（类似普通代数的"先乘除后加减"顺序）。

（2）真值表

一个逻辑变量只有 0 和 1 两种可能的取值，n 个逻辑变量一共只有 2^n 种可能的取值组合，可以使用穷举方法描述逻辑函数的功能。真值表是一种由逻辑变量的所有可能取值组合及其对应的逻辑函数值所构成的表格。在前面学习 3 种基本逻辑关系时均使用了真值表（图 3-2 ～图 3-4）。

真值表由两部分组成：左边一栏列出变量的所有取值组合，为了不发生遗漏，通常各变量取值组合按二进制数码顺序给出；右边一栏为逻辑函数值。

判断两个逻辑函数是否相等，通常也使用表达式推导和真值表两种方法。真值表简单直观，判断方法是列出逻辑变量所有取值组合，按照逻辑运算规则计算两个表达式的相应值，然后进行比较；只有全部对应值都相同，才说明这两个逻辑表达式相等。逻辑表达式推导需要利用逻辑代数的运算规则、公理、定理进行推导证明，具有一定的技巧性。

2. 基本运算规则

对应 3 种基本逻辑运算，可以得到逻辑代数的基本运算规则。

与运算规则：

$$A \cdot 0 = 0 \quad A \cdot 1 = A \quad A \cdot A = A \quad A \cdot \overline{A} = 0 \tag{3-9}$$

或运算规则：

$$A + 0 = A \quad A + 1 = 1 \quad A + A = A \quad A + \overline{A} = 1 \tag{3-10}$$

非运算规则：

$$\overline{\overline{A}} = A \tag{3-11}$$

3. 基本运算定律

类似普通代数，逻辑代数也存在交换律、结合律和分配律等。

交换律：

$$A \cdot B = B \cdot A \qquad A + B = B + A \tag{3-12}$$

结合律：

$$(A \cdot B) \cdot C = A \cdot (B \cdot C) = (A \cdot C) \cdot B \tag{3-13a}$$

$$A + (B + C) = (A + B) + C = (A + C) + B \tag{3-13b}$$

分配律：

$$A \cdot (B + C) = A \cdot B + A \cdot C \tag{3-14a}$$

$$A + B \cdot C = (A + B) \cdot (A + C) \tag{3-14b}$$

反演律，也称为德·摩根（De·Morgan）定律：

$$\overline{A \times B} = \overline{A} + \overline{B} \qquad \overline{A + B} = \overline{A} \times \overline{B} \tag{3-15}$$

【例 3-1】 真值表方法证明分配律。

画出 3 个变量的真值表左列，分别计算分配律（式（3-14a））两个表达式的值，填入真值表，如表 3-5 所示。由此可以看出，两个表达式在所有相同的输入变量取值的情况下，输出相同，这说明两者相等。

【例 3-2】 公式推导证明分配律。

注意，最后一个分配律（式（3-14b））对普通代数并不适用，可以推导证明如下（后面是使用规则或定理的说明）：

表 3-5 分配律的证明

A B C	$A \cdot (B+C)$	$A \cdot B + A \cdot C$
0 0 0	0	0
0 0 1	0	0
0 1 0	0	0
0 1 1	0	0
1 0 0	0	0
1 0 1	1	1
1 1 0	1	1
1 1 1	1	1

$$(A+B) \cdot (A+C)$$
$$=(A+B) \cdot A+(A+B) \cdot C \qquad \text{分配律（3-14a）}$$
$$=A \cdot A+A \cdot B+A \cdot C+B \cdot C \qquad \text{分配律（3-14a）}$$
$$=A \cdot 1+A \cdot B+A \cdot C+B \cdot C \qquad \text{与运算规则（3-9）}$$
$$=A \cdot (1+B+C)+B \cdot C \qquad \text{分配律（3-14a）}$$
$$=A+B \cdot C \qquad \text{或运算规则（3-10）}$$

4. 重要规则

逻辑代数有 3 个重要规则：代入规则、反演规则和对偶规则，在逻辑表达式推导、逻辑运算中经常使用它们。

（1）代入规则

两个相等的逻辑表达式均含有某个变量，如果将所有出现该变量的位置都用相同的另一个逻辑表达式替代，则这两个新的逻辑表达式仍然相等。这称为代入规则。

在前面介绍逻辑关系、运算规则和运算定律时，主要以两个逻辑变量给出公式。运用代入规则，它们都可以推广为多变量的公式。例如，已知逻辑分配律 $A(B+C)=AB+AC$，若将逻辑等式中的 C 都用 $(C+D)$ 代替，则该逻辑等式仍然成立，即 $A(B+(C+D))=AB+A(C+D)$。进一步得到 $A(B+C+D)=AB+AC+AD$。

再如，将代入规则应用于反演定律，可以推导出 n 变量的反演定律：

$$\overline{A_1 \cdot A_2 \cdots \cdots A_n}=\overline{A_1}+\overline{A_2}+\cdots+\overline{A_n} \qquad （3\text{-}16a）$$
$$\overline{A_1+A_2+\cdots+A_n}=\overline{A_1} \cdot \overline{A_2} \cdots \cdots \overline{A_n} \qquad （3\text{-}16b）$$

代入规则显然正确，因为任何逻辑表达式都跟逻辑变量一样，只有 0 和 1 两种取值。利用代入规则可将逻辑代数定理中的变量用任意表达式替代，从而获得出更多的等式。这些等式可直接当作公式使用，无须另加证明。

代入规则对逻辑表达式的推导很有用。但要注意，使用代入规则时必须将等式中所有出现同一变量的地方均用同一表达式代替，否则代入后的等式将不成立。

（2）反演规则

如果将逻辑表达式中所有的 "·" 变成 "+"，"+" 变成 "·"，"0" 变成 "1"，"1" 变成 "0"，原变量变成反变量，反变量变成原变量，并保持原逻辑表达式的运算顺序不变，则所得到的新逻辑表达式为原函数的反函数。这称为反演规则。反演规则实际上是反演定律的推广，可以利用反演定律和代入规则得到证明。原函数 F 的反函数用 $\overline{F}$ 表示。

例如，对原函数 $F=\overline{A}B+A\overline{B}$，其反函数是 $\overline{F}=\left(A+\overline{B}\right)\left(\overline{A}+B\right)$。本例中原函数是逻辑异或，反函数其实就是逻辑同或。

（3）对偶规则

如果将逻辑表达式中所有的 "·" 变成 "+"，"+" 变成 "·"，"0" 变成 "1"，"1" 变成 "0"，并保持原逻辑表达式的运算顺序不变，则所得到的新逻辑表达式称为原函数的对偶式。如果两个逻辑表达式相等，则其对偶式也相等。这就是对偶规则。逻辑函数 F 的对偶式用 F' 表示。另外，逻辑函数 F 和对偶式 F' 互为对偶式，也就是说，F' 的对偶式就是 F。

例如，逻辑函数 $F = AB + \overline{A}C + BC$ 的对偶式是 $F' = (A+B)(\overline{A}+C)(B+C)$。如果已经证明 $AB + \overline{A}C + BC = AB + \overline{A}C$，则根据对偶规则，可以证明：$(A+B)(\overline{A}+C)(B+C) = (A+B)(\overline{A}+C)$。

3.1.3 逻辑函数的形式、转换及化简

逻辑函数表达逻辑变量之间的逻辑关系，可以使用逻辑表达式和真值表描述，也可以用一个数字逻辑电路实现。

1. 逻辑表达式的基本形式

一个逻辑函数的表达式并不唯一，为了应用方便，常使用"与－或"和"或－与"两种基本形式。

（1）与－或表达式

与－或表达式是指若干"与项"进行"或"运算构成的表达式。"与项"由多个原变量、反变量相"与"组成，也可以是单个原变量或反变量。逻辑与也称逻辑乘，逻辑或也称逻辑和，所以与－或表达式也称为"积之和"表达式。

例如，$\overline{A}B$、$A\overline{B}C$、$\overline{C}$ 均为"与项"，将它们相"或"就构成一个 3 变量函数的与－或表达式：$F = \overline{A}B + A\overline{B}C + \overline{C}$。

（2）或－与表达式

或－与表达式是指若干"或项"进行"与"运算构成的表达式。"或项"由多个原变量、反变量相"或"组成，也可以是单个原变量或反变量。与－或表达式也称为"和之积"表达式。

例如，$(\overline{A}+B)$、$(A+\overline{B}+C)$、$\overline{D}$ 均为"或项"，将它们相"与"就构成一个 4 变量函数的或－与表达式：$F = (\overline{A}+B)(A+\overline{B}+C)\overline{D}$。

逻辑表达式可以被表示成任意的混合形式。即使逻辑表达式不是与－或、或－与形式，也可以变换成这两种基本表达式，还可以进一步表达成标准与－或表达式，或者标准或－与表达式。

2. 逻辑函数的转换

逻辑函数的各种表示方法各有特点，各适用于不同场合。但针对某个具体问题而言，它们仅仅是同一问题的不同描述形式，它们之间可以相互变换。

（1）由逻辑表达式列出真值表

表达式转换为真值表很直接，它是将输入变量取值的所有状态组合逐一代入逻辑表达式，求出函数值（输出变量的值），列成表即得到相应的真值表。

例如，逻辑异或的表达式是 $F = \overline{A}B + A\overline{B}$，对应真值表如图 3-5 所示。

（2）由真值表写出逻辑表达式

一般步骤：首先找出真值表中函数值为 1 的输入变量组合；然后将上述每一个输入组合构成一个与项，其中，取值 1 用原变量表示，取值 0 用反变量表示，最后将各与项相加，即得逻辑函数 F 的与－或表达式。

逻辑异或真值表

输入		输出
A	B	F
0	0	0
0	1	1
1	0	1
1	1	0

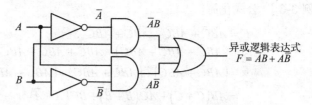

图 3-5　逻辑异或的相互转换

在图 3-5 所示真值表中，共有两个输出变量为 1 的情况。输入变量的第 2 个组合 "01" 使得函数输出为 1，它的与项是 $\overline{A}B$；第 3 个组合 "10" 也使得函数输出为 1，它的与项是 $A\overline{B}$。所以，将它们相 "或" 得到逻辑表达式 $F = \overline{A}B + A\overline{B}$。

（3）由逻辑表达式画出逻辑电路图

表达式转换为电路图就是将表达式中的逻辑运算用逻辑符号来代替，如图 3-5 所示的使用门电路实现的逻辑异或电路。

（4）由逻辑电路图写出逻辑表达式

这需要从电路图的输入端开始，逐级写出各个图形符号对应的表达式，输出端的表达式就是电路图对应的逻辑表达式，如图 3-5 所示。

3. 逻辑函数的化简

一个逻辑函数描述一个逻辑功能。虽然逻辑函数的真值表唯一，但其逻辑表达式可以有很多形式，并且繁简不一，差别可能很大，因此实现同一逻辑函数的电路也不同。根据实际逻辑问题写出的逻辑函数通常并不是最简单的。一般来说，逻辑表达式越简单，设计出来的逻辑电路就越简单、可靠性越高、成本越低。所以，需要对逻辑函数进行化简。

各种逻辑表达式中，与 – 或表达式和或 – 与表达式是两种基本的形式，化简通常就是简化逻辑表达式为最简与 – 或表达式或者最简或 – 与表达式。最简与 – 或表达式要求：

- 表达式中 "与项" 个数最少；
- 在 "与项" 个数最小基础上，每个 "与项" 的变量个数最少。

最简或 – 与表达式则是将上述要求的 "与项" 换为 "或项"，下面的化简以最简与 – 或表达式为例。

逻辑函数的化简可以采用公式化简（代数化简），其方法是反复使用逻辑函数的公式（即运算规则、运算定律）来消去逻辑表达式中多余的与项和与项中多余的变量，以求得逻辑函数的最简与 - 或表达形式。

利用公式化简经常使用的技巧如下：

1）并项法。利用 $AB + A\overline{B} = A$，将两个与项合并成一个与项，合并后消去一个变量。

2）吸收法。利用 $A + AB = A$，消去多余的项。

3）消去法。利用 $A + \overline{A}B = A + B$，消去多余变量。

4）配项法。利用 $A \cdot 1 = A$ 与 $A + \overline{A} = 1$ 给表达式中适当的与项配上其所缺的一个合适的变量，然后利用并项、吸收、消去等方法进行化简。

【例 3-3】 公式化简。

$$F = AB\overline{C} + ABC + A\overline{B}\overline{C} + \overline{A}B\overline{C}$$

$$= \left(AB\overline{C} + AB\overline{C} + AB\overline{C}\right) + ABC + A\overline{B}\overline{C} + \overline{A}B\overline{C} \qquad \text{或规则配项}$$

$$= \left(AB\overline{C} + ABC\right) + \left(AB\overline{C} + A\overline{B}\overline{C}\right) + \left(AB\overline{C} + \overline{A}B\overline{C}\right) \qquad \text{结合律}$$

$$= AB\left(\overline{C} + C\right) + A\overline{C}\left(B + \overline{B}\right) + B\overline{C}\left(A + \overline{A}\right) \qquad \text{分配律}$$

$$= AB + A\overline{C} + B\overline{C} \qquad \text{或规则}$$

公式化简虽然灵活方便、不受变量数目的约束，但没有一定的规律和固定的步骤，需要熟练运用逻辑代数运算规则，具备一定的经验和技巧，并且难以判断化简结果是否为最简。常用的逻辑函数化简方法还有卡诺图化简法和表格化简法。卡诺（Karnaugh）提出的图形化简法需要将表达式转换为变量取值组合构成的方格图，虽然直观、简便，但仅适用于变量个数少于 5 的逻辑表达式。Quine 和 McCluskey 提出的表格化简法（Q-M法）适用于多变量表达式化简，规律性强。对于规模较大的逻辑表达式，虽然采用表格化简法进行手工操作不胜其烦，但可以写出严格的算法，适合计算机编程实现。

3.2 逻辑门电路

逻辑门电路是实现逻辑关系的电子器件，它们构成了数字逻辑电路的基本单元电路。常用的逻辑门电路是与门、或门、非门、与非门、或非门、异或门等。数字集成电路主要有两种类型：晶体管 - 晶体管逻辑（Transistor-Transistor Logic，TTL）电路，金属－氧化物－半导体（Metal Oxide Semiconductor，MOS）电路。

3.2.1 门电路的实现

门电路源自日常生活的"门"，在数字逻辑中其基本含义就是一个电子开关。满足一定条件时，电路允许信号通过，这就是开关接通；条件不满足时，信号不能通过，这就是开关断开。例如，在图 3-6 所示开关电路中，开关断开，V_o 输出高电平；开关接通，V_o 输出低电平。其中，V_{cc} 表示电源电压，开关下面的短线表示接地，接地也常用 GND（Ground）表示。交叉点如果有实心小圆圈表示两个线有连接关系；没有小圆圈，则表示没有连接，只是绘图中不可避免的交叉。

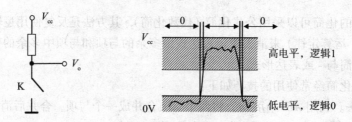

图 3-6　门电路开关和高低电平

1. 逻辑电平

高电平（H）和低电平（L）对应逻辑电路的两种状态，是两个不同的可以截然区别开来的电压范围。高电平的典型值是电源电压,一般不高于电源电压;低电平的典型值是 0V,一般不低于 0V。例如,在 TTL 类型的电路中,电源电压 V_{cc}=5V,2.4 ～ 5V 范围内的电压都称为高电平;而 0 ～ 0.4V 范围内的电压都称为低电平。在 MOS 类型电路中,电源电压用 V_{DD} 表示,可以是 5V 或 3.3V(或更低),高电平的下限分别是 3V 或 2V,低电平的上限分别是 2V 或 1.3V。在数字电路中,电压值为多少并不重要,只要能判断高低电平即可。

高电平用逻辑 1 表示,低电平用逻辑 0 表示,这称为正逻辑;高电平用 0 表示,低电平用 1 表示,这称为负逻辑。对于同一个数字电路,可以采用正逻辑,也可以采用负逻辑。正逻辑与负逻辑不涉及数字电路本身的结构与性能好坏,通常采用正逻辑研究数字电路的逻辑功能,但有时为了表达方便也采用负逻辑形式。

2. 晶体管的开关特性

门电路由晶体管以及电阻等元件组成。在数字电路中,晶体管工作在两个极端状态(稳定而非过渡态):完全截止或充分导通(达到饱和),相当于开关的断开和接通。

(1)二极管的开关特性

二极管有两个引出端,对应正(+)、负(−)两个极性。在数字逻辑电路中,二极管以其单向导电性经常作为开关元件使用,即它的工作状态或是导通,或是截止。当二极管两端施加大于导通电压(0.1V 或 0.5V)的正向电压时,二极管正向导通,导通电阻较小,可以视为开关闭合;当二极管两端施加小于导通电压时的电压,二极管截止,反向电阻很大,可以视作开关断开。因此,在数字电路中,二极管可作为一个受电压控制的开关来使用,如图 3-7 所示。

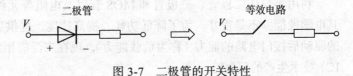

图 3-7 二极管的开关特性

(2)三极管的开关特性

三极管有 3 个引出端,分别称为基极(B)、集电极(C)和发射极(E)。三极管有截止、放大和饱和 3 种工作状态。三极管的显著特点是:当三极管工作在放大状态时具有信号放大作用,并且能够通过基极电流控制其工作状态;当三极管工作在饱和与截止两种状态时,相当于一个由基极信号控制的无触点开关,其作用对应于触点开关的闭合与断开。

数字电路利用三极管的饱和与截止状态,使其成为一个可控的电子开关。在图 3-8 所示的电路中,当在基极加上正向电压时,集电极与发射极导通,否则集电极与发射极处于断开的状态。

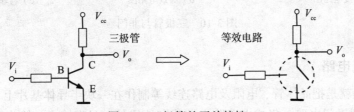

图 3-8 三极管的开关特性

（3）MOS 管的开关特性

金属－氧化物－半导体场效应管（MOS Field Effect Transister），简称 MOS 管，它类似三极管，也有 3 个引出端，分别称为栅极（G）、漏极（D）和源极（S）。在数字电路中，MOS 管也工作于开关状态，由栅极和源极间电压控制漏极和源极之间的导通和截止，相当于一个受控开关，如图 3-9。

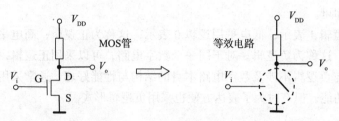

图 3-9   MOS 管的开关特性

3. 门电路的实现

利用晶体管的开关特性可以形成具有逻辑功能的门电路。例如，图 3-10 是一个利用三极管构成的与非门电路。只有两个输入端电压 V_{i1} 和 V_{i2} 都是高电平时，两个串接起来的三极管才会都导通，导致输出端电压为接地的低电平；只要有一个输入不是高电平，就有一个三极管截止，导致输出端为电源电压的高电平。反映与非关系的输入 / 输出波形图如图 3-10c 所示。波形图也是一种表达逻辑关系的方式，实际电路的输入 / 输出波形都可以通过仪器测量出来，所以波形图能够更加直观和形象地反映电路的真实效果。

利用半导体二极管、三极管和 MOS 管以及电阻等元件可以组成逻辑门电路，但是其电学性能并不是很好。为了降低功耗、提高速度、提供更强的抗干扰信号能力和更强的驱动后接门电路的能力（称为负载能力），现在广泛应用集成电路（Integrated Circuit，IC）技术生产的门电路。

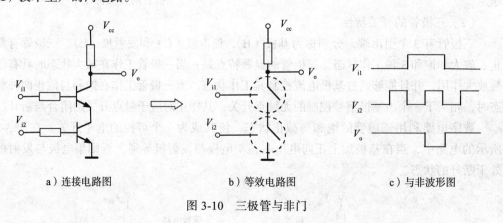

a）连接电路图   b）等效电路图   c）与非波形图

图 3-10   三极管与非门

3.2.2   集成电路

集成电路就是把晶体管、电阻及电路连线等制作在一块半导体基片上，并封装在一个壳体内的逻辑门电路。集成电路除电源线和地线外，只有输入、输出引脚。与分立元件电路相比，集成电路具有体积小、可靠性高、速度快、成本低和便于安装调试等特点。

集成电路根据其所包含逻辑门个数或者元件个数（即电路规模），可分为小规模集成电路（Small Scale Integration，SSI）、中规模集成电路（Medium Scale Integration，MSI）、大规模集成电路（Large Scale Integration，LSI）、超大规模集成电路（Very Large Scale Integration，VLSI）等。现在的集成电路技术已经远远超过最初定义电路规模的时代，所以现在的集成电路都可以称为超大规模集成电路。

1. TTL 型和 MOS 型

根据采用的不同晶体管元件，数字集成电路可以分成两大类：一是采用双极型半导体元件（如二极管、三极管）的双极型集成电路，另一类是采用 MOS 管的单极型集成电路（也称为 MOS 型集成电路）。

双极型集成电路主要有 TTL（晶体管 - 晶体管逻辑）电路，因其电路的输入级、输出级均采用晶体三极管而得名。双极型集成电路还有发射极耦合逻辑电路（Emitter Coupled Logic，ECL）、集成注入式逻辑电路（Integrated Injection Logic，I^2L）、二极管 – 三极管逻辑电路（Diode-Transistor Logic，DTL）、高阈值逻辑电路（High Threshold Logic，HTL），这些都没有 TTL 应用广泛，有的已经被淘汰。

MOS 型集成电路以 CMOS（Complement MOS）电路应用最广，其他还有 NMOS（N-channel MOS）集成电路和 PMOS（P-channel MOS）集成电路等。

相对来说，TTL 型集成电路速度快、负载能力强，但功耗大、集成度低，在中小规模集成逻辑电路中常用；而 MOS 型集成电路结构简单、功耗低、集成度高，更适用于大规模集成电路，但速度较低。目前，TTL 型集成电路和 MOS 型集成电路都有了很大的改进和发展。尤其 MOS 元件的性能近年来得到不断改进，已经成为集成电路的主流。

2. 74 系列中小规模集成电路

20 世纪 80 年代之前，集成电路技术还处于中小规模时代。为了向用户提供标准化的产品，集成电路制造厂商采用了 74 系列这样一个技术标准。74 系列集成电路包含了常用的逻辑门电路（如与非门、或非门等），用户从 74 系列集成电路中选择适合的产品，然后在印制电路板上实现自己的数字电路系统。

现在的集成电路技术已经进入超大规模时代，用中小规模芯片构建数字电路已经没有实用价值。但是，可以把这些电路作为基本单元进一步构成复杂的数字电路系统，所以了解 74 系列集成电路对于理解电路工作原理很有必要，有些电子设计自动化工具也提供了对 74 系列产品的支持。

对于 74 系列的特定产品，有不同的技术类型，例如，74LS 表示采用低功耗肖特基 TTL 技术，74HC 表示采用高速 CMOS 技术。图 3-11 给出 4 个集成门电路芯片的引脚图，还表示出了引脚间的逻辑关系。这 4 个集成电路芯片都采用 14 个引脚的双列直插封装形式，集成电路芯片起始引脚边通常有一个缺口，芯片引脚按照逆时针方向顺序编号，最大编号引脚一般为电源 Vcc，与电源对角的中间编号引脚为地线 GND。

74LS00 芯片包含 4 个与非门，每个与非门都有两个输入端；而 74LS20 则是 2 个 4 输入与非门组成的芯片，NC 引脚表示没有连接（No Connect）使用的引脚。74LS02 为 4 个 2 输入或非门芯片，74LS04 由 6 个反相器（即非门）组成。

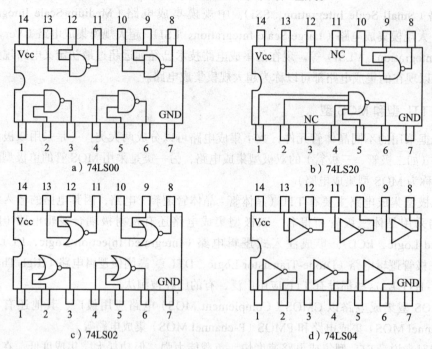

a）74LS00　　　　　　　　　　　b）74LS20

c）74LS02　　　　　　　　　　　d）74LS04

图 3-11　74 系列集成电路

3.2.3　三态门

三态门（Three-state Gate）是具有 3 种输出状态的逻辑门电路，也称为 TS 门。三态门能够输出高电平（逻辑 1）或者低电平（逻辑 0），这两种输出为工作状态；还能处于高阻状态，这是一种禁止状态，并不是一种逻辑值。这个输出高阻的第三态就像是在其输出端连接了一个阻抗很高的电路，相当于与其他电路断开了连接（简称开路）。

三态门是在普通的逻辑门电路基础加上控制电路构成的。图 3-12a 是一个低电平控制同相输出的三态门的逻辑符号，同相输出表示没有改变输入/输出逻辑的状态（简称同相器，反相器是指非门电路）。当控制端 T 为低电平时，控制输入 A 端输出到 Y 端，功能与普通的同相器一样；但当控制端 T 无效时，输出 Y 端呈现第三态高阻状态，好像与后续电路断开一样。图中使用小圆圈 "○" 表示该信号低电平控制门电路正常工作（起控制作用），这称为低电平有效。如果信号是高电平起控制作用，则称为高电平有效。

同理，图 3-12b 是低电平控制的反相输出三态门：当控制端为低电平有效时，Y 输出是输入 A 的反相（电平相反）；控制端无效，输出为高阻。图 3-12c 和图 3-12d 则是高电平控制的三态门。将这样的三态门 4 个或 8 个一组，控制端连接在一起就构成常用的三态门芯片。例如，74 系列集成电路中的 74LS244 是一个双 4 位三态同相门，4 个三态门的控制端连接在一起，有两组，都是低电平有效。应用中经常将它们的两个控制端再连接在一起构成一个 8 位三态门芯片。

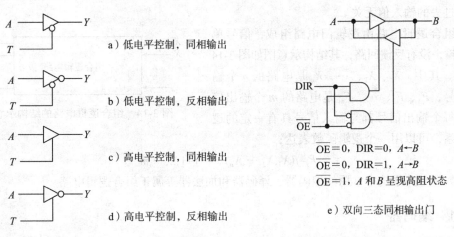

a）低电平控制，同相输出

b）低电平控制，反相输出

c）高电平控制，同相输出

d）高电平控制，反相输出

$\overline{OE}=0$，DIR$=0$，$A\leftarrow B$

$\overline{OE}=0$，DIR$=1$，$A\rightarrow B$

$\overline{OE}=1$，A 和 B 呈现高阻状态

e）双向三态同相输出门

图 3-12 三态门

利用两个三态门还可以构成一个双向三态门，如图 3-12e 所示。它有两个控制端，即输出允许控制端 $\overline{OE}$ 和方向控制端 DIR（Direction）。前者用来控制数据的输出：低电平有效时，允许数据输出（包括从 A 到 B 或者从 B 到 A）；高电平无效时，双向输出均呈现高阻状态。后者用来控制数据驱动的方向：高电平有效时，从 A 侧向 B 侧驱动；低电平无效时，从 B 侧向 A 侧驱动。图中与门输入端的小圆圈表示反相（负逻辑的表示形式），也可以认为是低电平有效。将 8 个这样的双向三态门组合起来，控制端连接在一起，就是 8 位双向三态门，如 74LS245 芯片。

在数字电路中，为了减少连线，经常使用一个连线分时传输多个信号，如图 3-13 所示。X_0、X_1、…、X_n 是 $n+1$ 个要传输的输入信号，每个信号都通过三态门连接于共用的输出连线 D。对应 X_0 的三态门控制端 T_0 有效，则 X_0 信号将被传输到 D；X_1 三态门控制端 T_1 有效则传输 X_1 信号……当然，控制信号 T_0、

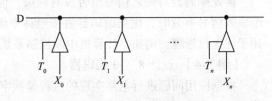

图 3-13 三态门的作用

T_1、…、T_n 必须在不同的时刻有效，否则将产生传输错误。如果将图 3-13 的三态门反转过来，即共用的连线作为所有三态门的输入，这样某个控制端有效，该信号将通过对应的三态门传输。这样的电路可以使所有控制端都有效，一个信号将被传输到所有的三态门输出端，实现"广播"作用。这种能够起到分时共用的连线就是所谓的总线（Bus），如处理器的数据总线、地址总线等。计算机系统普遍采用总线结构，所以三态门对构成共用性质的总线具有很重要的作用。

3.3 组合逻辑电路

数字逻辑电路按照结构可以分为组合逻辑电路与时序逻辑电路两大类。组合逻辑

（Combinational Logic Circuit）电路是指电路的稳定输出值仅取决于当前输入值的组合，而与过去的输入值无关。

组合逻辑电路由逻辑门电路组成，信号单向传输，没有反馈回路，其结构示意图如图 3-14 所示。其中，X_1、X_2、$\cdots$、X_n 是电路的 n 个输入信号，F_1、F_2、$\cdots$、F_m 是电路的 m 个输出信号。每个输出信号都与输入信号具有一定的逻辑关系，可以用一个逻辑函数表达；

图 3-14　组合逻辑电路的结构示意图

$$F_i = f(X_1, X_2, \cdots, X_n) \qquad i = 1, 2, \cdots, m$$

数字电路系统中常用的编码器、译码器和加法器等属于组合逻辑电路。

3.3.1　编码器

将信号变换为对应的特定代码（一般为二进制数码）的过程称为编码。实现编码的电路称为编码器（Encoder），它将输入信号转换为二进制数字编码，便于存储、传输和运算等处理。

编码器有普通编码器和优先编码器。普通编码器要求输入信号中任何时刻只能有一个而且只有一个为有效电平（或为高或为低），不允许有其他输入组合。例如，10 个输入信号分别代表十进制 0～9；二 - 十进制编码器输出 4 个信号代表 BCD 代码，实现 BCD 编码。这样，代表数字 0 的输入信号有效（假设有效电平为高电平，逻辑 1），则输出 0000 编码（假设为 8421 编码）；代表数字 1 的输入信号有效，则输出 0001 编码；$\cdots$；代表数字 9 的输入信号有效，则输出 1001 编码。

优先编码器对输入信号组合没有约束，但每个输入信号具有约定的优先权级别，多个输入信号有效时，优先编码器将按照其中优先权最高的信号进行编码。优先编码器可用于优先权管理。例如，计算机中断控制系统的中断请求信号就可以进行优先权编码。

【例 3-4】 设计 8 : 3 编码器。

根据应用问题进行电路实现的过程是数字电路的设计（或综合）。设计过程通常需要将应用问题进行逻辑描述，得到逻辑表达式，然后进行化简等适当变换，最后用给定的元件画出数字电路图。

用门电路实现一个 8 : 3 编码器，对 8 个输入信号 $X_0 \sim X_7$ 进行二进制编码，对应 3 位输出 D_2、D_1、D_0。信号 X_0 为 0 而其他信号为 1 则输出 000，信号 X_1 为 0 而其他信号为 1 则输出 001……信号 X_7 为 0 而其他信号为 1 则输出 111。根据这个编码规则列出真值表，参见表 3-6。

表 3-6　8 : 3 编码器真值表

输入								输出		
X_7	X_6	X_5	X_4	X_3	X_2	X_1	X_0	D_2	D_1	D_0
1	1	1	1	1	1	1	0	0	0	0
1	1	1	1	1	1	0	1	0	0	1
1	1	1	1	1	0	1	1	0	1	0

（续）

输入								输出		
X_7	X_6	X_5	X_4	X_3	X_2	X_1	X_0	D_2	D_1	D_0
1	1	1	1	0	1	1	1	0	1	1
1	1	1	0	1	1	1	1	1	0	0
1	1	0	1	1	1	1	1	1	0	1
1	0	1	1	1	1	1	1	1	1	0
0	1	1	1	1	1	1	1	1	1	1

根据表 3-6，D_2 为逻辑 1 的情况有 X_4、X_5、X_6 或 X_7 为逻辑 0 的行，所以

$$
\begin{aligned}
D_2 =\ & X_0 \cdot X_1 \cdot X_2 \cdot X_3 \cdot \overline{X_4} \cdot X_5 \cdot X_6 \cdot X_7 \\
& + X_0 \cdot X_1 \cdot X_2 \cdot X_3 \cdot X_4 \cdot \overline{X_5} \cdot X_6 \cdot X_7 \\
& + X_0 \cdot X_1 \cdot X_2 \cdot X_3 \cdot X_4 \cdot X_5 \cdot \overline{X_6} \cdot X_7 \\
& + X_0 \cdot X_1 \cdot X_2 \cdot X_3 \cdot X_4 \cdot X_5 \cdot X_6 \cdot \overline{X_7}
\end{aligned}
\tag{3-17}
$$

根据普通编码器的约束条件，当 X_4 为 0 时，$X_0 \sim X_3$、$X_5 \sim X_7$ 必须为 1，即

$$
\overline{X_4} = X_0 \cdot X_1 \cdot X_2 \cdot X_3 \cdot X_5 \cdot X_6 \cdot X_7
\tag{3-18}
$$

重复利用这个约束条件，并将其代入式（3-17），可以得到如下表达式（其中使用了反演定律）：

$$
\begin{aligned}
D_2 &= \overline{\overline{X_4} \cdot X_4} + \overline{\overline{X_5} \cdot X_5} + \overline{\overline{X_6} \cdot X_6} + \overline{\overline{X_7} \cdot X_7} \\
&= \overline{X_4} + \overline{X_5} + \overline{X_6} + \overline{X_7} = \overline{X_4 \cdot X_5 \cdot X_6 \cdot X_7}
\end{aligned}
\tag{3-19}
$$

同样道理，可以得到 D_1 和 D_0 的逻辑表达式：

$$
D_1 = \overline{X_2} + \overline{X_3} + \overline{X_6} + \overline{X_7} = \overline{X_2 \cdot X_3 \cdot X_6 \cdot X_7}
\tag{3-20}
$$

$$
D_0 = \overline{X_1} + \overline{X_3} + \overline{X_5} + \overline{X_7} = \overline{X_1 \cdot X_3 \cdot X_5 \cdot X_7}
\tag{3-21}
$$

根据式（3-19）～式（3-21），使用与非门电路实现 8 : 3 编码器的逻辑电路如图 3-15 所示。

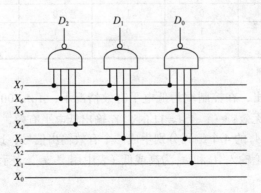

图 3-15 用与非门实现的编码器

3.3.2 译码器

译码是编码的相反过程，译码器（Decoder）是将给定输入代码翻译（变换）为对应

输出信号的逻辑电路。译码器也是具有多个输入端和多个输出端的器件。当输入端加某一组合信号时，对应这一组合的一个输出端便有有效信号输出，即译码器是分析输入编码、产生一个对应输出的器件。

具体的译码器也有多种，如将 n 个输入变换成 2^n 个输出的二进制译码器、把一种形式的代码转换为另一种形式代码的码制变换译码器、使二进制数值转换为用于数码管显示的数字显示译码器等。

【例 3-5】 分析 2：4 译码器。

针对给定的数字电路图推导出输入 / 输出逻辑关系的过程是数字电路的分析。分析过程需要在理清器件功能和相互连接的基础上，从输入端向输出端逐级推导出逻辑表达式，然后进行化简等适当变换，最后给出真值表或者描述清楚电路的逻辑功能。

图 3-16 是 74LS139 译码器的内部数字电路图，现在分析该电路的逻辑功能。A_1 和

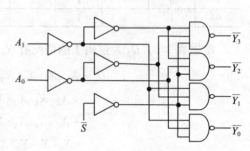

图 3-16   74LS139 译码器电路

A_0 是输入端，可以组合 4 种状态。$\bar{S}$ 是控制端，连接到所有与非门。可以看出，只有控制端为低电平，经反相后为高电平才可能使与非门输出有效信号；否则任何信号与逻辑 0 相与都是逻辑 0，总是输出高电平。由于控制端为低电平时输出才有效，所以信号表达时使用了上划线表示低电平有效。$\overline{Y_3} \sim \overline{Y_0}$ 是 4 个低电平有效的输出端，由于电路比较简单，它们与输入信号和控制信号的逻辑关系可以直接使用真值表描述，如表 3-7 所示。

表 3-7   2：4 译码器真值表

输入			输出			
$\bar{S}$	A_1	A_2	$\overline{Y_3}$	$\overline{Y_2}$	$\overline{Y_1}$	$\overline{Y_0}$
0	0	0	1	1	1	0
0	0	1	1	1	0	1
0	1	0	1	0	1	1
0	1	1	0	1	1	1
1	×	×	1	1	1	1

注："×"表示任意项。

从表 3-7 可以看出，在控制端为低电平有效情况下，A_1A_0=00 时，$\overline{Y_0}$ 输出低电平有效，其他输出高电平无效；…；A_1A_0=11 时，$\overline{Y_3}$ 输出低电平有效，其他输出高电平无效。因此，该电路使得 A_1A_0 的 4 个编码分别生成一个有效输出信号，这就是二进制译码。当然，控制端无效，无论输入 A_1 和 A_0 为高或低（表中用"×"表示任意项），该译码器都没有有效输出。

通用数字集成电路 74 系列中，型号 139 的集成电路芯片是一个由两个 2：4 译码电路组成的译码器。常见的还有型号 138 的 3：8 译码器和型号 154 的 4：16 译码器。

计算机领域中，用数码 0 和 1 的组合表达某种信息的过程都可称为二进制编码，如数值编码、字符编码、指令编码等。对应地，把一种二进制编码转换为所代表的功能的

过程可称为译码，如指令译码、地址译码等。

3.3.3　加法器

二进制整数的加法是最基本的数据运算，可以由加法器（Adder）电路实现。不考虑低位进位，完成两个一位二进制数相加，可以得到一个和值 S 和一个向上的进位 C，这种逻辑电路称为半加器（Half-Adder），也称为模 2 加或按位加。图 3-17 是由异或门和与门构成的半加器电路，以及其逻辑符号和真值表。

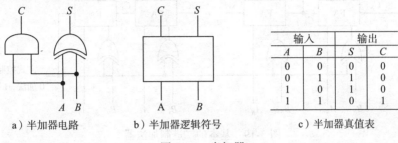

输入		输出	
A	B	S	C
0	0	0	0
0	1	1	0
1	0	1	0
1	1	0	1

a）半加器电路　　　　b）半加器逻辑符号　　　　c）半加器真值表

图 3-17　半加器

考虑低位进位的一位二进制数求和电路称为全加器（Full-Adder），如图 3-18 所示。其中，C_i 为低位向本位的进位，C_{i+1} 是本位向高位的进位。

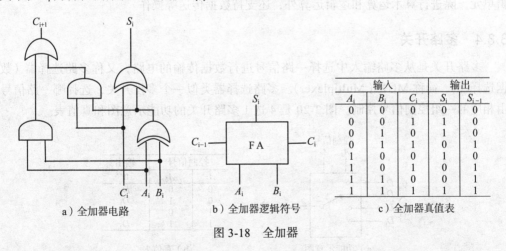

输入			输出	
A_i	B_i	C_i	S_i	S_{i-1}
0	0	0	0	0
0	0	1	1	0
0	1	0	1	0
0	1	1	0	1
1	0	0	1	0
1	0	1	0	1
1	1	0	0	1
1	1	1	1	1

a）全加器电路　　　　b）全加器逻辑符号　　　　c）全加器真值表

图 3-18　全加器

半加器和全加器只能进行一位二进制数的加法运算，但它们可以作为构成实用加法器的基本元件。对于实际的多位数据相加，如果只用一个全加器就需要一位一位地串行送入全加器，分时进行运算。显然这种串行加法器只能一位一位地进行相加，速度很慢。

用多个全加器同时对多位数据进行相加的并行加法器可以提高速度。运算时，低位相加产生的进位可以连接到高位加法器，这样进位逐级向高位串行传递，这称为行波进位加法器。这种串行进位的并行加法器虽然简单，但进位信号会产生较大时延。改进的方案可以增加电路将所有进位都直接从最低进位生成，这称为先行进位加法器。这种并行进位的并行加法器又进一步提高了处理速度。

图 3-19 给出了一个基本的二进制（行波进位）加法器电路。该电路通过最低进位实现方式控制。当输入 0 时，该电路实现 N 位加法；当输入 1 时，数据 B 实现求反加 1 进行相加，实际上实现了减法。最高位向上的进位可以作为无符号整数的超出范围（进位）标志，最高位和次高位的进位进行异或指示有符号整数的超出范围（溢出）。

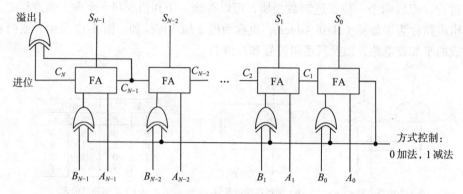

图 3-19   基本的二进制加法器

以多位加法器为基础，增加相应控制电路，就可以进一步构建实现整数加法、减法以及与、或、非等逻辑运算的算术逻辑单元（ALU）。整数处理器的运算核心就是算术逻辑单元，除进行算术运算和逻辑运算外，还支持数据传送等操作。

3.3.4　多路开关

多路开关是从多路输入中选择一路信号进行数据传输的电路，又称多路选择器（数据选择器），简称 MUX（Multiplexer）。多路选择器类似一个多投开关，选择哪一路信号由相应的一组控制信号控制。图 3-20 是 4 选 1 多路开关的功能示意图和真值表。

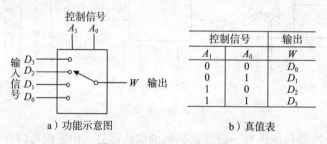

控制信号		输出
A_1	A_0	W
0	0	D_0
0	1	D_1
1	0	D_2
1	1	D_3

a）功能示意图　　　　　　　b）真值表

图 3-20   4 选 1 多路开关

与多路开关的结构相反，输入只有一路，输出有多路，功能是将一路输入分配给多路输出中的一路，这称为反多路开关（DEMUX），也称为多路分配器（数据分配器）。

多路开关和反多路开关在计算机硬件电路中很常用。

3.4　时序逻辑电路

"时序"含有与时间顺序有关的意思。时序逻辑电路（Sequential Logic Circuit）是不同于组合逻辑电路的另一类数字逻辑电路，简称时序电路。它的稳定输出值不仅取决于当前输入值的组合，还与过去的输入值（即电路的原来状态）有关。

时序逻辑电路由组合逻辑电路和存储电路两部分组成。存储电路存在反馈回路，具有记忆过去状态的能力。其结构示意图如图 3-21。其中，X_1、X_2、…、X_n 是电路的输入信号，F_1、F_2、…、F_m 是电路的输出信号。y_1、y_2、…、y_s 是时序电路的"状态"（即组合逻辑电路的内部输入信号），Y_1、Y_2、…、Y_r 是时序电路的激励信号（即组合逻辑电路的内部输出信号）。时序电路某个时刻的状态可

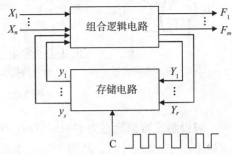

图 3-21　时序逻辑电路的结构示意图

称为"现态"，用 F^n 表示，简记为 F。下一个时刻的新状态常称为"次态"，记作 $F^{(n+1)}$。

如果存储电路的状态变化由一个时钟信号 C（Clock）控制，也就是这个时钟对电路状态起着同步变化的作用，可以作为默认的时间基准，这种时序电路称为同步时序逻辑电路。没有统一的时钟信号的时序电路则称为异步时序逻辑电路，其电路输入信号的变化将直接引起电路状态的改变。

时钟信号 C 也称为时钟脉冲信号 CP（Clock Pulse），常表现为具有一定频率的高低电平周期变化的信号，一次高低电平变化表示一个脉冲，所经历的时间称为一个时钟周期（Cycle）。时钟频率的倒数就是时钟周期。

常见的时序逻辑电路有触发器、寄存器、计数器等。

3.4.1　触发器

触发器具有逻辑 0 和逻辑 1 两个稳定状态。输入信号没有改变时，触发器保持某个状态稳定不变，即具有记忆的功能；在一定输入信号作用下，它可以从一个稳定状态转移到另一个稳定状态。也就是说，触发器具有接收输入值并保存起来的作用，所以它是记忆元件的基础。

1. 基本 R-S 触发器

触发器是基本的时序逻辑电路，基本 R-S 触发器可以用两个与非门交叉耦合构成（也可以用或非门实现），如图 3-22a 所示。它有两个输入端 R 和 S，两个互补的输出端 Q 和 $\overline{Q}$，输出又反回来作为门电路的输入形成反馈。互补就是相反，一般定义 Q 作为触发器的状态。

现在分析其工作过程：

① 若 $R=1$、$S=1$，触发器状态不变。

假设触发器原状态为 $Q=0$，$\overline{Q}=1$。由于与非门 G_2 的输出 Q 为 0（低电平），反馈作为与非门 G_1 输入，将使 $\overline{Q}$ 保持 1（高电平）不变；$\overline{Q}$ 为 1 反馈作为与非门 G_2 的输入，则使 G_2 的两个输入均为 1，从而保证输出 Q 为 0 不变。

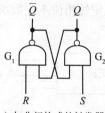

R	S	Q	$\bar{Q}$	说明
0	0	1	1	不允许
0	1	0	1	置0
1	0	1	0	置1
1	1	不变		保持

现态	次态$Q^{(n+1)}$			
Q	RS=00	RS=01	RS=10	RS=11
0	不允许	0	1	0
1	不允许	0	1	1

a) 与非门构成的触发器   b) 触发器功能表   c) 触发器状态表

图 3-22   基本 R-S 触发器

假设触发器原状态为 $Q=1$，$\bar{Q}=0$。同样分析，$\bar{Q}$ 为 0 反馈为与非门 G_2 的输入，使 Q 保持 1 不变；与非门 G_1 的两个输入端均为 1，所以 $\bar{Q}$ 保持 0 不变。

② 若 $R=1$、$S=0$，触发器置 1 状态。

不管触发器原来为何种状态，因为 S 为 0，一定使与非门 G_2 的输出 Q 为 1。Q 为 1 反馈作为与非门 G_1 的一个输入，另一个输入 R 也为 1，所以 G_1 输出 $\bar{Q}$ 为 0。

$S=0$（同时 $R=1$）使得基本 R-S 触发器置 1，即置位（Set）。所以 S 端被称为置位端。

③ 若 $R=0$、$S=1$，触发器置 0 状态。

同上面的分析过程类同，不论触发器原来处于何种状态，因为 R 为 0，G_1 输出 $\bar{Q}$ 一定为 1，G_2 的输出 Q 为 0。

$R=0$（同时 $S=1$）使得基本 R-S 触发器置 0，即复位（Reset），也称为清 0（Clear）。所以 R 端被称为复位端。

④ $R=0$、$S=0$ 是不允许出现的情况。

因为 R 端和 S 端同时为低电平，将使两个与非门的输出均为高电平，破坏了触发器两个输出端的状态应该互补的逻辑关系，所以这是不允许出现的情况。另外，当这两个输入端同时从低电平改变为高电平后，触发器的状态将不确定。

信号在数字电路的传输过程中会有一定的时间延迟，简称时延。即使是同样的两个逻辑电路，其信号时延也不完全相等。若门电路 G_1 的时延大于 G_2，则 G_2 输出端 Q 先变为 0，使触发器 Q 处于置 0 状态；反之，若门电路 G_2 的时延大于 G_1，则 G_1 输出端 $\bar{Q}$ 先变为 0，从而使触发器 Q 处于置 1 状态。

通常，两个门电路的时延难以人为控制，故输入端从低电平同时改变为高电平后，触发器的状态将难以预测，所以这不被允许。R 和 S 不能同时为 0 是基本 R-S 触发器的约束条件。

根据上述分析，可归纳出由与非门构成的基本 R-S 触发器的逻辑功能。真值表已经不能完全表达时序电路的功能，所以使用了功能表，参见图 3-22b。基本 R-S 触发器的逻辑功能总结如下：

- 基本 R-S 触发器具有两种稳定的状态，只要 $R=S=1$，触发器即保持原态，也即具有了记忆能力。稳态情况下，两输出互补。
- 基本 R-S 触发器具有置位和复位功能。输入端 $R=1$、$S=0$，可以使触发器输出 $Q=1$（置位）；输入端 $R=0$、$S=1$，可以使触发器输出 $Q=0$（复位）。

如果将触发器次态 $Q^{(n+1)}$ 表示为现态 Q 和输入 R、S 的函数，可得到该触发器的次态方程：

$$Q^{(n+1)} = \overline{S} + RQ$$

R 和 S 不允许同时为 0 的约束条件，表达为约束方程：

$$R+S=1$$

状态表也是描述时序电路功能常用的表达形式，基本 R-S 触发器的状态表见图 3-22c。

2. D 触发器

基本 R-S 触发器存在约束条件。为了消除约束条件，可以在基本 R-S 触发器电路（图 3-22a）基础上增加一级门电路，形成只有一个输入端的 D 触发器，如图 3-23a 所示。改进后的控制电路还外加了一个时钟控制信号 C（Clock）。

D 触发器的功能表和状态表见图 3-23b 和图 3-23c，功能总结如下：

① 当时钟信号 $C=0$ 时，$R=S=1$，不论输入 D 怎样，D 触发器保持原状态不变。

② 当时钟信号 $C=1$ 时，R 和 S 相反，满足约束条件。$D=0$ 使 $R=0$、$S=1$，故 $Q=0$；$D=1$ 使 $R=1$、$S=0$，故 $Q=1$。可以看出，输出 Q 跟随输入 D 变化。

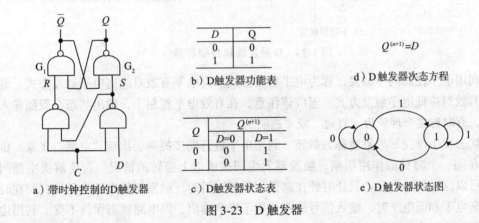

a）带时钟控制的D触发器　　b）D触发器功能表　　c）D触发器状态表　　d）D触发器次态方程　　e）D触发器状态图

图 3-23　D 触发器

图 3-23d 和图 3-23e 还给出了 D 触发器的次态方程和状态图。状态图形象地反映了时序电路状态转换规律及相应输入 / 输出取值关系。在图 3-23e 中，圆圈表示电路的状态，0 和 1 表示状态取值，连接圆圈的有向线段表示状态的转换关系，线段起点是现态，终点箭头指向次态。

D 触发器取自数据 D（Data），表示能够存储一位数据，是经常使用的基本存储器件。

3. 触发器和锁存器

在基本 R-S 触发器电路（图 3-22）中，输入信号一旦发生变化，输出状态随着改变，所以 R-S 触发器电路是一种异步时序电路。在实际应用中，往往要求电路按照一定节拍统一动作，即同步时序电路，所以需要一个时钟信号进行同步控制，如图 3-23 的 D 触发器电路带时钟控制信号。这样，时钟信号控制触发器电路何时进行状态转换，即同步触发的时刻；输入信号则决定触发器电路的状态如何转换。

对于图 3-23 所示的 D 触发器，时钟信号为高电平时，触发器才表现出应有的逻辑功能；而在时钟信号为低电平时，输出保持原状不变，这称为"高电平有效"，其逻辑符号见图 3-24a。当设计时钟为低电平时，触发器电路表现其逻辑功能；高电平时，输出维持不变，这称为"低电平有效"，其逻辑符号见图 3-24b。时钟信号用一个反相作用的小圆圈表示，在表达外部信号名称时也常带有反相含义的上划线。所谓"有效（Active）"就是起作用。

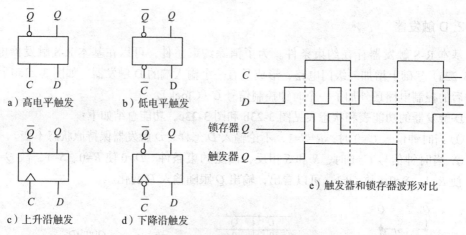

　　a）高电平触发　　　b）低电平触发

　　c）上升沿触发　　　d）下降沿触发

e）触发器和锁存器波形对比

图 3-24　D 触发器和 D 锁存器

　　利用电平控制同步触发，称为电平触发方式。高电平有效对应高电平触发方式，低电平有效对应低电平触发方式。但应该注意，在有效电平控制下，输出状态会跟随输入变化，有时称这个现象为"直通"或"透明"。

　　状态发生改变常形象地称为翻转。利用电平进行同步控制会出现"空翻"现象，也就是在同一个时钟的作用周期，触发器发生两次或以上翻转的情况。若要解决空翻问题，可以这样设计电路：只让时钟在高低变化的边沿时，触发器状态发生翻转；而在时钟为高电平和低电平时，输入信号的变化均不影响输出，即电路状态保持不变。利用边沿控制同步触发，称为边沿触发方式。从低到高的上升沿有效对应上升沿触发（正边沿触发），图 3-24c 使用类似数学上的"大于"符号表示；从高到低的下降沿有效对应下降沿触发方式（负边沿触发），图 3-24d 使用类似数学上的"大于"符号加小圆圈表示。

　　无论电平触发还是边沿触发的触发器电路，国内教材通常一律称之为触发器。而在国外文献中，为了区别，电平触发的双稳态电路称为锁存器（Latch），边沿触发的双稳态电路才称为触发器（Flipflop）。图 3-24e 用波形图示意了高电平和上升沿触发 D 触发器的各自特点。时序电路的工作过程非常适合采用波形图描述，即按照时间顺序，画出反映时钟脉冲、输入信号、触发器状态之间的对应关系。所以波形图也称为时序图。

4. J-K 触发器和 T 触发器

　　为了既解决基本 R-S 触发器对输入信号的约束问题，又能使触发器保持两个输入端的作用，设计了 J-K 触发器，其命名来自 1958 年发明集成电路的德州仪器（TI）公司的工程师、诺贝尔物理学奖获得者 Jack Kilby 的名字。J-K 触发器也是常用的触发器，有两个数据输入端 J 和 K，它们都为 0 状态不变，都为 1 状态翻转，输入不同实现复位和置位，功能参见表 3-8。

如果把 J-K 触发器的两个输入端 J 和 K 连接起来作为一个输入端使用，并用符号 "T" 表示，就构成了 T 触发器。这里的 T 是英文 Toggle 的缩写，表示翻转的意思。$T=0$，状态不变；$T=1$，状态翻转。其功能参见表 3-9。如果将 T 接高电平，这样每来一个有效的触发脉冲信号，将使得 T 触发器发生一次翻转，相当于一位二进制计数器。所以，T 触发器常用来组成计数器的基本元件。

表 3-8　J-K 触发器功能表

$J\ K$	Q^{n+1}	说明
0 0	Q	不变
0 1	0	复位
1 0	1	置位
1 1	$\overline{Q}$	翻转

表 3-9　T 触发器功能表

T	Q^{n+1}	说明
0	Q	不变
1	$\overline{Q}$	翻转

3.4.2　寄存器

一个触发器可以保存一位二进制信息，n 个触发器能够构成一个寄存器（Register），用于保存 n 位二进制信息。寄存器是数字电路系统中存放信息的常用逻辑器件，也是计算机的主要部件之一，用来暂时存放数据或指令代码等。通过增加少许电路，寄存器除具有数据的接收、保存和传送功能外，还可以实现数据的移位、串行并行转换等附加功能。

1. 并行寄存器

通常所说的寄存器是并行寄存器（数码寄存器），表示能对 n 位数据同时输入、保存或输出。中小规模集成电路 74 系列的 273 型号是一个 8 位寄存器（常称为 8D 锁存器），其内部连接示意图如图 3-25a 所示。74LS273 芯片由 8 个 D 触发器组成，上升沿触发的时钟连接在一起同时锁存 8 位数据。每个 D 触发器都设计有复位输出 Q 的信号 R_D（对应 R-S 触发器 $R=0$、$S=1$ 的功能），并且也连接在一起，这样使得 $\overline{CLR}$ 信号为低电平能够设置寄存器为 0（清 0）。

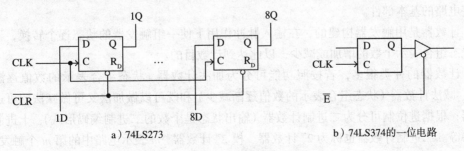

a）74LS273　　　　　　　　　b）74LS374的一位电路

图 3-25　寄存器

计算机接口电路常既需要锁存能力，又需要三态缓冲功能，这可以通过在触发器输出端再连接一个三态门实现，如图 3-25b 所示。74LS374 芯片就是由 8 个与图 3-25b 功能相同的电路构成的上升沿触发、8 位三态输出寄存器（也称为三态锁存器）。8 个三态门的控制端$\overline{E}$也都连接在一起，若其为低电平有效，这是一个正常工作的寄存器；若控制端为高电平，则输出处于高阻状态，其锁存的数据不能输出。集成电路 74LS373 芯片也是具有三态输出的 8 位寄存器，但由 D 锁存器构成，是高电平有效的 8D 锁存器。

8 个触发器可以存储 8 位数据，构成一个存储单元。大量存储单元组成存储矩阵，加上读写控制电路便可形成存储器芯片。

2. 移位寄存器

移位是指将数据的各个二进制位向左或向右移动一位。将一位触发器的输出连接到下一位触发器的输入端，这样就可以构成移位寄存器（串行寄存器），如图 3-26 所示。图 3-26 中，每来一个同步时钟脉冲 CLK，从 D_{in} 端输入的数据通过触发器向右移动一位。如果将最后一位输出再返回到最前一位输入，还可以构成循环移位。

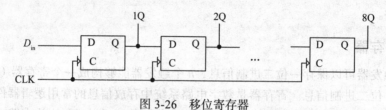

图 3-26　移位寄存器

对一个处理器字长的数据的所有位同时进行操作称为并行操作，如并行传送、并行加法等，这是处理器主要的操作方式。有时也需要对数据的各位逐位处理，即串行操作，如串行传送等。移位寄存器可以实现串行、并行数据的转换。例如，在图 3-26 所示的 8 位移位寄存器中，从 D_{in} 端逐位输入的 8 位串行数据经过 8 次移位可以从 8 个 Q 输出端同时输出，实现串行输入转变为并行输出。如果设计同时将 8 位数据输入 8 个触发器，然后从一个输出端逐位移出，就可以实现并行输入转换为串行输出。

3.4.3　计数器

计数器（Counter）是一种记录输入脉冲个数的时序电路，而且当输入脉冲的频率一定时，又可作为定时器使用。计数器还可以用于分频、产生节拍及进行数字运算等，是数字电路的基本部件。

计数器是用触发器构建的，在输入脉冲作用下使一组触发器的状态逐个转换，不同的状态组合表示个数的增加或减少，以此达到计数目的。

计数器的种类很多，若按照功能可分为加法计数器（状态组合表示的数值逐渐增加）、减法计数器（状态组合表示的数值逐渐减少）和既可以做加法又可做减法的可逆计数器；根据进位制可分为二进制计数器（输出状态是个数的二进制编码形式）、十进制计数器等。二进制计数器也称为 2^m 计数器、模 2^m 计数器，m 表示电路中的第 m 个触发器。

3.5　可编程逻辑器件

为满足各种具体应用而专门生产的集成电路，称为专用集成电路（Application

Specific Integrated Circuit，ASIC），或全用户定制集成电路（Full-custom design IC）。适合多种用途、往往作为基本部件的通用集成电路也称为非用户定制集成电路，如 74 系列中小规模通用集成电路。可编程逻辑器件（Programmable Logic Device，PLD）是厂家生产的具有通用性的半成品集成电路芯片，需由用户根据要求进行编程实现特定功能，所以可称为半用户定制电路，也可以归类为 ASIC 的一个分支。PLD 器件方便了用户设计开发自己的专用集成电路，具有结构灵活、性能优越、设计简单等特点，是构建数字电路系统的理想器件，现在已经获得广泛应用。

3.5.1 PLD 概述

PLD 包含上百、上千或上万个逻辑门，逻辑门之间的连接关系可变，即由用户编程设计具体的逻辑功能。新型 PLD 还支持重复编程。

1. PLD 的基本结构

PLD 的基本结构示意图如图 3-27 所示，其主体是由与门和或门构成的"与门阵列"和"或门阵列"。为了适应各种输入情况，"与门阵列"的输入端（包括内部反馈信号的输入端）都设置了输入缓冲器电路，从而使输入信号有足够的驱动能力，并产生互补的原变量和反变量。PLD 可以由或门阵列直接输出，也可以通过触发器组成的寄存器输出；输出可以是高电平有效，也可以是低电平有效；输出端一般采用三态电路，而且设置了内部通路，可把输出信号反馈到与门阵列的输入端。不同的 PLD 在上述基本结构基础上，增加其他电路单元，构成功能更完善、使用更方便的可编程器件。

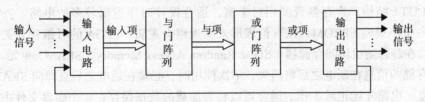

图 3-27 PLD 的基本结构示意图

任何组合逻辑函数都可以变换为与 - 或表达式，从而可用与门、或门二级电路实现；任何时序电路又都是组合电路和存储电路（基本部件是触发器）构成的。因此，PLD 的基本结构对实现数字电路具有普遍意义。从原理上看，利用 PLD 可以实现任何组合逻辑电路和时序逻辑电路。用户根据应用问题设置输入信号，选择与项、或项实现逻辑功能，产生输出信号，最终让 PLD 集成电路芯片形成一个数字逻辑系统。

2. PLD 的发展

PLD 始于 20 世纪 70 年代，随着超大规模集成电路技术的飞速发展，其规模日益增大、功能越来越强，经历了从简单 PLD 到复杂 PLD 的过程。

可编程只读存储器（Programmable ROM，PROM）可以认为是最先问世的 PLD。从逻辑器件角度看，PROM 的基本结构是由一个固定连接的与门阵列和一个可编程连接的或门阵列组成的。PROM 实现的逻辑功能不太灵活，也不经济，主要作为存储器使用，用于保存初始化程序代码、原始数据、显示的点阵编码等各种固定不变的信息。

可编程逻辑阵列（Programmable Logic Array，PLA）是为了解决 PROM 存在的问题而设计的。它的与门阵列和或门阵列都是可编程的，可以实现 n 个输入，m 个输出的组合逻辑电路。但是，PLA 输入 n 和输出 m 受引脚数目限制，规模不大，使用并不广泛。

可编程阵列逻辑（Programmable Array Logic，PAL）是 PLA 的一种简化方案，其或门阵列固定，与门阵列可编程。这种结构简化了制造工艺，使速度提高、成本降低。PAL 输出电路有多种结构，型号太多，使用上仍有较大的局限性。

通用阵列逻辑（Generic Array Logic，GAL）是在 PLA 和 PAL 基础上使用高速 CMOS 等工艺技术生产的新型器件。由于输出电路集成了输出逻辑宏单元（Output Logic Macro Cell），使得用户可以定义每个输出的结构和功能，实现组合逻辑电路和时序逻辑电路，因此功能更强，使用更灵活，应用更广泛。

复杂可编程逻辑器件（Complex PLD，CPLD）将类似于 GAL 的电路作为其一个基本单元，通过可编程开关实现基本单元之间的相互连接，与外界接口的输入 / 输出模块用于实现不同的输入 / 输出功能。CPLD 的基本单元由可编程的与门阵列和或门阵列构成组合逻辑，触发器实现时序逻辑，但寄存器资源相对较少，适合设计组合逻辑较多的电路。CPLD 的可编程开关采用电擦除可编程只读存储器（Electrically Erasable PROM，EEPROM）技术，编程后能够保持不变。

现场可编程门阵列（Field Programmable Gate Array，FPGA）与 CPLD 有许多相似之处，它们都有大量基本单元且通过可编程开关互连，也都使用输入 / 输出模块连接外部信号。但 FPGA 的基本单元不同于 CPLD，其组合逻辑部分基于查找表（Look Up Table，LUT）结构，寄存器资源相对丰富，适合设计时序逻辑较多的电路。查找表实质上是一个小规模 EPROM，以真值表形式实现组合逻辑。FPGA 的可编程开关把编程信息存储在静态随机访问存储器（Static Random Access Memory，SRAM）单元。但是，SRAM 存储的信息在断电之后将消失；下次使用时，必须在通电之后立即向 SRAM 加载编程信息，电路才能正常工作。通常可以将要加载的数据保存在一个磁盘文件中，通过计算机软件传送给 FPGA 芯片；或者保存于另外的 EPROM 中，上电后自动装入 FPGA 芯片。

3.5.2　电子设计自动化

PLD 的编程要在相应的开发软件和硬件设备支持下完成。随着 GAL、CPLD、FPGA 等器件的广泛应用，开发环境也越来越完善，可以实现"在系统编程"（In-System Programmable，ISP）和片上系统（System On Chip，SOC）。在系统编程是指可以在目标系统上对逻辑器件进行编程，片上系统是指将整个数字电路系统集成在一个芯片上。

另外，集成电路生产技术已经进入超大规模阶段。伴随着设计规模的增大，设计工作也越来越难以用手工完成，电子设计自动化（Electronic Design Automation，EDA）成为现代电子设计方法和实现手段。电子设计自动化以硬件描述语言（Hardware Description Language，HDL）表达设计意图，采用 EDA 工具作为软件开发环境，基于 GAL、CPLD、FPGA 等器件，利用计算机辅助设计实现了硬件设计软件化。

1. HDL

传统的集成电路硬件设计方法主要用电路图和逻辑函数等描述，但是复杂的电路系统使得这种基于门电路的描述变得过于繁杂而不便管理，也难以描述更高的抽象层次的关系。采用计算机语言对硬件进行描述成为一个重要方法，这就是 HDL。HDL 既具有一般高级程序设计语言的功能特性，又具有描述硬件电路的能力。采用 HDL 设计硬件，可以降低设计难度，缩短设计周期。

设计人员利用 HDL 编程进行硬件设计和仿真，将高层次的抽象描述（如电路的逻辑关系）自动转换为低层次的具体描述（如门级的逻辑实现）。采用 HDL 设计的硬件电路主要用 HDL 源程序表达。它易于阅读和修改，可以作为计算机 EDA 工具的设计输入文件，并转换为电路原理图输出。

目前有多种硬件描述语言，但只有 VHDL 和 Verilog HDL 成为美国电气电子工程师协会（Institute of Electrical and Electronics Engineers，IEEE）颁布的国际标准，应用最为广泛。国内还使用（Advanced Boolean Expression Language，ABEL）等。

VHDL 是超高速集成电路硬件描述语言（Very high speed integrated circuit HDL）的英文缩写，1987 年成为 IEEE 国际标准，后续还有新版本。Verilog HDL 则于 1995 年成为 IEEE 国际标准。

VHDL 借鉴高级程序设计语言的功能特性对电路的行为和结构进行高度抽象化、规范化的形式描述，并对设计进行不同层次、不同领域的模拟验证与综合处理。它支持从系统级到门级电路的描述，支持多层次的混合描述，支持电路的结构描述和行为描述。它既支持自底向上的设计，也支持自顶向下的设计；既支持层次化设计，也支持模块化设计；还支持大规模设计的分解和重用。

VHDL 是一种独立于生产工艺和实现技术的语言，提供了把新技术引进现有技术的潜力，覆盖了逻辑设计的诸多领域和层次，支持众多的硬件模型（组合逻辑和时序逻辑，以及时序逻辑的同步电路和异步电路等）。

2. VHDL

一个 VHDL 程序必须包括实体（Entity）和结构体（Architecture），多数程序还包含库和程序包等部分。实体定义要设计实现的电路模块（元件）的外部输入/输出端口和参数，即描述其外部特征，对应集成电路的输入/输出引脚信号。结构体主要用来说明实体的逻辑功能（行为）或者内部结构，是程序设计的核心部分。库是程序包的集合，不同的库有不同类型的程序包。程序包用来定义结构体和实体中要用到的数据类型、元件和子程序等。

如下 VHDL 程序用于设计一个 2：4 译码器，即将两位输入 x_1 和 x_0 的 4 个编码，译码为 4 个输出信号 $y_3 \sim y_0$，参见 3.3.2 节的例 3-5。

```
ENTINY  decoder2to4  IS                    -- 实体声明，名为 decoder2to4
    PORT(                                  -- 端口说明
        x:  IN  bit_vector( 1 DOWNTO 0 );  -- 输入引脚 x1 和 x0
        y:  OUT  bit_vector( 3 DOWNTO 0 )); -- 输出引脚 y3 ～ y0
```

```
    END decoder2to4;                        -- 实体结束
ARCHITECTURE  comb  OF  decoder2to4  IS     -- 结构体声明，名为 comb
    BEGIN                                    -- 描述实体的逻辑功能
       WITH  x  SELECT                       -- 并行信号选择赋值语句
           y <= "0001"  WHEN  "00",          -- 输入 00 时的输出
                "0010"  WHEN  "01",          -- 输入 01 时的输出
                "0100"  WHEN  "10",          -- 输入 10 时的输出
                "1000"  WHEN  OTHERS;        -- 其他输入，即 11 时的输出
    END  comb;                               -- 结构体结束
```

VHDL 程序的注释采用两个英文连字符 "--" 表示，所有语句都是以英文分号结束，程序中不区分字母的大小写。为表达清晰，上述程序中的关键字都使用了大写字母。

VHDL 定义了常量、变量和信号 3 种数据对象，支持整数、实数、位、位向量、布尔、字符、字符串、时间等数据类型。例如，类型名 bit_vector 表示位向量，它已经在标准程序包中定义，无须声明即可使用。VHDL 也支持用户自定义类型，包括自定义的枚举类型、数组类型等。

VHDL 有逻辑运算符、关系运算符、连接运算符和算术运算符等，其中逻辑运算符有 7 个，分别是 AND（与）、OR（或）、NAND（与非）、NOR（或非）、XOR（异或）、XNOR（同或）、NOT（非）。

VHDL 语句用来描述系统内部硬件结构、动作行为及信号间的基本逻辑关系，这些语句不仅是程序设计的基础，也是最终构成硬件的基础。例如，赋值是 VHDL 的基本语句，变量赋值使用符号 ":="，信号赋值使用符号 "<="。IF、CASE 等语句实现分支，FOR、WHILE 语句实现循环，PROCEDURE（过程）和 FUNCTION（函数）语句用于定义子程序。又如，WITH 是并行信号选择赋值语句，WHEN 子句引出选择的条件（同时进行测试）。

3. EDA 设计流程

在没有先进的辅助工具的条件下，设计者只能依靠纸笔进行手工设计。借助于 EDA 软件，设计者的重点工作是在理论的指导下对要实现的电路做精确描述，烦琐的细节、正确性验证等都由 EDA 工具完成，工作效率有了极大提高。当然，设计者首先需要选择合适的 EDA 软件，并在计算机上正确安装。如果要进行逻辑电路的物理实现，则还需要相应的硬件开发设备和 PLD。

进行 EDA 设计的工作流程主要包括设计输入、功能模拟（仿真）、物理设计、时序模拟（仿真）、器件编程等阶段。

设计输入是指针对应用问题，使用逻辑原理图或者 HDL 表达设计构想，编辑为源程序文件输入计算机。

功能模拟是指将设计输入的文件进行部分编译，综合分析逻辑功能，验证是否达到预期要求。如果没有满足要求，应返回修改设计输入文件。

物理设计需要给目标器件指定引脚，经过全程编译形成一系列中间文件，其中包括供时序模拟用的网表文件和器件编程文件。

此后进行时序模拟，模拟器显示波形，既反映电路功能，也反映电路中各个信号的

时延关系，验证是否满足时序要求。这也是一个需要反复修改的过程，直到满足要求为止。

设计经过验证并通过后，可以将编译结果下载到目标器件中，使 PLD 成为符合设计要求的集成电路芯片。

习题

3-1 简答题

（1）逻辑代数有哪 3 种基本逻辑关系，英文分别是什么？

（2）三态门有什么作用？

（3）什么是译码和译码器？

（4）具有反馈回路的逻辑电路属于组合逻辑电路还是时序逻辑电路？

（5）复位和置位是什么意思？

3-2 判断题

（1）逻辑变量只有两个值，常用 0 和 1 表示，所以它具有大小之分。

（2）逻辑运算没有进位或溢出问题。

（3）一个数据采用偶校验，其校验位是 1；如果改为奇校验，则校验位一定是 0。

（4）组合逻辑电路组合有触发器电路。

（5）采用边沿触发方式的触发器只在时钟跳转时发生翻转。

3-3 填空题

（1）对于逻辑 0 和逻辑 1 分别进行逻辑与、或、异或，结果分别是_____、_____和_____。

（2）三态门除具有正常工作的_____和_____输出状态外，还可能处于称为_____的禁止输出状态。

（3）3 位输入的二进制译码器，可以有_____个输出信号。

（4）时序逻辑电路根据状态变换是否受时钟脉冲控制，可以分成_____和_____时序电路两种类型。

（5）每个触发器有_____种稳定状态，可以保存_____位二进制数据。

3-4 请按照 2 个变量的与非、或非逻辑关系，给出其真值表。

3-5 有 4 个变量的与或非逻辑关系（式 3-8），共 16 种组合，给出其真值表。

3-6 使用真值表方法证明摩根定律的正确性。

3-7 "吸收律"也是逻辑代数经常用到的运算定律，请利用推导方法进行证明：

（1）原变量的吸收：$A+AB=A$。

（2）反变量的吸收：$A+\overline{A}B=A+B$。

（3）混合变量吸收：$AB+\overline{A}C+BC=AB+\overline{A}C$。

3-8 根据 2 个变量的逻辑同或表达式，列出真值表，画出逻辑电路图。

3-9 化简如下逻辑表达式。

（1）$F=A\overline{B}+\overline{A}\overline{B}+\overline{A}B$。

（2）$F=\overline{\overline{A+B+C}+\overline{AB}+AC}$。

3-10 某个逻辑函数的真值表如表 3-10 所示，请写出逻辑表达式，并进行化简；根据化简后的表达式画出对应的逻辑电路图。

表 3-10　习题 3-10 真值表

A B C	F	A B C	F
0 0 0	0	1 0 0	0
0 0 1	0	1 0 1	1
0 1 0	1	1 1 0	1
0 1 1	0	1 1 1	1

3-11 图 3-28 是 2 选 1 多路开关的一个逻辑电路图和功能示意图，请分析电路功能，列出真值表。

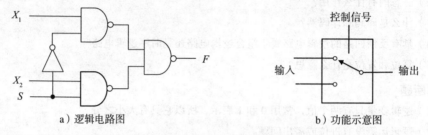

a）逻辑电路图　　　　　　　　　　b）功能示意图

图 3-28　2 选 1 多路选择器

3-12 简述 R-S 触发器、D 触发器、J-K 触发器和 T 触发器各自的主要特点。

3-13 图 3-29 表示出两个 D 触发器，其中一个的输出反馈到了输入。根据触发器的初态（为 0）和输入，画出在 CP 脉冲作用下 Q 端各自的波形。

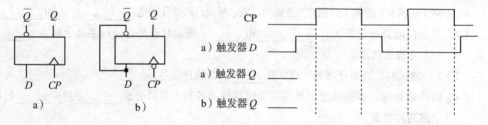

图 3-29　习题 3-13 的电路和波形

3-14 编码器、译码器、加法器、寄存器、计数器等都是计算机中常用的数字电路单元，说明它们各自的功能。

3-15 本章介绍了若干 74 系列中小规模通用集成电路芯片，说明型号 74LS00、74LS02、74LS04、74LS244、74LS245、74LS138、74LS273、74LS373 等芯片的功能。

3-16 VHDL 是一种什么性质的语言？其程序中实体和结构体描述什么内容？

3-17 已知有两个 char 类型的 C 语言变量 x 和 y，请根据其值填写表 3-11 的位运算和逻辑运算结果。

表 3-11　习题 3-17 位运算和逻辑运算表

char x	char y	x & y	x | y	~ x | y	x ^ y	x && y	x || y	!x || y	!x && y
0x80	0x7F								
0x05	0x36								

第4章 处 理 器

处理器由多个功能部件组成，是计算机系统的硬件核心，也常被称为中央处理单元（CPU）。本章从处理器的一般组成出发，以 IA-32 处理器为例介绍组成结构、常用寄存器、主存组织模型和处理器工作方式，理解处理器的结构和工作原理。

4.1 处理器的组成

传统的处理器由控制器和运算器两大部件组成，并辅以各种寄存器暂存指令和数据，高性能处理器则增加了存储管理单元、高速缓冲存储器等功能单元。处理器控制着整个计算机的运行，主要体现 4 个基本功能：

- 指令控制——控制程序按照顺序执行指令；
- 操作控制——生成并控制指令执行过程中的各种操作信号；
- 时间控制——控制各种操作严格按照定时节拍进行；
- 数据处理——完成对数据的传送、运算等处理，这是处理器的根本任务。

4.1.1 控制器

控制器向计算机各个部件提供协同运行所需要的控制信号，主要体现在完成对计算机指令的执行过程的控制方面。

1. 指令执行周期

指令的执行过程可以简单地分成取指和执行两个阶段。"取指"是将指令代码从主存读出，送入处理器内部。接着，处理器完成指令代码所蕴含的数据处理功能，即"执行"，如图 4-1a 所示。

指令代码包含指令功能，通常处理器需要先翻译指令代码的功能，即"译码"，然后执行指令完成指令所规定的操作，所以指令执行又可以分成 3 个步骤，如图 4-1b 所示。当一条指令执行完以后，处理器会根据内部程序计数器（PC）值自动地去取下一条将要执行的指令，重复上述过程直到整个程序执行完毕。这就是"取指—译码—执行"指令执行周期（Fetch-Decode-Execute Cycle）。

认真研究指令执行过程，发现执行步骤还可以进一步分解成读取操作数（寄存器、主存或接口）、运算器执行运算、数据回写（寄存器、主存或接口）等更细的步骤，如图 4-1c 所示。同时，如果能将各个步骤重叠操作，处理器就可以同时执行多条指令，即实现指令执行的流水线操作（详见 9.2 节）。

图 4-1 指令执行步骤

2. 控制器的实现

控制器的基本功能是依据当前正在执行的指令和它所处的执行步骤，形成并提供在这一时刻整机各部件要用到的控制信号。形成控制信号有两种实现方式，它们既可以单独使用，也可以并存于一个处理器。

（1）硬布线控制（Hardwired Control）

硬布线控制器是早期计算机唯一可用的方式，目前广泛地用于 RISC 结构的处理器或高性能处理器中。

硬布线控制器的基本运行原理是使用大量的逻辑电路，如门电路、触发器、计数器等，直接提供控制计算机各功能部件所需要的控制信号。组合逻辑线路的输入信号是指令代码、时钟或其他的控制条件，其输出就是提供给计算机各功能部件的控制信号。硬布线控制示意图如图 4-2a 所示，其中指令寄存器用于接收并保存从主存读出来的指令代码，指令译码器实现指令译码。

硬布线控制器的优点是速度较快，因为形成这些控制信号所需要的信号传输延迟时间短；其缺点是，形成控制信号的电路设计和实现比较复杂，需要变动一些设计时不大方便。随着大规模集成电路的发展，特别是应用了各种不同类型的现场可编程器件，以及功能强大、使用方便的辅助设计工具软件，硬布线控制电路的设计和实现技术大大提高，这种方式又获得重新重视并得到广泛应用。

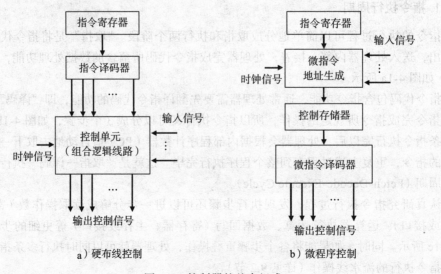

图 4-2 控制器的基本组成

（2）微程序控制（Miroprogrammed Control）

微程序控制器成功地用于 1964 年的 IBM 360 计算机，之后获得普遍应用。

微程序控制器的基本原理是用多条微指令（Microinstruction）组成的微程序解释执行一条指令的功能，硬件组成的核心电路是"控制存储器"（简称控存，用 ROM 芯片实现，即固件），用于保存由微指令代码（Microcode）组成的微程序。在指令执行过程中，按照指令及其执行步骤，依次从控制存储器中读出微指令，用微指令控制各执行部件的运行，并用下一地址字段形成下一条微指令的地址，使微指令可以连续运行，如图 4-2b 所示。

微程序控制器利用软件方法（微程序设计技术）来设计硬件，具有规整、灵活、便于维护等一系列优点，可用于构成功能复杂的指令，在 CISC 处理器中广泛采用。其缺点是运行速度较慢，因为每条指令的执行又需要多次读取控制存储器、处理多条微指令。

4.1.2　运算器

运算器是进行数据加工处理的部件。控制器给运算器提供控制信号，控制其进行算术运算、逻辑运算等操作。

根据运算的数据类型，运算器可以分成定点运算器和浮点运算器两大类。

定点运算器主要用于对整型数据的算术运算、逻辑型数据的逻辑运算。基本的运算器电路是算术逻辑单元（Arithmetic Logic Unit，ALU），如图 4-3 所示，它实现算术运算和逻辑运算，在给出运算结果的同时，还给出结果的某些特征，如有无进位或溢出、是否为零或负。

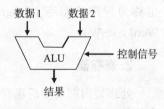

图 4-3　算术逻辑单元

低端处理器无乘除运算指令，只能用加减运算、移位操作等指令编写的乘法和除法子程序软件实现；也可以在原有实现加减运算的运算器基础上增加一些逻辑线路，使乘除运算变换成加减和移位操作。处理器可设置乘除指令，但速度不太快。为了加快执行速度，通常运算器要设置专用的乘法器、除法器。

浮点数分成整数形式的阶码和小数形式的尾数，浮点运算器需要处理阶码和尾数这两部分逻辑电路。所以，相对于定点整数运算器，浮点运算器要复杂得多，执行指令的速度也比较慢。早期它作为协助定点整数处理器的一个独立器件，例如，配合 8086、80286 和 80386 的 8087、80287 和 80387 协处理器。现在，高性能处理器普遍集成有浮点处理单元（Floating Point Unit，FPU）。

4.2　处理器的结构

本节以 80x86 处理器为例，从应用角度，从简单到复杂逐渐展开各部件功能，理解处理器的组成结构。

4.2.1 处理器的基本结构

低端处理器一般由算术逻辑单元、寄存器和指令处理单元等几部分组成，以典型的 8 位处理器为例，其基本组成如图 4-4 所示。

1. ALU

ALU 是计算机的运算器，负责处理器所能进行的各种运算，主要是算术运算和逻辑运算。操作数据来自通用寄存器或主存，运算结果返回寄存器或主存。对于图 4-4 所示的累加器结构的处理器来说，一个操作数总是由被称为累加器（Accumulator）的寄存器提供，而另一个操作数通过暂存器来提供；运算后，结果被返回到累加器。反映运算结果的辅助信息（如有无进借位、是否为零、是否为负等）被记录在标志（Flag）寄存器里，程序可以根据标志的状态决定下一步的走向，故标志寄存器的内容也称为程序状态字（Program Status Word，PSW）。

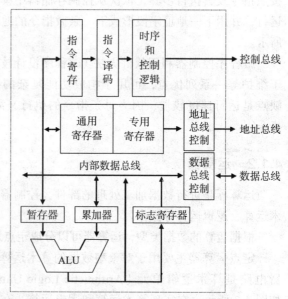

图 4-4　8 位处理器的基本组成

2. 寄存器

处理器内部需要高速存储单元，用于暂时存放程序执行过程中的代码和数据，这些存储单元称为寄存器（Register）。处理器内部设计有多种寄存器，每种寄存器还可能有多个。从应用的角度，寄存器可以分成两类：透明寄存器和可编程寄存器。

有些寄存器对于应用人员来说不可见、不能直接控制，可称为透明寄存器（保存指令代码的指令寄存器）。这里的"透明（Transparency）"是计算机学科中常用的一个专业术语，表示实际存在但从某个角度看好像没有。运用"透明"思想可以使我们抛开不必要的细节，而专注于关键问题。

低级语言的程序员需要掌握可编程（Programmable）寄存器。它们具有引用名称以供编程使用，还可以进一步分成通用寄存器和专用寄存器。

- 通用寄存器：这类寄存器在处理器中数量较多、使用频度较高，具有多种用途。例如，它们既可用来存放指令需要的操作数据，又可用来存放地址以便在主存或 I/O 接口中指定操作数据的位置。
- 专用寄存器：这类寄存器各自只用于特定目的。例如，程序计数器（Program Counter，PC）只用于记录将要执行指令的主存地址，标志寄存器保存指令执行的辅助信息。

3. 指令处理单元

指令处理单元即处理器的控制单元，它控制指令的执行和信息的传输。指令执行的过程如下：首先，指令处理单元将指令从主存取出，并通过总线传输到处理器内部的指令寄存器（取指）；接着，指令处理单元通过指令译码电路获得该指令的功能（译码）；然后，指令处理单元的时序和控制逻辑按一定的时间顺序发出和接收相应信号，完成指令所要求的操作（执行），如读取数据、控制 ALU 进行运算、保存结果等。

4.2.2　8086 的功能结构

16 位处理器 Intel 8086 同样具有 ALU、寄存器和指令处理 3 个基本单元，但为了更好地体现 8086 的特点，Intel 公司按两大功能模块描绘了它的内部结构，如图 4-5 所示。

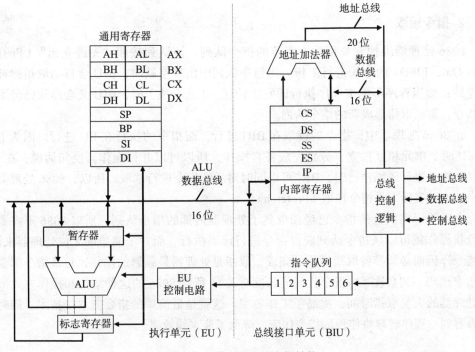

图 4-5　16 位 8086 的内部结构

1. 总线接口单元和执行单元

图 4-5 右半部分是总线接口单元（Bus Interface Unit，BIU）。它由 6 字节的指令队列（即指令寄存器）、指令指针 IP（等同于程序计数器的功能）、段寄存器（CS、DS、SS和 ES）、地址加法器和总线控制逻辑等构成，管理着 8086 与系统总线的接口，负责处理器对存储器和外设进行访问。8086 引脚由 16 位双向数据总线、20 位地址总线和若干控制总线组成。8086 所有对外操作必须通过 BIU 和这些总线进行，如从主存中读取指令、从主存或外设读取数据、向主存或外设写出数据等操作。

图 4-5 左半部分是执行单元（Execution Unit，EU）。它由 ALU、通用寄存器、标志

寄存器和进行指令译码的控制电路等构成，负责指令译码、数据运算和指令执行。

8086 内部结构按照完成一条指令的两个主要阶段（取指和执行）进行组织，这样的结构便于将这两个步骤进行重叠处理。

取指是从主存中取出指令代码进入处理器。在 8086 处理器中，指令在存储器中的地址由代码段寄存器 CS 和指令指针寄存器 IP 共同提供，再由地址加法器得到 20 位存储器地址。BIU 负责从存储器取出这个指令代码，送入指令队列。

这里的执行是指译码指令并发出有关控制信号实现指令功能。在 8086 处理器中，EU 从指令队列中获得预先取出的指令代码，在 EU 控制电路中进行译码，然后发出控制信号由 ALU 进行数据运算、数据传送等操作。指令执行过程需要的操作数据有些来自处理器内部的寄存器，有些来自指令队列，还有些来自存储器和外设。如果需要来自外部存储器或外设的数据，则 EU 控制 BIU 从外部获取。

2. 指令预取

8086 处理器维护着长度为 6 字节的指令队列，该队列按照"先进先出"（First In First Out，FIFO）的方式进行工作。当指令队列中出现空缺时，BIU 会自动取指弥补这一空缺；而当程序不能按顺序执行即发生转移（出现分支）时，BIU 又会废除已经取出的指令，重新取指形成新的指令队列。

在 8086 处理器中，指令的读取在 BIU 进行，而指令的执行在 EU 进行。因为 BIU 和 EU 两个单元相互独立，分别完成各自操作，所以可以并行操作。换句话说，在 EU 对一个指令进行译码执行时，BIU 可以同时对后续指令进行读取。所以，8086 处理器的指令读取，实际上是指令预取（Prefetch）。

由于要译码执行的指令已经预取到了处理器内部的指令队列，所以 8086 不需要等待取指操作就可以从指令队列获得指令进行译码执行。而对于简单的 8 位处理器来说，在指令译码前必须等待取指操作的完成。取指是处理器最频繁的操作，每条指令都要读取指令代码一到数次（与指令代码的长度有关），所以 8086 的这种结构和操作方式节省了处理器的大量取指时间，提高了工作效率。这就是最简单的指令流水线技术。同时也可以看到，程序转移将使预取指令作废，降低了流水线效率。

4.2.3　80386 的功能结构

随着处理器功能的增强，其内部集成了更多功能单元，出现了新的实现技术。

Intel 80386 内部结构由 6 个功能部件组成：总线接口单元、指令预取单元、指令译码单元、执行单元、分段单元和分页单元，如图 4-6 所示。这些单元可以并行工作，对多条指令进行流水线处理。

总线接口单元为处理器提供同外部联系的接口。它接收内部的取指令请求（来自指令预取单元）和传送数据请求（来自执行单元），判断哪个请求需要首先处理，发出或处理进行总线操作的信号，读取指令和读写数据。它还控制同外部的其他需要使用总线的处理器的接口操作。

指令预取单元先行读取指令。只要总线接口单元并未执行指令的总线操作，且指令预取队列有空，它就利用总线的空闲时间通过总线接口单元按顺序预取指令，放在指令预取队列中。指令预取队列容量为 16 字节。

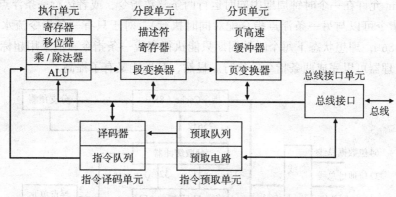

图 4-6   32 位 80386 的功能结构

指令译码单元从指令预取队列中取来指令，译码成微指令代码，经译码后的指令存放在指令队列中。指令队列是先进先出的，可存放 3 条译码后的指令。一条指令的译码时间是一个时钟周期。

执行单元从指令队列中取来已经译码的指令进行执行。执行单元除包括 32 位通用寄存器和 ALU 外，还改进了执行乘法和除法指令的乘法器和除法器电路，新增了加快数据移位等操作的移位器电路。

分段单元把程序中使用的地址（即逻辑地址）变换成线性地址并进行保护检查，变换过程中要利用描述符寄存器加速转换。

分页单元将线性地址变换成处理器对外的物理地址，其中页高速缓冲器也是用于加速转换的。如果不使用分页操作，线性地址就是物理地址。分段和分页是两种存储器管理的方法，分段单元和分页单元共同构成了存储管理单元（Memory Manage Unit，MMU）。

在 Intel 80386 处理器中，完成一条指令的功能最多需要经过 5 个阶段：取指、译码、取操作数、执行和保存操作数。总线接口单元、指令预取单元、指令译码单元和执行单元一起构成了指令流水线，分段单元、分页单元及总线接口部件构成了地址变换的流水线。把指令处理的过程分解得更细，分成更多个阶段，可以使多条指令进入指令流水线的各个阶段重叠执行，进一步提高处理器性能。

4.2.4 Pentium 的功能结构

从 Intel 80486 开始，IA-32 处理器主要通过微结构的革新增强其性能。Pentium 的功能结构如图 4-7 所示，它对微结构的主要改进有以下几个方面。

1. 超标量流水线

超标量是 Pentium 采用的核心技术。Pentium 设计了两条指令流水线，分别称为 U 流水线和 V 流水线。所有整数指令都可以在 U 流水线上执行，只有简单的整数指令可以在 V 流水线上执行，复杂指令只能通过 U 流水线执行微代码序列（微程序）实现；浮点指令都在 U 流水线上执行，但浮点交换指令可以在 V 流水线上执行。这样，在一定条件下，Pentium 允许在一个时钟周期中同时运行两条整数指令，或者运行一条浮点指令（但浮点交换指令可以与另一条浮点指令配对同时执行）。对于只有一条指令流水线的处理器（如 80486），理想状态下每个时钟周期只能执行完成一条指令，但采用超标量技术的 Pentium 处理器可以完成两条指令的执行。显然，其性能又有了提高。

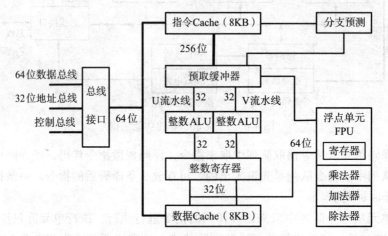

图 4-7   32 位 Pentium 的功能结构

2. 分离 Cache

Intel 80486 芯片集成了 8KB 容量的高速缓冲存储器 Cache，采用既处理高速缓冲指令又处理高速缓冲数据的统一 Cache 结构。Pentium 芯片有两个 8KB 容量的 Cache，一个用作高速缓冲指令的指令 Cache，一个用作高速缓冲数据的数据 Cache，即分离的 Cache 结构（详见 7.3 节）。采用指令和数据分开的两个 Cache 是为了更好地与 Pentium 的超标量流水线配合，以减少指令预取和操作数存取而引起的存储器冲突。数据 Cache 有两个 32 位数据接口，分别通向 U 流水线和 V 流水线，以便能够同时与两个独立工作的流水线进行数据交换。

按照冯·诺依曼的计算机设计思想，数据和指令存放在一个公用的主存中。这种主存结构下，处理器读取指令时不能读写操作数，读写操作数时也不能读取指令。实际上，数据和指令也可以存储在不同的物理空间中，便于处理器同时访问指令和操作数，这种结构称为"哈佛结构"。这个名称来源于 Howard Aiken 在美国哈佛建造了名为 Mark-Ⅰ 的电子机械计算机（与世界上第一台数字计算机 ENIAC 同一个时期）。此后开发的 Mark-Ⅲ 和 Mark-Ⅳ 电子管计算机，就将数据和指令存储在不同的物理空间中。一些嵌入式计算机的专用处理器常采用哈佛结构，计算机领域也用它表示数据和指令分开存放的高速缓冲器结构。

3. 动态分支预测

程序分支是影响指令流水线效率的重要原因。Intel 80486 使用简单的静态分支预测技术，可以不依靠分支指令的执行情况预测程序的执行顺序。Pentium 利用分支目标缓冲器 BTB（Branch Target Buffer，BTB）记录分支指令的执行情况，并据此预测程序执行顺序，这就是动态分支预测。每当处理器执行条件转移指令时，BTB 就记下这条转移指令和目标指令的地址，同时预测分支是否发生，并记忆预测的结果，以提高下次预测的正确率。在预测正确时，指令流水线不会停顿，从而提高了指令流水线的性能。

4. 其他方面

Pentium 的浮点处理单元在 Intel 80486 的基础上进行了彻底改进，不仅有专门的浮点加法器、乘法器和除法器，而且浮点指令的执行也是高度流水线的，并与整数指令流水线形成一体。因此，Pentium 的浮点处理单元较以前有了很大的性能提高。

Pentium 还有许多其他的技术改进，例如，将常用指令直接由硬件线路实现（硬布线技术），而不是首先译码成为一个或多个微代码（微程序技术）；对于复杂指令的微代码，算法也做了改进，使得指令的执行速度大大提高。

Pentium 还加入了 Intel 80386SL 具有的节能特性，设计有系统管理方式，电源电压可以是 3.3V，这些都降低了处理器的功耗，使得普通台式 PC 都具有了绿色节能功能。

现代 IA-32 处理器应用了许多革新技术，最新的发展详见第 9 章。

4.3 寄存器

寄存器就是暂时存放数据的地方。对于应用人员，尤其是低级语言的程序员来说，处理器被抽象为可编程寄存器。通过编写程序、由处理器执行指令直接控制寄存器，而其他部件却无法直接控制。IA-32 处理器通用指令（整数处理指令）的基本执行环境包括 8 个 32 位通用寄存器、6 个 16 位段寄存器、32 位标志寄存器和指令指针，如图 4-8 所示（图中数字 31、15、7、0 等依次用于表达二进制位 D_{31}、D_{15}、D_7、D_0）。

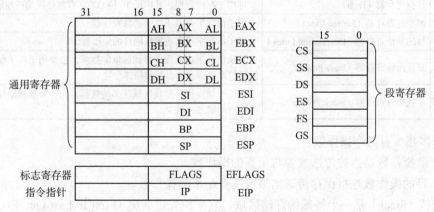

图 4-8　IA-32 处理器的常用寄存器

4.3.1　通用寄存器

通用寄存器（General-Purpose Register）一般是指处理器最常使用的整数通用寄存

器，可用于保存整数数据、地址等。IA-32 处理器只有 8 个 32 位通用寄存器，数量有限。

　　IA-32 处理器的 8 个 32 位通用寄存器，分别被命名为 EAX、EBX、ECX、EDX、ESI、EDI、EBP 和 ESP。它们是在原 8086 支持的 16 位通用寄存器的基础上扩展而成的。上述 8 个名称中去掉表达扩展含义的字母 E（Extended），就是 8 个 16 位通用寄存器的名称：AX、BX、CX、DX、SI、DI、BP 和 SP，分别表示相应 32 位通用寄存器低 16 位部分。其中前 4 个通用寄存器 AX、BX、CX 和 DX 还可以进一步分成高字节 H（High）和低字节 L（Low）两部分，这样又有了 8 个 8 位通用寄存器：AH 和 AL、BH 和 BL、CH 和 CL、DH 和 DL。

　　编程中可以使用 32 位寄存器（如 ESI），也可以只使用其低 16 位部分（名称中去掉字母 E，如 SI）。对于其中前 4 个 32 位通用寄存器（如 EAX），可以使用全部 32 位——$D_{31} \sim D_0$（EAX），可以使用低 16 位——$D_{15} \sim D_0$（AX），还可以将低 16 位再分成两个 8 位使用——$D_{15} \sim D_8$（AH）和 $D_7 \sim D_0$（AL）。存取这些 16 位寄存器时，相应的 32 位寄存器的高 16 位不受影响；存取这些 8 位寄存器时，相应的 16 位寄存器和 32 位寄存器的其他位也不受影响。这样，Intel 80x86 处理器一方面保持了相互兼容，另一方面也可以方便地支持 8 位、16 位和 32 位操作。

　　通用寄存器是多用途的，可以保存数据、暂存运算结果，也可以存放存储器地址、作为变量的指针。但每个寄存器又有它们各自的特定作用，并因而得名。程序中通常也按照其含义使用它们，如表 4-1 所示。

表 4-1　IA-32 处理器的通用寄存器

寄存器名称	中英文含义	作用
EAX	累加器（Accumulator）	使用频度最高，用于算术、逻辑运算以及与外设传送信息等
EBX	基址寄存器（Base）	常用于存放存储器地址，以方便指向变量或数组中的元素
ECX	计数器（Counter）	常作为循环操作等指令中的计数器
EDX	数据寄存器（Data）	可用于存放数据，其中低 16 位 DX 常存放外设端口地址
ESI	源变址寄存器（Source Index）	用于指向字符串或数组的源操作数
EDI	目的变址寄存器（Destination Index）	用于指向字符串或数组的目的操作数
EBP	基址指针寄存器（Base Pointer）	默认情况下指向程序堆栈区域的数据，主要用于在子程序中访问通过堆栈传递的参数和局部变量
ESP	堆栈指针寄存器（Stack Pointer）	专用于指向程序堆栈区域顶部的数据，在涉及堆栈操作的指令中会自动增加或减少

　　许多指令有两个操作数：
- 源操作数是指被传送或参与运算的操作数。
- 目的操作数是指保存传送结果或运算结果的操作数。

　　堆栈（Stack）是一个特殊的存储区域，它采用先进后出（First In Last Out, FILO）[也称为后进先出（Last In First Out，LIFO）] 的操作方式存取数据。调用子程序时，它用于暂存数据、传递参数、存放局部变量，也可以用于临时保存数据。堆栈指针会随着处理器执行有关指令自动增大或减小，所以 ESP 不应该再用于其他目的，实际上可归类为专用寄存器，但是 ESP 又可以像其他通用寄存器一样灵活地改变。

4.3.2 专用寄存器

除 8 个通用寄存器外，IA-32 处理器的其他可编程寄存器都可以称为专用寄存器。专用寄存器往往只用于特定指令或场合。

1. 标志寄存器

标志（Flag）用于反映指令执行结果或控制指令执行形式。许多指令执行之后将影响有关的状态标志位，不少指令的执行要利用某些标志。当然，也有很多指令与标志无关。处理器中用一个或多个二进制位表示一种标志，其 0 或 1 的不同组合表达标志的不同状态。Intel 8086 支持的标志形成了一个 16 位的标志寄存器 FLAGS。以后各代 80x86 处理器有所增加，形成了 32 位的 EFLAGS 标志寄存器，如图 4-9 所示（图上方的数字表达该标志在标志寄存器中的位置）。EFLAGS 标志寄存器包含一组状态标志、一个控制标志和一组系统标志，其初始状态为 00000002H（也就是 D_1 位为 1，其他位全部为 0。H 表示这是用十六进制表达的数据），其中位 1、3、5、15 和 22 ～ 31 被保留，软件不应该使用它们或依赖于这些位的状态。

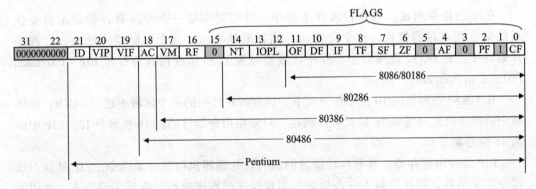

图 4-9　标志寄存器 EFLAGS

（1）状态标志

状态标志是最基本的标志，用来记录指令执行结果的辅助信息。加减运算和逻辑运算指令是主要设置它们的指令，其他有些指令的执行也会相应地设置它们。状态标志有 6 个，处理器主要使用其中 5 个构成各种条件，分支指令判断这些条件实现程序分支。它们从低位到高位依次是进位标志（Carry Flag，CF）、奇偶标志（Parity Flag，PF）、调整标志（Adjust Flag，AF）、零标志（Zero Flag，ZF）、符号标志（Sign Flag，SF）、溢出标志（Overflow Flag，OF）。

（2）控制标志

IA-32 处理器只有一个控制标志：方向标志（Direction Flag，DF）。

DF 仅用于串操作指令中，控制地址的变化方向。如果设置 DF=0，每次串操作后的存储器地址就自动增加，即从低地址向高地址处理数据串；如果设置 DF=1，每次串操作后的存储器地址就自动减少，即从高地址向低地址处理数据串。处理器执行 CLD 指令设置 DF=0，执行 STD 指令设置 DF=1。

（3）系统标志

系统标志用于控制操作系统或核心管理程序的操作方式，应用程序不应该修改它们。

中断允许标志（Interrupt-enable Flag，IF）或简称中断标志，用于控制外部可屏蔽中断是否可以被处理器响应。若设置 IF=1（执行 STI 指令），则允许中断；设置 IF=0（执行 CLI 指令），则禁止中断。可屏蔽中断主要用于外设与主机交换数据（详见第 8 章）。

陷阱标志（Trap Flag，TF）也常称为单步标志，用于控制处理器是否进入单步操作方式。若设置 TF=1，处理器单步执行指令：即处理器在每条指令执行结束时，便产生一个内部中断。利用这个内部中断，可以方便地对程序进行逐条指令的调试。这种逐条指令调试程序的方法称为单步调试，这种内部中断称为单步中断。设置 TF=0，处理器正常工作。

8086 具有 9 个基本标志，后续处理器增加的标志主要用于处理器控制，由操作系统使用。以上只是简单介绍了 IA-32 处理器中常用标志的意义，在学习指令时将会涉及它们的具体用法。其中状态标志比较关键，它是汇编语言程序设计中必须特别注意的一个方面。

2. 指令指针寄存器

程序由指令组成，指令存放在主存中。处理器需要一个专用寄存器表示将要执行的指令在主存的位置，这个位置用存储器地址表示，这个存储器地址保存在程序计数器中。在 IA-32 处理器中，程序计数器对应 32 位指令指针寄存器 EIP（Extended Instruction Pointer）。

在 80x86 处理器的 16 位工作方式下，保存程序代码的一个区域不超过 64KB，该区域中的指令位置只需要 16 位就可以表达，只使用指令指针的低 16 位部分 IP，EIP 中的高 16 位必须是 0。

EIP 是专用寄存器，具有自动增量的能力。处理器执行完一条指令，EIP 就加上该指令的字节数，这样指向下一条指令，实现程序的顺序执行。需要实现分支、调用等操作时需要修改 EIP，它的改变将使程序转移到指定的指令执行。但 EIP 寄存器不能像通用寄存器那样直接赋值修改，需要执行控制转移指令（如跳转、分支、调用和返回指令）、出现中断或异常时被处理器赋值而相应改变。

3. 段寄存器

程序中有可以执行的指令代码，还有指令操作的各类数据等。遵循模块化程序设计思想，希望将相关的代码安排在一起，将相关的数据安排在一起，于是段（Segment）的概念自然出现。一个段就是一个存储区域，用于安排一类代码或数据。程序员在编写程序时，可以很自然地把程序的各部分放在相应的段中。对于应用程序来说，主要涉及 3 类段：存放程序中指令代码的代码段（Code Segment）、存放当前运行程序所用数据的数据段（Data Segment）和指明程序使用的堆栈区域的堆栈段（Stack Segment）。

为了表明段（存储区域）在主存空间中的位置，16 位 80x86 处理器设计了 4 个 16 位段寄存器：代码段寄存器 CS、堆栈段寄存器 SS、数据段寄存器 DS 和附加段寄存器 ES。其中附加段（Extra Segment）也是用于存放数据的数据段，专为处理数据串设计的串操作指令必须使用附加段作为其目的操作数的存放区域。IA-32 处理器又增加了两个同样是 16 位的段寄存器：FS 和 GS，它们都属于数据段性质的段寄存器。

4. 其他寄存器

类似整数处理器，浮点处理单元也采用一些寄存器协助完成处理浮点数的指令操作。对于程序员来说，组成 IA-32 浮点执行环境的寄存器主要是 8 个浮点数据寄存器（FPR0 ～ FPR7），以及浮点状态寄存器、浮点控制寄存器、浮点标记寄存器等。

要快速处理大量的图形图像、声频、动画和视频等多种媒体形式的数据，整数和浮点指令已经很难胜任。IA-32 处理器从奔腾开始，陆续加入了多媒体指令。配合处理整型多媒体数据的 MMX 技术含有 8 个 64 位的 MMX 寄存器（MM0 ～ MM7）；配合处理浮点多媒体数据的 SSE 技术支持 8 个 128 位的 SIMD 浮点数据寄存器（XMM0 ～ XMM7）和控制状态寄存器（MXCSR）。

为了更好地理解处理器的工作原理及编写系统程序，我们需要了解系统专用寄存器。在保护方式下，这些寄存器主要由系统程序控制，由一类所谓的"特权"指令操作。例如，指向系统中特殊段的系统地址寄存器：全局描述符表寄存器 GDTR、中断描述符表寄存器 IDTR、局部描述符表寄存器 LDTR 和任务状态段寄存器 TR，它们用于支持存储管理；还有 5 个控制寄存器 CRn(n=0 ～ 4)，用于保存影响系统中所有任务的机器状态；以及用于内部调试的 8 个调试寄存器 DRn（n=0 ～ 7）等。

4.4 存储器组织

存储器是计算机系统的重要资源。高性能处理器都具有存储管理单元，以便协助操作系统实现其主要功能之一：存储管理，即动态地为多个任务分配存储空间。本节简单介绍编程应用的存储器组织方式，详细内容将在第 7 章讨论。

4.4.1 存储模型

指令和数据存放在存储器中。处理器从存储器读取指令，在执行指令的过程中读写数据。处理器通过地址总线访问的存储器称为物理存储器。物理存储器以字节为基本存储单位，每个存储单元被分配一个唯一的地址，这个地址就是物理地址（Physical Address）。物理地址空间从 0 开始顺序编排，直到处理器支持的最大存储单元。8086 处理器只支持 1MB 存储器，其物理地址空间是 0 ～ 2^{20}-1，用 5 位十六进制数（00000H ～ FFFFFH）表达物理地址。IA-32 处理器支持 4GB 存储器，其物理地址空间是 0 ～ 2^{32}-1，需用 8 位十六进制数（00000000H ～ FFFFFFFFH）表达物理地址。

利用存储管理单元之后，程序并不直接寻址物理存储器。IA-32 处理器提供 3 种存储模型（Memory Model），用于程序访问存储器。

1. 平展存储模型

平展存储模型（Flat Memory Model）下，对于程序来说，存储器是一个连续的地址空间，称为线性地址空间。程序需要的代码、数据和堆栈都在这个地址空间中。线性地址空间以字节为基本存储单位，即每个存储单元保存 1B，具有一个地址，这个地址称为线性地址（Linear Address）。IA-32 处理器支持的线性地址空间是 $0 \sim 2^{32}-1$（4GB 容量）。

2. 段式存储模型

段式存储模型（Segmented Memory Model）下，对于程序来说，存储器由一组独立的地址空间组成，独立的地址空间称为段（Segment）。通常，代码、数据和堆栈处于分开的段中。程序利用逻辑地址（Logical Address）寻址段中的每个字节单元，每个段都可以达到 4GB。

在处理器内部，所有的段都被映射到线性地址空间。程序访问一个存储单元时，处理器会将逻辑地址转换成线性地址。使用段式存储模型的主要原因是增加程序的可靠性。例如，将堆栈安排在分开的段中，可以防止堆栈区域增加时侵占代码或数据空间。

3. 实地址存储模型

实地址存储模型（Real-address Mode Memory Model）是 8086 处理器的存储模型。IA-32 处理器之所以支持这种存储模型，是为了兼容原为 8086 处理器编写的程序。实地址存储模型是段式存储模型的特例，其线性地址空间最大为 1MB 容量，由最大为 64KB 的多个段组成。

4.4.2 工作方式

编写程序时，程序员需要明确处理器执行代码的工作方式和使用的存储模型。IA-32 处理器支持 3 种基本的工作方式（操作模式）：保护方式、实地址方式和系统管理方式。工作方式决定了可以使用的指令和特性，其存储管理方法各有不同。

1. 保护方式

保护方式（Protected Mode）是 IA-32 处理器固有的工作状态。在保护方式下，IA-32 处理器能够发挥其全部功能，可以充分利用其强大的段页式存储管理和特权与保护能力。保护方式下，IA-32 处理器可以使用全部 32 条地址总线，可寻址 4GB 物理存储器。

IA-32 处理器从硬件上实现了特权的管理功能，方便操作系统使用。它为不同程序设置了 4 个特权层（Privilege Level）：$0 \sim 3$（数值小表示特权级别高，所以特权层 0 的级别最高）。例如，操作系统使用特权层 1，特权层 0 用于操作系统中负责存储管理、保护和存取控制部分的核心程序，应用程序使用特权层 3，特权层 2 可专用于应用子系统（数据库管理系统、办公自动化系统和软件开发环境等）。这样，系统核心程序、操作系统、其他系统软件以及应用程序，可以根据需要分别处于不同的特权层而得到相应的保护。当然，在没有必要时不一定使用所有的特权层。例如，在 PC 中，Windows 操作系统处于特权层 0，应用程序则处于特权层 3。

保护方式具有直接执行实地址 8086 软件的能力，这个特性称为虚拟 8086 方式

（Virtual-8086 Mode）。虚拟 8086 方式并不是处理器的一种工作方式，只是提供了一种在保护方式下类似实地址方式的运行环境。

处理器工作在保护方式时，可以使用平展存储模型或段式存储模型；虚拟 8086 方式只能使用实地址存储模型。

2. 实地址方式

通电或复位后，IA-32 处理器处于实地址方式（Real-address Mode，简称实方式）。它实现了与 8086 相同的程序设计环境，但有所扩展。实地址方式下，IA-32 处理器只能寻址 1MB 物理存储器空间，每个段最大不超过 64KB，但可以使用 32 位寄存器、32 位操作数和 32 位寻址方式，相当于可以进行 32 位处理的快速 8086。

实地址方式具有最高特权层 0，而虚拟 8086 方式处于最低特权层 3 下。所以，虚拟 8086 方式的程序都要经过保护方式所确定的所有保护性检查。

实地址方式只支持实地址存储模型。

3. 系统管理方式

系统管理方式（System Management Mode，SMM）为操作系统和核心程序提供节能管理和系统安全管理等机制。进入系统管理方式后，处理器首先保存当前运行程序或任务的基本信息，然后切换到一个分开的地址空间，执行系统管理相关的程序。退出 SMM 方式时，处理器将恢复原来程序的状态。

处理器在系统管理方式切换到的地址空间，称为系统管理 RAM，使用类似实地址的存储模型。

4.4.3　逻辑地址

不论是何种存储模型，程序员都采用逻辑地址进行程序设计。逻辑地址由段基地址和偏移地址组成。段基地址（简称段地址）确定该段在主存中的起始地址。以段基地址为起点，段内的位置可以用距离该起点的位移量表示，称为偏移地址（Offset）。逻辑地址常用冒号"："分隔段基地址和偏移地址。这样，某个存储单元的位置就可以用"段基地址：偏移地址"指明。某个存储单元可以处于不同起点的逻辑段中（当然对应的偏移地址也就不同），所以可以有多个逻辑地址，但只有一个唯一的物理地址。编程使用的逻辑地址由处理器映射为线性地址，在输出之前转换为物理地址。

1. 基本段

编写应用程序时，通常涉及 3 类基本段：代码段、数据段和堆栈段。

代码段存放程序的指令代码。程序的指令代码必须安排在代码段，否则将无法正常执行。程序利用代码段寄存器 CS 获得当前代码段的段基地址，指令指针寄存器 EIP 指示代码段中指令的偏移地址。处理器利用 CS ： EIP 取得下一条要执行的指令。CS 和 EIP 不能由程序直接设置，只能通过执行控制转移指令、外部中断或内部异常等间接改变。

数据段存放当前运行程序所用的数据。一个程序可以使用多个数据段，便于安全有效地访问不同类型的数据。例如，程序的主要数据存放在一个数据段（默认用 DS 指向），只读的数据存放在另一个数据段，动态分配的数据安排在第 3 个数据段。使用数据段，程序必须设置 DS、ES、FS 和 GS 段寄存器。数据的偏移地址由各种存储器寻址方式计算出来。

堆栈段是程序所使用的堆栈所在的区域。程序利用 SS 获得当前堆栈段的段基地址，堆栈指针寄存器 ESP 指示堆栈栈顶的偏移地址。处理器利用 SS：ESP 操作堆栈中的数据。

2. 段选择器

逻辑地址的段基地址部分由 16 位的段寄存器确定。段寄存器保存 16 位的段选择器（Segment Selector）。段选择器是一种特殊的指针，指向对应的段描述符（Descriptor），段描述符包括段基地址，段基地址可以指明存储器中的一个段。段描述符是保护方式引入的数据结构，用于"描述"逻辑段的属性。每个段描述符有 3 个字段，包括段基地址、段长度和该段的访问权字节（说明该段的访问权限，用于特权保护），详见 7.4 节。

根据存储模型不同，段寄存器的具体内容也有所不同。编写应用程序时，程序员利用汇编程序的命令创建段选择器，操作系统创建具体的段选择器内容。如果编写系统程序，程序员可能需要直接创建段选择器。

平展存储模型下，6 个段寄存器都指向线性地址空间的地址 0 位置，即段基地址等于 0。应用程序通常设置两个重叠的段：一个用于代码，另一个用于数据和堆栈。CS 段寄存器指向代码段，其他段寄存器都指向数据和堆栈段。

段式存储模型下，段寄存器保存不同的段选择器，指向线性地址空间不同的段，如图 4-10 所示。某个时刻，程序最多可以访问 6 个段。CS 指向代码段，SS 指向堆栈段，DS 等其他 4 个段寄存器指向数据段。

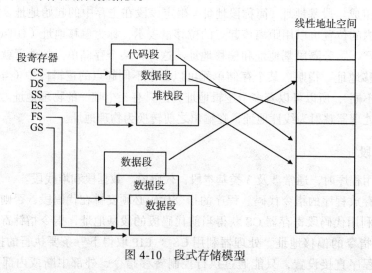

图 4-10　段式存储模型

实地址存储模型的主存空间只有 1MB（2^{20}B），仅使用地址总线的低 20 位，其物理地址范围为 00000H ～ FFFFFH。实地址存储模型也进行分段管理，但有两个限制：每个段最大为 64KB，段只能开始于低 4 位地址全为 0 的物理地址处。这样，实地址方式的段寄存器直接保存段基地址的高 16 位。

3. 保护方式的地址转换

平展存储模型的段基地址为 0，偏移地址等于线性地址。段式存储管理的段基地址和偏移地址都是 32 位，段基地址加上偏移地址形成线性地址。段式存储管理的每个段可达 4GB。

在平展或段式存储模型下，线性地址将被直接或通过分页机制映射到物理地址。不使用分页机制，线性地址与物理地址一一对应，线性地址不需转换就被发送到处理器地址总线上。使用分页机制，线性地址空间被分成大小一致的块，称为页（Page）。页在硬件支持下由操作系统或核心程序管理，构成虚拟存储器，并转换到物理地址空间。分页机制对应用程序是透明（不可见）的，应用程序看到的都是线性地址空间。

从 Pentium Pro 开始，IA-32 处理器可以支持 64GB 扩展物理存储器，但程序并不直接访问这些存储空间，仍然只使用 4GB 线性地址空间。处理器必须工作在保护方式，并且操作系统提供虚拟存储管理，才能使用 64GB 扩展物理存储器。

32 位 Windows 操作系统工作于保护方式，使用分段机制和分页机制，为程序构造了一个虚拟地址空间。尽管虚拟存储管理复杂，但对于 Windows 应用程序来说，它都面对从 0 ～ FFFFFFFFH 的 4GB 虚拟地址（线性地址）空间。其中，高 2GB 属于操作系统使用的地址空间，应用程序使用从 0 ～ 7FFFFFFFH 的 2GB 线性地址空间，Win32 进程的地址空间分配情况如图 4-11 所示。例如，32 位 Windows 应用程序通常从 00400000H 开始分配地址空间。

4. 实地址方式的地址转换

实地址存储模型限定每个段不超过 64KB（2^{16}B），所以段内的偏移地址可以用 16 位数据表示；还规定段起点的低 4 位地址全为 0（用十六进制表达是 xxxx0H 形式），也即模 16 地址（可被 16 整除的地址），省略低 4 位 0（对应十六进制是一位 0），段基地址也可以用 16 位数据表示。

逻辑地址包含"段基地址：偏移地址"，实地址存储模型都用 16 位数表示，范围是 0000H ～ FFFFH。根据实地址存储模型，只要将逻辑地址中的段基地址左移 4 位（十六进制 1 位），加上

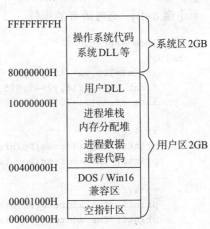

图 4-11　Win32 进程的空间分配

偏移地址就得到 20 位物理地址，如图 4-12 所示。例如，逻辑地址"1460H ： 0100H"表示物理地址 14700H，其中段基地址 1460H 表示该段起始于物理地址 14600H，偏移地址为 0100H。同一个物理地址可以有多个逻辑地址形式。物理地址 14700H 还可以用逻

辑地址"1380H ： 0F00H"表示，该段起始于 13800H。

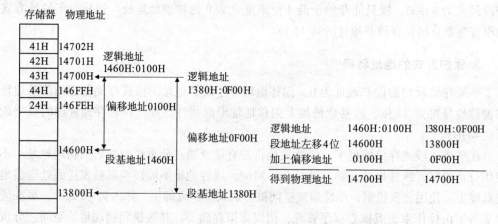

图 4-12   实地址存储模型的逻辑地址和物理地址

5. C 语言的指针

C/C++ 语言的指针（Pointer）是一个重要概念。实际上，指针就是存储器地址，具体来说是逻辑地址的偏移地址部分。所以，指针变量就是保存地址的变量，指针变量的值也就是地址，而且无论何种类型的指针变量保存的数据都是存储器地址。C/C++ 语言有两个基本的指针运算符，如表 4-2 所示。在输入 / 输出函数中，可用格式符"%p"输出指针指向的地址。

表 4-2   C 语言的指针

指针运算符	含义	示例	
&	取变量地址	xp=&x1	yp=&y1
*	取变量内容	*xp=100	*yp=20.858

【例 4-1】 高级语言的指针。

```c
#include <stdio.h>
main()
{   int x1=100,x2=-100,*xp;
    float y1=20.858,y2=-7.885,*yp;
    long array[3]={300,400,500},*ap=array;

    xp=&x1;
    printf("The address(Pointer) of int x1=0x%X\n",xp);
    printf("The address(Pointer) of int x2=0x%X\n",&x2);

    yp=&y1;
    printf("The address(Pointer) of float y1=0x%X\n",yp);
    printf("The address(Pointer) of float y2=0x%X\n",&y2);

    printf("The value of array=%ld  %ld  %ld\n",*ap,*(ap+1),*(ap+2));
    printf("The address(Pointer) of array=0x%X  0x%X  0x%X\n",ap,ap+1,ap+2);
}
```

在 32 位平台，本例程序的执行结果类似图 4-13。尽管不能明确具体的变量地址（由操作系统分配），但是对于连续存放的整型变量 x1 和 x2，每个变量占用 4B 地址，所以

x1 与 x2 的地址相差 4。同样，单精度浮点数占 4B，y1 与 y2 的地址也相差 4。数组名代表了数组首个元素的地址，实际上也是指针。数组元素是按顺序保存的，3 个 4B 长整型元素的地址都相差 4。由于 C/C++ 语言的局部变量保存于堆栈段，而 IA-32 处理器的堆栈"向下生长"（即随着数据压入堆栈，其地址相应减小），所以依照声明变量的顺序，其存储器地址逐渐减小，相关知识详见第 5 章和第 6 章。

```
The address(Pointer) of int x1=0x22FF6C
The address(Pointer) of int x2=0x22FF68
The address(Pointer) of float y1=0x22FF60
The address(Pointer) of float y2=0x22FF5C
The value of array=300  400  500
The address(Pointer) of array=0x22FF40  0x22FF44  0x22FF48
```

图 4-13　例 4-1 的运行结果

如果本例程序开发运行于 16 位 DOS 平台，其偏移地址（指针）只有 16 位，而整型变量 x1 和 x2 各占用 2B，其地址相差 2。

习题

4-1　简答题

（1）定点整数运算器和浮点运算器哪个更复杂？

（2）控制器采用硬布线设计的主要优势是什么？

（3）ALU 是什么？

（4）IA-32 处理器的指令寄存器 EIP 的作用相当于程序计数器 PC 的作用。当顺序执行指令时，EIP 自动加 1，还是自动加一条指令的字节个数？

（5）物理地址唯一的存储单元为什么可以用多个逻辑地址表示？

4-2　判断题

（1）用微程序方法设计控制器具有灵活的优势，所以它已经完全取代硬布线控制。

（2）基本的 ALU 由加法器和减法器电路组成。

（3）程序计数器 PC 或指令指针 EIP 寄存器属于通用寄存器。

（4）EAX 也称为累加器，因为它使用最频繁。

（5）既然编程使用逻辑地址，所以地址总线也输出逻辑地址以便访问主存。

4-3　填空题

（1）IA-32 处理器有 8 个 32 位通用寄存器，其中 EAX、＿＿＿、＿＿＿和 EDX，可以分成 16 位和 8 位操作；还有另外 4 个是＿＿＿、＿＿＿、＿＿＿和＿＿＿。

（2）寄存器 EDX 是＿＿＿位的，其中低 16 位的名称是＿＿＿，还可以分成两个 8 位的寄存器，其中 $D_8 \sim D_{15}$ 部分可以用名称＿＿＿表示。

（3）编写应用程序通常涉及 3 个基本段，它们是＿＿＿、＿＿＿和＿＿＿。

（4）逻辑地址由＿＿＿和＿＿＿两部分组成。代码段中下一条要执行的指令由 CS 和＿＿＿寄存器指示，后者在实地址模型中起作用的仅有＿＿＿寄存器部分。

（5）在实地址工作方式下，逻辑地址"7380H：400H"表示的物理地址是＿＿＿，并且

　　　　　　　　该段起始于　　　　　物理地址。

4-4　8086 怎样实现了最简单的指令流水线？

4-5　什么是标志？什么是 IA-32 处理器的状态标志、控制标志和系统标志？

4-6　什么是 8086 中的逻辑地址和物理地址？逻辑地址如何转换成物理地址？请将如下逻辑地址
　　　用物理地址表达（均为十六进制形式）：

　　　（1）FFFF ：0　（2）40 ：17　（3）2000 ：4500　（4）B821 ：4567

4-7　IA-32 处理器有哪 3 类基本段，各有什么用途？

4-8　什么是平展存储模型、段式存储模型和实地址存储模型？

4-9　什么是实地址方式、保护方式和虚拟 8086 方式？它们分别使用什么存储模型？

第5章 指令系统

程序由指令组成，处理器支持的所有指令构成处理器的指令系统（Instruction Set，也称为指令集）。本章基于 MASM 汇编语言和 C 语言的汇编代码，学习指令格式、数据寻址和通用数据处理指令，并掌握汇编语言编程基础。

5.1 指令格式

指令格式（Instruction Format）说明如何用二进制编码指令。它是处理器设计的一个方面，也称为机器代码（Machine Code）格式。处理器指令格式的设计要考虑多个方面，如处理器字长、存储容量、寻址方式、寄存器个数、指令功能等，通常要遵循 4 个原则：

- 指令系统的完备性：常用指令齐全，编程方便。
- 指令系统的高效性：程序占用存储空间小，运行速度快。
- 指令系统的规整性：编码简单，易学好用。
- 指令系统的兼容性：系列处理器能够保持软件兼容。

要同时满足上述原则不是很容易，实际应用的处理器往往是折中的结果。

5.1.1 指令编码

指令由操作码（Opcode）和操作数（Operand）两个字段组成，如图 5-1 所示。

操作码	操作数（地址码）

图 5-1　指令格式

操作码指明指令的功能，如加、减、传送、跳转、子程序调用或返回等，每条指令对应一个确定的操作码。汇编语言中，每种功能的指令常使用一个助记符号代表。例如，加法指令的助记符为 ADD，减法指令的助记符为 SUB，传送指令的助记符为 MOV，跳转指令的助记符为 JMP，子程序调用指令的助记符为 CALL，子程序返回指令的助记符为 RET。

操作数是指令操作的数据。指令格式除直接给出数据本身外，其他情况给出的是操作数所在的寄存器、主存、外设的位置，而这些位置都是以编号（即地址形式）编码，所以常称为地址码。汇编语言中，操作数表达为常量、寄存器名、主存寻址、外设寻址。

1. 指令长度

指令长度（指令字长度）是一条指令所包含的二进制代码的位数，与操作码字段长度、操作数个数和地址长度等有关。某个指令系统的所有指令的长度都相等的结构称为定长指令字结构。定长指令格式往往简单规整，便于译码控制，但不够灵活。各种指令长度随指令功能而异的结构可称为变长指令字结构。例如，常用指令可以使用较短的长度，而复杂或不常用指令采用较长的长度，这样可以让程序占用较少存储空间。变长指令格式功能较强，编码灵活，但译码控制复杂，速度会受影响。

指令长度与处理器字长没有固定的关系，可以等于处理器字长，也可以大于或小于处理器字长。指令长度等于处理器字长的指令可称为单字长指令，相应也有半字长指令或者双字长指令。

大多数处理器将指令编码中最高的若干位作为操作码字段。若操作码字段有固定长度和位置，如 8 位，则可以有 256 个不同编码，可表示 256 条指令。定长操作码的特点也是简单规整，便于译码控制。为了提高灵活性，操作码字段也可以采用变长形式，这样常用指令的操作码较短，还可以与操作数字段适当交叉，当然控制器硬件要复杂一些。

2. 操作数个数

指令编码的操作数字段相对复杂，因为根据指令功能不同会有 0 ～ 3 个甚至超过 3 个操作数需要表达。根据指令编码需要表达的操作数（地址）个数，可能有多种情况。

1）无操作数指令：不需要操作数或者只有默认操作数的指令，指令格式中无操作数字段，如停机、开中断、关中断等指令。

2）单操作数指令：只需要表达一个操作数的指令。例如，逻辑求反、求补码、增量或减量等指令只有一个操作数；控制转移类指令通常只要指出目的地址或其偏移量，也只有一个操作数；堆栈操作指令虽然有两个操作数，但其中之一是堆栈顶部，无须表达，所以可以算作单操作数指令。

3）双操作数指令：有两个操作数字段的指令。大多数指令属于双操作数指令，例如，传送类指令需要将一个源操作数传送到一个目的操作数；算术运算指令和逻辑运算指令虽然需要 3 个操作数，但很多指令系统将运算结果保存在其中一个参与运算的操作数中，所以这种编码的指令也是双操作数指令。

4）3 操作数指令：运算类指令一般需要 3 个操作数，如加法指令的两个被加数和一个结果。RISC 处理器有较多通用寄存器，运算类指令的操作数只保存在通用寄存器中（不在主存或外设），就可以安排 3 个操作数字段，这类指令就是 3 操作数指令。

个别复杂指令可能需要超过 3 个操作数，可以称为多操作数指令。有些文献也称它们为无地址、单地址、双地址、3 地址和多地址指令。

操作数的来源和编址同样有多种情况，将在 5.4 节讨论。

3. 指令集结构

算术运算和逻辑运算类指令是常用的指令，通常有 3 个操作数。这 3 个操作数从何而来，不仅关系到指令编码的操作数字段，还与处理器内部保存数据的结构、访问主存频度等密切相关，由此形成 4 种典型的指令集结构。

（1）堆栈型

处理器内部设计堆栈结构的存储空间，参加运算的两个操作数默认来自堆栈顶部，结果也默认保存在栈顶，如图 5-2a 所示。这样的指令可以不用指明任何操作数，采用无操作数指令编码，简化指令设计。但堆栈操作比较特别，编程也较麻烦。例如，早期处理器和 Intel 80x87 浮点处理单元就是堆栈型结构。

（2）累加器型

过去有些 8 位处理器采用累加器结构，默认一个操作数来自累加器，结果也返回累加器保存，这样的指令只给出一个存储器操作数字段，如图 5-2b 所示。

如果设置多个累加器，就形成了通用寄存器（General-Purpose Register，GPR）结构。现代处理器主要采用通用寄存器结构，其优势是寄存器同样可以存储变量，访问速度快，编译器能够有效地分配和使用寄存器优化程序。根据运算指令是否可以访问存储器，通用寄存器结构又可以分成寄存器 – 存储器型（RM 结构）和寄存器 – 寄存器型（RR 结构）。

（3）寄存器 – 存储器型

运算指令的一个操作数来自存储器，另一个操作数来自通用寄存器，结果可以存在寄存器中，也可以存在存储器中，采用双操作数指令，其结构如图 5-2c 所示。例如，IA-32 处理器具有 8 个通用寄存器，就是典型的寄存器 – 存储器型指令集结构。

（4）寄存器 – 寄存器型

如果只用读取存储器操作数（称为载入，LOAD）指令、存储存储器操作数（称为存储，STORE）指令访问存储器，运算等操作均在通用寄存器之间进行，3 个操作数可以使用 3 个不同的寄存器，就是如图 5-2d 所示的寄存器 – 寄存器型（也称为 Load-Store）指令集结构。

复杂指令集计算机采用寄存器 – 存储器型结构，可以直接访问存储器，容易对指令进行编码，生成的目标代码较小。但其操作数类型不同，需同时对存储器和寄存器进行编码，指令执行的时钟周期数也不尽相同。所以，精简指令集计算机都采用寄存器 – 寄存器型结构，设置大量（通常至少 32 个）通用寄存器，这样可以具有简单、定长的指令编码，降低硬件实现难度，每条指令执行的时钟周期相近。当然，由于精简了指令，其程序的指令条数较多，目标代码较大。

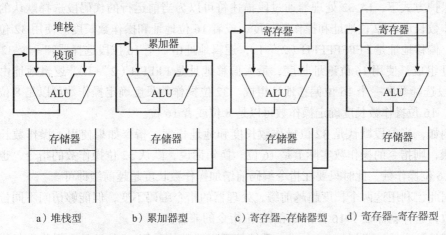

a）堆栈型　　b）累加器型　　c）寄存器–存储器型　　d）寄存器–寄存器型

图 5-2　典型的指令集结构

5.1.2　IA-32 指令格式

IA-32 处理器是典型的复杂指令集计算机（CISC），其指令系统采用可变长度指令格式，指令编码非常复杂。这一方面是为了向后兼容 8086 指令，另一方面是为了向编译程序提供更有效的指令。图 5-3 是 IA-32 处理器指令代码的一般格式。它包括以下几个部分：可选的指令前缀、1 ～ 3B 的主要操作码、可选的寻址方式域（包括 ModR/M 和 SIB 字段）、可选的位移量和可选的立即数。指令前缀和主要操作码字段对应指令的操作码部分，其他字段对应操作数部分。

0～4B	1～3B	0或1B	0或1B	0、1、2或4B	0、1、2或4B
指令前缀	操作码	ModR / M	SIB	位移量	立即数

图 5-3　IA-32 处理器的指令格式

1. 指令前缀

指令前缀（Prefix）是指令之前的辅助指令（或称前缀指令），用于扩展指令功能。每个指令之前可以有 0 ～ 4 个前缀指令，顺序任意，可以分成 4 组。

第 1 组有 LOCK 前缀指令，指令代码为 F0H，用于控制处理器总线产生锁定操作。使用 LOCK 前缀后，在指令的执行过程中，不允许其他处理器访问共享存储器中的数据，保证了数据的唯一性。第 1 组中还包括仅用于串操作指令的重复前缀指令：REP、REPE/REPZ、REPNE/REPNZ，用于控制串操作指令重复执行。

第 2 组主要是段超越（Segment Override）前缀指令，用于明确指定数据所在段。它们是 CS、DS、SS、ES、FS、GS，对应的指令代码依次是 2EH、3EH、36H、26H、64H、65H。

第 3 组是操作数长度超越（Operand-size Override）前缀指令，指令代码为 66H。

第 4 组是地址长度超越（Address-size Override）前缀，指令代码为 67H。

某条指令单独或同时使用了操作数长度超越前缀和地址长度超越前缀，将改变默认的长度。

保护方式下，IA-32 处理器通过段描述符可以为当前运行的代码段选择默认的地址和操作数长度：32 位地址和操作数长度，或者 16 位地址和操作数长度。使用 32 位地址长度，偏移地址是 FFFFFFFFH（$2^{32}-1$），逻辑地址由一个 16 位段选择器和一个 32 位偏移地址组成。使用 16 位地址长度，最大偏移地址是 FFFFH（$2^{16}-1$），逻辑地址由一个 16 位段选择器和一个 16 位偏移地址组成。32 位操作数长度确定操作数可以是 8 位或者 32 位，16 位操作数长度确定操作数可以是 8 位或者 16 位。

例如，当前段默认是 32 位操作数长度和地址长度，指令如果使用了操作数长度超越前缀，则指令的操作数实际上是 16 位。换句话说，默认 32 位操作数的指令，也可以访问 16 位操作数，此时只要在指令编码前增加操作数长度超越前缀即可。

因此，利用这两个长度超越前缀，处理器的指令编码不变，但能够访问不同位数的操作数，这样就保证了 16 位指令和 32 位指令的兼容。

实地址方式、虚拟 8086 方式、系统管理方式默认采用 16 位地址和操作数长度。但指令也可以使用两个长度超越前缀，以访问 32 位操作数和使用 32 位地址。不过，此时采用 32 位地址长度所访问的线性地址最大仍然是 000FFFFFH（$2^{20}-1$）。

2. 操作码和操作数

指令操作码是变长编码，主要操作码是 1 ～ 3B，有些还用到 ModR/M 中的 3 位。

IA-32 处理器设计了多种存取操作数的方法，所以操作数的编码（地址码）也比较复杂。寻址方式的 ModR/M 和 SIB 字段提供操作数地址信息。例如，它们指明操作数是在指令代码中，还是在寄存器或存储器中。如果操作数在指令代码中，立即数字段就是所需要的操作数；如果操作数在存储器中，则需要进一步指明采用何种方式访问存储器，有时还需要相对基本地址的位移量。

IA-32 处理器除上述一般指令格式外，还有一些特殊的编码格式。有关指令代码的详细编码组合可以阅读参考文献。下面以程序中使用最多的、指令系统中最基本的数据传送指令为例简单说明。

数据传送指令的助记符是"MOV"（取自 Move），功能是将数据从一个位置传送到另一个位置，类似高级语言的赋值语句。可以如下表达：

```
mov dest,src
```

src 表示要被传送的数据或数据所在的位置，称为源操作数（Source），书写在逗号之后。dest 表示数据将要传送到的位置，称为目的操作数（Destination），书写在逗号之前。

例如，将寄存器 EBX 的数据传送到 EAX 寄存器的指令，可以书写为

```
mov eax,ebx
```

这个指令的机器代码（采用十六进制表达，下同）是 8B C3。其中，"8B"是操作码，"C3"表达操作数。如果使用 16 位操作数形式，即指令"MOV AX,BX"，那么它的机器代码是 66 8B C3。这里的"66"就是操作数长度超越前缀。

又如，将由 EBX 指明偏移地址的存储器内的数据传送给 EAX，可以书写为

```
mov eax,[ebx]
```

这个指令的机器代码是 8B 03。其中，"03"由 ModR/M 字段生成。如果数据不在默认的 DS 数据段，需要使用段超越前缀显式说明。指令"MOV EAX,ES:[EBX]"中用"ES:"表达数据在 ES 段，它的机器代码是 26 8B C3。这里的"26"就是 ES 段超越前缀。

IA-32 支持复杂的数据寻址方法，例如：

```
mov eax,[ebx+esi*4+80h]
```

这个指令中，数据来自主存数据段，偏移地址由 ESI 内容乘以 4 加 EBX，再加位移量 80H 组成。它的机器代码是 8B 84 B3 80 00 00 00。其中"84"由 ModR/M 字段生成，"B3"由 SIB 字段生成，后面 4 个字节表达位移量 00000080H（IA-32 处理器采用小端方式）。

5.2　汇编语言基础

汇编语言是将处理器指令符号化的语言，可以直接有效地控制硬件。编写汇编语言程序需要使用处理器指令解决应用问题，而指令只是完成诸如将一个数据从存储器传送到寄存器、对两个寄存器值求和、指针增量指向下一个地址等简单的功能。因此，从教学角度来说，汇编语言程序员需要将复杂的应用问题翻译成简单指令序列，也就是需要从处理器角度解决问题。这样，很自然地理解了计算机的工作原理。

本书采用 Microsoft 汇编程序 MASM 6.x 版本，并提供输入/输出子程序库等辅助软件包。

5.2.1　汇编语言的语句格式

像其他程序设计语言一样，汇编语言对其语句格式、程序结构以及开发过程等有相应的要求，它们本质上相同，方法上相似，具体内容各有特色。

汇编语言源程序由语句序列构成，每条语句一般占一行。语句有相似的两种，一般都由分隔符分成的 4 个部分组成。

1）表达处理器指令的语句称为执行性语句。执行性语句汇编后对应一条指令代码。由处理器指令组成的代码序列是程序设计的主体。执行性语句的格式如下：

标号：　　处理器指令助记符　操作数，操作数　；注释

2）表达汇编程序命令的语句称为说明性（指示性）语句。说明性语句指示源程序如何汇编、变量怎样定义、过程怎么设置等。相对于真正的处理器指令（也称为真指令、硬指令），汇编程序命令也称为伪指令（Pseudoinstruction）、指示符（Directive）。说明性语句的格式如下：

名字　　伪指令助记符　参数，参数，……　；注释

虽然这是 MASM 语法，但具有一般性，多数汇编程序都采用类似的规则。

1. 标号与名字

执行性语句中，冒号前的标号表示处理器指令在主存中的逻辑地址，主要用于指示分支、循环等程序的目的地址，可有可无。说明性语句中的名字可以是变量名、段名、子程序名等，反映变量、段和子程序等的逻辑地址。标号采用冒号分隔处理器指令，名字采用空格或制表符分隔伪指令，据此也分开了两种语句。

标号和名字是符合汇编程序语法的用户自定义的标识符（Identifier）。标识符（也称为符号 Symbol）一般最多由 31 个字母、数字及规定的特殊符号（如 _、$、?、@）组成，不能以数字开头（与高级程序语言一样）。在一个源程序中，用户定义的每个标识符必须是唯一的，且不能是汇编程序采用的保留字。保留字（Reserved Word）是编程语言本身需要使用的各种具有特定含义的标识符，也称为关键字（Key Word）。汇编程序中的保留字主要有处理器指令助记符、伪指令助记符、操作符、寄存器名以及预定义符号等。

例如，msg、var2、buf、next、again 都是合法的用户自定义标识符。而 8var、eax、

mov、byte 则是不符合语法（非法）的标识符，原因是：8var 以数字开头，其他是保留字。

默认情况下，汇编程序不区别包括保留字在内的标识符字母大小写。换句话说，汇编语言是大小写不敏感的。例如，寄存器名 EAX 还可以书写成 eax 或 Eax 等；msg 变量名还可以 Msg、MSG 等形式出现，它们表达同一个变量。本书处理的原则是文字说明通常采用大写字母形式，语句中一般使用小写字母形式。

用户自定义标识符应尽量具有描述性并易于理解，一般不建议使用特殊符号开头，因为特殊符号没有含义，而且常被编译（汇编）程序所使用，例如，C 语言编译程序在内部为函数增加 "_" 前缀，MASM 大量使用 "@" 作为预定义符号的前缀。如果不确信标识符可用，就不使用。一个简单的规则是，以字母开头，后跟字母或数字。

2. 助记符

助记符（Mnemonics）是帮助记忆指令的符号，反映指令的功能。处理器指令助记符可以是任何一条处理器指令，表示一种处理器操作（参见附录 A）。同一系列的处理器指令常会增加，不同系列处理器的指令系统不尽相同。伪指令助记符由汇编程序定义，表达汇编过程中的命令，随着汇编程序版本增加，伪指令会增加，功能也会增强（参见附录 B）。

例如，数据传送指令的助记符是 MOV。调用子程序（对应高级语言的调用函数或过程）的子程序调用指令是 CALL。

汇编语言源程序使用最多的字节变量定义伪指令，其助记符是 "BYTE"（或 "DB"，取自 Define Byte），功能是在主存中分配若干的存储空间，用于保存变量值，该变量以字节为单位存取。例如，可以用 BYTE 伪指令定义一个字符串（类似 C 语言的 char[] 功能），并使用变量名 MSG 表达其在主存的逻辑地址：

```
msg    byte 'Hello, Assembly !',13,10,0
```

变量名 MSG 包含段基地址和偏移地址，例如，可以用一个 MASM 操作符 OFFSET 获得其偏移地址，保存到 EAX 寄存器，汇编语言指令如下：

```
mov eax,offset msg    ; EAX 获得 msg 的偏移地址
```

MASM 操作符（Operator）是对常量、变量、地址等进行操作的关键字。例如，进行加、减、乘、除运算的操作符（也称运算符）与高级语言一样，依次是英文符号：+、-、* 和 /。

3. 操作数和参数

处理器指令的操作数表示参与操作的对象，可以是一个具体的常量，也可以是保存在寄存器的数据，还可以是一个保存在存储器中的变量等。在双操作数指令中，目的操作数写在逗号前，用来存放指令操作的结果；对应地，逗号后的操作数就称为源操作数。

例如，在指令 "MOV EAX, OFFSET MSG" 中，"EAX" 是寄存器形式的目的操作数，"OFFSET MSG" 经汇编后转换为一个具体的偏移地址，属于常量。

伪指令的参数可以是常量、变量名、表达式等，可以有多个，参数之间用逗号分隔。例如，在 "'Hello, Assembly !',13,10, 0" 示例中，就用单引号表达了一个字符串 "Hello, Assembly !"、常量 13 和 10（这两个常量在 ASCII 码表中表示回车和换行控制字符，其作用相当于 C 语言的 "\n"），以及一个数值 0(借用 C/C++ 语言的字符串结束符)。

4. 注释

在汇编语言语句中，分号后的内容是注释。它通常是对指令或程序片断功能的说明，是为了程序便于阅读而加上的。必要时，一个语句行也可以由分号开始作为阶段性注释。汇编程序在翻译源程序时将跳过该部分，不对它们做任何处理。虽然注释不是必须有的，但还是建议一定要养成书写注释的良好习惯。

语句的 4 个组成部分要用分隔符分开。标号后的冒号、注释前的分号以及操作数间和参数间的逗号都是规定采用的分隔符，其他部分通常采用空格或制表符作为分隔符。多个空格和制表符的作用与一个相同。另外，MASM 也支持续行符 "\"，表示本行内容与上一行内容属于同一个语句。注释可以使用英文书写。在支持汉字的编辑环境中，当然也可以使用汉字进行程序注释，但注意这些分隔符都必须使用英文标点，否则无法通过汇编。

良好的语句格式有利于编程，尤其是源程序阅读。在本书的汇编语言源程序中，标号和名字从首列开始书写；通过制表符对齐各个语句行的助记符；助记符之后用空格分隔操作数和参数部分（多个操作数和参数，按照语法要求使用逗号分隔）；利用制表符对齐注释部分。

5.2.2　汇编语言的源程序框架

汇编程序为汇编语言制定了严格的语法规范，如语句格式、标识符定义、保留字、注释符等。同样，汇编程序也为源程序书写设计了框架结构，包括数据段、代码段等的定义、程序起始执行的位置、汇编结束的标示等。

MASM 各版本支持多种汇编语言源程序格式。本书使用 MASM 6.x 版本的简化段定义格式，利用作者创建的包含文件和子程序库，引出一个简单的源程序框架。程序模板如下：

```
;ics0000.asm in Windows Console
        include io32.inc        ;包含 32 位输入 / 输出文件
        .data                   ;定义数据段
        ......                  ;数据定义 ( 数据待填 )
        .code                   ;定义代码段
start:                          ;程序执行起始位置
        ......                  ;主程序 ( 指令待填 )
        exit 0                  ;程序正常执行终止
        ......                  ;子程序 ( 指令待填 )
        end start               ;汇编结束
```

在后面的大部分示例程序中，本书只是表明数据段如何定义数据和代码段如何编写程序。大家只要根据这个程序模板（ICS0000.ASM），填入内容就可以形成源程序文件。

另外注意，利用这个程序模板的前提是当前目录保存了本书提供的 IO32.INC 和 IO32.LIB 文件。

1. 包含伪指令

MASM 提供的源文件包含伪指令 INCLUDE，可以对常用的常量定义、过程说明、共享的子程序库等内容进行声明（相当于 C/C++ 语言中包含头文件的作用）。IO32.INC 是配合本书的包含文件（封装了读者暂不必了解的内容）。它是文本类型的文件，可以用任何一个文本编辑软件打开。其中前 3 个语句如下：

```
.686
.model flat, stdcall
option casemap:none
```

第一个语句是 MASM 汇编程序的处理器选择伪指令，".686"声明采用 Pentium Pro（原称为 80686 处理器）支持的指令系统。因为，MASM 在默认情况下只汇编 16 位 8086 处理器的指令。如果程序员需要使用 80186 及以后处理器增加的指令，必须使用处理器选择伪指令。

第二个语句".MODEL"确定程序采用的存储模型。编写 Windows 操作系统下的 32 位程序，只能选择 FLAT 平展模型。如果编写 DOS 操作系统下的应用程序，还可以选择其他 6 种模型：小型程序可以选用 SMALL（小型）模型，大型程序选择 LARGE（大型）、TINY（微型）、MEDIUM（中型）、COMPACT（紧凑）和 HUGE（巨型）模型。

程序需要使用 Windows 提供的系统函数，它的应用程序接口（Application Program Interface，API）采用标准调用规范"STDCALL"。MASM 汇编程序还支持 C 语言调用规范，其关键字是"C"。

使用简化段定义的源程序格式，必须有存储模型语句，且位于所有简化段定义语句之前。另外，程序默认采用 32 位地址和操作数长度，需要将".686"或其他 32 位处理器选择伪指令书写在 MODEL 存储模型语句之前。如果将 32 位处理器选择伪指令书写在存储模型语句之后，该程序将默认采用 16 位地址和操作数长度。

第三个语句"OPTION CASEMAP:NONE"告知 MASM 要区分标识符的大小写，因为汇编语言默认不区别大小写，而 Windows 的 API 函数区别大小写。这样，虽然 MASM 保留字使用大小写均可，但用户自定义的符号不能随意使用大小写。程序员可以按照高级语言的要求使用标识符，本书在汇编语言程序中基本都使用小写字母。

2. 段的简化定义

对应存储空间的分段管理，用汇编语言编程时也常将源程序分成代码段、数据段和堆栈段。需要独立运行的程序必须包含一个代码段，并指示程序执行的起始位置。需要执行的可执行性语句必须位于某一个代码段内。说明性语句通常安排在数据段，或根据需要位于其他段。

在简化段定义（Simplied Segment Definition）的源程序格式中，".DATA"和".CODE"伪指令分别定义了数据段和代码段，一个段的开始自动结束上一个段。堆栈段用伪指令".STACK"创建。通常堆栈由 Windows 操作系统维护，用户可以不设置；如果程序使用的堆栈空间较大，就需要设置。

3. 程序的开始和结束

程序模板中定义了一个标号 START（也可以使用其他标识符），它在最后的汇编结束 END 指令中作为参数，用于指明程序开始执行的位置。

应用程序执行终止，应该将控制权交还操作系统，还要提供给操作系统一个返回代码，语句"EXIT 0"就实现了此功能。其中数值 0 就是返回代码，通常用 0 表示执行正确。

源程序的最后需要有一条汇编结束 END 语句，这之后的语句不会被汇编程序所汇编。因此，汇编结束表示汇编程序到此结束将源程序翻译成目标模块代码的过程，它不是指程序终止执行。END 伪指令后面可以有一个"标号"性质的参数，用于指定程序开始执行于该标号所指示的指令。

现在用上述源程序框架编写一个在屏幕上显示信息的程序。

【例 5-1】 信息显示程序。

大家一定记得学习 C 语言编写的第一个问候世界（Hello, world!）的显示程序，只要使用语句：

```
printf("Hello, world!\n");
```

就可以实现（参见第 1 章）。

在汇编语言中，要显示的字符串需要在数据段进行定义，采用字节定义伪指令 BYTE 实现：

```
        ; 数据段
msg     byte 'Hello, Assembly!',13,10,0   ; 定义要显示的字符串
```

对应 C 语言 printf 函数的功能，汇编语言需要在代码段编写显示字符串的程序：

```
; 代码段
mov eax,offset msg        ; 指定字符串的偏移地址
call dispmsg              ; 调用 I/O 子程序显示信息
```

这里使用了字符串显示子程序 DISPMSG，它需要在调用前设置 EAX，使其等于字符串在主存的偏移地址（详见"I/O 子程序库"相关内容）。

C 语言将语句纳入主函数，形成完整的 C 语言源程序文件。同样，将上述汇编语言语句填入程序模板预留的位置，即将数据段内容填入数据段定义指令 .DATA 之后，将代码段内容填入程序的 START 标号之后，就编制了一个完整的 MASM 汇编语言源程序：

```
        include io32.inc
        .data                             ; 数据段
msg     byte 'Hello, Assembly!',13,10,0   ; 定义要显示的字符串
        .code                             ; 代码段
start:                                    ; 程序起始位置
        mov eax,offset msg                ; 指定字符串的偏移地址
        call dispmsg                      ; 调用 I/O 子程序显示信息
```

```
        exit 0                          ;程序正常执行结束
        end start                       ;汇编结束
```

4. I/O 子程序库

使用一种编程语言进行程序设计，程序员需要利用其开发环境提供的各种功能，如函数、程序库。如果这些功能无法满足程序员的要求，还可以直接利用操作系统提供的程序库，否则只能自己编写特定的程序。汇编语言作为一种低级程序设计语言，汇编程序通常并没有为其提供任何函数或程序库，所以必须利用操作系统的编程资源。

不同的操作系统，调用系统功能的方法并不相同。为此，本书提供了一个适合汇编语言、调用方法简单统一的 I/O 子程序库，实现了主要的键盘输入和显示器输出功能。

开发 32 位 Windows 控制台应用程序使用 IO32.LIB 子程序库文件和 IO32.INC 包含文件，注意在源程序开始时使用包含命令 INCLUDE 声明。常用的 I/O 子程序参见表 5-1，全部的子程序详见附录 C。本书的 I/O 子程序库以 READ 开头表示键盘输入，以 DISP 开头表示显示器输出，通过后缀字母区别数据类型。C 语言支持格式输入函数 scanf 和格式输出函数 printf，利用格式符控制 I/O 数据的类型，表 5-1 对其进行了对比，其中 a 表示与格式符相应类型的变量。

表 5-1　常用的 I/O 子程序

C 语言格式符	子程序名	参数及功能说明
printf("%s", a)	DISPMSG	入口参数：EAX= 字符串地址；功能说明：显示字符串（字符串需以 0 结尾）
printf("%c", a)	DISPC	入口参数：AL= 字符的 ASCII 码；功能说明：显示一个字符
printf("\n")	DISPCRLF	功能说明：光标回车换行，到下一行首个位置
	DISPRD	功能说明：显示 8 个 32 位通用寄存器内容（十六进制）
	DISPRF	功能说明：显示 6 个状态标志的状态
printf("%lX", a)	DISPHD	入口参数：EAX=32 位数据；功能说明：以十六进制形式显示 8 位数据
printf("%lu", a)	DISPUID	入口参数：EAX=32 位数据；功能说明：显示无符号十进制整数
printf("%ld", a)	DISPSID	入口参数：EAX=32 位数据；功能说明：显示有符号十进制整数
scanf("%s", &a)	READMSG	入口参数：EAX= 缓冲区地址；功能说明：输入一个字符串（回车结束） 出口参数：EAX= 实际输入的字符个数（不含结尾字符 0），字符串以 0 结尾
scanf("%c", &a)	READC	出口参数：AL= 字符的 ASCII 码；功能说明：输入一个字符（回显）
scanf("%lX", &a)	READHD	出口参数：EAX=32 位数据；功能说明：输入 8 位十六进制数据
scanf("%lu", &a)	READUID	出口参数：EAX=32 位数据；功能说明：输入无符号十进制整数（$\leqslant 2^{32}-1$）
scanf("%ld", &a)	READSID	出口参数：EAX=32 位数据；功能说明：输入有符号十进制整数（$-2^{31} \sim 2^{31}-1$）

调用这些子程序的通用格式如下：

```
mov eax,入口参数
call 子程序名
```

例如，在当前光标位置显示字符串的功能是 DISPMSG 子程序。使用这个子程序，需要定义以 0 结尾的字符串，调用前赋值 EAX 为该字符串的偏移地址，使用 CALL 指令实现调用。

利用这个子程序库可以实现简单的输入 / 输出，编写有一定交互功能的程序。

5.2.3 汇编语言的开发过程

源程序的开发过程都需要经过编辑、编译（汇编）、连接等步骤，如图 5-4 所示。首先，用一个文本编辑器形成一个以 ASM 为扩展名的源程序文件；然后，用汇编程序翻译源程序，将 ASM 文件转换为 OBJ 目标模块文件；最后，用连接程序将一个或多个目标文件（含 LIB 库文件）连接成一个 EXE 可执行文件。

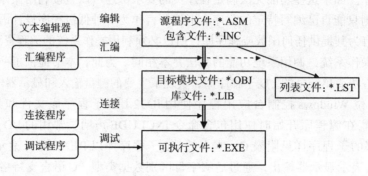

图 5-4　汇编语言程序的开发过程

1. 开发软件

开发汇编语言程序，首先需要安装开发软件。Microsoft 的 MASM 原是为开发 DOS 应用程序而设计的，独立的 MASM 软件包不适合开发 32 位应用程序。现在的 MASM 软件集成于 Visual C++ 集成开发环境中，对于初学者来说又过于庞大和复杂。配合本书内容，可以从 MASM 6.11 和 Visual C++ 6.0 集成开发环境中抽取有关文件构造一个基本的 MASM 开发软件包，主要包含如下程序。

1）BIN 子目录保存进行汇编、连接及配套的程序文件，包括：

- MASM 6.15 的汇编程序 ML.EXE 和配套的汇编错误信息文件 ML.ERR。它们取自 Visual C++ 6.0，用于汇编 32 位和 16 位汇编语言程序。
- 32 位连接程序 LINK32.EXE 和配套的动态库文件 MSPDB60.DLL，32 位子程序库创建、管理文件 LIB32.EXE，32 位可执行程序、目标模块等二进制文件的结构显示、反汇编程序 DUMPBIN.EXE，使用 Windows 基本 API 函数所需要的开发导入库文件 KERNEL32.LIB 等。这些程序取自 Visual C++ 6.0，用于开发 32 位 Windows 应用程序。本书在连接程序和库管理程序文件名后增加了"32"以便与 16 位相应程序区别。由于库管理程序、反汇编程序要调用连接程序，且仍然使用"LINK.EXE"文件名，所以 32 位连接程序有名为"LINK32.EXE"和"LINK.EXE"的两个文件，但实际上它们是同一个文件的两个副本。
- 16 位连接程序 LINK16.EXE，16 位子程序库创建、管理文件 LIB16.EXE。这些程序取自 MASM 6.11，用于开发 16 位 DOS 应用程序。

2）HELP 子目录是 MASM 6.11 所包含的有关帮助文件，需要在 DOS 窗口输入 QH.BAT 查看。

3）WINDBG 子目录保存调试程序 WinDbg.EXE 和配套动态链接库文件，用于调试 32 位 Windows 应用程序。其中还包括 WinDbg 调试程序的帮助文档"DEBUGGER. CHM",可以在调试程序中使用帮助菜单打开,也可以在 Windows 中直接双击打开。

4)CV 子目录是 MASM 6.11 配套的调试程序 CodeView,用于调试 DOS 应用程序,支持 32 位指令。

5)PROGS 子目录存放示例程序。

6)MASM 主目录主要是本书作者提供的包含文件、库文件、批处理文件等,包括:

- 本书作者编写的 32 位 Windows 控制台环境的 I/O 子程序库文件 IO32.LIB 和配套的包含文件 IO32.INC,16 位 DOS 环境的 I/O 子程序库文件 IO16.LIB 和配套的包含文件 IO16.INC。
- 本书作者编辑的方便操作的多个批处理文件。例如,WIN32.BAT 和 DOS16.BAT 分别是进入 32 位 Windows 控制台和 16 位模拟 DOS 的快捷方式(即第 1 章介绍的 CMD.BAT 和 DOS.BAT)。又如,MAKE32.BAT 用于创建 32 位 Windows 控制台应用程序,MAKE16.BAT 用于创建 16 位 DOS 应用程序。

建议将 MASM 软件包安装到硬盘 D 分区的 MASM 目录(否则最好将 WIN32.BAT 和 DOS16.BAT 设置路径命令中的"D:\MASM"相应修改为安装文件所在的分区和目录)。利用该开发软件包进行快速开发的操作过程如下:

1)编辑生成源程序文件并保存在 MASM 目录。

2)用 Windows 资源管理器打开 MASM 目录,双击批处理文件 WIN32.BAT,启动 Windows 控制台并进入 MASM 目录。

3)输入"MAKE32 源程序文件名"进行汇编、连接,如果没有错误,将生成可执行文件。图 5-5 是开发和运行例 5-1 程序的操作过程(假设源程序文件名是 ICS0501. ASM,扩展名必须是 ASM)。

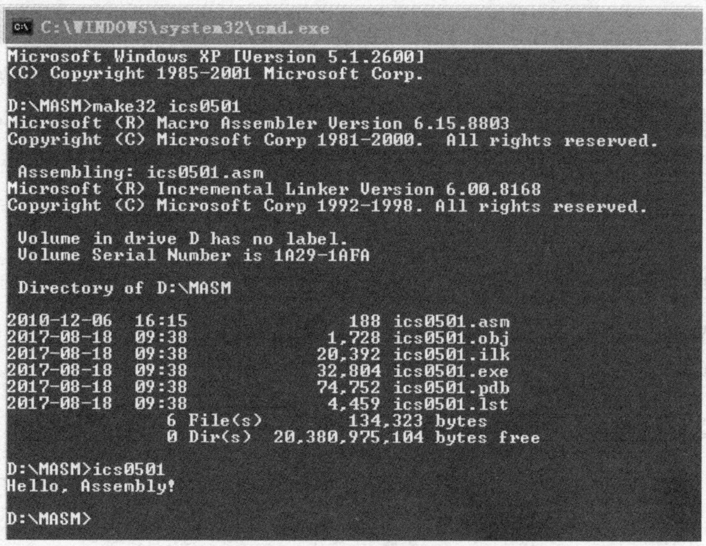

```
C:\WINDOWS\system32\cmd.exe

Microsoft Windows XP [Version 5.1.2600]
(C) Copyright 1985-2001 Microsoft Corp.

D:\MASM>make32 ics0501
Microsoft (R) Macro Assembler Version 6.15.8803
Copyright (C) Microsoft Corp 1981-2000.  All rights reserved.

 Assembling: ics0501.asm
Microsoft (R) Incremental Linker Version 6.00.8168
Copyright (C) Microsoft Corp 1992-1998. All rights reserved.

 Volume in drive D has no label.
 Volume Serial Number is 1A29-1AFA

 Directory of D:\MASM

2010-12-06  16:15               188 ics0501.asm
2017-08-18  09:38             1,728 ics0501.obj
2017-08-18  09:38            20,392 ics0501.ilk
2017-08-18  09:38            32,804 ics0501.exe
2017-08-18  09:38            74,752 ics0501.pdb
2017-08-18  09:38             4,459 ics0501.lst
               6 File(s)        134,323 bytes
               0 Dir(s)  20,380,975,104 bytes free

D:\MASM>ics0501
Hello, Assembly!

D:\MASM>
```

图 5-5　快速开发及运行程序的操作过程

本书只涉及 32 位 Windows 控制台的汇编语言编程,MASM 软件包可以不包含 16

位汇编语言程序的有关文件和调试程序（WINDBG 和 CV 子目录及其文件）。

2. 源程序的编辑

源程序文件的形成（编辑）可以通过任何一个文本编辑器实现，功能完善的编辑软件会提高编程效率。例如，对于简单的源程序，可以使用 Windows 提供的记事本（Notepad）、DOS 中的全屏幕文本编辑器 EDIT，甚至 Microsoft Word。大家也可以使用熟悉的其他程序开发工具中的编辑环境，如 Visual C++ 或 DEVC 的编辑器。一些专注于各种源程序文件编写的文本编辑软件也非常好用，读者可以自行从互联网上搜索。

本书推荐轻量级文本编辑程序 Notepad2.exe。建议通过"设置"→"文件关联"命令使汇编语言程序 ASM 文件与其建立关联（以后双击 ASM 程序就可以打开该记事本），还可以在"查看"菜单选择使用汇编程序语法高亮方案和语法高亮配置（便于区别助记符、数据等）。另外，选择"查看"→"行号"命令，该记事本可以给程序标示行号，以便出现错误时能够根据提示的行号快速定位到错误语句。

源程序文件是无格式文本文件，注意保存为纯文本类型，MASM 要求其源程序文件要以 ASM 为扩展名。再次提醒，源程序文件一定要保存于 MASM 程序目录下，避免汇编程序找不到源程序文件。这样，汇编连接过程生成的列表文件、目标模块文件、可执行程序等也将保存于 MASM 目录。

3. 源程序的汇编

汇编是将汇编语言源程序翻译成由机器代码组成的目标模块文件的过程。MASM 6.x 提供的汇编程序是 ML.EXE。进入已建立的 MASM 目录，输入如下命令及相应参数即可完成源程序的汇编：

```
BIN\ML  /c /coff ics0501.asm
```

其中，ML 表示运行 ML.EXE 程序（保存于 BIN 子目录，如果已经建立搜索路径，则可以省略"BIN\"）。参数"/c"（小写字母，ML.EXE 的参数是大小写敏感的）表示仅利用 ML 实现源程序的汇编，参数"/coff"（小写字母）表示生成 COFF（Common Object File Format）格式的目标模块文件。COFF 是 32 位 Windows 和 UNIX 操作系统使用的目标文件格式。注意，上述两个参数是必需的，参数之间、参数与可执行文件之间要有空格分隔。

如果源程序中没有语法错误，MASM 将自动生成一个目标模块文件（ICS0501.OBJ），否则 MASM 将给出相应的错误信息。这时应根据错误信息，重新编辑修改源程序文件后，再进行汇编。

4. 目标文件的连接

连接程序能把一个或多个目标文件和库文件合成一个可执行文件。在 MASM 目录下有了 ICS0501.OBJ 文件，输入如下命令实现目标文件的连接：

```
BIN\LINK32  /subsystem:console ics0501.obj
```

其中，参数"/subsystem:console"表示生成 Windows 控制台（Console）环境的

可执行文件。如果要生成图形窗口的可执行文件，则应该使用"/subsystem:windows"参数。

如果连接过程没有错误，将自动生成一个可执行文件（ICS0501.EXE），否则连接程序将给出错误信息。这时应根据错误信息，做相应修正，再进行汇编和连接。

软件开发的主要步骤是编译（汇编）和连接。为了方便操作，可以编辑一个批处理文件 MAKE32.BAT，将其中的汇编和连接以及需要的参数事先设置好。例如：

```
@echo off
REM make32.bat, for assembling and linking 32-bit Console programs (.EXE)
BIN\ML /c /coff /Fl /Zi %1.asm
if errorlevel 1 goto terminate
BIN\LINK32 /subsystem:console /debug %1.obj
if errorlevel 1 goto terminate
DIR %1.*
:terminate
@echo on
```

@echo off 表示不显示下面的命令，@echo on 表示恢复显示命令。以 REM 开头表示这是一个注释行。汇编和连接命令中使用"%1"代表输入的第一个文件名（扩展名已经表示出来，所以不能再输入英文句号及扩展名）。汇编和连接过程没有错误，将在 MASM 目录生成列表文件、目标文件和可执行文件等文件，并使用文件列表 DIR 命令进行显示。如果汇编或连接有错误，"if-goto"命令将跳转到 terminate 位置，结束处理。

汇编程序 ML 和连接程序 LINK 支持很多参数，以便控制汇编和连接过程，用"/?"参数就可以看到帮助信息。例如，ML 可以用空格分隔多个 ASM 源程序文件，以便一次性汇编多个源文件。LINK 也可以将多个模块文件连接起来（用加号"+"分隔），形成一个可执行文件；还可以带 LIB 库文件进行连接。又如，ML 的参数"/Fl"表示生成列表文件；要在调试程序中直接使用程序定义的各种标识符，应该在 ML 命令中增加参数"/Zi"，在 LINK 命令中增加参数"/debug"，表示生成调试用的符号信息。

5. 可执行文件的运行

运行 Windows 控制台（或模拟 DOS 环境）的可执行文件，需要首先进入控制台（或模拟 DOS）环境，然后在命令行提示符下输入文件名（可以省略扩展名）、按回车键：

```
ics0501.exe
```

操作系统装载该文件进入主存，开始运行。如果发现运行错误，可以从源程序开始进行静态排错，也可以利用调试程序进行动态排错。一般不要在 Windows 资源管理器下双击文件名启动 Windows 控制台（或 DOS）可执行文件，这样往往看不到运行的显示结果，屏幕显示只是一闪而过。

6. 列表文件

列表文件（List File）是一种文本文件，扩展名为 LST，含有源程序和目标代码，对学习汇编语言和发现错误很有用。创建列表文件，需要 ML 汇编程序使用"/Fl"参数（大写字母 F，接着小写字母 l，不是数字 1）。例如，输入如下命令：

```
BIN\ML /c /coff /Fl ics0501.asm
```

该命令除产生模块文件 ICS0501.OBJ 外，还将生成列表文件 ICS0501.LST。列表文件有两部分内容，第一部分是源程序及其代码，如下所示：

```
ics0501.asm                       Page 1 - 1
00000000                               .data
00000000 48 65 6C 6C 6F    msg        byte 'Hello, Assembly!',13,10,0   ;字符串
         2C 20 41 73 73
         65 6D 62 6C 79
         21 0D 0A 00
00000000                               .code
00000000                          start:
00000000 B8 00000000 R              mov eax,offset msg      ;显示
00000005 E8 00000000 E              call dispmsg
                                    exit 0
00000011                            end start
```

在列表文件第一部分中，最左列是数据或指令在该段从 0 开始的相对偏移地址（十六进制数形式），中间是存放在主存的数据或指令的机器代码（从低地址开始，十六进制数形式，操作码部分以字节为单位，操作数则以数据类型为单位），最右列则是汇编语言语句。机器代码后的字母"R"表示该指令的立即数或位移量现在不能确定或只是相对地址，它将在程序连接或进入主存时才能定位。调用指令代码后的字母"E"表示子程序来自外部（External），详见附录 D 说明。如果程序中有错误（Error）或警告（Warning），也会在相应位置提示。错误 Error 是比较严重的语法错误，表示不能产生机器代码或产生的代码可能无法正确运行；警告 Warning 一般是不太关键的语法错误，有些警告也不影响程序的正确性，详见附录 E。

列表文件的第二部分是各种标识符的说明，部分内容如下所示：

```
ics0501.asm                       Symbols 2 - 1
Macros:
        Name                      Type
exit . . . . . . . . . .          Proc
Segments and Groups:
        Name                      Size    Length    Align    Combine    Class
FLAT . . . . . . . . . .          GROUP
_DATA . . . . . . . . .           32 Bit  00000014  Para     Public     'DATA'
_TEXT . . . . . . . . .           32 Bit  00000011  Para     Public     'CODE'
```

这部分列表文件罗列了程序中使用的宏（Macros）、段和组（Segments and Groups），以及标号、变量名、子程序名等符号（Symbols）的有关信息。这些信息包括类型（Type）、段的操作数和地址长度（Size）、段的字节数量（Length）、变量的初始数值（Value）等。学习本章后才能理解这些内容。

7. 调试程序

学习程序设计和进行实际的程序开发，往往离不开调试程序，有时还会用到反汇编程序等工具软件。为了让调试程序方便进行源程序级调试，MASM 进行汇编时需要增

加参数"/Zi",连接命令增加参数"/debug"。这时,连接过程还将生成增量状态文件
(.ILK, Microsoft 连接程序的数据库,用于增量连接。重新连接时会提示警告信息,不
必理会)和程序数据库文件(.PDB,保存调试和项目状态信息,使用这些信息可以对程
序的调试配置进行增量连接)。

例如,WinDbg(Microsoft Debugging Tools For Windows)是 Microsoft 免费提供的
Windows 调试程序。如果仅进行汇编语言应用程序的调试,只需抽取 WinDbg 软件包的
主要文件,复制到某个目录下就可以启动运行。MASM 提供的 CodeView 用于调试 DOS
应用程序。如果只调试 16 位 8086 指令和 DOS 应用程序,还可以使用 DOS 操作系统自
带的 DEBUG.EXE 调试程序。

5.2.4　DEVC 中 C 语言的开发过程

5.2.3 节的内容让人感觉,汇编语言程序的开发似乎比较复杂。而实际上,高级语言
程序的开发过程相似,只不过集成开发环境把这些烦琐的操作整合成了鼠标的"点击"
动作。

1. 应用 GCC 的开发步骤

DEVC"运行"菜单的"编译"命令需要经过预处理、编译、汇编和连接 4 个步骤。
这些步骤虽然都可以通过其编译程序 gcc.exe 实现,但实际上用到了多个程序文件(BIN
目录中),以 hello.c 为例的开发过程如图 5-6 所示。

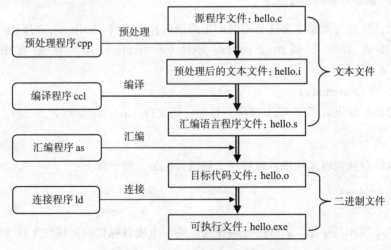

图 5-6　高级语言程序的开发过程

DEVC 集成开发环境不支持分步骤处理,只能基于控制台进行命令行操作。为便于
操作,将快速进入控制台的批处理文件(CMD.BAT)复制于 DEVC 的程序文件目录 BIN
下,第 1 章经典的 hello.c 程序(或其他 C 语言程序文件)也置于此。

可以与其他 Linux 命令一样,使用 --help 获得 GCC 支持的参数信息:

```
gcc --help
```

（1）预处理（预编译，Preprocessing）

该步骤处理源程序文件（.c）中以"#"开头的语句（如 #include 等），生成预处理后的文本文件（.i）。命令如下：

```
gcc —E —o hello.i hello.c
```

参数"-E"（大写字母）表示仅进行预处理，生成预处理后的文本文件（*.i），不进行编译、汇编和连接。参数"-o"（小写字母）给出生成的文件名。

预处理实际上是通过调用 cpp.exe 文件实现的，所以也可以输入如下命令：

```
cpp —o hello.i hello.c
```

（2）编译（Compilation）

该步骤将预处理后的文本文件（.i）翻译成汇编语言程序（.s）。命令如下：

```
gcc —S —masm=intel hello.i
```

参数"-S"（大写字母）表示进行编译，生成汇编语言程序（*.s），但不进行汇编和连接。

参数"-masm=intel"表示生成的汇编语言代码使用 MASM 语法，也就是处理器生产公司 Intel 产品手册使用的语法，否则使用 AT&T 语法。虽然 AT&T 语法是 UNIX/Linux 的标准语法，但相对比较烦琐难懂，而且国内汇编语言教学多使用 MASM 语言。

也可以直接针对源程序文件，将预处理和编译步骤一并进行，命令如下：

```
gcc —S —masm=intel hello.c
```

编译默认生成与源程序文件名相同的汇编语言程序文件（hello.s），可以编辑修改。

编译步骤实际上调用了 ccl.exe 文件（不在 bin 目录，而是在 \libexec\gcc\mingw32\3.4.2 目录中）。

（3）汇编（Assembly）

该步骤将汇编语言程序（.s）翻译为目标代码文件（.o），命令如下：

```
gcc —c hello.s
```

也可以针对预处理文件或者源程序文件进行汇编，命令如下：

```
gcc —c hello.i
gcc —c hello.c
```

参数"-c"（小写字母）表示进行编译和汇编，生成目标代码的模块文件（*.o），不进行连接。

汇编步骤通过调用 as.exe 汇编程序实现，因此也可以直接进行汇编，命令如下：

```
as —ahls=hello.l —o hello.o hello.s
```

参数"-ahls"表示生成列表文件（*.l），其中包含高级语言源代码、汇编语言代码和符号信息。

（4）连接（Linking）

该步骤将目标代码文件（.o）（包括需要的库文件代码等）转换为可执行文件。命令如下：

```
gcc -o hello hello.o
```

也可以直接对汇编语言程序、预处理文件和源程序文件进行，命令分别如下：

```
gcc -o hello hello.s
gcc -o hello hello.i
gcc -o hello hello.c
```

连接过程调用 ld.exe 文件，生成可执行文件（Windows 操作系统默认使用扩展名 .exe，UNIX/Linux 操作系统的可执行文件可以没有扩展名）。

2. 应用 GCC 生成汇编语言程序

语言的学习离不开阅读程序代码。本书将使用 GCC 生成汇编语言程序，通过研读编译程序生成的汇编语言代码，配合学习汇编语言编程，可以更好地理解高级语言的运行机理。通常的操作步骤如下。

（1）生成汇编语言程序

将 C 语言源程序文件（hello.c）经过预处理、编译生成汇编语言程序（hello.s），命令如下：

```
gcc -S -masm=intel hello.c
```

现代的编译程序通常都具有优化能力，GCC 提供了 3 个级别的优化，如表 5-2 所示。

GCC 的优化编译对多数程序都是非常有效的，但是有些优化措施并不一定完全实现或者实现得非常理想。因此，仍然可以利用汇编语言及其优化技巧修改已编译程序生成的优化汇编代码，进一步提高程序性能。加上优化参数就可以生成优化的汇编语言程序，例如，基础级优化的命令如下：

表 5-2　GCC 的优化参数

优化参数	优化说明
-O1	基础级优化（还可以用"-O"参数表达，注意是大写字母）
-O2	高级优化：涉及特定类型的代码，如循环、分支的优化
-O3	高级优化：专门的附加优化技术

```
gcc -O1 -S -masm=intel -o hello1.s hello.c
```

这里给定了汇编语言程序文件名（hello1.s），否则是默认文件名（hello.s）。

（2）阅读或优化汇编语言代码

研读编译程序生成的（优化）汇编语言代码，利用汇编语言及其优化技巧修改代码，编辑形成新的符合 GCC 语法的汇编语言程序文件。

（3）生成可执行文件

符合 GCC 语法的汇编语言程序文件（hello.s）经汇编、连接生成可执行文件（hello.exe），命令如下：

```
gcc -o hello hello.s
```

3. 修改汇编语言程序代码

可以使用任何文本编辑程序打开经 GCC 编译生成的汇编语言文件 hello.s。虽然读者现在并不能完全读懂汇编语言程序代码，但可以对照 C 语言源程序尝试理解。例如，可以看到如下代码：

```
        .section .rdata,"dr"
LC0:    .ascii "Hello, world !\12\0"
        .text
_main:  ……
        mov  dword ptr [esp], offset flat:LC0
        call _printf
        mov  dword ptr [esp], 0
        call _exit
```

".section"指明了一个存储区域，".rdata"说明其属性是只读的数据段。

显示的字符串通过".ascii"声明，"LC0"是编译程序为其提供的名称。八进制"\12"是十进制数的"10"，表示换行的控制字符，在 UNIX/Linux 系统中对应"\n"的作用，优化时可能省略。最后的"\0"显然是编译程序为字符串添加的结尾字符。

".text"表明了代码段的开始。因为 C 语言编译程序自动为函数名、变量名等标识符加下划线，所以 main、printf 和 exit 等前有下划线，依次为 _main、_printf 和 _exit。

程序代码中，通过 MOV 传送指令传输函数参数，通过 CALL 调用指令调用输出函数和退出函数。

大致理解了汇编语言程序代码，可以尝试修改，甚至可以把显示的字符串修改为中文等。然后，只进行汇编和连接生成可执行文件，看其是否运行正确。

4. 可执行文件的反汇编

集成开发环境通常提供调试功能，并支持反汇编等功能。反汇编（Disassembly）是指将可执行文件或者目标代码转换为汇编语言代码的过程，也是分析程序的方法之一。

DEVC 提供的调试能力比较简单，在完成 C 语言程序的编译、生成可执行文件后，执行"调试（debug）"菜单的调试命令，进入调试状态。激活源程序窗口，启动程序，运行到当前光标位置，此时可以选择"调试"→"查看 CPU 窗口"命令，则 CPU 窗口显示 main 函数的汇编代码，默认是"AT&T"语法，可以在右侧选择"Intel"语法，如图 5-7 所示。

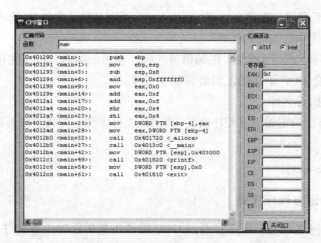

图 5-7 DEVC 的 CPU 窗口

使用 DEVC 程序目录（BIN）的 OBJDUMP.EXE 程序，可以生成 AT&T 语言的反汇编代码文件，命令如下：

```
objdump –d hello.o > hello4.s
objdump –d hello.exe > hello5.s
```

利用 Visual C++ 6.0 同样可以生成汇编语言代码，也可以进行汇编语言级的调试。但是，如果修改生成的汇编语言代码文件，它就不能继续汇编、连接了。Visual C++ 使用 DUMPBIN.EXE 程序对可执行文件和目标代码文件进行反汇编。

5.3 汇编语言的常量和变量

C 语言的基本数据类型有字符 char、整型 int（包括短整型 short 和长整型 long），以及浮点单精度型 float 和双精度型 double。本书的汇编语言主要涉及基本的整数编码，包括 C 语言的整型和字符（字符本质上是 ASCII 码值，属于 8 位整数）。

5.3.1 常量表达

常量（Constant）是程序中使用的一个确定数值，在汇编语言中有多种表达形式。

1. 常数

在这里，常数指由十、十六和二进制形式表达的数值，如表 5-3 所示。各种进制的数据以后缀字母区分，默认不加后缀字母的是十进制数。十六进制常数若以字母 A ~ F（含大小写）开头，则要添加前导 0，以避免与不能以数字开头的标识符混淆。例如，十进制数 10 用十六进制表达为 A，汇编语言需要表达成 0AH。如果不加前导 0，则其将与寄存器名 AH 相混淆。在 C/C++ 语言中，十六进制数使用前导 0x，就不会出现与标识符混淆的问题。

程序设计语言通常都支持八进制数，但现在已经较少使用，本书不再介绍。

表 5-3　各种进制的常数

进制	数字组成	举例
十进制	由 0 ~ 9 数字组成，以字母 D 或 d 结尾（缺省情况可以省略）	100, 255D
十六进制	由 0 ~ 9、A ~ F 组成，以字母 H 或 h 结尾； 以字母 A ~ F 开头前面要用 0 表达，以避免与标识符混淆	64H, 0FFH 0B800H
二进制	由 0 或 1 两个数字组成，以字母 B 或 b 结尾	01101100B

2. 字符和字符串

字符或字符串常量是用英文缩略号（形态上很像单引号，一般称其为单引号）或双引号括起来的单个字符或多个字符，其数值是每个字符对应的 ASCII 码值。例如，'d'（64H）、'Hello, Assembly !'。在支持汉字的系统中，也可以括起汉字，每个汉字是两个字节，为汉字机内码或 Unicode。

如果字符串中有单引号本身，可以用双引号，反之亦然。例如：

```
"Let's have a try."
'Say "Hello", my baby'.
```

也可以直接用单引号或者双引号的 ASCII 值（单引号对应 27H，双引号对应 22H）。

3. 符号常量

符号常量使用标识符表达一个数值。常量若使用有意义的符号名来表示，可以提高程序的可读性，同时更具有通用性。程序中可以多次使用符号常量，但修改时只需改变一处。例如，高级语言就把常用的数值定义为符号常量，并保存为常量定义文件，通过包含该文件，就可以在程序中直接使用它们。在 MASM 汇编语言中也可以如此应用。

MASM 提供的符号定义伪指令有 EQU（等价）和 =（等号）。它们用来为常量定义符号名，格式如下：

```
符号名   EQU 数值表达式
符号名   EQU <字符串>
符号名   = 数值表达式
```

等价伪指令 EQU 给符号名定义一个数值，或将其定义成另一个字符串，这个字符串甚至可以是一条处理器指令。例如：

```
NULL   equ 0
STD_INPUT_HANDLE = -10
STD_OUTPUT_HANDLE = -11
WriteConsole equ <WriteConsoleA>
```

EQU 用于数值等价时不能重复定义符号名，但"="允许重复赋值。例如：

```
COUNT = 100
COUNT = COUNT+64H
```

4. 数值表达式

数值表达式是指用运算符（MASM 统称为操作符 Operator）连接各种常量所构成的算式。汇编程序在汇编过程中计算表达式，最终得到一个确定的数值，所以数值表达式也属于常量。由于表达式是在程序运行前的汇编阶段计算，所以组成表达式的各部分必须在汇编时就能确定。汇编语言支持多种运算符，但主要应用算术运算符：+（加）、–（减）、*（乘）、/（除）和 MOD（取余数），当然还可以运用圆括号表达运算的先后顺序。

对于整数数值表达式或地址表达式，参加运算的数值和运算结果必须是整数，除法运算的结果只有商没有余数。地址表达式只能使用加减，常用"地址 + 常量"或"地址 – 常量"形式指示地址移动常量表示的若干个存储单元。注意，存储单元的单位是字节。

【例 5-2】 数据表达程序。

```
                                        ;数据段
00000000 64 64 64 64 64          const1 byte 100,100d,01100100b,64h, 'd'
00000005 01 7F 80 80 FF FF       const2 byte 1,+127,128,-128,255,-1
0000000B 69 97 20 E0 32 CE       const3 byte 105,-105,32,-32,32h,-32h
00000011 30 31 32 33 34 35       const4 byte '0123456789', 'abcxyz', 'ABCXYZ'
         36 37 38 39 61 62
         63 78 79 7A 41 42
```

```
              43 58 59 5A
00000027 0D 0A 00          crlf  byte 0dh,0ah,0
= 0000000A                 minint = 10
= 000000FF                 maxint equ 0ffh
0000002A 0A 0F FA F5       const5 byte minint,minint+5,maxint-5,maxint-minint
0000002E 10 56 15 EB       const6 byte 4*4,34h+34,67h-52h,52h-67h
                           ;代码段
00000000 B8 00000011 R     mov eax,offset const4
00000005 E8 00000000 E     call dispmsg
```

本示例程序用于说明各种数据的表达形式，用到了字节变量定义伪指令 BYTE（详见 5.3.2 节）。为便于理解数据的编码和存储，这里给出的是源程序生成的列表文件。其中，左边是汇编语言语句生成的内容，右边才是源程序本身（编辑源程序文件时，不要录入左边列表文件内容）。

数据段第 1 行用不同进制和形式表达了同一个数值：100（64H），从这一行左边列表文件的 5 个"64"可以体会。这说明无论在源程序中如何表达，但计算机内部都是二进制编码。

第 2 行给出一些典型数据，用于对比。例如，真值 255 和 −1 的机器代码（8 位、字节量）都是 FFH，128 和 −128 都变换为 80H，原因在于它们采用不同的编码，前者是无符号数，后者是补码表达的有符号数。变量定义伪指令 BYTE、WORD 和 DWORD 等（参见 5.3.2 节）定义的变量并不区别无符号数和有符号数，但如果是负数，就采用补码。MASM 6.x 特别设计 SBYTE、SWORD 和 SDWORD 等专用于有符号数。

从第 3 行看出 105 的补码是 69H，−105 的补码是 97H（你能看出 −32、−32H 的补码分别是什么吗）。

第 4 行定义字符串，左边列表文件内容是每个字符的 ASCII 码值。

随后定义两个数值 0DH 和 0AH，它分别是 ASCII 表中的回车符和换行符，注意前导零不能省略（否则成为 DH 和 AH，与两个 8 位寄存器重名）。后面的数字 0 表示字符串结尾，调用显示功能时需要它。

符号常量 MININT 数值为 10，MAXINT 为 255，它们只是一个符号，并不占主存空间，应用时直接将其代表的内容替代即可。

接着 CONST6 用表达式定义，但实质还是一个常量；例如，表达式"4*4"计算后为 16，对应列表内容是 10（表示十六进制 10H，即十进制 16）。

代码段从 CONST4 开始显示，遇到 0 结束，所以程序运行后的显示结果是 0123456789abcxyzABCXYZ。

本示例是一个 MASM 汇编语言程序，读者应按照 5.2.3 节介绍的开发方法进行上机实践。自己经过源程序编辑、编译（汇编）、连接等操作，配合查阅列表文件、观察运行结果，对很多问题常会有恍然大悟的感觉，对看似艰涩难懂或长篇大论的解释往往也能一目了然。

5.3.2　变量应用

程序运行中有很多随之发生变化的结果，需要在可读可写的主存中开辟存储空间予以保存，这就是变量（Variable）。变量实质上是主存单元的数据，因而可以改变。变量需要事先定义（Define）才能使用，并具有属性，方便应用。

1. 变量定义

变量定义用于给变量申请以固定长度为单位的存储空间，还可以将相应的存储单元初始化。变量定义伪指令是最常使用的汇编语言说明性语句，它的汇编语言格式如下：

　　变量名　变量定义伪指令　初值表

变量名即汇编语句名字部分，是用户自定义的标识符，表示初值表首个数据的逻辑地址。汇编语言使用这个符号表示地址，故有时称其为符号地址。变量名可以没有，在这种情况下，汇编程序将直接为初值表分配空间，无符号地址。设置变量名是为了方便存取其指示的存储单元。

初值表可以有一个参数，也可以有用逗号分隔的多个参数，由各种形式的常量、特殊的符号（？）和 DUP 组成。其中"？"表示初值不确定，即未赋初值。如果多个存储单元的初值相同，则可以用复制操作符 DUP 进行说明。DUP 的格式如下：

　　重复次数　DUP（重复参数）

变量定义伪指令主要有 BYTE、WORD、DWORD 和 QWORD（早期版本依次是 DB、DW、DD、DQ，它们在新版本中也可以使用），它们根据申请的主存空间单位分类，如表 5-4 所示。除此之外，还有定义 3 字（FWORD、DF）和 10 字节（TBYTE、DT）的简单变量，以及复杂的数据变量，如结构（Structure）、记录（Record）、联合（Union）等。

表 5-4　变量定义伪指令

助记符	变量类型	变量定义功能
BYTE	字节	分配一个或多个字节单元；每个数据是字节量，也可以是字符串常量 字节量表示 8 位无符号数或有符号数，字符的 ASCII 码值
WORD	字	分配一个或多个字单元；每个数据是字量，16 位 字量表示 16 位无符号数或有符号数、16 位段选择器、16 位偏移地址
DWORD	双字	分配一个或多个双字单元；每个数据是双字量，32 位 双字量表示 32 位无符号数或有符号数、32 位段基地址、32 位偏移地址
QWORD	4 字	分配一个或多个 8 字节单元 8 字节量表示 64 位数据

- 用 BYTE 定义的变量是 8 位字节量（Byte-sized）数据（对应 C/C++ 语言的 char 类型）。它可以表示无符号整数（0 ～ 255）、补码表示的有符号整数（–128 ～ +127）、一个字符（ASCII 码值），还可以表达压缩 BCD 码（0 ～ 99）、非压缩 BCD 码（0 ～ 9）等。
- 用 WORD 定义的变量是 16 位字量（Word-sized）数据（对应 C/C++ 语言的 short 类型）。字量数据包含高低两个字节，可以表示更大的数据。实地址方式下的段地址和偏移地址都是 16 位的，可以用 16 位变量保存。
- 用 DWORD 定义的变量是 32 位双字量（Doubleword-sized）数据（对应 C/C++ 语言的 long 类型），占用 4 个连续的字节空间，采用小端方式存放。在 32 位平展存储模型中，32 位变量可用于保存 32 位偏移地址、线性地址或段基地址。

【例 5-3】 变量定义程序。

```
                                    ; 数据段
00000000  00 80 FF 80 00 7F         bvar1    byte 0,128,255,-128,0,+127
00000006  00                        bvar2    byte ?
00000007  30 31 32 41 42 43         msg      byte '012ABCabc'
          61 62 63
00000010  0000 8000 FFFF            wvar1    word 0,32768,65535,-32768,0,+32767
          8000 0000 7FFF
0000001C  0000                      wvar2    word ?
0000001E  00000000                  dvar1    dword 0,80000000h,0ffffffffh
          80000000
          FFFFFFFF
0000002A  00000000                  dvar2    dword ?
= 0000000A                          minint = 10
0000002E  00000005 [                dvar3    dword 5 dup(minint)
          0000000A
          ]
```

本例提供的是列表文件内容。左边是汇编语言语句生成的内容，右边才是源程序本身（编辑源程序文件时，不要录入左边列表文件内容）。

BVAR1、WVAR1 和 DVAR1 被依次定义为字节、字和双字类型的变量，每个变量都定义了多个数值，每个数值依次存放。若一个变量定义了多个数值，则可以认为其就是数组了，MASM 没有专门的数组变量定义符。

字节变量 BVAR2 无初值，表示只在主存中为该变量保留相应的存储空间。既然有存储空间，就一定有内容，但内容应是任意、不定的，而事实上汇编程序用 0 填充（像高级语言的编译程序一样）。同样是无初值，但 WORD 和 DWORD 定义的 WVAR2 和 DVAR2 变量分别占用 2 字节和 4 字节。

示例程序通过 DUP 操作符为 DVAR3 定义了 5 个相同的数据，在列表文件左侧用中括号表示。

2. 变量定位

变量定义的存储空间是按照书写的先后顺序一个接着一个分配的。定位伪指令可以控制其存放的偏移地址。

（1）ORG 伪指令

ORG 伪指令将参数表达的偏移地址作为当前偏移地址，格式如下：

```
org 参数
```

例如，从偏移地址 100H 处安排数据或程序，可以使用语句：

```
org 100h
```

（2）ALIGN 伪指令

对于以字节为存储单位的主存来说，多字节数据不仅存在按小端或大端方式存放的问题，还有是否对齐地址边界的问题。

对 *N* 字节的数据（*N*=2、4、8、16……），如果在起始于能够被 *N* 整除的存储器地址位置（也称为模 *N* 地址）存放，则对齐地址边界。例如，16 位 2 字节数据起始于偶地址（模 2 地址，地址最低一位为 0），32 位 4 字节数据起始于模 4 地址（地址最低两位为 00），就是对齐地址边界。

IA-32 处理器允许不对齐边界存放数据。不过，访问未对齐地址边界的数据，处理器需要更多的读写操作，性能不及对齐地址边界的数据访问，尤其是有大量频繁的存储器数据操作时。因此，为了获得更好的性能，常要进行地址边界对齐（详见第 7 章）。ALIGN 伪指令便是用于此目的，其格式如下：

```
align N
```

其中，"N"是对齐的地址边界值，取 2 的乘方（2、4、8、16……）。另外，EVEN 伪指令实现对齐偶地址，与"ALIGN 2"语句功能一样。

指令代码也由汇编程序按照语句的书写顺序安排存储空间，定位伪指令也同样可以用于控制其偏移地址，但注意顺序执行的指令之间不能使用对齐伪指令 ALIGN。

为了对比，编写 C 语言程序，重点关注变量声明。

【例 5-4】 C 语言的全局变量。

```c
#include <stdio.h>
    long x=12345678;    /* 在函数外进行变量声明，定义全局变量 */
    short y=5678;
    char z=78;
main()
{   printf("x=%ld, y=%hd, z=%d",x,y,z);
}
```

假设该源程序文件取名 ics0504.c，使用 DEVC 环境开发（详见 5.2 节）生成汇编语言代码，使用如下命令：

```
gcc –S –masm=intel ics0504.c
```

查阅 GCC 生成的汇编语言代码（文件 ics0504.s），找出变量定义伪指令如下（# 号后面部分是本书添加的注释）：

```
        .globl  _x                      # 声明 _x 为全局变量
        .data                           # 数据段
        .align  4                       # 4 字节对齐
_x:     .long   12345678                # 长整型 (long) 变量定义，对应 MASM 的 dword
        .globl  _y                      # 声明 _y 为全局变量
        .align  2                       # 2 字节对齐
_y:     .word   5678                    # 短整型 (short) 变量定义，对应 MASM 的 word
        .globl  _z                      # 声明 _z 为全局变量
_z:     .byte   78                      # 字符型 (char) 变量定义，对应 MASM 的 byte
LC0:    .ascii  "x=%ld, y=%hd, z=%d\0"  # 字符串 (char[]) 变量定义，对应 MASM 的 byte
```

通过添加的中文注释（GCC 的汇编代码使用井号"#"表示注释，也可以使用 C 语言传统的注释符" /* */"，但不支持 C 语言双斜线注释符" // "和 MASM 的冒号注释符" ; "），含义应该很明确了。C 语言的全局变量与 MASM 在数据段定义的变量一样，都保存于数据段，任何函数或者代码段的代码都可以访问。

3. 变量属性

变量定义除分配存储空间和赋初值外，还可以创建变量名。这个变量名一经定义便具有地址和类型两类属性。在汇编语言程序设计中，经常会用到变量名的属性，因此汇编程序提供有关的操作符，以方便获取这些属性值，如表 5-5 所示。

表 5-5　常用的地址和类型操作符

属性	操作符	作用
地址	[ ]	将括起的表达式作为存储器地址指针
	$	返回当前偏移地址
	OFFSET 变量名	返回变量名所在段的偏移地址
	SEG 变量名	返回段基地址（实地址存储模型）
类型	类型名 PTR 变量名	将变量名按照指定的类型使用
	TYPE 变量名	返回一个字量数值，表明变量名的类型
	LENGTHOF 变量名	返回整个变量的数据项数（即元素数）
	SIZEOF 变量名	返回整个变量占用的字节数

（1）地址操作符

变量的地址属性是指首个变量所在存储单元的逻辑地址，含有段基地址和偏移地址。地址操作符用于获取变量名的地址属性，主要有 SEG 和 OFFSET，分别取得变量名的段基地址和偏移地址两个属性值。"[ ]"和"$"与地址有关，也可以归类为地址操作符。

【例 5-5】　变量地址属性程序。

```
                            ; 数据段
00000000 12 34              bvar  byte 12h,34h
                                  org $+10
0000000C 0001 0002 0003     array word 1,2,3,4,5,6,7,8,9,10
         0004 0005 0006
         0007 0008 0009
         000A
00000020 5678               wvar  word 5678h
00000022 = 00000016         arr_size = $-array
= 0000000B                  arr_len = arr_size/2
00000022 9ABCDEF0           dvar  dword 9abcdef0h
                            ; 代码段
00000000 A0 00000000 R      mov al,bvar
00000005 8A 25 00000001 R   mov ah,bvar+1
0000000B 66| 8B 1D          mov bx,wvar[2]
         00000022 R
00000012 B9 0000000B        mov ecx,arr_len
00000017 BA 00000017 R      mov edx,$
0000001C BE 00000022 R      mov esi,offset dvar
00000021 8B 3E              mov edi,[esi]
00000023 8B 2D 00000022 R   mov ebp,dvar
00000029 E8 00000000 E      call disprd
```

列表文件（左边部分）总是将段开始的偏移地址假设为 0（但并不表示主存中其偏移

地址一定是 0），然后计算其他数据或代码的相对偏移地址。头一个字节变量 BVAR 有两个数据，占用 00000000H 和 00000001H 存储单元。

操作符"＄"代表当前偏移地址值，即前一个存储单元分配后当前可以分配的存储单元的偏移地址。语句" ORG ＄+10"表示在当前偏移地址（00000002H）基础上加 10，即跳过 10 个字节空间，然后安排变量 ARRAY，所以其偏移地址为 0000000CH（2+10）。再分配 11 个字变量数据后，当前相对偏移地址成为 00000022H。所以，符号常量 ARR_SIZE=00000016H（0022H-000CH），也就是 ARRAY 和 WVAR 变量所占存储空间的字节数为 16H=22（[10+1]×2）。因为每个字变量值占两个字节，故 ARR_LEN 等于它们的数据项数（个数）：ECX=0000000BH=22÷2=11。

变量名具有逻辑地址。数据段中直接使用变量名代表它的偏移地址（也可以加个 OFFSET 以示明确）。程序代码中，通过引用变量名指向其首个数据，通过变量名加减常量存取以首个数据为基地址的前后数据。BVAR 表示它的头一个数据，故 AL=12H；BVAR+1 表示下一个字节的数据，故 AH=34H。变量名实际上就是用地址操作符"[ ]"括起变量名所代表的偏移地址。变量名后用"+n"或"[n]"作用相同，都表示后移 n 个字节存储单元。所以 WVAR[2] 指 WVAR 两个字节之后的数据，即 DVAR 的前一个字量数据：BX=DEF0H。

代码段中通过"＄"获得当前指令"MOV EDX,＄"的偏移地址传送给 EDX。

语句" MOV ESI,OFFSET DVAR"通过 OFFSET 操作符获得双字变量 DVAR 的偏移地址，传送给 ESI。"[ESI]"则指示该偏移地址的存储单元，从中获取一个双字数据正是 DVAR 变量值；而指令"MOV EBP,DVAR"也将使 EBP 等于 DVAR 变量值。

注意，程序的数据段和代码段开始的实际偏移地址不一定是 0。所以，本例题中的 ESI 和 EDX 并不一定是列表文件的相对偏移地址 22H 和 17H。

代码段最后调用本书配套子程序库中的显示 32 位通用寄存器内容的子程序 DISPRD，显示传送结果，如图 5-8 所示。大家也可以在任何位置调用该子程序，以显示程序执行到该位置时通用寄存器的内容，以便与自己分析的结果进行对比。

```
EAX=00003412, EBX=7FFDDEF0, ECX=0000000B, EDX=00401017
ESI=00405022, EDI=9ABCDEF0, EBP=9ABCDEF0, ESP=0012FFC4
```

图 5-8　例 5-5 程序的运行结果

（2）类型操作符

变量的类型属性是指变量定义的数据单位，类型操作符使用变量名的类型属性。与大多数程序设计语言一样，在汇编语言中，变量也需要先定义，并给定一种类型，每个变量通常表示相应类型的数值。类型转换操作符 PTR 用于更改变量名的类型，以满足指令对操作数的类型要求。"类型名"可以是 BYTE、WORD、DWORD 和 QWORD（依次表示字节、字、双字和 4 字）等，还可以是由结构、记录等定义的类型。

在 MASM 中，各种变量类型用一个双字量数值（在 16 位平台则是字量数值）表达，这就是 TYPE 操作符取得的数值。对于变量，TYPE 返回该类型变量一个数据项所占的字节数，例如，对于字节、字和双字变量，依次返回 1、2 和 4。TYPE 后跟常量和寄存器名，则分别返回 0 和该寄存器能保存数据的字节数。因为常量没有类型，寄存器具有类型（8 位寄存器是字节类型，16 位寄存器是字类型，32 位寄存器则是双字类型，依次返回 1、2 和 4）。

对于变量，还可以用 LENGTHOF 操作符获知某变量名指向多少个数据项，用 SIZEOF 操作符获知它共占用多少字节空间，即 SIZEOF 值 =TYPE 值 × LENGHOF 值。对于字节变量和 ASCII 字符串变量，LENGTHOF 和 SIZEOF 的结果相同。

【例 5-6】 变量类型属性程序。

```
                                    ;代码段
00000000 A1 0000000C R    mov eax,dword ptr array ;获得数据
00000005 BB 00000001      mov ebx,type bvar       ;获得字节类型值
0000000A B9 00000002      mov ecx,type wvar       ;获得字类型值
0000000F BA 00000004      mov edx,type dvar       ;获得双字类型值
00000014 BE 0000000A      mov esi,lengthof array  ;获得数据个数
00000019 BF 00000014      mov edi,sizeof array    ;获得字节长度
0000001E BD 00000016      mov ebp,arr_size        ;获得字节长度
00000023 E8 00000000 E    call disprd
```

本例采用与例 5-6 同样的数据段，这里只列出了代码段（左边是生成的列表文件内容）。

在指令"MOV EAX,DWORD PTR ARRAY"中，EAX 是 32 位寄存器，属于双字量类型，变量 ARRAY 被定义为字量，两者类型不同，而 MOV 指令不允许不同类型的数据进行传送，所以利用 PTR 改变 ARRAY 的类型，结果是将 ARRAY 前两个字数据按照小端方式组合成双字量数据传送给 EAX（00020001H）。随后的指令利用类型操作符获取相关数值，EBX 到 EBP 寄存器的内容依次是 01H、02H、04H、0AH、14H 和 16H，如图 5-9 所示。

```
EAX=00020001, EBX=00000001, ECX=00000002, EDX=00000004
ESI=0000000A, EDI=00000014, EBP=00000016, ESP=0012FFC4
```

图 5-9　例 5-6 程序的运行结果

除变量名外，段名、子程序名等伪指令的名字以及硬指令的标号也都有地址和类型属性，也都可以使用地址和类型操作符（详见第 6 章）。

注意，在前面例题程序中，为了说明问题，我们既使用了 32 位数据、寄存器，也使用了 8 位数据和 16 位数据、寄存器。但对于 32 位指令集结构的 IA-32 处理器，编程中的一般规则是：尽量使用 32 位操作数和寄存器，除非需要单独对 8 位（如 ASCII 码字符、字符串）或 16 位数据（列表部分看出，机器代码前面有一个 66H 的指令前缀）进行处理。

简单修改例 5-4 的 C 语言程序，理解其局部变量。

【例 5-7】 C 语言的局部变量。

```
#include <stdio.h>
main()
{   long x=12345678;     /* 在函数内声明变量,定义局部变量 */
    short y=5678;
    char z=78;
    printf("x=%ld, y=%hd, z=%d",x,y,z);
}
```

使用 DEVC 环境开发生成汇编语言代码，找出变量声明相关的指令如下（添加了中文注释）：

```
mov   DWORD PTR [ebp-4], 12345678     # 长整型 long, 对应 MASM 的 dword
mov   WORD PTR [ebp-6], 5678          # 短整型 short, 对应 MASM 的 word
mov   BYTE PTR [ebp-7], 78            # 字符型 char, 对应 MASM 的 byte
```

局部变量建立在堆栈段，通过 EBP 访问（详见第 6 章）。数据本身没有体现类型，所以使用了 PTR 指明数据类型。

5.4 数据寻址

运行的程序保存于主存，需要通过存储器地址访问程序的指令和数据。通过地址访问指令或数据的方法称为寻址方式（Addressing Mode）。一条指令执行后，确定下一条执行指令的方法是指令寻址。指令执行过程中，访问所需要操作的数据（操作数）的方法是数据寻址。

笼统地说，数据来自主存或外设，但这个数据可能事先已经保存在处理器的寄存器中，也可能与指令操作码一起进入了处理器。主存和外设在汇编语言当中被抽象为存储器地址或 I/O 地址，寄存器以名称表达，但机器代码中同样用地址编码区别寄存器，所以指令的操作数需要通过地址指示。这样，通过地址才能查找到数据本身，这就是数据寻址（Data-addressing）。对于处理器的指令系统来说，绝大多数指令采用相同的数据寻址方式。寻址方式对处理器工作原理和指令功能的理解，以及汇编语言程序设计都至关重要。高级语言虽然不讨论数据寻址，但实际上其复杂数据类型和构造的数据结构都需要处理器数据寻址的支持，这也是处理器设计多种灵活的访问数据方式的重要原因。

汇编语言中，操作码用助记符表示，操作数则由寻址方式体现。IA-32 处理器只有输入 / 输出指令与外设交换数据，除此之外的数据寻址方式有 3 类：

- 用常量表达的具体数值（立即数寻址）；
- 用寄存器名表示的其中内容（寄存器寻址）；
- 用存储器地址代表保存的数据（存储器寻址）。

5.4.1 立即数寻址

立即数寻址（或立即寻址）中，指令需要的操作数紧跟在操作码之后作为指令机器代码的一部分，并随着处理器的取指操作从主存进入指令寄存器。这种操作数用常量形式直接表达，从指令代码中立即得到，称为立即数（Immediate）。立即数寻址方式只用于指令的源操作数，在传送指令中常用来给寄存器和存储单元赋值。

例如，将数据 33221100H 传送到 EAX 寄存器的指令可以书写为

```
mov eax, 33221100h
```

这个指令的机器代码（十六进制）是 B800112233，其中第一个字节（B8H）是操作码，后面 4 个字节就是立即数本身：33221100H。IA-32 处理器规定数据高字节存放于存储器高地址单元，数据低字节存放于低地址单元，如图 5-10 所示。

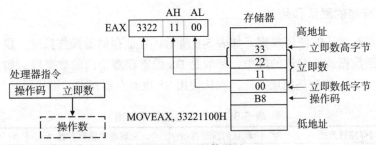

图 5-10　立即数寻址

立即数可以使用不同形式的常量表达，但汇编后都是一个确定的数值，即立即数。例如，在例 5-6 程序代码段中，除第一条指令和最后一条指令外，所有指令的源操作数都是立即数寻址。在例 5-7 程序中，给局部变量赋值的汇编代码也使用了立即数寻址。

立即数（常量）的类型取决于另一个操作数（寄存器或变量）的类型。所以如果目的操作数也无法确定类型的话，需要使用 PTR 指明类型。

5.4.2　寄存器寻址

指令的操作数存放在处理器的寄存器中，就是寄存器寻址方式。通常直接使用寄存器名表示它保存的数据，即寄存器操作数。绝大多数指令采用通用寄存器寻址 [对于 IA-32 处理器是 EAX、EBX、ECX、EDX、ESI、EDI、EBP 和 ESP，还支持其 16 位形式（AX、BX、CX、DX、SI、DI、BP 和 SP），以及 8 位形式（AL、AH、BL、BH、CL、CH、DL 和 DH）]，部分指令支持专用寄存器，如段寄存器、标志寄存器等。

寄存器寻址简单快捷，是最常使用的寻址方式。在前面示例程序的许多指令中，凡是只使用寄存器名（无其他符号，如加有中括号、变量名等）的操作数都是寄存器寻址。例如，"MOV EAX, 33221100H"中，源操作数是立即数寻址，但目的操作数 EAX 就是寄存器寻址。又如，将寄存器 EAX 内容传送给 EBX 的指令是

```
mov ebx,eax
```

这个指令的源操作数和目的操作数都采用寄存器寻址，如图 5-11 所示。

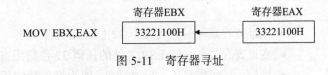

图 5-11　寄存器寻址

高级语言程序经常需要定义变量，而通用寄存器就像是处理器事先已经定义好的变量，程序员可以直接使用而无须定义。由于变量保存于处理器之外的存储器，而寄存器就在处理器内部，存取速度快，所以编译程序进行程序优化时，常利用寄存器替代变量。

5.4.3　存储器寻址

数据很多时候都保存在主存中。尽管可以事先将它们取到寄存器中再进行处理，但指令也需要能够直接寻址存储单元进行数据处理。寻址主存存储的操作数的方式就称为存储器寻址方式，也称为主存寻址方式。编程时，存储器地址使用包含段选择器和偏移地址的逻辑地址。

1. 段寄存器的默认和超越

段寄存器有默认的使用规则，如表 5-6 所示。寻址存储器操作数时，段寄存器不用显式说明，则数据就在默认的段中，一般是 DS 段寄存器指向的数据段；如果采用 EBP（BP）或 ESP（SP）作为基地址指针，默认使用 SS 段寄存器指向的堆栈段。

表 5-6　段寄存器的使用规则

访问存储器方式	默认的段寄存器	可超越的段寄存器	偏移地址
读取指令	CS	无	EIP
堆栈操作	SS	无	ESP
一般的数据访问（下列除外）	DS	CS、ES、SS、FS 和 GS	有效地址 EA
EBP 或 ESP 为基地址的数据访问	SS	CS、ES、DS、FS 和 GS	有效地址 EA
串指令的源操作数	DS	CS、ES、SS、FS 和 GS	ESI
串指令的目的操作数	ES	无	EDI

如果不使用默认的段寄存器，需要书写段超越指令前缀显式说明。段超越指令前缀是一种只能跟随具有存储器操作数的指令之前的指令，其助记符是段寄存器名后跟英文冒号，即 CS：、SS：、ES：、FS：或 GS：。

2. 偏移地址的组成

因为段基地址由默认的或指定的段寄存器指明，所以指令中只有偏移地址即可。存储器操作数寻址使用的偏移地址常称为有效地址（Effective Address，EA）。但是，主存容量很大，地址位数会很长，指令编码并不一定完全表达出来。指令编码中表达的地址称为形式地址，由形式地址结合规则，经过计算得到有效地址。最后，处理器将有效地址转换为物理地址访问存储单元。

为了方便各种数据结构的存取，IA-32 处理器设计了多种主存寻址方式，但可以统一表达如下（参见图 5-12）：

$$32 \text{ 位有效地址} = \text{基址寄存器} + \text{变址寄存器} \times \text{比例} + \text{位移量}$$

其中：

- 基址寄存器——任何 8 个 32 位通用寄存器之一。
- 变址寄存器——除 ESP 之外的任何 32 位通用寄存器之一。
- 比例——可以是 1、2、4 或 8（因为操作数的长度可以是 1、2、4 或 8 字节）。
- 位移量——可以是 8 或 32 位有符号值。

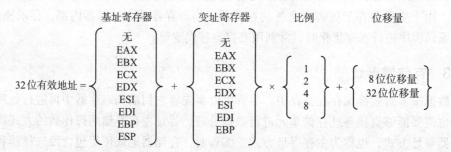

图 5-12　IA-32 处理器的存储器寻址

需要注意的是，编写运行在 32 位 Windows 控制台环境的应用程序，必须接受操作系统的管理，不能违犯其保护规则。例如，一般不能修改段寄存器的内容，进行数据寻址的地址必须在规定的数据段区域内。随意设置访问的逻辑地址，将可能导致非法访问。尽管汇编和连接过程中没有语法错误，但运行时将会提示运行错误。

3. 存储器寻址方式

（1）存储器直接寻址

有效地址只有位移量部分，且直接包含在指令代码中，就是存储器直接寻址方式。直接寻址方式常用于存取变量。

例如，将变量 COUNT 内容传送给 ECX 的指令：

```
mov ecx,count      ;也可以表达为 mov ecx,[count]
```

汇编语言的指令代码中直接书写变量名就是在其偏移地址（有效地址）的存储单元读写操作数。假设操作系统为变量 COUNT 分配的有效地址是 00405000H，则该指令的机器代码是 8B 0D 00 50 40 00，反汇编的指令形式为" MOV ECX, DS:[405000H]"，其源操作数采用直接寻址方式。

MASM 汇编程序使用中括号表示偏移地址，变量 COUNT 也可以用加有中括号的形式 [COUNT] 体现其访问存储单元的特性。

图 5-13 演示了该指令的执行过程：该指令代码中数据的有效地址（图 5-13 中第①步）与数据段寄存器 DS 指定的段基地址一起构成操作数所在存储单元的线性地址（图 5-13 中第②步）。该指令的执行结果是将逻辑地址" DS：00405000H"单元的内容传送至 ECX 寄存器（图 5-13 中第③步）。图 5-13 中假设程序工作在 32 位保护方式，平展存储模型中 DS 指向的段基地址等于 0。

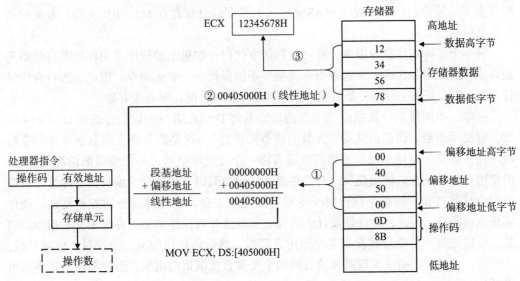

图 5-13　存储器直接寻址

【例 5-8】 存储器直接寻址程序。

```
                                        ; 数据段
00000000 87 49                          bvar byte 87h,49h
00000002 12345678 0000000C              dvar dword 12345678h,12
                                        ; 代码段
00000000 8A 0D 00000000 R               mov cl,bvar
00000006 8B 15 00000002 R               mov edx,dvar
0000000C 88 35 00000001 R               mov bvar+1,dh
00000012  66| 89 15                     mov word ptr dvar+2,dx
          00000004 R
00000019  C7 05 00000002 R              mov dvar,87654321h
          87654321

                                        mov dvar+4,dvar
ics0508.asm(12) : error A2070: invalid instruction operands
```

本例程序的每条指令都采用了直接寻址方式，或为源操作数或为目的操作数，从左边生成的列表文件可以看到指令代码包含其相对地址（后缀 R 是列表文件的一个标志，表示这是一个相对地址，还需要连接时形成真正的偏移地址）。而另一个操作数则是寄存器寻址，或立即数寻址。

初学编程，难免会出现各种错误。首先遇到的问题，可能就是汇编（编译）不过、提示各种错误（Error）或警告（Warning）信息，这是因为书写了不符合语法规则的语句，导致汇编（编译）程序无法翻译，这种错误称为语法错误。常见的语法错误原因有符号拼写错误、多余空格、遗忘后缀字母或前导 0、标点不正确、常量或表达式太过复杂等。初学者也常因为未能熟练掌握指令功能导致操作数类型不匹配、错用寄存器等原因出现非法指令的语法错误，当然还会因为算法流程、非法地址等出现逻辑错误或者运行错误。可以根据提示的语句行号和错误原因对程序进行修改。注意，汇编（编译）程序只能发现语法错误，而且提示的错误信息有时不甚准确，尤其当多种错误同时出现时。应特别留心第一个引起错误的指令，因为后续错误可能因其产生，修改了这个错误也就可能纠正了后续错误。汇编程序 MASM 提示的错误信息保存在 ML.ERR 文件，常见的错误信息见附录 E。

每一个正确的处理器指令，都对应有指令代码；如果汇编程序无法将你书写的语句翻译成对应的指令代码，那这条指令就是一条错误指令、非法指令。因此，进行程序设计，首先需要正确书写每一条语句，并且对常见错误情况，要心中有数。

例如，本例最后一条指令要实现的功能是将 DVAR 第一个数据传送到 DVAR+4 位置，但提示出错，错误信息是"无效的指令操作数"。这是因为绝大多数指令并不支持两个操作数都是存储单元。虽然高级语言将一个变量赋值给另一个变量的情况很常见，但使用直接寻址方式访问变量，需要在指令代码中编码有效地址。编码两个地址，将导致指令代码过长；而指令执行时至少要访问两次主存，也使得指令功能较复杂，硬件实现也较困难。因此，处理器设计人员没有实现这种双操作数都是存储单元的指令。当然，可以先将一个变量转存到某个通用寄存器，然后再传送给另一个变量。也就是说，无法用一条处理器指令实现高级语言的两个变量直接赋值的语句，但使用两条指令就可以了。

又如，希望将 16 位寄存器 SI 内容，传送给 32 位寄存器 EDI，可能使用指令：

```
mov edi,si    ;错误指令，类型不匹配
```

但是，汇编程序会提示错误信息：指令操作数必须类型一致（同样长度）。

有人会觉得：32 位寄存器应该可以放下 16 位数据，占用其低 16 位不就可以吗？事实上，80x86 处理器的设计人员基于简化硬件电路的考虑，要求绝大多数指令的操作数类型相同。所以，这是一条不存在的指令，即非法指令。同时，编写汇编程序的系统程序员也没有人性化地按照这个思路去处理这个问题。应用程序员只能遵循这个规则。虽然这个现象让人很困惑，但是，透过现象看本质，我们是否也略微体会了处理器的工作原理和设计思路呢？

其实，这是一个位数扩展的问题，IA-32 处理器专门设计了零位扩展（MOVZX）和符号扩展（MOVSX）指令（详见 5.5 节）：

```
movzx edi,si        ;零位扩展，扩展的高位为 0
movsx edi,si        ;符号扩展，扩展的高位为原操作数的符号位
```

（2）寄存器间接寻址

有效地址存放在寄存器中，就是采用寄存器间接寻址存储器操作数，如图 5-14a 所示。MASM 汇编程序使用英文中括号括起寄存器表示寄存器间接寻址。IA-32 处理器的 8 个 32 位通用寄存器都可以作为间接寻址的寄存器，但主要使用 EBX、ESI、EDI，访问堆栈数据时使用 EBP。另外，寄存器间接寻址没有说明存储单元类型，其类型由另一个操作数的寄存器或变量类型决定。如果另一个操作数也无类型（立即数），则需要显式说明。

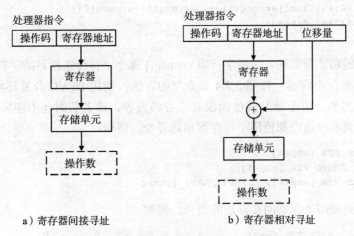

a）寄存器间接寻址　　　　　　　　b）寄存器相对寻址

图 5-14　寄存器间接寻址和寄存器相对寻址

下面的前一条指令的源操作数、后一条指令的目的操作数都是寄存器间接寻址方式：

```
mov edx,[ebx]           ;双字传送，EBX 间接寻址主存数据段
mov dword ptr [ebp],3721  ;双字传送，EBP 间接寻址主存堆栈段
```

寄存器间接寻址中寄存器的内容是偏移地址，相当于一个地址指针。执行指令"MOV EDX, [EBX]"时，如果 EBX=405000H，则该指令等同于"MOV EDX, DS:[405000H]"。

（3）寄存器相对寻址

寄存器相对寻址的有效地址是寄存器内容与位移量之和，如图 5-14b 所示。例如：

```
mov esi,[ebx+4]   ；源操作数也可以表达为：[4][ebx]，或者 :4[ebx]
```

这条指令中，源操作数的有效地址由 EBX 寄存器内容加位移量 4 得到，默认与 EBX 寄存器配合的是 DS 指向的数据段。又如：

```
mov edi,[ebp-08h]   ；源操作数也可以表达为 [-08h][ebx]，但不能是 -08h[ebx]
```

该指令源操作数的有效地址等于 EBP-8，与之配合的默认段寄存器为 SS。

偏移量还可以采用其他常量形式，也可以使用变量所在的地址作为偏移量。例如：

```
mov eax,count[esi]
```

这里用变量名 COUNT（也可以加中括号 [COUNT] 形式）表示其偏移地址用作相对寻址的偏移量，由其地址与寄存器 ESI 相加的数据作为有效地址访问存储单元。

设计寄存器间接寻址和寄存器相对寻址，是为了方便地访问数组的元素或字符串的字符。下面先通过一个 C 语言程序的汇编语言代码理解，然后编写汇编语言程序。

【例 5-9】 字符串复制程序（C 语言）。

```
#include <stdio.h>
char srcmsg[]="Try your best, why not.";  /* 定义两个全局字符串 */
char dstmsg[sizeof(srcmsg)];
main()
{   int i;                    /* 源字符串复制给目的字符串，显示目的字符串 */
    for(i=0;i<sizeof(srcmsg);i++) dstmsg[i]=srcmsg[i];
    printf("%s",dstmsg);
}
```

本例程序的功能很明确，将源字符串 srcmsg[] 逐个字符传送给目的字符串 dstmsg[]，然后显示目的字符串内容。按照 5.2.4 节介绍的方法，使用 DEVC 开发环境生成汇编语言程序文件。当然，由于涉及其他尚没有学习的内容，读者暂时还不能完全读懂程序。但是，可以看到不少指令都使用了寄存器相对寻址，例如：

```
mov   DWORD PTR [ebp-4], 0
mov   eax, DWORD PTR [ebp-4]
mov   DWORD PTR [esp+4], OFFSET FLAT:_dstmsg
```

也可以看到使用寄存器间接寻址的指令，例如：

```
movzx  eax, BYTE PTR [eax]       ；指令 1：取出源字符串的一个字符
mov  BYTE PTR [edx], al          ；指令 2：传送到目的字符串
```

而这正是字符串复制的两个关键指令，实现逐个字符传送：第 1 条指令利用 EAX 间接寻址取出源字符串的一个字符（指令功能类似于：MOV AL, BYTE PTR [EAX]），第 2 条指令利用 EDX 间接寻址将这个字符存入目的字符串。

进一步在 DEVC 开发环境生成优化的汇编语言代码。经过优化的汇编语言代码更加简洁，实现逐个字符传送的两条指令采用了 EDX 相对寻址，如下所示：

```
movzx  eax, BYTE PTR _srcmsg[edx]         ；指令 1：取出源字符串的一个字符
```

```
mov  BYTE PTR _dstmsg[edx], al    ;指令2：传送到目的字符串
```

【例5-10】 字符串复制程序（汇编语言）。

```
        ;数据段
srcmsg  byte 'Try your best, why not.',0
dstmsg  byte sizeof srcmsg dup(?)
        ;代码段
        mov ecx,lengthof srcmsg    ;ECX= 字符串字符个数
        mov esi,offset srcmsg      ;ESI= 源字符串首地址
        mov edi,offset dstmsg      ;EDI= 目的字符串首地址
again:  mov al,[esi]               ;取源字符串一个字符送 AL
        mov [edi],al               ;将 AL 传送给目的字符串
        add esi,1                  ;源字符串指针加 1，指向下一个字符
        add edi,1                  ;目的字符串指针加 1，指向下一个字符
        loop again                 ;字符个数 ECX 减 1，不为 0，则转到 AGAIN 标号处执行
        mov eax,offset dstmsg      ;显示目的字符串内容
        call dispmsg
```

同样，读者现在可能无法完全读懂程序，请结合注释理解，重点关注逐个字符传送。

源字符串的字符使用了 ESI 寄存器间接寻址访问，事先需要利用 OFFSET 获得源字符串 SRCMSG 首地址传送给 ESI。同样，目的字符串 DSTMSG 采用 EDI 指向，EDI 寄存器间接寻址访问每个字符。从源字符串取一个字符，通过 AL 传送给目的字符串（MOV 指令不支持两个存储单元直接传送）。接着 ESI 和 EDI 都加 1（ADD 是加法指令）指向下一个字符，重复传送。循环指令 LOOP 利用 ECX 控制计数：首先 ECX 减 1，然后判断 ECX 是否为 0，不为 0 则继续循环执行，为 0 则结束。所以程序开始设置 ECX 等于字符串的长度（字符个数）。

如果采用 EBX 寄存器相对寻址访问字符串的字符，代码段如下：

```
        mov ecx,lengthof srcmsg    ;ECX= 字符串字符个数
        mov ebx,0                  ;EBX 指向首个字符
again:  mov al,srcmsg[ebx]         ;取源字符串一个字符送 AL
        mov dstmsg[ebx],al         ;将 AL 传送给目的字符串
        add ebx,1                  ;加 1，指向下一个字符
        loop again                 ;字符个数 ECX 减 1，不为 0，则转到 AGAIN 标号处执行
```

采用寄存器相对寻址的程序更简洁一些，但每个相对地址都需要指令进行加法运算（增加了指令的复杂性）。

由此可以看出，寄存器间接寻址和相对寻址都可以访问数组的元素（含字符串的字符），但应用上略有区别。寄存器间接寻址要将数组（字符串）首地址或末地址赋值给通用寄存器，加减数组元素所占的字节数就可以访问到每个元素（字符）。而寄存器相对寻址要以数组（字符串）首地址为位移量，赋值寄存器等于数组元素或字符的所在的位置量。

（4）寄存器变址寻址

使用变址寄存器寻址操作数的寻址方式称为寄存器变址寻址。在 IA-32 处理器中，除堆栈指针 ESP 外的 7 个 32 位寄存器都可以作为变址寄存器。在变址寄存器不带比例（或者认为比例为 1）情况下，需要配合一个基址寄存器（称为基址变址寻址方式），还可以再包含一个位移量（称为相对基址变址寻址方式）。这时，存储器操作数的有效地址由

一个基址寄存器的内容加上变址寄存器的内容或再加上位移量构成。这种寻址方式便于支持两维数组等数据结构。例如：

```
mov edi,[ebx+esi]          ;基址变址寻址，功能:EDI=DS:[EBX+ESI]
mov eax,[ebx+edx+80h]      ;相对基址变址寻址，功能:EAX=DS:[EBX+EDX+80H]
```

MASM 允许两个寄存器都用中括号，但位移量要书写在中括号前，例如：

```
mov edi,[ebx][esi]         ;基址变址寻址，功能:EDI=DS:[EBX+ESI]
mov eax,80h[ebx+edx]       ;相对基址变址寻址，功能:EAX=DS:[EBX+EDX+80H]
mov eax,80h[ebx][edx]      ;相对基址变址寻址，功能:EAX=DS:[EBX+EDX+80H]
```

偏移量可以使用其他常量形式，也可以使用变量地址。注意，数字开头不能使用正号或负号。

（5）带比例的变址寻址

对应使用变址寄存器的存储器寻址，IA-32 处理器支持变址寄存器内容乘以比例 1（可以省略）、2、4 或 8 的带比例存储器寻址方式。例如：

```
mov eax,[ebx*4]            ;带比例的变址寻址
mov eax,[esi*2+80h]        ;带比例的相对变址寻址
mov eax,[ebx+esi*4]        ;带比例的基址变址寻址
mov eax,[ebx+esi*8-80h]    ;带比例的相对基址变址寻址
```

主存以字节为可寻址单位，所以地址的加减以字节单元为单位，比例 1、2、4 和 8 对应 8 位、16 位、32 位和 64 位数据的字节个数，便于以数组元素为单位寻址相应数据。

5.4.4 数据寻址的组合

至此，大家了解了绝大多数指令采用的数据寻址方式，下面做一个简单总结，便于在以后的编程实践中掌握它们的具体应用，参见表 5-7。

表 5-7   数据寻址及其符号

寻址方式	符号及说明
立即数寻址	imm（包括 32 位立即数 i32，以及 8 位立即数 i8 和 16 位立即数 i16）
寄存器寻址	通用寄存器 reg（包括 32 位通用寄存器 r32，以及 8 位通用寄存器 r8 和 16 位通用寄存器 r16） 部分指令支持的段寄存器 seg
存储器寻址	mem（包括 32 位存储器操作数 m32，以及 8 位存储器操作数 m8 和 16 位存储器操作数 m16）

1. 立即数寻址

立即数寻址只能用于源操作数。IA-32 处理器支持 32 位立即数，本书用符号 i32 表示，它同样也支持 16 位立即数 i16 和 8 位立即数 i8。本书将这些立即数统一用 imm 符号表示。

2. 寄存器寻址

寄存器寻址主要是指通用寄存器，可以单独或同时用于源操作数和目的操作数。IA-32 处理器的通用寄存器 reg，包括 8 个 32 位通用寄存器 r32（EAX、EBX、ECX、EDX、ESI、EDI、EBP 和 ESP）、8 个 16 位通用寄存器 r16（AX、BX、CX、DX、SI、

DI、BP 和 SP)、8 个 8 位通用寄存器 r8(AH、AL、BH、BL、CH、CL、DH 和 DL)。部分指令可以使用专用寄存器,如段寄存器 seg:CS、DS、SS、ES、FS 和 GS。

3. 存储器寻址

存储器寻址的数据在主存,利用逻辑地址指示。段基地址由默认或指定的段寄存器指出,指令代码只表达偏移地址(称为有效地址),有多种存储器寻址方式。存储器操作数可以是 32 位、16 位或 8 位数据,依次用符号 m32、m16、m8 表示,统一用 mem 表示。

典型的指令操作数有两个:一个书写在左边,称为目的操作数 DEST;另一个用逗号分隔书写在右边,称为源操作数 SRC。数据寻址方式在指令中并不是任意组合的,但有规律且符合逻辑。例如,绝大多数指令(数据传送、加减运算、逻辑运算等常用指令)都支持如下组合(图 5-15):

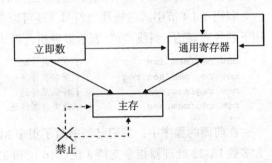

```
指令助记符  reg,imm/reg/mem
指令助记符  mem,imm/reg
```

图 5-15　数据寻址的组合

在这两个操作数中,源操作数可以是立即数、寄存器或存储器寻址,而目的操作数只能是寄存器或存储器寻址,并且两个操作数不能同时为存储器寻址方式。格式中的 "/" 表示 "或者",即可以是多个操作数中的任意一个。

5.5　通用数据处理指令

指令系统是处理器硬件电路实现的所有指令的集合,不同处理器支持的指令系统各不相同。通用指令属于处理器的基本指令,主要处理整数、地址(属于无符号整数)、字符数据类型,包括数据传送、算术逻辑运算、程序流程控制、外设输入 / 输出等指令类型,是编写应用程序和系统程序主要的、必不可少的指令。本节主要介绍数据处理(含数据传送、算术运算、逻辑运算、位操作)类指令,第 6 章随着程序结构逐步展开流程控制指令,第 8 章介绍 I/O 指令。需要注意的是,各类指令很多,本书只引出 IA-32 处理器最常用、最核心的指令,全部指令参见附录 A。

除了通用指令,处理器还会支持其他类型的指令。例如,作为复杂指令集计算机的典型代表,IA-32 处理器维持了一个庞大的指令系统,如表 5-8 所示。

表 5-8　IA-32 处理器指令系统

指令类型	指令特点
通用指令	处理器的基本指令,包括整数的传送和运算、流程控制、输入 / 输出、位操作等
浮点指令	浮点数处理指令,包括浮点数的传送、算术运算、超越函数运算、比较、控制等
多媒体指令	多媒体数据处理指令,包括 MMX、SSE、SSE2、SSE3 和 SSSE3 等
系统指令	为核心程序和操作系统提供的处理器功能控制指令

5.5.1　数据传送类指令

数据传送是指把数据从一个位置传送到另一个位置，它是计算机中最基本的操作。数据传送类指令也是程序设计中最常用的指令。IA-32 处理器主要有传送指令 MOV、交换指令 XCHG、进栈指令 PUSH 和出栈指令 POP，而获取有效地址指令 LEA 很有特色。

1. 传送指令 MOV

传送指令 MOV（Move）把一个字节、字或双字的操作数从源位置传送至目的位置，可以实现立即数到通用寄存器或到主存的传送、主存与段寄存器之间的传送，以及通用寄存器与通用寄存器、主存或段寄存器之间的传送。

利用 5.4.4 节引入的操作数符号（还可以参见附录 A），MOV 指令的各种组合可以使用下列各式表达（斜线 "/" 表示多种组合形式，注释是说明或功能解释，下同）：

```
mov reg/mem,imm          ;立即数传送
mov reg/mem/seg,reg      ;寄存器传送
mov reg/seg,mem          ;存储器传送
mov reg/mem,seg          ;段寄存器传送
```

在前面的程序中，我们已经书写了很多 MOV 指令，不再重复。需要首先明确的是，大多数 IA-32 处理器指令支持 8 位、16 位和 32 位数据长度：

- 8 位（字节）数据，BYTE 类型，例如：

```
mov al,200          ;8 位立即数传送
```

- 16 位（字）数据，WORD 类型，例如：

```
mov ax,[ebx]        ;16 位存储器传送（间接寻址）
```

- 32 位（双字）数据，DWORD 类型，例如：

```
mov eax,dvar        ;32 位存储器传送（直接寻址），DVAR 是 DWORD 类型的变量
```

使用中需要认识到，寄存器具有明确的类型，变量定义后也具有了明确的类型，但立即数、寄存器间接寻址、位移量是数字的寄存器相对寻址没有类型。

2. 交换指令 XCHG

交换指令 XCHG（Exchange）用来将源操作数和目的操作数内容交换，可以在通用寄存器与通用寄存器或存储器之间对换数据。使用操作数符号的合法格式如下：

```
Xchg reg,reg/mem
Xchg reg/mem,reg
```

交换指令的两个操作数实现位置互换，实际上它们既是源操作数，也是目的操作数。因此它们哪个在前、哪个在后就无所谓，但不能是立即数，也不支持存储器与存储器之间的数据对换。例如：

```
xchg esi,edi        ;ESI 与 EDI 互换内容
xchg esi,[edi]      ;ESI 与 EDI 指向的主存单元互换内容
```

指令系统中有一条空操作（No Operation）指令，助记符是 NOP。在 IA-32 处理器

中，NOP 指令与"XCHG EAX,EAX"指令具有同样的指令代码（90H），实际上就是同一条指令。空操作指令看似毫无作用，但处理器执行该指令，需要花费时间，放置在主存中也要占用一个字节空间。编程中，有时利用 NOP 指令实现短时间延时，还可以临时占用代码空间以便以后填入需要的指令代码。

3. 堆栈操作指令

处理器通常用硬件支持堆栈（Stack）数据结构，它是一个按照"先进后出"（First In Last Out，FILO)(也可以说是"后进先出"（Last In First Out，LIFO))存取原则组织的存储器堆栈，具有两种基本操作，对应两条基本指令：数据压进堆栈操作，对应进栈指令 PUSH；数据弹出堆栈操作，对应出栈指令 POP。

IA-32 处理器的堆栈建立在主存区域中，使用 SS 段寄存器指向段基地址。堆栈段的范围由堆栈指针寄存器 ESP 的初值确定，这个位置就是堆栈底部（不再变化）。堆栈只有一个数据出入口，即当前栈顶（不断变化），由堆栈指针寄存器 ESP 的当前值指定栈顶的偏移地址，如图 5-16 所示。随着数据进入堆栈，ESP 逐渐减小；数据依次弹出，ESP 逐渐增大。随着 ESP 增大，弹出的数据不再属于当前堆栈区域中，随后进入堆栈的数据会占用这个存储空间。当然，如果进入堆栈的数据超出了设置的堆栈范围，或者已无数据可以弹出，即 ESP 增大到栈底，就会产生堆栈溢出（Stack Overflow）错误。堆栈溢出，轻者使程序出错，重者导致系统崩溃。

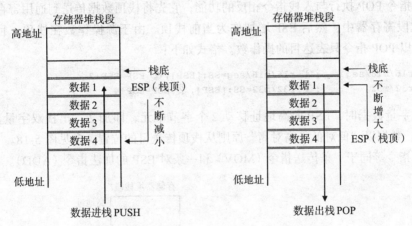

图 5-16　IA-32 处理器堆栈操作

堆栈操作常被比作"摞盘子"。盘子一个压着一个叠起来放进箱子里，就像数据进栈操作；叠起来的盘子应该从上面一个接一个拿走，就像数据出栈操作。最后放上去的盘子，被最先拿走，就是堆栈的"后进先出"操作原则。不过，IA-32 处理器的堆栈段是"向下生长"的，即随着数据进栈，堆栈顶部（指针 ESP）逐渐减小，所以可以将其想像成一个倒扣的箱子，盘子（数据）从下面放进去。

（1）进栈指令 PUSH

进栈指令 PUSH 先将 ESP 减小作为当前栈顶，然后可以将立即数、通用寄存器和段寄存器内容或存储器操作数传送到当前栈顶。由于目的位置就是栈顶，由 ESP 确定，所以 PUSH 指令只表达源操作数。格式如下：

```
push r16/m16/i16/seg    ; ① ESP=ESP-2, ② SS:[ESP]=r16/m16/i16/seg
push r32/m32/i32        ; ① ESP=ESP-4, ② SS:[ESP]=r32/m32/i32
```

IA-32 处理器的堆栈只能以字或双字为单位操作。进栈字量数据时，ESP 向低地址移动 2 个字节单元指向当前栈顶，即减 2；进栈双字量数据时，ESP 减 4，准备 4 个字节单元。数据以"低对低、高对高"的小端方式存放到堆栈顶部，参见图 5-17。

PUSH 指令等同于一条对 ESP 的减法指令（SUB）和一条传送指令（MOV）。

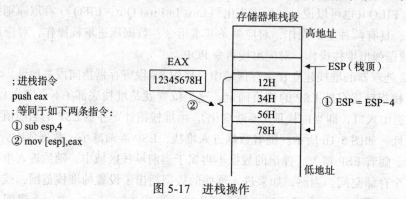

图 5-17　进栈操作

（2）出栈指令 POP

出栈指令 POP 执行与入栈指令相反的功能，它先将栈顶数据传送到通用寄存器、存储单元或段寄存器中，然后 ESP 增加作为当前栈顶。由于源操作数在栈顶，且由 ESP 确定，所以 POP 指令只表达目的操作数。格式如下：

```
pop r16/m16/seg    ; ① r16/m16/seg=SS:[ESP], ② ESP=ESP+2
pop r32/m32        ; ① r32/m32=SS:[ESP], ② ESP=ESP+4
```

出栈字量数据时，ESP 向高地址移动 2 个字节单元，即加 2；出栈双字量数据时，ESP 加 4。数据以"低对低、高对高"原则从栈顶传送目的位置，参见图 5-18。

POP 指令等同于一条传送指令（MOV）和一条对 ESP 的加法指令（ADD）。

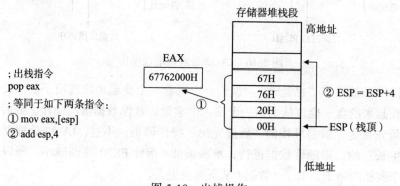

图 5-18　出栈操作

（3）堆栈的应用

堆栈是程序中不可或缺的一个存储区域。除堆栈操作指令外，子程序调用 CALL 和子程序返回 RET、中断调用 INT 和中断返回 IRET 等指令，以及内部异常、外部中断等情况都会用到堆栈，修改 ESP 值（将在后续章节中逐渐展开）。

堆栈可用来临时存放数据，以便随时恢复它们，还常用于子程序的寄存器保护和恢复。使用 POP 指令时，应该明确当前栈顶的数据是什么，可以按程序执行顺序向前观察由哪个操作压入了该数据。

既然堆栈是利用主存实现的，当然还能以随机存取方式读写其中的数据。通用寄存器的堆栈基址指针 EBP 就是出于这个目的而设计的。例如：

```
mov ebp,esp        ;EBP=ESP
mov eax,[ebp+8]    ;EAX=SS:[EBP+8],EBP 默认与堆栈段配合
mov [ebp],eax      ;SS:[EBP]=EAX
```

堆栈的栈顶指针和内容会随着程序的执行不断变化，数据弹出是破坏性的，即弹出的数据不再属于当前堆栈区域，随后进入堆栈的数据会占用这个存储空间。所以，要注意入栈和出栈的数据要成对，要保持堆栈平衡。

需要提醒一下，尽管堆栈操作指令有 16 位和 32 位两种数据传送单位，但建议程序中尽量不用混用两种操作单位。通常在 32 位平台（如 32 位 Windows）就以 32 位为操作单位，而在 16 位平台（如 16 位 DOS）就以 16 位为操作单位，否则，有时会因压入和弹出数据的单位不同造成混乱或错误。

4. 地址传送指令

存储器操作数具有地址属性，地址传送指令可以获取其地址。其中，最常用的是获取有效地址（Load Effective Address，LEA）指令，格式如下：

```
LEA r16/r32,mem     ; r16/r32=mem 的有效地址（不需类型一致）
```

LEA 指令将存储器操作数的有效地址（段内偏移地址）传送至 16 位或 32 位通用寄存器中。它的作用等同于汇编程序 MASM 的地址操作符 OFFSET。但是，LEA 指令是在指令执行时计算出偏移地址，OFFSET 操作符是在汇编阶段取得变量的偏移地址，后者执行速度更快。不过，在汇编阶段无法确定的偏移地址只能利用 LEA 指令获取。

【例 5-11】 地址传送程序。

```
        ;数据段
dvar    dword 41424344h
        ;代码段
        mov eax,dvar            ;直接寻址获得变量值:EAX=41424344H
        lea esi,dvar            ;执行时获得变量地址:ESI 指向 DVAR
        mov ebx,[esi]          ;通过地址获得变量值:EBX=41424344H
        mov edi,offset dvar    ;汇编时获得变量地址:EDI 指向 DVAR
        mov ecx,[edi]          ;通过地址获得变量值:ECX=41424344H
        lea edx,[esi+edi*4+100h] ;实现运算功能:EDX=ESI+EDI×4+100H
        call disprd
```

第一条 LEA 指令使 ESI 等于 DVAR 变量的有效地址（并没有读取变量内容），与利用 OFFSET 设置的 EDI 相同，所以 EAX=EBX=ECX=41424344H。然而，利用 OFFSET 操作符在源程序汇编时已经计算出地址，实际上它是一个立即数。

第二条 LEA 指令实际上先进行包含乘比例 4 的加法运算得到偏移地址（带比例的相对基址变址寻址方式），然后传送给 EDX 寄存器。有时就利用 LEA 指令的这个特点实现加法运算。然而，这条指令不能使用"MOV EDX,OFFSET [ESI+EDI*4+100H]"语句替代，因为汇编时不知道执行时 ESI 和 EDI 等于什么，它是非法指令。

5.5.2 算术运算类指令

算术运算是对数据进行的加、减、乘、除运算，它是基本的数据处理方法。加减运算除有"和"或"差"的结果外，还有进借位、溢出等状态标志，状态标志也是结果的一部分。

1. 状态标志

状态标志一方面作为加减运算和逻辑运算等指令的辅助结果，另一方面又用于构成各种条件，实现程序分支，是汇编语言编程中一个非常重要的方面。IA-32 处理器设计了 6 个状态标志。

1）进位标志 CF（Carry Flag）：用于反映无符号数据加减运算结果是否超出范围。具体来说，当加减运算结果的最高有效位有进位（加法）或借位（减法）时，将设置进位标志为 1，即 CF=1；如果没有进位或借位，则设置进位标志为 0，即 CF=0。换句话说，加减运算后，如果 CF=1，说明数据运算过程中出现了进位或借位；如果 CF=0，说明没有进位或借位。

2）溢出标志 OF（Overflow Flag）：用于表达有符号整数进行加减运算的结果是否超出范围。超出范围，就是有溢出，则设置 OF=1；没有溢出，则 OF=0。

3）零标志 ZF（Zero Flag）：反映运算结果是否为 0。运算结果为 0，则设置 ZF=1，否则 ZF=0。

4）符号标志 SF（Sign Flag）：反映运算结果是正数还是负数。处理器通过符号位可以判断数据的正负，因为符号位是二进制数的最高位，所以运算结果最高位（符号位）就是符号标志的状态：运算结果最高位为 1，则 SF=1；否则 SF=0。

5）奇偶标志 PF（Parity Flag）：反映运算结果最低字节中"1"的个数是偶数还是奇数，便于用软件编程实现奇偶校验。最低字节中"1"的个数为零或偶数时，PF=1；为奇数时，PF=0。注意，PF 标志仅反映最低 8 位中"1"的个数是偶或奇，即使是进行 16 位或 32 位操作。

6）调整标志 AF（Adjust Flag）：反映加减运算时最低半字节有无进位或借位，主要由处理器内部使用，用户一般不必关注。

加减运算结果将同时影响这 6 个标志，其中前 5 个的加法示例如表 5-9 所示。

表 5-9   加法运算结果对标志的影响

（8 位）加法运算及其结果	CF	OF	ZF	SF	PF
00111010+01111100=[0] 10110110	0	1	0	1	0
10101010+01111100=[1] 00100110	1	0	0	0	0
10000100+01111100=[1] 00000000	1	0	1	0	1

2. 加法指令

IA-32 处理器的加法运算设计了 ADD、ADC 和 INC 3 条指令。

1）加法指令 ADD（Add）使目的操作数加上源操作数，和的结果送到目的操作数，格式如下：

```
add reg,imm/reg/mem         ;加法 :reg=reg+imm/reg/mem
add mem,imm/reg             ;加法 :mem=mem+imm/reg
```

它支持 8 位、16 位和 32 位数据，实现寄存器与立即数、寄存器、存储单元，以及存储单元与立即数、寄存器间的加法运算，按照定义影响 6 个状态标志位。例如：

```
mov eax,0aaff7348h          ;EAX=AAFF7348H, 不影响标志
add al,27h                  ;AL=AL+27H=48H+27H=6FH, 所以 EAX=AAFF736FH
                            ; 状态标志 :OF=0,SF=0,ZF=0,PF=1,CF=0
add ax,3fffh                ;AX=AX+3FFFH=736FH+3FFFH=B36EH, 所以 EAX=AAFFB36EH
                            ; 状态标志 :OF=1,SF=1,ZF=0,PF=0,CF=0
add eax,88000000h           ;EAX=EAX+88000000H=AAFFB36EH+88000000H=[1]32FFB36EH
                            ; 状态标志 :OF=1,SF=0,ZF=0,PF=0,CF=1
```

2）带进位加法指令 ADC（Add with Carry）除完成 ADD 加法运算外，还要加上进位 CF，结果送到目的操作数，按照定义影响 6 个状态标志位，格式如下：

```
adc reg,imm/reg/mem         ;带进位加法 :reg=reg+imm/reg/mem+CF
adc mem,imm/reg             ;带进位加法 :mem=mem+imm/reg+CF
```

ADC 指令的设计目的是与 ADD 指令相结合实现多精度数的加法。IA-32 处理器可以实现 32 位加法。但是，多于 32 位的数据相加就需要先将两个操作数的低 32 位相加（用 ADD 指令），然后再加高位部分，并将进位加到高位（需要用 ADC 指令）。

3）增量指令 INC（Increment）只有一个操作数，对操作数加 1（增量）再将结果返回原处。操作数是寄存器或存储单元，格式如下：

```
inc reg/mem                 ;加 1:reg/mem=reg/mem+1
```

增量指令主要用于对计数器和地址指针的调整，所以它不影响 CF 标志，但影响其他状态标志位。例如：

```
inc ecx                     ;双字量数据加 1:ECX=ECX+1
inc dword ptr [ebx]         ;双字量数据加 1:[EBX]=[EBX]+1
```

3. 减法指令

IA-32 处理器的减法运算指令包括 SUB、SBB、DEC、NEG 和 CMP 5 条指令。

1）减法指令 SUB（Subtract）使目的操作数减去源操作数，差的结果送到目的操作数，格式如下：

```
sub reg,imm/reg/mem         ;减法 :reg=reg-imm/reg/mem
sub mem,imm/reg             ;减法 :mem=mem-imm/reg
```

与 ADD 指令一样，SUB 指令支持寄存器与立即数、寄存器、存储单元，以及存储单元与立即数、寄存器间的减法运算，按照定义影响 6 个状态标志位。例如：

```
mov eax,0aaff7348h          ;EAX=AAFF7348H
sub al,27h                  ;EAX=AAFF7321H,OF=0,SF=0,ZF=0,PF=1,CF=0
sub ax,3fffh                ;EAX=AAFF3322H,OF=0,SF=0,ZF=0,PF=1,CF=0
sub eax,0bb000000h          ;EAX=EFFF3322H,OF=0,SF=1,ZF=0,PF=1,CF=1
```

2）带借位减法指令 SBB（Subtract with Borrow）除完成 SUB 减法运算外，还要减去借位 CF，结果送到目的操作数，按照定义影响 6 个状态标志位，格式如下：

```
sbb reg,imm/reg/mem         ;减法:reg=reg-imm/reg/mem-CF
sbb mem,imm/reg             ;减法:mem=mem-imm/reg-CF
```

SBB 指令主要用于与 SUB 指令相结合实现多精度数的减法。多于 32 位数据的减法需要先将两个操作数的低 32 位相减（用 SUB 指令），然后再减高位部分，并从高位减去借位（需要用 SBB 指令）。

3）减量指令 DEC（Decrement）对操作数减 1（减量）再将结果返回原处，格式如下：

```
dec reg/mem                 ;减 1:reg/mem=reg/mem-1
```

DEC 指令与 INC 指令相对应，也主要用于对计数器和地址指针的调整，不影响 CF 标志，但影响其他状态标志位。例如：

```
dec cx                      ;字量数据减 1:CX=CX-1
dec byte ptr [ebx]          ;字节量数据减 1:[EBX]=[EBX]-1
```

4）求补指令 NEG（Negative）也是一个单操作数指令，它对操作数执行求补运算，即用零减去操作数，然后结果返回操作数。

```
neg reg/mem                 ;用 0 作减法:reg/mem=0-reg/mem
```

NEG 指令对标志的影响与用零作减法的 SUB 指令一样，可用于对负数求补码或由负数的补码求其绝对值。

5）比较指令 CMP（Compare）将目的操作数减去源操作数，但差值不回送目的操作数，但按照减法结果影响状态标志，格式如下：

```
cmp reg,imm/reg/mem         ;减法:reg-imm/reg/mem
cmp mem,imm/reg             ;减法:mem-imm/reg
```

CMP 指令通过减法运算影响状态标志，根据标志状态可以获知两个操作数的大小关系。因此，它主要用于条件转移等指令之前，形成其使用的状态标志。

4. 乘法指令

基本的乘法指令给出源操作数 reg/mem（寄存器或存储单元），隐含使用目的操作数，获得双倍长的乘积结果，如表 5-10 前两行所示。给定源操作数若是 8 位数 r8/m8，AL 与其相乘得到 16 位积，存入 AX 中；若是 16 位数 r16/m16，AX 与其相乘得到 32 位积，高 16 位存入 DX 中，低 16 位存入 AX 中；若是 32 位数 r32/m32，EAX 与其相乘得到 64 位积，高 32 位存入 EDX 中，低 32 位存入 EAX 中。

加减指令只进行无符号数运算，程序员利用 CF 和 OF 区别结果。而 IA-32 处理器的乘法指令分成无符号数乘法指令 MUL 和有符号数乘法指令 IMUL。因为同一个二进制编码表示无符号数和有符号数时，真值可能不同。

表 5-10　乘法指令

指令类型	指令	操作数组合及功能	举例
无符号数乘法	mul reg/mem	AX=AL × r8/m8	mul bl
有符号数乘法	imul reg/mem	DX.AX=AX × r16/m16	imul bx
		EDX.EAX=EAX × r32/m32	mul dvar
双操作数乘法	imul reg, reg/mem/imm	r16=r16 × r16/m16/i8/i16	imul eax,10
		r32=r32 × r32/m32/i8/i32	imul ebx,ecx
三操作数乘法	imul reg, reg/mem, imm	r16=r16/m16 × i8/i16	imul ax,bx,−2
		r32=r32/m32 × i8/i32	imul eax,dword ptr [esi+8],5

例如，用 MUL 进行 8 位无符号乘法运算：

```
mov al,0a5h          ;AL=A5H,作为无符号整数编码，表示真值:165
mov bl,64h           ;BL=64H,作为无符号整数编码，表示真值:100
mul bl               ;无符号乘法:AX=4074H,表示真值:16500
```

再如，用 IMUL 进行 8 位有符号乘法运算：

```
mov al,0a5h          ;AL=A5H,作为有符号整数补码，表示真值:−91
mov bl,64h           ;BL=64H,作为有符号整数补码，表示真值:100
imul bl              ;有符号乘法:AX=DC74H,表示真值:−9100
```

所以，计算二进制数乘法：A5H × 64H。如果把它们当作无符号数，用 MUL 指令结果为 4074H，表示真值 16500。如果采用 IMUL 指令，则结果为 DC74H，表示真值 −9100。

基本的乘法指令按如下规则影响标志 OF 和 CF。若乘积的高一半是低一半的符号位扩展，说明高一半不含有效数值，则 OF=CF=0；若乘积高一半有效，则 OF=CF=1。设置 OF 和 CF 标志的原因是有时需要知道高一半是否可以被忽略而不影响结果。

从 80186 开始，有符号数乘法又提供了两种新形式，如表 5-10 后两行所示。这些新增乘法形式的目的和源操作数的长度相同，因此乘积有可能溢出。如果积溢出，那么高位部分被丢掉，并设置 CF=OF=1；如果没有溢出，则 CF=OF=0。后一种形式采用了 3 个操作数，其中一个乘数用立即数表达。

由于存放积的目的操作数长度与乘数的长度相同，而有符号数和无符号数的乘积的低位部分是相同的，所以这种新形式的乘法指令对有符号数和无符号数的处理是相同的，但需要留意乘积结果是否溢出。

5.除法指令

除法指令给出源操作数 reg/mem（寄存器或存储单元），隐含使用目的操作数，如表 5-11 所示。类似乘法指令，除法指令也隐含使用 EAX（和 EDX），并且被除数的位数要倍长于除数的位数。除法指令也分成无符号除法指令 DIV 和有符号除法指令 IDIV。有符号除法时，余数的符号与被除数的符号相同。对同一个二进制编码，分别采用 DIV 和 IDIV 指令后，除商和余数也会不同。

表 5-11　除法指令

指令类型	指令	操作数组合及功能	举例
无符号数除法	div reg/mem	AL=AX÷r8/m8 的商，AH=AX÷r8/m8 的余数	div cl
有符号数除法	idiv reg/mem	AX=DX.AX÷r16/m16 的商，DX=DX.AX÷r16/m16 的余数	div cx
		EAX=EDX.EAX÷r32/m32 的商，EDX=EDX.EAX÷r32/m32 的余数	idiv ecx

除法指令使状态标志没有定义，但是可能产生除法溢出。除数为 0，或者商超过了所能表达的范围，则发生除法溢出。用 DIV 指令进行无符号数除法，商所能表达的范围如下：字节量除时为 0～255，字量除时为 0～65535，双字量除时为 0～$2^{32}-1$。用 IDIV 指令进行有符号数除法，商所能表达的范围如下：字节量除时为 -128～+127，字量除时为 -32768～+32767，双字量除时为 -2^{31}～$+2^{31}-1$。发生除法错溢出，IA-32 处理器将产生编号为 0 的内部中断（详见第 8 章）。实用的程序中应该考虑这个问题，操作系统通常只会提示错误。

6. 零位扩展和符号扩展指令

对于无符号数据，只要在前面加 0 就实现了位数扩展、大小不变，这就是零位扩展，对应 MOVZX 指令，参见表 5-12。例如：

```
mov al,82h          ;AL=82H
movzx bx,al         ;AL=82H, 零位扩展:BX=0082H
movzx ebx,al        ;AL=82H, 零位扩展:EBX=00000082H
```

表 5-12　零位扩展和符号扩展指令

指令类型	指令	操作数组合及功能	举例
零位扩展	movzx r16,r8/m8	把 r8/m8 零位扩展并传送至 r16	movzx di,bvar
	movzx r32,r8/m8/r16/m16	把 r8/m8/r16/m16 零位扩展并传送至 r32	movzx eax,ax
符号扩展	movsx r16,r8/m8	把 r8/m8 符号扩展并传送至 r16	movsx ax,al
	movsx r32,r8/m8/r16/m16	把 r8/m8/r16/m16 符号扩展并传送至 r32	movsx edx,bx

对于有符号数据，需要进行符号扩展，即用一个操作数的符号位（即最高位）形成另一个操作数，对应 MOVSX 指令。例如：

```
mov al,82h          ;AL=82H
movsx bx,al         ;AL=82H, 符号扩展:BX=FF82H
movsx ebx,al        ;AL=82H, 符号扩展:EBX=FFFFFF82H
```

5.5.3　位操作类指令

计算机中最基本的数据单位是二进制位，指令系统设计了针对二进制位进行操作，实现位控制的指令。当需要进行一位或若干位的处理时，可以考虑采用位操作类指令。

1. 逻辑运算指令

逻辑运算指令实现逻辑代数的基本运算。IA-32 处理器有 4 条双操作数逻辑运算指令（逻辑与 AND、逻辑或 OR、逻辑异或 XOR 和测试 TEST）和 1 条单操作数逻辑运算指令（非 NOT），如表 5-13 所示。

表 5-13　逻辑运算指令

逻辑运算指令	逻辑运算规则
AND	两位都是逻辑 1，则逻辑与的结果是 1；否则，结果是 0
OR	两位都是逻辑 0，则逻辑或的结果是 0；否则，结果是 1
XOR	两位相同，则逻辑异或的结果是 0；否则，结果是 1
TEST	两位都是逻辑 1，则逻辑与的结果是 1；否则，结果是 0
NOT	逻辑 0 的逻辑非的结果为 1，逻辑 1 的逻辑非结果为 0

4 条双操作数逻辑指令支持相同的数据寻址组合，并设置标志 CF=OF=0，根据结果按定义影响 SF、ZF 和 PF：

```
逻辑运算助记符  reg,imm/reg/mem        ;寄存器与立即数、寄存器或存储单元
逻辑运算助记符  mem,imm/reg            ;存储单元与立即数或寄存器
```

其中，AND、OR 和 XOR 指令依次实现对两个操作数按位进行逻辑与、或和异或运算，结果返回目的操作数。但 TEST 指令仅进行逻辑与操作，并据此结果设置状态标志，并不把结果赋予目的操作数。TEST 指令通常用于检测一些条件是否满足，与比较数据大小的比较 CMP 指令类似，一般后跟条件转移指令，用于程序分支。

NOT 指令按位对单操作数进行逻辑非运算，返回结果，但不影响标志位。格式如下：

```
NOT reg/mem                    ;逻辑非 :reg/mem= ~ reg/mem
```

逻辑运算指令举例如下：

```
mov al,45h              ;AL=45H
and al,31h              ;AL=01H,CF=OF=0,SF=0,ZF=0,PF=0
or al,76h               ;AL=77h,CF=OF=0,SF=0,ZF=0,PF=1
not al                  ;AL=88H,标志不变
xor al,20h              ;AL=A8H,CF=OF=0,SF=1,ZF=0,PF=0
```

逻辑运算指令除可进行逻辑运算外，经常用于设置某些位为 0、1 或求反。AND 指令可用于复位某些位（同 "0" 与），但不影响其他位（同 "1" 与）。OR 指令可用于置位某些位（同 "1" 或），而不影响其他位（同 "0" 或）。XOR 指令可用于求反某些位（同 "1" 异或），而不影响其他位（同 "0" 异或）。例如：

```
and bl,11110110b        ;BL 中 D₃ 和 D₀ 位被清 0，其余位不变
or bl,00001001b         ;BL 中 D₃ 和 D₀ 位被置 1，其余位不变
xor bl,00001001b        ;BL 中 D₃ 和 D₀ 位被求反，其余位不变
```

编程中，经常要给某个寄存器赋值 0。直接的方法是传送一个 0，但实际上有多种方法都可以实现清零。比较一下，下面多条指令中的哪个指令清零最好？

```
mov edx,0               ;EDX=0,状态标志不变（没有设置标志状态）
and edx,0               ;EDX=0,CF=OF=0,SF=0,ZF=1,PF=1
sub edx,edx             ;EDX=0,CF=OF=0,SF=0,ZF=1,PF=1
xor edx,edx             ;EDX=0,CF=OF=0,SF=0,ZF=1,PF=1
```

前两条指令由于需要编码立即数 0，导致指令代码较长；减法指令 SUB 需要使用加法器电路，而异或指令 XOR 只需要简单的异或电路。所以相对来说，异或指令 XOR 代码短，硬件电路简单，所以性能最好。

大小写字母的 ASCII 值相差 20H，利用 "SUB DL,20H" 指令可以实现将寄存器

DL 内的小写字母转换为大写；利用"ADD DL,20H"指令可以实现将 DL 内的大写字母转换为小写。通过 ASCII 码表，还可以观察到大写字母与小写字母仅 D_5 位不同。例如，大写字母"A"的 ASCII 码值为 41H（01000001B），D_5=0；而小写字母"a"的 ASCⅡ 码值为 61H（01100001B），D_5=1。所以，利用逻辑运算指令也非常容易实现大小写转换。例如（假设 DL 寄存器内是小写或大写字母）：

```
and dl, 11011111b        ; 小写转换为大写 : D₅ 位清 0，其余位不变
or  dl, 00100000b        ; 大写转换为小写 : D₅ 位置 1，其余位不变
xor dl, 00100000b        ; 大小写互相转换 : D₅ 位求反，其余位不变
```

2.移位指令

移位是将数据以二进制位为单位向左或向右移动。移位（Shift）指令分逻辑（Logical）移位和算术（Arithmetic）移位，分别具有左移（Left）或右移（Right）操作，如图 5-19 所示。移位指令的一个操作数是被移位的寄存器或存储器内容，另一个则是移位的位数（用数值或者 CL 寄存器表达）。指令格式如下：

```
SHL reg/mem,i8/CL        ; 逻辑左移 : reg/mem 左移 i8/CL 位，最低位补 0，最高位进入 CF
SHR reg/mem,i8/CL        ; 逻辑右移 : reg/mem 右移 i8/CL 位，最高位补 0，最低位进入 CF
SAL reg/mem,i8/CL        ; 算术左移，与 SHL 是同一条指令
SAR reg/mem,i8/CL        ; 算术右移 : reg/mem 右移 i8/CL 位，最高位不变，最低位进入 CF
```

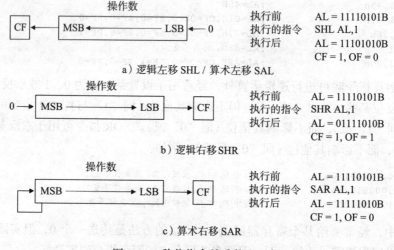

图 5-19 移位指令的功能和示例

移位指令根据最高或最低移出的位设置进位标志 CF，根据移位后的结果影响 SF、ZF 和 PF。如果进行 1 位移动，则按照操作数的最高符号位是否改变，相应设置溢出标志 OF：如果移位前的操作数最高位与移位后的操作数最高位不同（有变化），则 OF=1；否则 OF=0。当移位次数大于 1 时，OF 不确定。

逻辑移位指令可以实现无符号数的乘以或除以 2、4、8……操作。SHL 指令执行一次逻辑左移位，原操作数每位的权增加了一倍，相当于乘以 2；SHR 指令执行一次逻辑右移位，相当于除以 2，商在操作数中，余数由 CF 标志反映。当然，只有移位后的数

据不溢出才能保证乘以 2 或除以 2 的结果正确。

【例 5-12】 移位指令实现乘法。

本例程序将一个无符号整数扩大 10 倍,但没有使用乘法指令,而是用逻辑左移 1 位(乘 2),再左移 2 位(乘 4)实现乘 8,然后 2 倍数据与 8 倍数据相加获得 10 倍数据。

```
mov eax,512              ;EAX=512(假设的要乘以 10 的无符号数)
shl eax,1                ;EAX 左移 1 位等于乘 2:EAX=512×2
mov ebx,eax              ;EBX=512×2
shl eax,2                ;再左移 2 位等于又乘 4,EAX=512×2×4
add eax,ebx              ;求和形成 10 倍:EAX=512×2+512×8=512×10
```

虽然这种算法比直接使用乘法指令烦琐,但是在简单的没有乘除法指令的处理器中非常有实用价值。即使在有乘除法指令的处理器中,这种算法的程序执行速度仍然快于使用乘除法指令。这是因为移位指令、加减指令都使用非常简单的硬件逻辑实现,执行速度很快;相对来说,实现乘除法的硬件电路比较复杂,执行速度较慢。例如,在 16 位 8086 处理器中执行乘法需要一百个以上的时钟周期,加减法指令和移位指令只有几个时钟周期。高性能 IA-32 处理器使用了许多新的实现技术,使得它们执行速度相差不太大。

3. 循环移位指令

循环(Rotate)移位指令类似移位指令,但要将从一端移出的位返回到另一端形成循环。它分成不带进位循环移位和带进位循环移位,分别具有左移或右移操作:不带进位循环左移指令 ROL、不带进位循环右移指令 ROR、带进位循环左移指令 RCL、带进位循环右移指令 RCR,如图 5-20 所示。

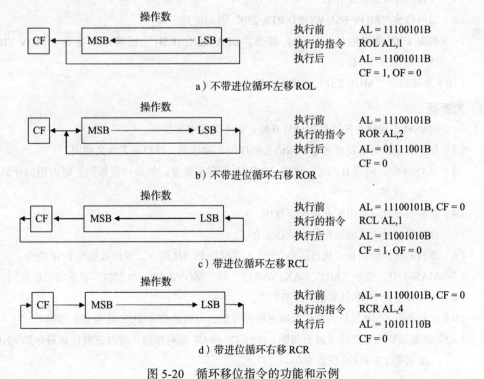

a) 不带进位循环左移 ROL

b) 不带进位循环右移 ROR

c) 带进位循环左移 RCL

d) 带进位循环右移 RCR

图 5-20　循环移位指令的功能和示例

指令格式如下：

```
ROL reg/mem,i8/CL
;不带进位循环左移:reg/mem左移i8/CL位,最高位进入CF和最低位
ROR reg/mem,i8/CL
;不带进位循环右移:reg/mem右移i8/CL位,最低位进入CF和最高位
RCL reg/mem,i8/CL
;带进位循环左移:reg/mem左移i8/CL位,最高位进入CF,CF进入最低位
RCR reg/mem,i8/CL
;带进位循环右移:reg/mem右移i8/CL位,最低位进入CF,CF进入最高位
```

循环移位指令的操作数形式与移位指令相同，按指令功能设置进位标志 CF，但不影响 SF、ZF、PF 标志。对 OF 标志的影响，循环移位指令与移位指令一样。

习题

5-1　简答题

（1）什么是 Load-Store 指令集结构？

（2）MASM 进行汇编时生成的列表文件主要包括哪些内容？

（3）汇编语言为什么规定十六进制数若以 A ~ F 开头，需要在前面加一个 0？

（4）数值 500，在 MASM 中能够作为字节变量（BYTE）的初值吗？

（5）为什么将查找操作数的方法称为数据寻"址"方式？

（6）为什么变量 VAR 在指令"MOV EAX, VAR"中表达直接寻址？

（7）堆栈的存取原则是什么？

（8）如何修改"MOV ESI, WORD PTR 250"语句使其正确？

（9）都是获取偏移地址，为什么指令"LEA EBX, [ESI]"正确，而指令"MOV EBX, OFFSET[ESI]"错误？

（10）乘法指令"MUL ESI"的乘积在哪里？

5-2　判断题

（1）MASM 汇编语言的注释用分号开始，但不能用中文分号。

（2）程序终止执行也就意味着汇编语言程序的汇编结束，所以两者含义相同。

（3）MASM 中，用"BYTE"和"DWORD"定义变量，如果初值相同，则占用的存储空间也一样多。

（4）立即数寻址只会出现在源操作数中。

（5）存储器寻址方式的操作数当然在主存了。

（6）堆栈的操作原则是"先进后出"，压入数据是 PUSH 指令，弹出数据是 POP 指令。

（7）MASM 中，指令"MOV EAX, VAR+2"与"MOV EAX, VAR[2]"表达的功能相同。

（8）空操作指令 NOP 其实根本没有指令。

（9）比较指令 CMP 是目的操作数减去源操作数，与减法指令 SUB 功能完全相同。

（10）逻辑运算没有进位或溢出问题，此时 CF 和 OF 没有作用，所以逻辑运算指令如 AND、OR 等将 CF 和 OF 设置为 0。

5-3　**填空题**

（1）指令由表示指令功能的＿＿＿＿和表示操作对象的＿＿＿＿部分组成，IA-32 处理器的指令前缀属于＿＿＿＿部分。

（2）数据段有语句"ABC BYTE 1,2,3"，代码段指令"MOV CL, ABC+2"执行后，CL=＿＿＿＿。

（3）数据段有语句"H8843 DWORD 99008843H"，代码段指令"MOV CX, WORD PTR H8843"执行后，CX=＿＿＿＿。

（4）用 DWORD 定义的一个变量 XYZ，它的类型是＿＿＿＿，用"TYPE XYZ"会得到数值为＿＿＿＿。如果将其以字量使用，应该用＿＿＿＿说明。

（5）在 IA-32 指令"ADD EDX,5"中，指令助记符是＿＿＿＿，目的操作数是＿＿＿＿，另一个操作数采用＿＿＿＿寻址方式。

（6）指令"MOV EAX, OFFSET MSG"的目的操作数和源操作数分别采用＿＿＿＿和＿＿＿＿寻址方式。

（7）已知 ESI=04000H，EBX=20H，指令"MOV EAX, [ESI+EBX*2+8]"中访问的有效地址是＿＿＿＿。

（8）指令"POP EDX"的功能也可以用 MOV 和 ADD 指令实现，带上操作数依次应该是＿＿＿＿和＿＿＿＿指令。

（9）IA-32 处理器的指令"XOR EAX, EAX"和"SUB EAX, EAX"执行后，EAX=＿＿＿＿，CF=OF=＿＿＿＿。而指令"MOV EAX, 0"执行后，EAX=＿＿＿＿，CF 和 OF 没有变化。

（10）欲将 EDX 内的无符号数除以 16，可以使用指令"SHR EDX,＿＿＿＿"，其中后一个操作数是一个立即数。

5-4　MASM 汇编语言语句有哪两种？每种语句由哪 4 个部分组成？

5-5　MASM 汇编语言中，下面哪些是程序员可以使用的自定义标识符？

FFH, DS, Again, next, @data, h_ascii, 6364b, flat

5-6　MASM 汇编语言程序的开发有哪 4 个步骤？分别利用什么程序完成？产生什么输出文件？

5-7　从低地址开始以字节为单位，用十六进制形式给出下列语句依次分配的数值：

```
byte 'ABC',10,10h,'EF',3 dup(-1,?,3 dup(4))
dword 10h,-5,3 dup(?)
```

5-8　数据段有如下定义，IA-32 处理器将以小端方式保存在主存：

```
var    dword 12345678h
```

现以字节为单位按地址从低到高的顺序，写出这个变量内容，并说明如下指令的执行结果：

```
mov eax,var          ;EAX=_____
mov bx,word ptr var  ;BX=_____
mov cx,word ptr var+2 ;CX=_____
mov dl,byte ptr var  ;DL=_____
mov dh,byte ptr var+3 ;DH=_____
```

5-9　说明下列 IA-32 处理器指令中源操作数的寻址方式，假设 VARD 是一个 32 位变量。

（1）mov edx,1234h

（2）mov edx,vard

（3）mov edx,ebx

（4）mov edx,[ebx]

（5）mov edx,[ebx+1234h]

（6）mov edx,vard[ebx]

（7）mov edx,[ebx+edi]

（8）mov edx,[ebx+edi+1234h]

（9）mov edx,vard[esi+edi]

（10）mov edx,[ebp*4]

5-10 修改例 5-4 程序，声明 x、y 和 z 全局变量时不赋初值，而是在主函数内进行赋值。然后生成汇编语言代码，查找其中给全局变量赋值的指令，确认是否使用了存储器直接寻址访问这 3 个变量？

5-11 在 C 语言程序中，定义一个全局的整型数组：

```
#define COUNT 4
long array[COUNT]={32767, 32767, 0, -32767};
```

主函数求该数组的平均值：

```
long i,temp=0;
for (i=0; i<COUNT; i++)  temp=temp+array[i];
temp=temp/COUNT;
```

编程 mean.c，生成优化的汇编语言程序 mean1.s，给出求和部分（不需要理解），详细说明数组元素的寻址方法。其中，指令助记符 add、inc、cmp、jle 依次表示加法、加 1、比较和小于等于时转移指令。

5-12 传送指令 MOV 支持多种操作数组合，请给每种组合各举一个实例。

（1）mov reg, imm

（2）mov mem, imm

（3）mov reg, reg

（4）mov mem, reg

（5）mov scg, rcg

（6）mov reg, mem

（7）mov seg, mem

（8）mov reg, seg

（9）mov mem, seg

5-13 使用 MOV 指令实现交互指令"XCHG EBX,[EDI]"功能。

5-14 请分别用一条 IA-32 处理器指令完成如下功能：

（1）把 EBX 寄存器和 EDX 寄存器的内容相加，结果存入 EDX 寄存器。

（2）用寄存器 EBX 和 ESI 的基址变址寻址方式把存储器的一个字节与 AL 寄存器的内容相加，并把结果送到 AL 中。

（3）用 EBX 和位移量 0B2H 的寄存器相对寻址方式把存储器中的一个双字和 ECX 寄存器的内容相加，并把结果送回存储器中。

（4）将 32 位变量 VARD 与数 3412H 相加，并把结果送回该存储单元中。

（5）把数 0A0H 与 EAX 寄存器的内容相加，并把结果送回 EAX 中。

5-15　分别执行如下程序片段，说明每条指令的执行结果：

（1）

```
mov eax,80h    ; EAX=_____
add eax,3      ; EAX=_____,CF=_____,SF=_____
add eax,80h    ; EAX=_____,CF=_____,OF=_____
adc eax,3      ; EAX=_____,CF=_____,ZF=_____
```

（2）

```
mov eax,100    ; EAX=_____
add ax,200     ; EAX=_____,CF=_____
```

（3）

```
mov eax,100    ; EAX=_____
add al,200     ; EAX=_____,CF=_____
```

（4）

```
mov al,7fh     ; AL=_____
sub al,8       ; AL=_____,CF=_____,SF=_____
sub al,80h     ; AL=_____,CF=_____,OF=_____
sbb al,3       ; AL=_____,CF=_____,ZF=_____
```

5-16　分别执行如下程序片段，说明每条指令的执行结果：

（1）

```
mov esi,10011100b  ; ESI=_____H
and esi,80h        ; ESI=_____H
or esi,7fh         ; ESI=_____H
xor esi,0feh       ; ESI=_____H
```

（2）

```
mov eax,1010b      ; EAX=_____B
shr eax,2          ; EAX=_____B,CF=_____
shl eax,1          ; EAX=_____B,CF=_____
and eax,3          ; EAX=_____B,CF=_____
```

（3）

```
mov eax,1011b      ; EAX=_____B
rol eax,2          ; EAX=_____B,CF=_____
rcr eax,1          ; EAX=_____B,CF=_____
or  eax,3          ; EAX=_____B,CF=_____
```

（4）

```
xor eax,eax        ; EAX=_____,CF=_____,OF=_____
                   ;  ZF=_____,SF=_____,PF=_____
```

5-17 如下程序片段实现 EAX 乘以某个数 X 的功能，请判断 X 为多少？

请使用一条乘法指令实现上述功能。

```
mov ecx, eax
shl  eax, 3
lea  eax, [eax+eax*8]
sub  eax, ecx
```

5-18 有 4 个 32 位有符号整数，分别保存在 VAR1、VAR2、VAR3 和 VAR4 变量中，阅读如下程序片段，得出运算公式，并说明运算结果存于何处。

```
mov  eax,var1
imul var2
mov  ebx,var3
mov  ecx,ebx       ; 实现 EBX 符号扩展到 ECX
sar  ecx,31
add  eax,ebx
adc  edx,ecx
sub  eax,540
sbb  edx,0
idiv var4
```

5-19 请使用移位指令和加减法指令编写一个程序片段计算：EAX×21，假设乘积不超过 32 位。

提示：$21=2^4+2^2+2^0$。

第6章 汇编语言程序设计

程序可以按照书写顺序执行，也常需要根据情况选择不同的分支，或者循环进行相同的处理，所以程序具有顺序、分支和循环 3 种基本结构。通用或共用的部分经常以模块（函数、过程、子程序）形式进行调用。本章以此为逻辑主线，介绍处理器实现分支、循环和调用的指令，学习使用汇编语言编写顺序、分支、循环、子程序的方法。

6.1 顺序程序结构

顺序程序结构按照语句（指令）书写的前后顺序执行每条语句（指令），是最基本的程序片段，也是构成复杂程序的基础，如分支程序的分支体、循环结构的循环体等。

【例 6-1】 自然数求和程序（C 语言）。

自然数求和可以采用循环累加的方法，但利用等差数列的求和公式，能够避免重复相加，得到改进的算法。求和公式是

$$1 + 2 + 3 + \cdots\cdots + N = (1 + N) \times N \div 2 \tag{6-1}$$

这是一个典型的求解算术表达式过程。使用高级语言编程，过程一般是输入 N 值，计算表达式，输出求和结果。为便于分析汇编语言代码，设置 N 值变量 num 与累加和值变量 sum 为全局变量。

```
include <stdio.h>
    int num;        /* 变量 num 代表 N 值 */
    int sum;        /* 变量 sum 保存累加和值 */
main()
{       printf("Enter a number:");
        scanf("%d",&num);           /* 输入 N 值 */
        sum=(1+num)*num/2;
        printf("The Sum is: %d",sum);    /* 输出累加和值 */
}
```

程序运行，可以使用若干数据进行验证，例如：

1）num=3456，sum=5973696；

2）num=46341，sum=1073767311；

3）num=92681，sum=4294930221。

如果第 1 个 N 值的输出结果正确，说明程序正常。第 2 个 N 值和第 3 个 N 值的输出正确吗？可能你已经意识到了问题原因，对，应该换个整型类型。自然数属于无符号整数，把两个变量都改成无符号整型（unsigned int），输入 / 输出也使用无符号格式（%u），这时第 2 个 N 值正确了。但是，第 3 个 N 值还不正确。两个 32 位整型数据相乘，会得到倍长的 64 位乘积，和值变量应改成 64 位：

```
unsigned int num;
unsigned long long sum;
printf("enter a number: ");
scanf("%u",&num);
sum=(1+(unsigned long long)num)*(unsigned long long)num/2;
printf("The sum is: %u",sum);
```

这时，好像 3 个 *N* 值的结果都验证通过了。不过，你可能发现上述程序在输入小于等于第 3 个 *N* 值时都输出正确，而大于第 3 个 *N* 值时出错了。这是因为格式符（%u）只支持 32 位数据，即使计算正确，输出也不正确。在基于 MinGW32 的 GCC 平台，可以在格式符中使用 "I64" 表示 64 位数据，例如，上述 printf 函数的格式符修改为 "%I64u" 即可。由于不同平台对 64 位整型数据的编译语法不尽相同，所以，我们把问题限定在 32 位整型数据能够表达的范围内。

【例 6-2】 自然数求和程序（汇编语言）。

可以参考 C 语言程序的流程，编写汇编语言程序。

首先，处理 *N* 值输入与累加和值输出，在数据段定义显示信息：

```
; 数据段
msg_in      byte 'Enter a number: ',0
msg_out     byte 'The Sum is: ',0
```

本例可以直接使用寄存器保存 *N* 值与累加和值，不必定义变量。因为，从编程的角度看，寄存器好像就是预先定义好的变量，可以直接使用。利用本书提供的 I/O 子程序库，编写提示信息和输入 / 输出 32 位无符号整数的部分：

```
; 代码段
mov eax,offset msg_in
call dispmsg          ; 提示输入 N 值
call readuid          ; 输入 N 值，32 位无符号整数保存在 EAX 寄存器
……                   ; 暂时留白，参见下述
mov ebx,eax           ; 假设累加和值的低 32 位在 EAX 寄存器中，转存于 EBX
mov eax,offset msg_out
call dispmsg          ; 提示输出累加和值
mov eax,ebx
call dispuid          ; 输出累加和值
```

接着，考虑算术表达式（6-1）的汇编语言编程，可以参考 C 语言编译程序的代码。

进入 DEVC 的程序目录 BIN，将上述 C 语言程序进行优化编译，生成汇编语言代码：

```
gcc -O1 -S -masm=intel     源程序文件名 .c
```

采用 64 位整数的汇编代码看起来很复杂，下面研读较简单的采用 32 位无符号整数的汇编代码，主要阅读其中实现算术表达式的部分（注释是本书添加）：

```
……
call _scanf            ; 输入 N 值
mov eax, DWORD PTR _num ; 获得 N 值
inc eax    ; N+1
imul eax, DWORD PTR _num ;(1+N)×N
```

```
shr eax                      ; 逻辑右移 1 位 (=shr eax,1), 实现除以 2
mov DWORD PTR _sum, eax       ; 保存累加和值
mov DWORD PTR [esp+4], eax
mov DWORD PTR [esp], OFFSET FLAT:LC2
call _printf                 ; 显示累加和值
……
```

上述代码的注释就是研读的结论, 其流程如图 6-1 所示, 该程序采用顺序程序结构。

乘法指令有多种形式 (参见表 5-10), 这里使用双操作数乘法指令, 产生与操作数等长的乘积 (C 语言运算规则)。如果操作数 (即本例的 N 值) 很大, 32 位乘积就会溢出, 这就是前述第 3 个 N 值 (92681) 导致错误结果的原因。实际上, 使用单操作数形式的无符号乘法指令, 就可以得到 64 位乘积 (保存在 EDX 和 EAX 中)。

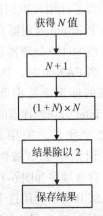

图 6-1 自然数求和流程图

除以 2 可以通过逻辑右移一位实现, 然而 IA-32 处理器只能直接对 8 位、16 位和 32 位数据进行各种移位操作, 64 位数据如何进行移位操作呢? 这需要组合移位指令: 首先可以将高 32 位逻辑右移一位 (用 SHR 指令), 最高位被移入 0, 移出的位进入了标志位 CF; 接着用带进位右移一位 (用 RCR 指令), 这样 CF 内容 (即高 32 位移出的位) 进入低 32 位, 同时最低位进入 CF, 这样就实现了 64 位数据右移一位, 如图 6-2 所示。同样道理, 64 位数据的算术右移可以组合 32 位 SAR 和 RCR 移位指令实现, 64 位数据的逻辑 (算术) 左移可以组合 32 位 SHL 和 RCL 移位指令实现。

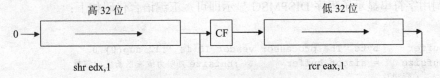

图 6-2 64 位数据的逻辑右移

于是, 汇编语言程序中暂时留白的部分, 即表达式计算的代码如下:

```
mov ebx,eax      ;EBX=N
add eax,1        ;EAX=N+1
mul ebx          ;EDX.EAX=(1+N)×N
shr edx,1        ;64 位逻辑右移一位 (除以 2)
rcr eax,1        ;EDX.EAX= EDX.EAX÷2
```

据此, 编辑完整的例 6-2 汇编语言程序文件, 并使用 MASM 汇编连接形成可执行文件。采用例 6-1 同样的 3 个 N 值验证程序, 都可以通过。

所以, 在 C 语言编译生成的汇编语言代码中, 可以把乘法指令和右移指令使用如下指令替代:

```
mul DWORD PTR _num
```

```
shr edx,1           # 或写成 :shr edx
rcr eax,1           # 或写成 :rcr eax
```

然后，对修改后的汇编代码进行汇编、连接，生成可执行文件，GCC 命令如下：

```
gcc —o 文件名 文件名 .s
```

这时，3 个 N 值也都可以通过验证了。

【例6-3】 处理器识别程序。

为了让用户识别出自己的处理器产品、验明正身，Intel 公司为其内置了识别信息，并从 Pentium 处理器开始，Intel 80x86 处理器提供了处理器识别指令 CPUID，后期生产的某些 80486 处理器芯片也支持该指令。

当 EAX=0 时，执行 CPUID 指令，会返回生产厂商的标识字符串和该指令支持的最大 EAX 选项值。Intel 公司处理器的识别字符串是 "GenuineIntel"，共 12 个字符，采用 ASCII 编码。执行 CPUID 指令后，识别字符串被保存于 EBX、EDX 和 ECX 寄存器，存放顺序如图 6-3 所示，依次是 Genu、ineI、ntel 的 ASCII 码。利用这个厂商标识串，就能确认这个处理器是 Intel 公司的处理器。当 EAX=1 或 2 等值时执行 CPUID 指令，将进一步返回处理器更详细的识别信息。

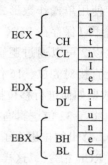

图 6-3　处理器标识串的存放格式

所以，如果要显示这个处理器内部由硬件电路制作的识别字符串，可以在为 EAX 赋值 0 后执行 CPUID 指令，然后依次将 EBX、EDX 和 ECX 内容传送到显示缓冲区，最后调用字符串显示子程序 DISPMSG 显示即可。汇编语言代码如下：

```
            ; 数据段
buffer      byte 'The processor vendor ID is ',12 dup(0),0
bufsize     = sizeof buffer              ;bufsize 声明为缓冲区长度的常量
            ; 代码段
            mov eax,0
            cpuid                        ;执行处理器识别指令
            mov dword ptr buffer+bufsize-13,ebx
            mov dword ptr buffer+bufsize-9,edx
            mov dword ptr buffer+bufsize-5,ecx
            mov eax,offset buffer ; 显示信息
            call dispmsg
```

缓冲区 BUFFER 至少需要预留 12 字节空间用于存放标识字符串，最后一个数值 "0" 是字符串结尾标志（用于 DISPMSG 子程序），共 13 字节。缓冲区前还定义了一个说明性的字符串，所以从倒数第 13 个存储器单元开始存放识别字符串。因为字符串的显示总是从低地址开始，所以 EBX 内容保存在前面，后面是 EDX 和 ECX 内容。

AMD 公司的处理器也支持 CPUID 指令，但返回的标识字符串肯定不一样。在采用 AMD 处理器的 PC 上执行本示例程序，看其内置的识别字符串是什么？

6.2 分支程序结构

基本程序块是只有一个入口和一个出口、不含分支的顺序执行程序片段。实际上，在机器语言或汇编语言中，这样的基本程序块通常只由 3 ～ 5 条指令组成。改变程序执行顺序，形成分支、循环、调用等程序结构是很常见的程序设计问题。

6.2.1 指令寻址

一条指令执行后，需要确定下一条执行的指令，即确定下条执行指令的存储器地址，这种寻址方式称为指令寻址。程序顺序执行，下一条指令在存储器中紧邻着前一条指令，程序计数器 PC（IA-32 处理器就是指令指针寄存器 EIP）自动增量，这是指令的顺序寻址。程序流程从当前指令跳转到目的地指令，实现程序分支、循环或调用等结构，这是指令的跳转寻址。目的地指令所在的存储器地址称为目的地址、目标地址或转移地址，指令寻址实际上主要是指跳转寻址，也称为目标地址寻址。

1. 跳转寻址

根据获得目标地址的方法不同，跳转寻址又分相对寻址、直接寻址和间接寻址，其基本含义类似存储器数据寻址的对应寻址方式。图 6-4 汇总了各种寻址方式（含 5.4 节的数据寻址）。

图 6-4　寻址方式

1）相对寻址：指令代码提供目标地址相对于当前指令地址的位移量，转移到的目标地址就是当前指令地址加上位移量（图 6-5a）。当向地址增大方向转移时，位移量为正；当向地址减小方向转移时，位移量为负。

当同一个程序被操作系统安排到不同的存储区域执行时，指令间的距离并没有改变，采用相对寻址无须改变转移的位移量，这给操作系统的灵活调度提供了很大方便，所以其是最常用的目标地址寻址方式。

2）直接寻址：指令代码直接提供目标地址（图 6-5b）。

3）间接寻址：指令代码指示寄存器或存储单元，目标地址来自寄存器或存储单元，间接获得。用寄存器保存目标地址的间接寻址称为目标地址的寄存器间接寻址（图 6-5c）。用存储单元保存目标地址的间接寻址称为目标地址的存储器间接寻址（图 6-5d）。

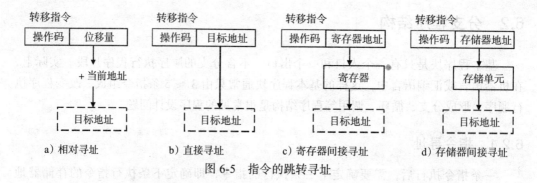

a）相对寻址   b）直接寻址   c）寄存器间接寻址   d）存储器间接寻址

图 6-5　指令的跳转寻址

2. IA-32 处理器的转移范围

程序代码由机器指令组成，被安排在代码段中。在 IA-32 处理器中，代码段寄存器 CS 指出代码段的段基地址，指令指针寄存器 EIP 给出将要执行指令的偏移地址。随着程序代码的执行，指令指针寄存器 EIP 的内容会相应改变。改变 EIP（和 CS）的不同方法对应不同的指令寻址方式。当程序顺序执行时，处理器根据被执行指令的字节长度自动增加 EIP。当程序从一个位置换到另一个位置执行指令时，EIP 会随之改变，如果换到了另外一个代码段中，CS 也将相应改变。换句话说，改变 EIP 或者 CS 就改变了程序的执行顺序，即实现了程序的控制转移。

在 IA-32 处理器中，程序转移的范围（远近）有段内和段间两种。

（1）段内转移

段内转移是指当前代码段范围内的程序的转移，因此不需要更改代码段寄存器 CS 内容，只要改变指令指针寄存器 EIP 的偏移地址。段内转移相对较近，故也称为近转移（Near）。平展存储模型和段式存储模型支持 4GB 容量的段，其偏移地址为 32 位，其对应的段内转移称为 32 位近转移（NEAR32）。实地址存储模型的偏移地址只有 16 位，其对应的段内转移称为 16 位近转移（NEAR16）。

多数的程序转移在同一个代码段中，大多数的转移范围实际上很小，往往在当前位置前后不足百十字节。如果转移范围可以用 1 字节编码表达，即向地址增大方向转移 127 字节、向地址减小方向转移 128 字节之间的距离，则形成所谓的短转移（Short）。短转移的引入是为了减少转移指令的代码长度，进而减少程序代码量。

（2）段间转移

段间转移是指程序从当前代码段跳转到另一个代码段，此时需要更改代码段寄存器 CS 内容和指令指针寄存器 EIP 的偏移地址。段间转移可以在整个存储空间内跳转，相对较远，故也称为远转移（Far）。32 位线性地址空间使用 16 位段选择器和 32 位偏移地址，其对应的段内转移称为 48 位远转移（FAR32）。实地址存储模型使用 16 位段基地址和 16 位偏移地址，其对应的段内转移称为 32 位远转移（FAR16）。

6.2.2　无条件转移指令

指令跳转需要使用处理器的控制转移类指令实现。所谓无条件转移，就是无任何先决条件就能使程序改变执行顺序。处理器只要执行无条件转移指令，即可使程序转到指定的目标地址处，从目标地址处开始执行指令。无条件转移指令相当于高级语言的 GOTO 语句。结构化的程序设计要求尽量避免使用 GOTO 语句，但指令系统决不能缺少无条件转移指令。

IA-32 处理器的无条件转移指令的助记符是 JMP（Jump），有 3 种表达形式：

```
jmp label   ; 程序转向 label 标号指定的地址，对应相对寻址和直接寻址
jmp reg     ; 程序转向 reg 寄存器指定的地址，对应寄存器间接寻址
jmp mem     ; 程序转向 mem 存储单元指定的地址，对应存储器间接寻址
```

JMP 指令根据目标地址的转移范围和寻址方式，可以分成 4 种类型。

（1）段内转移、相对寻址

```
jmp label   ; EIP=EIP+ 位移量
```

段内相对转移 JMP 指令利用标号（LABEL）指明目标地址，使用最频繁。相对寻址的位移量是指紧接着 JMP 指令后的那条指令的偏移地址到目标指令的偏移地址的地址位移。当向地址增大方向转移时，位移量为正；当向地址减小方向转移时，位移量为负（补码表示）。采用段内转移，只有 EIP 指向的偏移地址改变，段寄存器 CS 内容不变。

（2）段内转移、间接寻址

```
jmp r32/r16         ; EIP=r32/r16, 寄存器间接寻址
jmp m32/m16         ; EIP=m32/m16, 存储器间接寻址
```

段内间接转移 JMP 指令将一个 32 位通用寄存器或主存单元内容（线性地址空间）或 16 位通用寄存器或主存单元内容（实地址存储模型）送入 EIP 寄存器，作为新的指令指针，即偏移地址，但不修改段寄存器 CS 的内容。

（3）段间转移、直接寻址

```
jmp label   ; EIP=label 的偏移地址，CS=label 的段选择器
```

段间直接转移 JMP 指令将标号所在的段选择器作为新的 CS 值，将标号在该段内的偏移地址作为新的 EIP 值，这样程序便可跳转到新的代码段执行。

（4）段间转移、间接寻址

```
jmp m48/m32         ; EIP=m48/m32,CS=m48+4/m32+2
```

对于段间间接转移 JMP 指令，在 32 位线性地址空间用一个 3 字存储单元（48 位，使用符号 m48）表示要跳转的目标地址，将低双字送 EIP 寄存器，将高字送 CS 寄存器（小端方式）；在 16 位实地址存储模型中，用一个双字存储单元表示要跳转的目标地址，将低字送 IP 寄存器，将高字送 CS 寄存器（小端方式）。

像变量名一样，标号、段名、子程序名等标识符也具有地址和类型属性。在 MASM 汇编程序中，利用地址操作符 OFFSET 和 SEG，可以获得标号等的偏移地址和段地址。短转移、近转移和远转移对应的类型名分别是 SHORT、NEAR 和 FAR，对不同的类型汇编将产生不同的指令代码。利用类型操作符 TYPE，可以获得标号等的类型值，例如，MASM 6.x 版本中，NEAR 类型的标号返回 FF02H，FAR 类型的标号返回 FF05H。

MASM 汇编程序会根据存储模型和目标地址等信息自动识别是段内转移还是段间转移，也能够根据位移量大小自动形成短转移指令或近转移指令。同时，汇编程序也提供了短转移 SHORT、近转移 NEAR PTR 和远转移 FAR PTR 操作符，强制转换一个标号、段名或子程序名的类型，实现相应的控制转移。32 位保护方式使用平展存储模型，不允许应用程序进行段间转移。

【例 6-4】 无条件转移程序。

```
        ; 数据段
00000000  00000000      nvar    dword ?
        ; 代码段
00000000  EB 01                 jmp labl1          ; 相对寻址
00000002  90                    nop
00000003  E9 00000001   labl1:  jmp near ptr labl2 ; 相对近转移
00000008  90                    nop
00000009  B8 00000011 R labl2:  mov eax,offset labl3
0000000E  FF E0                 jmp eax            ; 寄存器间接寻址
00000010  90                    nop
00000011  B8 00000022 R labl3:  mov eax,offset labl4
00000016  A3 00000000 R         mov nvar,eax
0000001B  FF 25 00000000 R      jmp nvar           ; 存储器间接寻址
00000021  90                    nop
00000022                labl4:
```

为了说明指令寻址，本例给出了列表文件内容，右边是源程序代码，左边是相对地址和机器代码。本程序的第一条 "JMP LABL1" 指令使处理器跳过一个空操作指令 NOP，执行标号 LABL1 处的指令。由于 NOP 指令只有 1 字节，所以汇编程序将其作为一个相对寻址的短转移，其位移量用 1 字节表达为 01H。第二条 JMP 指令 "JMP NEAR PTR LABL2" 被强制生成相对寻址的近转移，虽然其位移量仍然是 1 字节，但用一个 32 位双字表达，即 00000001H。

指令 "JMP EAX" 采用段内寄存器间接寻址转移到 EAX 指向的位置。因为 EAX 被赋值标号 LABL3 的偏移地址，所以程序又跳过一个 NOP 指令，开始执行 LABL3 处的指令。变量 NVAR 保存了 LABL4 的偏移地址，所以段内存储器间接寻址指令 "JMP NVAR" 实现跳转到标号 LABL4 处。

JMP 指令既存在指令寻址问题，也存在数据寻址问题，不要将两者混为一谈。指令寻址是该条指令执行后寻找下条指令的方法，而数据寻址是该条指令执行时寻找操作数的方法。例如，指令 "JMP NVAR" 的指令寻址采用存储器间接寻址方式，而操作数 NVAR 的数据寻址则采用存储器直接寻址方式。数据的存储器寻址方式有多种形式，所以该 JMP 指令的操作数还可以采用其他存储器寻址方式，例如，数据的寄存器间接寻址：

```
mov ebx,offset nvar
jmp near ptr [ebx]
```

但是，指令 "JMP NEAR PTR [EBX]" 的指令寻址仍采用存储器间接寻址。

6.2.3 条件转移指令

高级语言采用 IF 等语句表达条件，并根据条件是否成立转向不同的程序分支。汇编语言需要首先利用比较 CMP、测试 TEST、加减运算、逻辑运算等影响状态标志的指令形成条件，然后利用条件转移指令判断由标志表达的条件，并根据标志状态控制程序转移到不同的程序段。

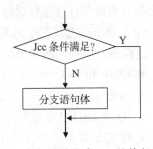

图 6-6 条件转移指令 Jcc 的执行流程

条件转移指令 Jcc 根据指定的条件确定程序是否发生转移。如果满足条件，则程序转移到目标地址去执行程序；如果不满足条件，则程序将顺序执行下一条指令。条件转移指令 Jcc 的执行流程如图 6-6 所示。其通用格式如下：

```
Jcc    label        ;条件满足，发生转移，跳转到 LABEL 位置，即 EIP=EIP+ 位移量
                    ;否则，顺序执行
```

其中，LABEL 表示目标地址，采用段内相对寻址方式。在 16 位 8086 等处理器中，位移量只有 1 字节编码，只能实现 −128 ～ +127 之间的短转移。但在 32 位 IA-32 处理器中，允许采用多字节来表示转移目的地址与当前地址之间的差，所以转移范围可以超出 −128 ～ +127，达到 32 位的全偏移量。这一点增强了原来这些指令的功能，使得程序员不必再担心条件转移是否超出了范围。

条件转移指令不影响标志，但要利用标志。条件转移指令 Jcc 中的 cc 表示利用标志位判断的条件，共有 16 种，如表 6-1 所示。表中斜线分隔了同一条指令的多个助记符形式，目的是方便记忆。建议读者通过英文含义记忆助记符，掌握每个条件转移指令的成立条件。

表 6-1　条件转移指令中的条件

助记符	标志位	英文含义	中文说明
JZ/JE	ZF=1	Jump if Zero/Equal	等于零 / 相等
JNZ/JNE	ZF=0	Jump if Not Zero/Not Equal	不等于零 / 不相等
JS	SF=1	Jump if Sign	符号为负
JNS	SF=0	Jump if Not Sign	符号为正
JP/JPE	PF=1	Jump if Parity/Parity Even	"1" 的个数为偶
JNP/JPO	PF=0	Jump if Not Parity/Parity Odd	"1" 的个数为奇
JO	OF=1	Jump if Overflow	溢出
JNO	OF=0	Jump if Not Overflow	无溢出
JC/JB/JNAE	CF=1	Jump if Carry/Below/Not Above or Equal	进位 / 低于 / 不高于等于
JNC/JNB/JAE	CF=0	Jump if Not Carry/Not Below/Above or Equal	无进位 / 不低于 / 高于等于
JBE/JNA	CF=1 或 ZF=1	Jump if Below or Equal/Not Above	低于等于 / 不高于
JNBE/JA	CF=0 且 ZF=0	Jump if Not Below or Equal/Above	不低于等于 / 高于
JL/JNGE	SF ≠ OF	Jump if Less/Not Greater or Equal	小于 / 不大于等于
JNL/JGE	SF=OF	Jump if Not Less/Greater or Equal	不小于 / 大于等于
JLE/JNG	SF ≠ OF 或 ZF=1	Jump if Less or Equal/Not Greater	小于等于 / 不大于
JNLE/JG	SF=OF 且 ZF=0	Jump if Not Less or Equal/Greater	不小于等于 / 大于

可以根据判断的条件将条件转移指令分成两类。前 10 个为一类，它们将 5 个常用

状态标志为 0 或为 1 作为条件。后 8 个为另一类（其中有 2 个与前一类重叠），分别将两个无符号数据和有符号数据的 4 种大小关系作为条件。

（1）单个标志状态作为条件的条件转移指令

这组指令单独判断 5 个状态标志之一，根据某一个状态标志是 0 或 1 决定是否跳转：

- JZ/JE 和 JNZ/JNE 利用零标志 ZF，分别判断结果是零（相等）还是非零（不等）；
- JS 和 JNS 利用符号标志 SF，分别判断结果是负还是正；
- JO 和 JNO 利用溢出标志 OF，分别判断结果是溢出还是没有溢出；
- JP/JPE 和 JNP/JPO 利用奇偶标志 PF，判断结果低字节中"1"的个数是偶数还是奇数；
- JC 和 JNC 利用进位标志 CF，判断结果是有进位（为 1）还是无进位（为 0）。

（2）两数大小关系作为条件的条件转移指令

判断两个无符号数的大小关系和判断两个有符号数的大小关系要利用不同的标志位组合，所以有对应的两组指令。

为区别有符号数的大小关系，无符号数的大小关系用高（Above）、低（Below）表示。它需要利用 CF 标志确定高低，利用 ZF 标志确定相等（Equal）。两个无符号数的高低关系分成 4 种：低于（不高于等于）、不低于（高于等于）、低于等于（不高于）、不低于等于（高于），依次对应 4 条指令，即 JB（JNAE）、JNB（JAE）、JBE（JNA）、JNBE（JA）。

判断有符号数的大（Greater）、小（Less），需要组合 OF 标志和 SF 标志，并利用 ZF 标志确定相等与否。两个有符号数的大小关系也分成 4 种：小于（不大于等于）、不小于（大于或等于）、小于等于（不大于）、不小于等于（大于），依次对应 4 条指令，即 JL（JNGE）、JNL（JGE）、JLE（JNG）、JNLE（JG）。

两个数据还有是否相等的关系，这时不论是无符号数还是有符号数，都用 JE 指令和 JNE 指令。相等的两个数据相减，结果当然是 0，JE 指令就是 JZ 指令；不相等的两个数据相减，结果一定不是 0，JNE 指令就是 JNZ 指令。

总之，条件转移指令中的条件实质上是由状态标志决定的，而影响状态标志的主要指令是比较 CMP、测试 TEST、加减运算、逻辑运算、移位等指令。因此，条件转移指令之前通常都有一个影响标志的指令与之配合，组合形成程序分支。具体的应用中，需要结合问题考虑选择哪条指令影响标志（产生条件），同时考虑选择哪个条件转移指令判断这个或这些标志（条件）。一般来说，如果判断某个或某些位的状态，宜采用测试 TEST、逻辑运算、移位运算等位操作相关的指令产生条件，对应选择单个标志状态的条件转移指令；而如果判断两个数据的大小等关系，则可以选择比较 CMP、加减运算等指令产生条件，对应选择大小关系的条件转移指令。当然，实际编程时，完全可以灵活运用这些指令。

【例 6-5】个数折半。

应用中有时需要将数据个数（如数组元素个数、字符串字符个数等）折半。个数是无符号整数，折半就是分成一半，除以 2 即可。如果个数是偶数，除以 2 没有余数，商就是需要的半数；但是，如果个数是奇数，除以 2 之后还有余数 1，按照通常的原则，商再加 1 后作为半数。

因此，首先需要判断个数是否为偶数。如何判断一个整数是否为偶数呢？其实对于二进制表达的整数来说，就是判断最低位（D_0）是否为 0。那又如何判断 D_0 位是否为 0 呢？这个问题涉及数值中一个位，可以考虑采用位操作类指令。例如，将除 D_0 位外的其他位变成 0（与 0 进行逻辑与），保留 D_0 位不变（与 1 进行逻辑与）。测试指令 TEST 进行逻辑与操作，但不改变操作数，正是用于位测试的。若逻辑与运算后的结果是 0，说明 $D_0=0$；否则，$D_0=1$。判断运算结果是否为 0，应该用零标志 ZF，于是使用 JZ 或 JNZ 指令。

假设要判断的个数保存于 EAX，可以编程如下：

```
test eax,1 ;检测 D0 位
jz goeven  ;为 0，转移
```

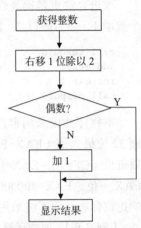

图 6-7　个数折半的流程图

还可以把需要判断的最低位 D_0 使用移位指令移入进位标志 CF，然后使用判断 CF 标志的 JC 或 JNC 指令。另外，右移一位还实现了除以 2 的功能，可谓一举两得，并避免使用复杂的除法指令 DIV。无符号整数除以 2 对应逻辑右移 1 位，操作数的最低位右移后进入了 CF 标志。于是，程序判断 CF 标志：CF=0，表示偶数，无须再处理；CF=1，表示奇数，需要加 1 获得半数结果。个数折半的流程图如图 6-7 所示。

```
;代码段
        call readuid    ;输入一个无符号整数，保存于 EAX，表示个数
        shr eax,1       ;个数右移进行折半
        jnc goeven      ;CF=0(偶数)条件成立，无须处理，转移
        add eax,1       ;CF=1(奇数)，需要加 1 得到半数
goeven: call dispuid    ;显示结果
```

本例程序使用了无进位（为 0）转移指令 JNC，指令"ADD EAX,1"是分支体。习惯了高级语言 IF 语句，也许会选择 JC 作为条件转移指令。程序片段如下：

```
        call readuid    ;输入一个无符号整数，保存于 EAX，表示个数
        shr eax,1       ;个数右移进行折半
        jc goodd        ;CF=1(奇数)条件成立，转移到分支体，进行加 1 操作
        jmp goeven      ;CF=0(偶数)，无须处理，转移到显示！
goodd:  add eax,1       ;进行加 1 操作
goeven: call dispuid    ;显示结果
```

对比这两个程序片段，显然后者多了一个 JMP 指令。可能认为这个 JMP 指令是多余的。但如果没有这个 JMP 指令，当个数是偶数时，JC 指令的条件不成立，处理器将顺序执行下一条"ADD EAX,1"指令，则结果被错误地多加了 1。所以后一个程序片段，看似符合逻辑，但容易出错，且多了一条跳转指令。实际上，"jc goodd"和"jmp goeven"这两条指令的功能是与"jnc goeven"一样的。

现代处理器当中，程序分支或说条件转移指令是影响程序性能的一个重要原因，频繁的、复杂的分支会导致性能降低。IA-32 处理器的分支预测机制使用硬件电路减少分支影响，程序员进行软件编程时也可以运用一些编程技巧尽量避免分支。例如，本例程

序中可以用 ADC 指令具有自动加 CF 的特点，替代 ADD 指令，从而不使用条件转移指令：

```
call readuid      ;输入一个无符号整数,保存于 EAX,表示个数
shr eax,1         ;个数右移进行折半
adc eax,0         ;CF=1(奇数),个数加 1;CF=0(偶数),没有加 1
call dispuid      ;显示结果
```

改进算法更是提高性能的关键。例如，不论个数是奇数还是偶数，本例中可以先将个数增 1，然后除以 2，即得到半数。算法上没有分支问题：

```
call readuid      ;输入一个无符号整数,保存于 EAX,表示个数
add eax,1         ;个数加 1
rcr eax,1         ;右移进行折半
call dispuid      ;显示结果
```

本程序片段采用带进位循环右移指令 RCR 代替了逻辑右移指令 SHR。它能正确处理 32 位最大值（EAX=FFFFFFFFH）时的特殊情况。原因如下：EAX=FFFFFFFFH 加 1 后进位（CF=1），EAX=0，SHR 指令右移 EAX 一位，EAX=0，而 RCR 指令带进位右移 EAX 一位，EAX=80000000H，显然后者结果正确。这就要求采用 ADD 指令实现加 1 影响进位标志，而不能采用 INC 指令加 1 不影响进位标志。

【例 6-6】 加法运算溢出的判断。

第 2 章习题中，有一个判断两个整数相加是否溢出的 C 语言函数：

```
int sadd_ok(int x, int y);        //* 如果 x+y 没有溢出,函数返回 1,否则返回 0
```

这里采用 C 语言的 int 类型，对应汇编语言的 32 位双字类型、有符号整数。

还记得你是如何编写程序的吗？实际上，处理器已经设计了溢出标志 OF，在汇编语言级可以直接使用，很容易编写：

```
      mov eax,x
      add eax,y         ;两个有符号数相加
      jno noo           ;无溢出 (OF=0),转移
      mov eax,0         ;有溢出 (OF=1),设置 EAX=0
      jmp done
noo:  mov eax,1         ;无溢出 (OF=0),设置 EAX=1
done:
```

例 6-6 使用加法指令 ADD 生成溢出标志，接着就用无溢出则转移指令 JNO 进行判断。分别设置结果，其分支结构如图 6-8 所示。也可以采用有溢出则转移指令 JO 实现同样功能（两者的分支结构没有实质区别）：

```
      mov eax,x
      add eax,y         ;两个有符号数相加
      jo yeso           ;有溢出 (OF=1),转移
      mov eax,1         ;无溢出 (OF=0),设置 EAX=1
      jmp done
yeso:     mov eax,0     ;有溢出 (OF=1),设置 EAX=0
done:
```

留意上述程序片段中的无条件转移 JMP 指令。该指令必不可少，因为没有这个无条件

转移指令，程序将顺序执行，会在执行完一个分支后又进入另一个分支执行，产生错误。

同样，如果判断无符号整数相加是否进位，只需要将上述程序片段中的溢出标志 OF 替换成进位标志 CF（改用 JNC 或 JC 指令）即可。

【例6-7】 大小写字母判断程序。

从键盘输入一个字符，判断是否为小写字母，是小写字母则转换为大写字母并显示；不是小写字母则退出。实际上，这是判断数据是否在给定范围的问题，一般的方法如下：与最小值和最大值分别比较，小于最小值或者大于最大值的数据不属于范围内的数据，不予处理。

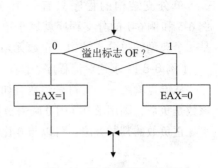

图 6-8 溢出判断的流程图

可以先使用 C 语言编程，但不要使用 C 语言的标准函数，而是使用 if 语句对字母的大小写进行判断。程序运行正确，可以利用 DEVC 环境生成汇编语言程序，主要关注 if 语句对应的汇编语言指令，努力理解一下。

也可以直接用 MASM 汇编语言编写，其中要使用本书提供的 I/O 子程序库的字符输入子程序 READC、字符输出子程序 DISPC，以及实现回车子程序 DISPCRLF，代码如下：

```
        ;代码段
        call readc      ;(1)输入一个字符，从 AL 返回值
        cmp al,'a'      ;(2)与小写字母 a 比较
        jb done         ;(3)比小写字母 a 小，不是小写字母，转移
        cmp al,'z'      ;(4)与小写字母 z 比较
        ja done         ;(5)比小写字母 z 大，不是小写字母，转移
        sub al,20h      ;(6)转换为大写（大小写字母相差 20H）
        call dispcrlf   ;(7)回车换行（用于分隔）
        call dispc      ;(8)显示大写字母
done:                   ;(9)不是小写字母，不做处理
```

将从键盘输入的字符先与小写字母"a"比较，如果小于"a"则不是小写字母，跳过分支不处理。接着将字符与小写字母"z"比较，如果大于"z"也不是小写字母，跳过分支不处理。两个条件判断后，只有大于或等于"a"又小于或等于"z"的字符才是小写字母，进入分支体转换为大写字母，并显示。ASCII 码字符属于无符号整数，所以这里使用比较无符号数大小的条件转移指令（JB 和 JA），而不应使用比较有符号数大小的条件转移指令。

阅读编译程序为 C 语言 if 语句生成的汇编语言代码，可能会发现一些汇编语言编程技巧，例如，将两条条件转移指令优化为一条：

```
        call readc
        sub al,'a'       ;减去小写字母 a
        cmp al,'z'-'a'   ;比较是否在小写字母 z 范围内
        ja done          ;超出小写字母范围（不是小写字母），转移
        add al,'a'-20h   ;是小写字母，转换为大写
        call dispcrlf
        call dispc
done:                    ;不是小写字母，不做处理
```

6.2.4 单分支程序结构

单分支结构的程序只有一个分支，类似高级语言的没有 ELSE 分支的 IF 语句。例 6-5 和例 6-7 的分支程序就属于单分支结构。再如，计算有符号数的绝对值的程序就是一个典型的单分支结构：正数无须处理，负数进行求补（分支体）。

【例 6-8】 求绝对值程序。

从键盘输入一个有符号整数。如果该数是正数，无须处理（正数的绝对值）；而如果该数是负数，则用求补（用 0 减去负数）得到正数（负数的绝对值）。最后，输出绝对值。

正负数的判断方法：可以与 0 比较，大于等于 0 的有符号数是正数，否则是负数。

```
; 代码段
        call readsid        ; 输入一个有符号数，从 EAX 返回值
        cmp eax,0           ; 比较 EAX 与 0
        jge nonneg          ; 条件满足 :EAX ≥ 0，转移
        neg eax             ; 条件不满足 :EAX<0，为负数，需求补得正值
nonneg:    call dispuid     ; 分支结束，显示结果
```

单分支结构对应条件转移指令 Jcc 的执行流程（图 6-6），在条件满足（成立）时转移。本示例程序中，求补是分支体，大于等于 0 不需要求补，应该选择有符号数大小判断的 JGE 指令，跳过求补分支体，如图 6-9a 所示。反之，如果按照高级语言 IF 语句特点：条件成立执行分支体，误用小于 0 做条件，选择 JL 条件转移指令，跳转到求补分支体；那么，顺序执行时会误入求补分支体，故需要在条件转移指令后加一个无条件转移指令 JMP，如图 6-9b 所示，程序代码如下：

```
        call readsid        ; 输入一个有符号数，从 EAX 返回值
        cmp eax,0           ; 比较 EAX 与 0
        jl yesneg           ; 条件满足 :EAX<0，转移到求补语句
        jmp nonneg          ; 条件不满足 :EAX ≥ 0，跳过求补
yesneg:    neg eax          ; 负数求补
nonneg:    call dispuid     ; 分支结束，显示结果
```

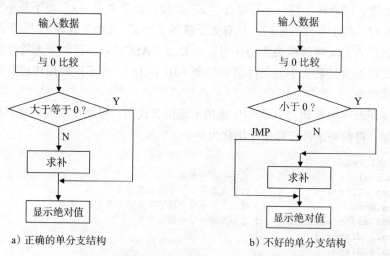

a) 正确的单分支结构   b) 不好的单分支结构

图 6-9 求绝对值程序流程图

实际上，JL 和 JMP 两条指令的功能与 JGE 一条指令的功能相同。总之，编写汇编语言的单分支结构程序时，要注意采用正确的条件转移指令；要避免误用高级语言思维，错选条件转移指令，导致分支混乱。而且，若忘记了 JMP 指令，程序会出错。

还可以编写一个 C 语言程序实现同样功能，注意不要使用 C 语言标准函数，而是直接用 IF 语句实现。利用 DEVC 环境生成汇编语言代码，进行对比学习，体会 IF 语句的汇编语言实现。如果生成了优化的汇编语言代码，可能会发现编译程序对求绝对值进行了优化，算法思想是正数不变，负数求反加 1（求补），代码类似如下：

```
mov edx,var      ;假设变量 var 保存一个有符号整数
sar edx,31       ;算术右移 31 位
                 ;若是正数 :EDX=00…00 B, 若是负数 :EDX=11…11 B
mov eax,edx
xor eax,var      ;与原数据进行逻辑异或
                 ;若是正数 :EAX=var, 若是负数 :EAX=var 各位求反
sub eax,edx      ;若是正数 :EAX=var, 不变; 若是负数 :EAX=var 各位求反 +1
```

对于负数，其补码最高位为 1，算术右移 31 位，则 EDX 各位为全 1，表示有符号数是真值" −1"。与 0 进行逻辑异或保持不变，与 1 逻辑异或实现求反。最后一条减法指令用于将求反后的数据减去负 1，就相当于加 1。

6.2.5　双分支程序结构

双分支结构的程序有两个分支，条件为真，则执行一个分支，条件为假，则执行另一个分支。它相当于高级语言带有 ELSE 分支的 IF 语句。前面例 6-6 程序片段就属于双分支结构。显示数据某一位也可以采用双分支结构：该位为 0 显示字符 0，该位为 1 显示字符 1。

【例 6-9】　显示二进制数最高位。

判断最高位是 0 还是 1，可以用测试指令 TEST，也可以采用将最高位移入进位标志等方法。

```
    ;数据段
dvar        dword 0bd630422h     ;假设一个数据
    ;代码段
    mov ebx,dvar
    shl ebx,1                    ;EBX 最高位移入 CF 标志
    jc one                       ;CF=1, 即最高位为 1, 转移
    mov al,'0'                   ;CF=0, 即最高位为 0,AL='0'
    jmp two                      ;一定要跳过另一个分支体
one:        mov al,'1'           ;AL='1'
two:        call dispc           ;显示
```

如图 6-10a 所示，在双分支程序结构中，条件满足则发生转移执行分支体 2，而条件不满足则顺序执行分支体 1。注意，顺序执行的分支体 1 最后一定要有一条 JMP 指令跳过分支体 2，实现结束前一个分支回到共同的出口作用，否则将进入分支体 2 而出现错误，如图 6-10b 所示。单分支结构中要注意选择跳过分支体的条件转移指令，而双分支结构选择条件转移指令时只要对应好分支体就可以了，但不能缺少顺序执行的分支体

最后的 JMP 指令。

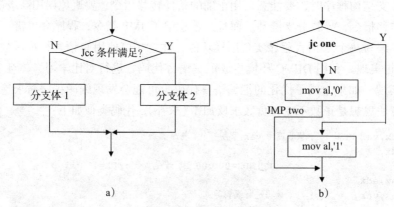

图 6-10　双分支结构的流程图

双分支结构有时可以改变为单分支结构，方法是事先执行其中一个分支（选择出现概率较高的分支），当条件满足时就可以不再需要处理另一个分支了。例如，可以将本例修改为单分支结构：

```
; 代码段
mov ebx,dvar
mov al,'0'      ;假设最高位为 0:AL='0'
shl ebx,1       ;EBX 最高位移入 CF 标志
jnc two         ;CF=0，即最高位为 0，与假设相同，转移
mov al,'1'      ;CF=1，即最高位为 1,AL='1'
two: call dispc ;显示
```

本例也可以利用 ADC 指令加进位标志的特点消除分支：

```
; 代码段
mov ebx,dvar
xor al,al  ;设置 AL=0
shl ebx,1  ;EBX 最高位移入 CF 标志
adc al,'0' ;转换为字符 "0" 或者 "1"
call dispc ;显示
```

不妨使用 C 语言的 IF-ELSE 语句实现同样功能，生成汇编语言代码进行对比学习。

6.2.6　多分支程序结构

实际问题有时并不是单纯的单分支结构或双分支结构就可以解决，往往分支处理中又嵌套分支，或者说具有多个分支走向，这就可以认为是逻辑上的多分支结构。一般利用单分支和双分支这两个基本结构，就可以解决程序中多个分支结构的问题。熟悉了汇编语言编程思想，读者还可以采用其他技巧性的方法解决实际问题。

【例 6-10】 地址表程序。

假设有 10 个信息（字符串），编程显示指定的信息。具体功能如下：

1）提示输入数字，并输入数字。

2）判断数字是否在规定的范围内。

3）如果数字在规定的范围内，显示数字对应的信息，退出。

4）如果数字不在规定的范围内，提示输入错误，退出。

上述功能对应 C 语言多分支选择 SWITCH 语句，程序流程如图 6-11 所示。而本例程序所采用的地址表方法即 C 语言编译程序通常对 SWITCH 语句采用的编译方法。

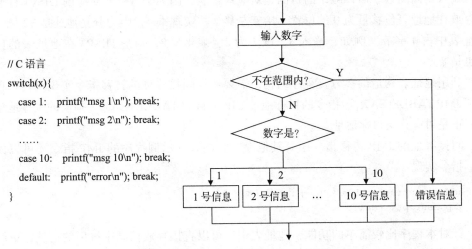

```
// C 语言
switch(x){
    case 1:   printf("msg 1\n"); break;
    case 2:   printf("msg 2\n"); break;
    ......
    case 10:  printf("msg 10\n"); break;
    default:  printf("error\n"); break;
}
```

图 6-11　地址表程序流程（多分支结构）

```
        ; 数据段
msg1        byte 'msg 1',0dh,0ah,0
msg2        byte 'msg 2',0dh,0ah,0
......
msg10       byte 'msg 10',0dh,0ah,0            ;10 个信息
msgerr      byte 'error',0dh,0ah,0             ; 错误信息
msg         byte 'Input number(1～10): ',0dh,0ah,0    ; 提示输入的信息
table       dword disp1,disp2,disp3,disp4,disp5,disp6,disp7,disp8,disp9,disp10
; 地址表
        ; 代码段
again:  mov eax,offset msg
        call dispmsg            ; 提示输入
        call readuid           ; 接收输入:EAX= 数字
        cmp eax,1              ; 判断范围
        jb error
        cmp eax,10
        ja error               ; 不在范围内，转移到错误处理
        dec eax                ;EAX=EAX-1
        shl eax,2              ;EAX=EAX×4
        jmp table[eax]         ; 多分支跳转
disp1:  mov eax,offset msg1
        jmp disp
disp2:  mov eax,offset msg2
        jmp disp
......
disp10: mov eax,offset msg10
        jmp disp
error:  mov eax,offset msgerr
disp:   call dispmsg           ; 显示
```

根据输入的数字，程序有 10 个分支，标号是 DISP1 ~ DISP10。各个分支程序都很简单，获得对应信息的存放地址，然后显示。为实现分支，在数据段构造了一个地址表 TABLE，依次存放分支目标地址（使用标号表示其地址，也可以用 OFFSET，更明确地表示获取地址）。

输入正确的数字后，减 1 的目的是对应地址表，因为 1 号分支对应的 DISP1 标号地址存放在地址表位移量为 0 的位置。接着左移 2 位实现乘 4，因为分支地址是 32 位，在地址表中占 4 字节。例如，输入 3，减 1 为 2，乘 4 为 8，对应 DISP3 在地址表的位移量也是 8。

利用地址表构造的多分支程序结构，需要使用间接寻址的转移指令实现跳转。程序中"JMP TABLE[EAX]"指令的目标地址 EIP 取自"TABLE+EAX"指向的主存地址位置，正是对应分支目标地址。

间接寻址的 JMP 转移指令还有其他形式，例如，示例程序的 JMP 指令还可以使用如下指令实现：

```
add eax,offset table      ;计算偏移地址
jmp near ptr [eax]        ;多分支跳转
```

针对本程序比较简单的功能，地址表中还可以直接存放信息字符串的地址，更简洁地完成要求：

```
            ;数据段
            ……    ;显示信息(同上，略)
msg         byte 'Input number(1~10): ',0dh,0ah,0        ;提示输入的信息
table       dword msg1,msg2,msg3,msg4,msg5,msg6,msg7,msg8,msg9,msg10    ;地址表
            ;代码段
            ……                    ;输入数字，判断是否在范围内(同上，略)
            dec eax              ;EAX=EAX-1
            shl eax,2            ;EAX=EAX×4
            mov eax,table[eax]   ;获得信息字符串地址
            call dispmsg         ;显示
            jmp done
error:      mov eax,offset msgerr
            call dispmsg         ;显示
done:
```

输入不在范围内的错误提示分支也可以一并纳入地址表，将错误信息的地址排在最前面（或者最后面），相应设置 EAX 值（留作习题）。

编写分支程序要使用条件转移 Jcc 指令和无条件转移 JMP 指令，这是汇编语言的一个难点。条件转移指令并不支持一般的条件表达式，需根据当前的某些标志位的设置情况实现转移或不转移。所以，必须根据实际问题将条件转换为标志或其组合，还要选择合适的指令产生这些标志。同时，必须留心分支的开始点和结束点，当出现多分支时更是如此。

MASM 6.x 版本为了简化汇编语言的编程难度，引入了 .IF、.WHILE 等流程控制伪指令，使得汇编语言可以像高级语言那样编写分支、循环程序结构。读者在实际的程序开发中，可以利用这些高级语言的特性。

6.3　循环程序结构

程序最适合完成重复性工作。程序设计中的许多问题需要重复操作，如对字符串、数组等的操作。为了进行重复操作，需要首先做好准备，还要安排好退出的方法。完整的循环程序结构通常由 3 个部分组成（如图 6-12a 所示）：

- 循环初始——为开始循环准备必要的条件，如循环次数、循环体需要的初始值等；
- 循环体——重复执行的程序代码，其中包括对循环条件的修改等；
- 循环控制——判断循环条件是否成立，决定是否继续循环。

其中，循环控制部分是编程的关键和难点。循环控制可以在进入循环之前进行，则形成"先判断后循环"的循环程序结构，对应高级语言的 WHILE 语句（如图 6-12b 所示）。如果循环之后进行循环条件判断，则形成"先循环后判断"的循环程序结构，对应高级语言的 DO 语句（如图 6-12c 所示）。如果没有特殊原因，千万不要形成循环条件永远成立或无任何约束条件的死循环（永真循环、无条件循环）。

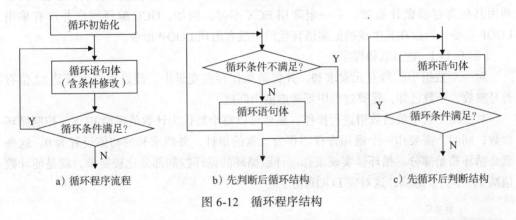

a) 循环程序流程　　　　b) 先判断后循环结构　　　　c) 先循环后判断结构

图 6-12　循环程序结构

IA-32 处理器有一组循环控制指令，用于实现简单的计数循环，即用于循环次数已知或者最大循环次数已知的循环控制。对于复杂的循环程序，则需要配合无条件转移指令和有条件转移指令才能实现。

6.3.1　循环指令

循环条件判断可以使用条件转移指令实现，同时 IA-32 处理器针对个数控制的循环设计有若干条指令，主要是 LOOP 指令和 JECX 指令，其作用类似高级语言 FOR 语句的计数控制。

1. LOOP 指令

LOOP 指令使用 ECX 寄存器作为计数器（实地址存储模型使用 CX），每执行一次 LOOP 指令，ECX 减 1（相当于指令"DEC ECX"），然后判断 ECX 是否为 0：如果不为 0，表示循环没有结束，则转移到指定的标号处；如果为 0，表示循环结束，则顺序执行下条指令。后部分功能相当于不为 0 条件转移指令 JNZ。

LOOP 指令的格式如下：

```
LOOP label          ;ECX=ECX-1
                    ; 若 ECX ≠ 0，循环，跳转到 LABEL 位置，即 EIP=EIP+ 位移量
                    ; 否则，顺序执行
```

例如，计算 "100+99+……+1"，用 C 语言的 FOR 语句实现：

```
for(i=100;i>0,i--) sum=sum+i;
```

使用汇编语言 LOOP 指令，可以编写为

```
    mov ecx,100         ;ECX 是循环次数（对应 C 语言 FOR 语句中的 i 变量）
    xor eax,eax         ;EAX 保存和值（对应 FOR 语句中的 sum 变量）
again: add eax,ecx      ; 累加求和
    loop again          ;ECX 减 1（对应 i--），不为 0（对应 i>0），转移，继续求和
```

不过，LOOP 指令的目标地址采用相对短转移，只能在 −128 ～ +127 字节之间循环。如果指令代码平均占 3 字节，一个循环平均最多只能包含大约 42 条指令。所以，有时常用 DEC 和 JNZ 指令组合实现，一方面克服转移距离太短的问题，另一方面可以灵活利用其他寄存器做计数器，不一定非用 ECX 不可。例如，GCC 编译程序并没有采用 LOOP 指令，所以在其生成的汇编语言代码中没有出现 LOOP 指令。

【例 6-11】 数组求和程序。

对一个数组中的所有元素求和，并将结果保存在变量中。假设数组元素是 32 位有符号整数，个数已知，运算过程中不考虑溢出问题。

对已知元素个数的数组进行操作，显然可以将个数作为计数值赋给 ECX，控制循环次数；同时，需要用一个通用寄存器作为元素的指针，并将求和的初值设置为 0。这些就是循环初始部分。循环体实现求和。计数循环的循环控制部分比较简单，就是使计数值减 1，不为 0 继续，这对应 LOOP 指令。

```
    ; 数据段
array  dword 136,-138,133,130,-161      ; 数组
sum    dword ?                          ; 结果变量
    ; 代码段
    mov ecx,lengthof array              ;ECX= 数组元素个数
    xor eax,eax                         ; 求和初值为 0
    …                                   ; 指向首个数组元素
again: add eax, …                       ; 求和
    …                                   ; 指向下一个数组元素
    loop again
    mov sum,eax                         ; 保存结果
```

结合应用问题，根据 LOOP 指令的特点，可以编写如上程序。但程序并不完整，留有 3 处省略号表示需要填写语句或语句的一部分，用于解决访问数组元素的问题。

数组元素顺序地存放于连续的存储空间中。访问存储器操作数，需要使用存储器寻址方式。单个变量通常使用变量名，使用直接寻址访问变量值，但不便使用直接寻址访问每次循环时不同的数组元素。而寄存器间接寻址、相对寻址和变址寻址都支持访问数组，因为可以通过改变寄存器值指向不同的数组元素（参见 5.4 节）。

（1）寄存器间接寻址访问数组元素

使用寄存器间接寻址，需要设置寄存器为数组首个元素的地址。本例中每个数组元素为 4 字节的双字类型，故寄存器需要加 4 才指向下一个元素，补充原省略的指令如下：

```
          mov ebx,offset array          ;指向首个元素
again:    add eax,[ebx]                 ;求和
          add ebx,4                     ;指向下一个数组元素
```

（2）寄存器相对寻址访问数组元素

使用寄存器相对寻址，需要设置寄存器为距离数组首个元素的位移量。同样，对于 4 字节的数组元素，寄存器需要加 4 才指向下一个元素位置，补充原省略的指令如下：

```
          mov ebx,0                     ;指向首个元素
again:    add eax,array[ebx]            ;求和
          add ebx,4                     ;指向下一个数组元素
```

（3）寄存器变址寻址访问数组元素

寄存器变址寻址有多种形式，这里使用带比例的相对变址寻址方式访问数组元素，用 EBX 作为变址寄存器，指令如下：

```
          mov ebx, 0                    ;指向首个元素
again:    add eax,array[ebx*(type array)]  ;求和
          add ebx, 1                    ;指向下一个数组元素
```

由于数组 ARRAY 是双字量类型，所以 "TYPE ARRAY" 等于 4，也就是每个数组元素占 4 字节。这样 EBX 作为数组的元素指针，乘以 4 作为地址指针，只要对 EBX 加 1 就指向下一个元素。如果使用不带比例的寻址方式，即 "ARRAY[EBX]"，则 EBX 直接作为地址指针，每次循环就需要对 EBX 加 4 才能指向下一个数组元素。这就是带比例寻址方式的主要作用。

2. JECXZ 指令

LOOP 指令先进行 ECX 减 1 操作，然后判断。当 ECX 等于 0 时执行 LOOP 指令，程序将循环 2^{32} 次。所以，如果数组元素的个数为 0，程序将出错。为此，我们可以使用另一条循环指令 JECXZ（实地址存储模型是 JCXZ 指令）排除 ECX 等于 0 的情况，该指令的格式如下：

```
JECXZ label ;ECX=0,转移、跳转到 LABEL 位置，即：
            EIP=EIP+ 位移量
     ;否则，顺序执行
```

循环指令的典型应用如图 6-13 所示。例如，在例 6-11 程序中，JECXZ 指令可以跟在设置 ECX 为循环个数的指令之后。

如果希望能够显示求和结果，可以在最后增加一个调用显示子程序的指令，例如：

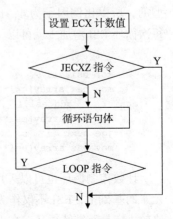

图 6-13 循环指令的典型应用

```
call dispsid        ;显示 EAX 寄存器的结果
```

6.3.2 计数控制循环

循环程序结构的关键是如何控制循环。比较简单的循环程序通过次数控制循环，即计数控制循环。前面利用 LOOP 指令实现的程序都属于计数控制的循环程序。

【例 6-12】 求最大值程序。

假设数组 ARRAY 由 32 位有符号整数组成，元素个数已知，没有排序。现要求编程获得其中的最大值。

求最大值（最小值）的基本方法就是逐个元素比较。由于数组元素个数已知，所以可以采用计数控制循环，每次循环完成一个元素的比较。循环体中包含分支结构。

```
      ;数据段
array       dword -3,0,20,900,587,-632,777,234,-34,-56   ;假设一个数组
count       = lengthof array        ;数组的元素个数
maxdword ?                          ;存放最大值
      ;代码段
    mov ecx,count-1                 ;元素个数减1是循环次数
    mov esi,offset array
    mov eax,[esi]                   ;取出第一个元素给 EAX,用于暂存最大值
again:    add esi,4
    cmp eax,[esi]                   ;与下一个数据比较
    jge next                        ;已经是较大值，继续下一个循环比较
    mov eax,[esi]                   ; EAX 取得更大的数据
next:     loop again                ;计数循环
    mov max,eax                     ;保存最大值
```

本例程序采用 ECX 计数器，用 LOOP 指令实现减量计数控制，形成先循环后判定的循环结构。数组元素的访问采用寄存器 ESI 间接寻址。

如果采用寄存器 ESI 相对寻址访问数组元素，初始化时需要设置 ESI 为 0（替换赋值 ESI 为数组首地址的指令），并将间接寻址"[ESI]"修改为相对寻址"ARRAY[ESI]"。

如果采用带比例的寄存器 ESI 变址寻址访问数组元素，初始化也需要设置 ESI 为 0，并将间接寻址"[ESI]"修改为带比例变址寻址"ARRAY[ESI*4]"，因为数组是 32 位类型的，所以比例因子为 4，也可以用"TYPE ARRAY"替代 4，则更具通用性。此时，每次循环 ESI 增加 1 就可以了，如下所示：

```
      ;代码段
    xor esi,esi
    mov eax,array[esi*4]            ;取出第一个元素给 EAX,用于暂存最大值
again:    add esi,1                 ;指向下一个元素
    cmp eax,array[esi*4]            ;与下一个数据比较
    jge next                        ;已经是较大值，继续下一个循环比较
    mov eax,array[esi*4]            ; EAX 取得更大值
```

计数控制循环也可以采用增量计数，例如，在带比例寄存器 ESI 变址寻址访问数组元素的基础上，ESI 不仅作为元素指针，同时也可以作为计数器，最后与循环次数进行比较决定是否继续循环。在上面程序的基础上，这个循环控制代码可以编写如下：

```
        ......                          ；同上 ( 略 )
next:       cmp esi,count-1             ；元素个数减 1 是循环次数
    jb again                            ；计数循环
    mov max,eax                         ；保存最大值
```

6.3.3 条件控制循环

复杂的循环程序结构需要利用条件转移指令，根据条件决定是否进行循环，这就是条件控制循环。计数控制循环往往至少执行一次循环体之后，才判断次数是否为 0，这种结构是"先循环后判断"结构。条件控制循环更多见的是"先判断后循环"结构。

【例 6-13】　字符个数统计程序。

已知某个字符串以 0 结尾，统计其包含的字符个数，即计算字符串长度。这是一个循环次数不定的循环程序结构，宜用转移指令判断是否循环结束，并应该先判断后循环。循环体仅进行简单的个数加 1 操作。

```
        ；数据段
string      byte 'Do you have fun with Assembly?',0      ；以 0 结尾的字符串
        ；代码段
    xor ebx,ebx             ； EBX 用于记录字符个数，同时也用于指向字符的指针
again:      mov al,string[ebx]
    cmp al,0                ；用指令 "test al,al" 更好
    jz done
    inc ebx                 ；个数加 1
    jmp again               ；继续循环
done:       mov eax,ebx     ；显示个数
    call dispuid
```

先行判断的条件控制循环程序很像双分支结构，只不过一个主要分支需要重复执行多次（所以跳转指令 JMP 的目标位置是循环开始，不是跳过另一个分支到达双分支的汇合地），而另一个分支则用于跳出这个循环（对比图 6-10 和图 6-12b）。先行循环的条件控制循环程序则类似单分支结构，循环体就是分支体，顺序执行则跳出循环（对比图 6-9a 和图 6-12c）。

【例 6-14】　求 32 位自然数累加和的最大值及 N 的界限。

例 6-1 采用求和公式进行自然数累加（$1+2+3+\cdots+N$）。现在，利用循环结构实现累加，要求在无符号整数的累加和不超过二进制 32 位的条件下（即能够用一个 32 位寄存器存储累加和），求出有效累加和的最大值及对应的 N 值。

如果你还不能直接使用汇编语言编写该程序，可以先使用 C 语言编程（注意累加和变量使用 unsigned int 类型），并分别使用 WHILE、DO-WHILE 和 FOR 语句实现循环控制，通过生成的汇编语言代码进行对比学习，体会编译程序如何将这些循环语句翻译为机器指令。

怎么判断累加和超出了 32 位呢？其实，使用汇编语言编程反而很简单，因为处理器提供了进位标志。进行累加后，如果进位了，就是累加和超出了范围。

```
        ；数据段
msg1        byte 'Max Sum= ',0      ；最大累加和 Sum 的提示信息
msg2        byte 'Max Num= ',0      ；最大 N 值 Num 的提示信息
```

自然数累加采用先循环后判断结构比较自然：

```
        ; 代码段
        xor ebx,ebx             ;EBX 保存累加和 Sum
        xor ecx,ecx             ;ECX 保存 N 值 Num
again:      inc ecx             ;N+1( 先循环 )
        add ebx,ecx             ; 累加
        jnc again               ; 未进位，继续执行循环体 ( 后判断 )
        ……                      ; 进位，超出范围，退出循环
```

也可以运用先判断后循环结构：

```
        ; 代码段
        xor ebx,ebx             ;EBX 保存累加和 Sum
        xor ecx,ecx             ;ECX 保存 N 值 Num
again:      jc done             ; 进位，超出范围，退出循环 ( 先判断 )
        inc ecx                 ;N+1( 后循环 )
        add ebx,ecx             ; 累加
        jmp again               ; 继续执行循环体
done:       ……
```

接着显示最大累加和值以及对应的 N 值。此时，累加和（$1+2+\cdots\cdots+N+N+1$）已经超出范围，由进位 1（表达 2^{32}）和 EBX 组成，需要减去 "$N+1$"（保存在 ECX）。由于此时 EBX 小于 ECX（否则上次累加不会进位），EBX 减 ECX 会借位，正好使用了刚才的进位，差值就是最大的累加和值 Sum，ECX 减 1 则是最大 N 值。显示部分的代码如下：

```
mov eax,offset msg1         ; 显示累加和 Sum
call dispmsg
sub ebx,ecx                 ; 累加和减去多加的 N+1 值
mov eax,ebx
call dispuid
call dispcrlf
mov eax,offset msg2         ; 显示对应的 N 值 Num
call dispmsg
dec ecx                     ;(N+1) 减 1，才是要求的最大 N 值
mov eax,ecx
call dispuid
```

程序运行的正确结果应该显示：

```
Max Sum= 4294930221
Max Num= 92681
```

6.3.4 多重循环

实际的应用问题，不会只有单纯的分支或循环，两者可能同时存在，即循环体中具有分支结构，分支体中采用循环结构。有时，循环体中嵌套循环，即形成多重循环结构。在多重循环中，如果内外循环之间没有关系，问题比较容易处理，但如果需要传递参数或利用相同的数据，问题就复杂些。

【例 6-15】 冒泡法排序程序。

实际的排序算法很多，"冒泡法"是一种易于理解和实现的方法，但并不是最优的

算法。冒泡法从第一个元素开始，依次对相邻的两个元素进行比较，使前一个元素不大于后一个元素；将所有元素比较完之后，最大的元素排到了最后；然后，除最后一个元素之外的元素依上述方法再进行比较，得到次大的元素排在后面；如此重复，直至完成，从而实现元素从小到大的排序，如图 6-14 所示。可见，这是一个双重循环程序结构。外循环由于循环次数已知，可用 LOOP 指令实现；而内循环次数在每次外循环后减少一次，用 EDX 表示。循环体比较两个元素大小，又是一个分支结构。

比较遍数

数据	1	2	3	4
587	−632	−632	−632	−632
−632	587	234	−34	−34
777	234	−34	234	234
234	−34	587	587	587
−34	777	777	777	777

从小到大排序

图 6-14 冒泡法的排序过程

```
        ;数据段
array       dword 587,-632,777,234,-34      ;假设一个数组
count       = lengthof array                ;数组的元素个数
        ;代码段
        mov ecx,count                       ;ECX←数组元素个数
        dec ecx                             ;元素个数减 1 为外循环次数
outlp:      mov edx,ecx                      ;EDX←内循环次数
        mov ebx,offset array
inlp:       mov eax,[ebx]                    ;取前一个元素
        cmp eax,[ebx+1]                      ;与后一个元素比较
        jng next
;前一个元素不大于后一个元素，则不进行交换
        xchg eax,[ebx+1]                     ;否则，进行交换
        mov [ebx],eax
next:       inc ebx                          ;下一对元素
        dec edx
        jnz inlp                             ;内循环尾
        loop outlp                           ;外循环尾
```

为验证排序结果，可以增加逐个显示数组元素的功能。

6.4 子程序

当程序功能相对复杂，所有的语句序列均写到一起时，程序结构将显得零乱，特别是由于汇编语言的语句功能简单，源程序更显得冗长。这将降低程序的可阅读性和可维护性。所以，编写较大型程序时，常会把功能相对独立的程序段单独编写和调试，将其作为一个相对独立的模块供程序使用，这就是模块化程序设计。子程序（Subroutine）在高级语言中常称为函数（Function）或过程（Procedure）。子程序可以实现源程序的模块化，简化源程序结构；而当这个子程序被多次使用，子程序还可以使模块得到复用，进而提高编程效率。本书就提供了具有基本输入/输出功能的多个子程序，供示例程序调用。

6.4.1　子程序指令

程序中有些部分可能要实现相同的功能（只是参数不一样），这些功能需要经常用到，这时用子程序实现这个功能是很合适的。使用子程序可以使程序的结构更为清楚，程序的维护也更为方便，也有利于大程序开发时的多个程序员分工合作。

子程序通常是与主程序分开的、完成特定功能的一段程序。当主程序（调用程序Caller）需要执行这个功能时，就可以调用该子程序（被调用程序Callee），于是，程序转移到这个子程序的起始处执行。当运行完子程序后，再返回调用它的主程序。子程序由主程序执行子程序调用指令 CALL 来调用；而子程序执行完后用子程序返回指令 RET，返回主程序继续执行。MASM 使用过程定义伪指令 PROC/ENDP 编写子程序。

1. 子程序调用指令 CALL

CALL 指令用在主程序中，实现子程序的调用。子程序和主程序可以在同一个代码段内，也可以在不同段内。因而，类似无条件转移指令 JMP，子程序调用指令 CALL 也可以分成段内调用（近调用）和段间调用（远调用），同时，CALL 指令的目标地址也可以采用相对寻址、直接寻址或间接寻址，所以 CALL 指令共 4 种类型，如表 6-2 所示。

表 6-2　子程序调用指令 CALL

类型	32 位线性地址空间	16 位实地址存储模型
段内调用、相对寻址 CALL label	入栈返回地址：ESP=ESP−4，SS：[ESP]=EIP 转移目标地址：EIP=EIP+ 位移量	入栈返回地址：SP=SP−2，SS：[SP]=IP 转移目标地址：IP=IP+ 位移量
段内转移、间接寻址 CALL r32/r16/m32/m16	入栈返回地址：ESP=ESP−4，SS：[ESP]=EIP 转移目标地址：EIP=r32/m32	入栈返回地址：SP=SP−2，SS：[SP]=IP 转移目标地址：IP=r16/m16
段间转移、直接寻址 CALL label	入栈返回地址：ESP=ESP−4，SS：[ESP]=CS ESP=ESP−4，SS：[ESP]=EIP 转移目标地址：EIP=label 的偏移地址 CS=label 的段选择器	入栈返回地址：SP=SP−2，SS：[SP]=CS SP=SP−2，SS：[SP]=IP 转移目标地址：IP=label 的偏移地址 CS=label 的段选择器
段间转移、间接寻址 CALL m48/m32	入栈返回地址：ESP=ESP−4，SS：[ESP]=CS ESP=ESP−4，SS：[ESP]=EIP 转移目标地址：EIP=m48，CS=m48+4	入栈返回地址：SP=SP−2，SS：[SP]=CS SP=SP−2，SS：[SP]=IP 转移目标地址：EIP=m32，CS=m32+2

子程序执行结束是要返回的，所以，CALL 指令不仅要同 JMP 指令一样改变 EIP 和 CS 以实现转移，而且还要保留下一条要执行指令的地址，以便返回时重新获取它。保留 EIP 和 CS 的方法是压入堆栈，获取 EIP 和 CS 的方法就是弹出堆栈。在 32 位线性地址空间中，CS 段选择器为 16 位，EIP 偏移地址为 32 位。段内调用只需入栈 32 位偏移地址，计 4 字节；段间调用则需要入栈 32 位偏移地址，并把 16 位段选择器零位扩展为 32 位保存到堆栈，共计 8 字节。在 16 位实地址存储模型中，CS 段基地址和 IP 偏移地址都是 16 位的。段内调用只需入栈 16 位偏移地址，段间调用需要入栈 16 位偏移地址和 16 位段基地址。

CALL 指令实际上就是进栈 PUSH 指令和转移 JMP 指令的组合。

MASM 汇编程序根据存储模型等用户编程信息，可以自动确定是段内调用还是段间调用，程序员也可以采用 PTR 操作符强制改变转移类型，其方法同段内或段间转移一样。

2. 子程序返回指令 RET

子程序执行完后，应返回主程序中继续执行，这一功能由 RET 指令完成。要回到主程序，只要能获得离开主程序时由 CALL 指令保存于堆栈的指令地址即可。

编程应用中，RET 指令有两种书写格式：

```
RET                    ;无参数返回:出栈返回地址
RET i16                ;有参数返回:出栈返回地址,ESP=ESP+i16
```

尽管段内返回和段间返回具有相同的汇编助记符，但汇编程序会根据子程序与主程序是否同处于一个段内，自动产生不同的指令代码，也可以分别采用 RETN 和 RETF 表示段内返回和段间返回。返回指令还可以带有一个立即数 i16，相应地，堆栈指针 ESP 将增加，即 ESP=ESP+i16。利用这个特点，程序可以方便地废除若干执行 CALL 指令以前入栈的参数。

在 32 位线性地址空间中，段内返回需出栈 4 字节 32 位偏移地址；段间返回出栈 8 字节，包含 32 位偏移地址和 16 位段选择器。在 16 位实地址存储模型中，段内返回只需出栈 16 位偏移地址，段间返回出栈 16 位偏移地址和 16 位段基地址，如表 6-3 所示。

表 6-3　子程序返回指令 RET

类型	32 位线性地址空间	16 位实地址存储模型
段内返回：RET	弹出返回地址：EIP=SS：[ESP]，ESP=ESP+4	弹出返回地址：IP=SS：[SP]，SP=SP+2
段内返回：RET i16	弹出返回地址：EIP=SS：[ESP]，ESP=ESP+4 增量堆栈指针：ESP=ESP+i16	弹出返回地址：IP=SS：[SP]，SP=SP+2 增量堆栈指针：SP=SP+i16
段间返回：RET	弹出返回地址：EIP=SS：[ESP]，ESP=ESP+4 CS=SS：[ESP]，ESP=ESP+4	弹出返回地址：IP=SS：[SP]，SP=SP+2 CS=SS：[SP]，SP=SP+2
段间返回：RET i16	弹出返回地址：EIP=SS：[ESP]，ESP=ESP+4 CS=SS：[ESP]，ESP=ESP+4 增量堆栈指针：ESP=ESP+i16	弹出返回地址：IP=SS：[SP]，SP=SP+2 CS=SS：[SP]，SP=SP+2 增量堆栈指针：SP=SP+i16

例如，在 32 位平台中，段内调用"CALL LABEL"指令相当于如下两条指令功能：

```
push next       ;(1) 入栈返回地址:ESP=ESP-4,SS:[ESP]=EIP
jmp label       ;(2) 转移至目标地址:EIP=EIP+ 偏移量
```

这里压入堆栈的 EIP 是指 CALL 指令后的下一条指令地址，即返回地址，假设是 NEXT 标号，如图 6-15 所示。子程序最后的 RET 指令实现相反功能：

```
ret     ;(1) 出栈返回地址:EIP=SS:[ESP],ESP=ESP+4
        ;(2) 转移至返回地址:数据进入 EIP,就作为下一条要执行指令的地址
```

不妨思考如下代码片段，执行后 EAX 内容是什么？

```
        call next
next:       pop eax         ;EAX=?
```

CALL 指令压入堆栈的返回地址是 POP 指令的地址，即 NEXT 标号的地址，然后转移到 NEXT 执行，即执行 POP 指令，此时栈顶内容是其本身的地址，被弹出到 EAX。所以，两条指令执行后，寄存器 EAX 获得 POP 指令的存储器地址。其实，这就是在程序运行过程中获得当前指令地址的一个简单有效的方法。

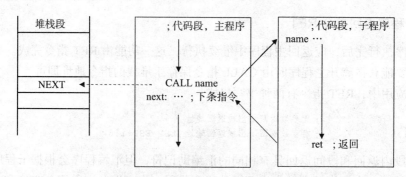

图 6-15 调用和返回指令的功能

3. 过程定义伪指令

MASM 汇编程序为配合编写子程序、中断服务程序等程序模块，设置了过程定义伪指令，由 PROC 和 ENDP 组成，基本格式如下：

```
过程名        PROC
  ……                  ;过程体
过程名        ENDP
```

其中，过程名为符合语法的标识符，每个过程应该具有一个唯一的过程名。伪指令 PROC 后面还可以加上参数 NEAR 或 FAR 指定过程的调用属性：段内调用还是段间调用。在简化段定义源程序格式中，通常不需要指定过程属性，采用默认属性即可。

【例 6-16】 子程序调用程序。

```
          ;代码段，主程序
00000000  B8 00000001            mov eax,1
00000005  BD 00000005            mov ebp,5
0000000A  E8 00000016            call subp
0000000F  B9 00000003      retp1: mov ecx,3
00000014  BA 00000004      retp2: mov edx,4
00000019  E8 00000000 E          call disprd
          ;代码段，子程序
00000025  00000025        subp    proc            ;过程定义，过程名为 subp
00000025  55                      push ebp
00000026  8B EC                   mov ebp,esp
00000028  8B 75 04                mov esi,[ebp+4]
          ;ESI=CALL 下一条指令（标号 RETP1）的偏移地址
0000002B  BF 00000014 R          mov edi,offset retp2 ;EDI= 标号 RETP2 的偏移地址
00000030  BB 00000002            mov ebx,2
00000035  5D                     pop ebp           ;弹出堆栈，保持堆栈平衡
00000036  C3                     ret               ;子程序返回
00000037            subp    endp                   ;过程结束
```

为了理解返回地址，本例程序还包含汇编生成的机器代码（左边），即列表文件内容。

注意，用过程伪指令定义的子程序是由主程序调用才执行的，在源程序中应该安排在执行终止（即 EXIT 语句）返回操作系统后，但应该在 END 语句之前（否则不被汇编），示例中没有写出返回操作系统的语句（后续示例中同样处理）。过程定义也可以安

排在主程序开始执行的第一条语句之前。

本例程序是为了说明堆栈在调用和返回过程中的作用而特别编写的。调用时，主程序的 CALL 指令先把下一条指令的偏移地址作为返回地址 EIP 保存到堆栈，如图 6-16 所示，然后跳转到子程序。在本例中，返回地址就是 "MOV ECX,3" 指令的地址，即标号 RETP1 地址。所以，本例的 CALL 指令相当于如下两条指令：

```
push offset retp1
jmp subp
```

子程序中，指令 "PUSH EBP" 将 EBP 内容保存到堆栈顶部，并使 ESP 减 4。传送指令设置 EBP 等于当前堆栈指针 ESP。这样，EBP+4 指向堆栈保存返回地址的位置，ESI 也就获得了返回地址。指令 "POP EBP" 将当前栈顶数据传送给 EBP，也就使得 EBP 恢复为原来的数值（本例程序设置为 5），同时 ESP 加 4。现在 ESP 又指向了返回地址，执行子程序返回指令 RET，则从当前栈顶弹出这个返回地址到 EIP，程序回到 CALL 的下一条指令。本例程序执行结束，将显示 EAX、EBX、ECX、EDX 和 EBP 依次等于 1 ~ 5，ESI 等于 RETP1 标号的地址，EDI 等于 RETP2 标号的地址。

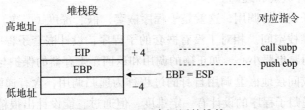

图 6-16 子程序调用的堆栈

如果在传送 RETP2 标号地址给 EDI 的指令之后，增加一条 "MOV [EBP+4],EDI" 指令，那么，由于堆栈保存返回地址的位置被设置成为 RETP2 标号地址，子程序将返回到 RETP2 标号，主程序不会执行 "MOV ECX,3" 指令。这也意味着，若程序有意无意修改了保存返回地址的堆栈存储单元内容，子程序将无法返回到正确的位置，可能导致程序异常（详见 6.4.6 节的缓冲区溢出部分）。

堆栈指针寄存器 ESP 指向当前堆栈顶部，完全可以通过 ESP 相对寻址访问堆栈段的存储单元。但是，由于堆栈、子程序等指令会改变 ESP 值，所以将当前子程序使用的堆栈指针由堆栈基址指针 EBP 指向，就可以比较方便地访问当前堆栈区域。这也是高级语言编译程序对函数调用的标准编译用法，后续章节将讨论这一问题。

6.4.2 子程序设计

子程序也是一段程序，其编写方法与主程序一样，可以采用顺序、分支、循环结构。但是，作为相对独立和通用的一段程序，它具有一定的特殊性，MASM 中需留意几个问题。

1）子程序要利用过程定义伪指令声明，获得子程序名和调用属性。

2）子程序最后利用 RET 指令返回主程序，主程序执行 CALL 指令调用子程序。

3）子程序中对堆栈的压入和弹出操作要成对使用，保持堆栈的平衡。

所谓保持堆栈平衡，是指一个程序模块执行前后维持堆栈指针 ESP 不变，或者说模块中压入堆栈（ESP 指针减少）多少字节数据，最终应该弹出（ESP 指针增加）多少字节。

因为，主程序 CALL 指令将返回地址压入堆栈，子程序 RET 指令将返回地址弹出堆栈。只有堆栈平衡，才能保证执行 RET 指令时当前栈顶的内容刚好是返回地址，即相应 CALL 指令压栈的内容，才能返回正确的位置。

实际上，保持堆栈平衡，主程序也要做到。

4）子程序开始应该保护使用到的寄存器内容，子程序返回前相应进行恢复。

因为通用寄存器数量有限，主程序和子程序可能会使用同一个寄存器。为了不影响主程序调用子程序后的指令执行，子程序应该把用到的寄存器内容保护好。常用的方法是在子程序开始，将要修改内容的寄存器顺序入栈（注意不要包括将要带回结果的寄存器）；而在子程序返回前，再将这些寄存器内容逆序弹出恢复到原来的寄存器中。

5）子程序应安排在代码段的主程序之外，最好放在主程序执行终止后的位置（返回操作系统后，汇编结束 END 伪指令前），也可以放在主程序开始执行之前的位置。

6）子程序允许嵌套和递归。

子程序包含子程序的调用，这就是子程序嵌套。嵌套深度（层次）逻辑上没有限制，但受限于开设的堆栈空间。相对于没有嵌套的子程序，设计嵌套子程序并没有什么特殊要求，只是有些问题更要小心，如正确的调用和返回、寄存器的保护与恢复等。

子程序直接或间接地嵌套调用自身的过程称为递归调用，含有递归调用的子程序称为递归子程序。递归子程序的设计有一定难度，但通过它能设计出很精巧的程序。

7）处理好子程序与主程序间的参数传递问题。

如果子程序与主程序之间无须交换数据，问题就简单了，就像分别编写两个独立的程序片段一样。而如果子程序与主程序需要传递参数（和返回值），就需要遵循同样的传递规则，这是子程序设计的关键和难点，后面将详细讨论。

另外，为了使子程序调用更加方便，编写子程序时很有必要提供适当的注释。完整的注释应该包括子程序名、子程序功能、入口参数和出口参数、调用注意事项和其他说明等。这样，程序员只要阅读了子程序的说明就可以调用该子程序，而不必关心子程序是如何编程实现该功能的。

下面我们将结合 C 语言函数理解汇编语言子程序的运行机理。

【例 6-17】 无参数和返回值的 C 语言函数。

```c
#include <stdio.h>
void crlf()
{    printf("Hello!\n");
}
int main()
{    crlf();
}
```

在 DEVC 环境将上述 C 语言程序生成优化的汇编语言程序，重点关注函数及调用的代码部分。主函数中调用 crlf 函数的汇编语言代码很简单（函数名前的下划线是编译程序添加的，参见 5.2.4 节说明）：

```
call _crlf
```

crlf 函数的汇编语言代码是：

```
_crlf:
    push ebp
    mov ebp, esp
    sub esp, 8
    mov DWORD PTR [esp], OFFSET FLAT:LC0
    call _puts
    leave
    ret
```

GCC 没有使用子程序声明伪指令，只是把函数名作为了一个子程序标号使用。

GCC 进行优化时，没有调用 printf 函数实现显示，而是直接调用字符串显示函数 puts。因为 printf 函数较复杂，而这里仅需要其字符串显示功能。

本例虽按常规将 ESP 赋值给 EBP，但子程序中实际上并没有使用 EBP，而是使用 ESP 为 puts 函数传递参数。为此，减量 ESP 预备堆栈空间，下条传送指令实现参数传递（详见 6.4.5 节）。

LEAVE 指令的功能等同于如下两条指令：

```
mov esp,ebp
pop ebp
```

这两条指令用于恢复原 ESP 和 EBP 内容。与之功能相反的是子程序的前两条指令，加上减量 ESP 的指令如下：

```
push ebp
mov ebp,esp
sub esp,i16          ;i16 表示某个 16 位立即数
```

正好是另一条 "ENTER i16,0" 指令的功能。

IA-32 处理器为支持函数的堆栈区域，特别设计有 ENTER 和 LEAVE 两条指令，前者用于进入后建立堆栈区域，后者用于退出前释放堆栈区域。只是 ENTER 指令比较复杂，所以编译程序并没有使用。

【例 6-18】 汇编语言的回车换行子程序。

DOS 和 Windows 平台中，实现显示器光标回到下一行首位置需要输出回车 CR（ASCII 码：0DH，光标回到当前行首位置）、换行 LF（ASCII 码：0AH，光标移到下一行，列位置不变）两个控制字符，对应 C 语言输出 "\n" 字符的作用。UNIX（Linux）平台只使用换行字符就可以实现光标回到下一行首位置。

本例子程序 DPCRLF 实现回车换行，没有参数和返回值，同时该子程序调用字符输出子程序 DISPC，因此本例又是子程序嵌套示例。

```
dpcrlf    proc          ; 回车换行子程序
    push eax            ; 保护寄存器
    mov al,0dh          ; 输出回车字符
```

```
      call dispc              ;子程序中调用子程序，实现子程序嵌套
      mov al,0ah              ;输出换行字符
      call dispc              ;子程序中调用子程序，实现子程序嵌套
      pop eax                 ;恢复寄存器
      ret                     ;子程序返回
dpcrlf    endp
```

6.4.3 寄存器传递参数

主程序与子程序间常需要通过参数传递建立联系，相互配合完成任务。主程序在调用子程序时，通常需要向其提供一些数据，对于子程序来说就是入口参数（输入参数，对应高级语言的函数实参）；同样，子程序执行结束也要返回给主程序必要的数据，这就是子程序的出口参数（输出参数，对应高级语言的返回值）。

传递参数的多少反映程序模块间的耦合程度。根据实际情况，子程序可以没有参数，可以只有入口参数或只有出口参数（返回值），也可以入口参数和出口参数都有。在汇编语言中，参数传递可通过寄存器、变量或堆栈来实现，参数的具体内容可以是数据本身（传递数值，By Value），也可以是数据的存储地址（传递地址，By Location）。传递数值是传递参数的一个拷贝，被调用程序改变这个参数不影响调用程序。传递地址时，被调用程序可能修改通过地址引用的变量内容，也称为传递引用（By Reference）。

汇编语言频繁使用寄存器，所以利用寄存器传递参数是最常用，也是最自然和简单的方法，只要把参数存于约定的寄存器就可以了。例如，本书提供的所有输入/输出子程序库中的子程序都采用寄存器传递参数。

由于通用寄存器个数有限，这种方法对少量数据可以直接传递数值，而对大量数据只能传递地址。采用寄存器传递参数，注意带有出口参数的寄存器不能保护和恢复，带有入口参数的寄存器可以保护，也可以不保护，但最好能够保持一致。另外，有时虽然只使用32位通用寄存器的低8位或低16位，但保护、恢复都应该针对整个32位。注意，使用低8位或低16位寄存器后往往不再保证不影响高位部分。

【例6-19】 无参数、有返回值的C语言函数。

```
#include <stdio.h>
void crlf()
{   printf("Hello!\n");
    return 100;                  //整数返回值
}
int main()
{   printf("%d",crlf());         //显示返回值
}
```

本例crlf函数的优化汇编语言代码如下：

```
_crlf:
    push ebp
    mov ebp, esp
    sub esp, 8
    mov DWORD PTR [esp], OFFSET FLAT:LC0
    call _puts
```

```
mov eax, 100
leave
ret
```

相比例 6-17，这里只是多了一个为 EAX 赋值的指令，这就是 C 语言的函数返回值。C 语言编译程序使用寄存器传递函数的返回值，规则如下：对于小于等于 4 字节的返回值，通过 EAX 返回；对于 8 字节的返回值，可以通过 EDX 和 EAX 返回；对于大于 4（或 8）字节的结构体等返回值，通用 EAX 返回该主存区域的地址。

对应地，调用 crlf 函数的主函数的汇编语言代码如下：

```
call _crlf
mov  DWORD PTR [esp+4], eax
```

后一个指令用于将返回值赋值给显示函数。

对于 C 语言程序员来说，通常并不直接使用寄存器。C 语言编译程序通常遵循如下规则：

1）使用 EAX 传递函数的返回值。

2）函数不必保护 EAX、ECX 和 EDX 寄存器（应由调用程序保护），函数需要保护 EBX、ESI、EDI 以及 EBP（和 ESP）寄存器（即由被调用程序保护）。

3）利用堆栈传递参数，局部变量也建立在堆栈，EBP 作为当前堆栈的基地址（通常不变），ESP 仍作为堆栈顶部指针（可能改变）。

【例 6-20】 汇编语言的十六进制显示程序。

MASM 对子程序使用通用寄存器并没有硬性规定，应用程序可以自行确定，但最好有一定的便于运用的规律，例如，本书提供的 I/O 子程序均使用 EAX 传递输入参数和返回值。

对于标准输入和标准输出设备，操作系统往往只提供单个字符和字符串的输入 / 输出功能（类似本书配套的字符输出 DISPC、字符串输出 DISPMSG 和字符输入 READC、字符串输入 READMSG 子程序），实际编程常使用十进制数据，有时也使用十六进制或者二进制数据进行输入 / 输出，以方便用户操作。所以，低层程序设计需要实现不同数制编码间的相互转换。

例如，要将数据以二进制形式输出，就需要从高位到低位依次处理，析出每个数位（数值 "0" 或 "1"），加 30H 成为 ASCII 码（字符 "0" 或 "1"），然后逐个字符输出（可以用 DISPC 子程序）或者顺序保存到主存后以字符串形式一并输出（可以用 DISPMSG 子程序），这个转换留作习题请读者编程实现。

本例程序利用字符串显示子程序 DISPMSG 实现十六进制显示，它需要以 4 个二进制位为单位将每个十六进制数位转换为 ASCII 码。因为，4 位二进制数对应 1 位十六进制数，具有 16 个数码：0 ~ 9、A ~ F。这 16 个数码依次对应的 ASCII 码是 30H ~ 39H、41H ~ 46H，所以十六进制数 0 ~ 9 只要加 30H 就转换为了 ASCII 码，而对 A ~ F（大写字母）需要再加 7。例如，数码 "B" 加 30H，再加 7 等于 42H，正是大写字母 B 的 ASCII 码（0BH+30H+7=42H）。之所以再加 7，是因为：大写字母 A 的 ASCII 码与数字 9 的 ASCII 码相隔 7。

程序中需要多次将十六进制数码转换为 ASCII，所以将转换过程编写成一个子程序，取名 HTOASC，设计用 AL 传递入口参数（传值），也用 AL 传送出口参数。主程序通过 AL 低 4 位将要转换的十六进制数位传递给子程序，子程序转换后的 ASCII 码通过 AL 反馈给主程序。本程序的编程思想就是本书配套 I/O 子程序库中显示寄存器内容 DISPRD、十六进制显示 DISPHD 等子程序所采用的方法。

```
            ;数据段
regd        byte 'EAX=',8 dup (0),'H',0    ;显示 EAX 内容，预留 8 个字符（字节）空间
            ;代码段，主程序
            mov eax, 1234abcdh      ;假设一个要显示的数据
            xor ebx,ebx             ;使用 EBX 相对寻址访问 REGD 字符串
            mov ecx,8               ;8 位十六进制数
again:      rol eax,4               ;高 4 位循环移位进入低 4 位，作为子程序的入口参数
            push eax                ;子程序利用 AL 返回结果，所以需要保存 EAX 中的数据
            call htoasc             ;调用子程序
            mov regd+4[ebx],al      ;保存转换后的 ASCII 码
            pop eax                 ;恢复保存的数据
            inc ebx
            loop again
            mov eax,offset regd
            call dispmsg            ;显示
            ;代码段，子程序
htoasc      proc                    ;将 AL 低 4 位表达的一位十六进制数转换为 ASCII 码
            and al,0fh              ;只取 AL 的低 4 位
            or al,30h               ;AL 高 4 位变成 3，实现加 30H
            cmp al,39h              ;是 0～9，还是 A～F
            jbe htoend
            add al,7                ;是 A～F，其 ASCII 码再加上 7
htoend:     ret                     ;子程序返回
htoasc      endp
```

HTOASC 子程序也可以使用换码方法编程实现。对应十六进制数码 0～9 和 A～F 的 ASCII 码表作为子程序只读的数据，安排在子程序代码之后。

```
            ;代码段，子程序
htoasc      proc
            and eax,0fh             ;取 AL 低 4 位
            mov al,ASCII[eax]       ;换码
            ret
            ;子程序的局部数据
ASCII       byte '0123456789ABCDEF'
htoasc      endp
```

6.4.4　共享变量传递参数

子程序和主程序使用同一个变量名存取数据就是利用共享变量（全局变量）进行参数传递。如果变量定义和使用不在同一个程序模块中，需要利用 PUBLIC、EXTERN 声明。如果主程序还要利用原来的变量值，则需要保护和恢复。

利用共享变量传递参数，子程序的通用性较差，但对于一个程序中主程序与子程序之间或者多个子程序之间的数据传递，这是一种方便的方法。

【例 6-21】 全局变量、有返回值的 C 语言函数。

```c
#include <stdio.h>
int x=100;                              // 全局变量
crlf()
{   printf("Hello!\n");
    return x;                           // 使用全局变量作为返回值
}
int main()
{   printf("%d",crlf());                // 显示返回值
}
```

对比例 6-19，本例 crlf 函数的优化汇编语言代码仅赋值返回值的传送指令略有不同：

```
mov eax, DWORD PTR _x
```

而对应数据段包含对共享变量的定义：

```
    .data
    .align 4
_x: .long  100
```

对于汇编语言来说，定义在数据段的变量都是共享变量（全局变量）。

【例 6-22】 二进制输入程序。

二进制输入的转换原理比较简单，但需要处理输入错误的情况。利用字符输入子程序 READC 输入一个字符，判断其是否合法。字符 "0" 或 "1" 合法，减去 30H 转换成数值 "0" 或 "1"。重复转换每个字符的同时，需要将前一次的数值左移 1 位，并与新数值进行组合。如果输入了非 "0" 或 "1" 的字符，或者超过了数据位数，则提示错误，需重新输入。

本例程序将二进制输入编写成一个子程序，输入的二进制数据用共享变量返回（即出口参数）。子程序没有入口参数，主程序调用子程序输入若干个数据。本程序的编程思想是本书程序库中二进制输入 READBD 等子程序所采用的方法。

```
        ;数据段
count       = 5
array       dword count dup(0)
temp        dword ?                     ;共享变量
        ;代码段，主程序
    mov ecx,count
    mov ebx,offset array
again:      call rdbd                   ;调用子程序，输入一个数据
    mov eax,temp                        ;获得出口参数
    mov [ebx],eax                       ;存放到数据缓冲区
    add ebx,4
    loop again
        ;代码段，子程序
rdbd        proc                        ;二进制输入子程序
    push eax                            ;出口参数：共享变量 TEMP
    push ebx
    push ecx
rdbd1:      xor ebx,ebx                 ;EBX 用于存放二进制结果
```

```
        mov ecx,32                    ; 限制输入字符的个数
rdbd2:    call readc                  ; 输入一个字符
        cmp al,'0'                    ; 检测输入字符是否合法
        jb rderr                      ; 不合法则返回重新输入
        cmp al,'1'
        ja rderr
        sub al,'0'                    ; 对输入的字符进行转化
        shl ebx,1                     ; EBX 的值乘以 2
        or bl,al                      ; BL 和 AL 相加
        loop rdbd2                    ; 循环输入字符
        mov temp,ebx                  ; 把 EBX 的二进制结果存放于 TEMP 返回
        call dispcrlf                 ; 分行
        pop ecx
        pop ebx
        pop eax
        ret
rderr:    mov eax,offset errmsg      ; 显示错误信息
        call dispmsg
        jmp rdbd1
errmsg    byte 0dh,0ah,'Input error, enter again: ',0
rdbd      endp
```

6.4.5　堆栈传递参数

参数传递还可以通过堆栈这个临时存储区实现。主程序将入口参数压入堆栈，子程序从堆栈中取出参数；出口参数通常不使用堆栈传递。高级语言进行函数调用时提供的参数，实质也是利用堆栈传递的。

【例 6-23】　有参数和返回值的 C 语言函数。

```c
#include <stdio.h>
crlf(int x)
{   printf("Hello!\n");
    return x;                     // 参数作为返回值
}
int main()
{   int x=100;
    printf("%d",crlf(x));         // 显示返回值
}
```

主函数通过堆栈传递参数，其优化汇编语言代码如下：

```
mov  DWORD PTR [esp], 100
call _crlf
```

crlf 函数通过 EBP 指针获取参数，其优化汇编语言代码如下：

```
_crlf:
    push ebp
    mov ebp, esp
    sub esp, 8
    mov DWORD PTR [esp], OFFSET FLAT:LC0
    call _puts
    mov eax, DWORD PTR [ebp+8]
```

```
        leave
        ret
```

GCC 为本 crlf 函数设立的堆栈区域如图 6-17 所示。主函数通过 ESP 间接寻址的 MOV 指令将参数传送到堆栈，crlf 函数也采用同样的方式给 puts 函数传递了参数。为此，程序中先将 ESP 进行减量预留出堆栈空间。传送和 ESP 减量两条指令与压入堆栈 PUSH 指令的功能相同。子函数通过 EBP 相对寻址获得传递过来的参数。

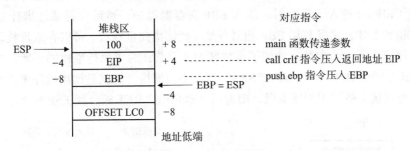

图 6-17 crlf 函数的堆栈区

由此可见，采用堆栈传递参数可以程式化，它是编译程序处理参数传递的常规方法，汇编语言可以借鉴。

【例 6-24】 计算有符号数平均值的汇编语言程序。

假设有一个 32 位有符号整型数组，主程序调用子程序求平均值，最后显示结果。子程序需要两个参数：数组指针和元素个数，通过堆栈传递。

```
        ; 数据段
array   dword 675, 354, -34, 198, 267, 0, 9, 2371, -67, 4257
        ; 代码段，主程序
        push lengthof array   ; 压入数据个数
        push offset array      ; 压数组的偏移地址
        call mean         ; 调用求平均值子程序，出口参数:EAX= 平均值（整数部分）
        add esp,8         ; 平衡堆栈（压入了 8 字节数据）
        call dispsid      ; 显示
        ; 代码段，子程序
mean    proc          ; 计算 32 位有符号数平均值子程序
        push ebp          ; 入口参数：顺序压入数据个数和数组偏移地址
        mov ebp,esp       ; 出口参数:EAX= 平均值
        push ebx          ; 保护寄存器
        push ecx
        push edx
        mov ebx,[ebp+8]          ;EBX= 堆栈中取出的偏移地址
        mov ecx,[ebp+12]         ;ECX= 堆栈中取出的数据个数
        xor eax,eax       ;EAX 保存和值
        xor edx,edx       ;EDX= 指向数组元素
mean1:  add eax,[ebx+edx*4]         ; 求和
        add edx,1         ; 指向下一个数据
        cmp edx,ecx       ; 比较个数
        jb mean1          ; 循环
        cdq       ; 将累加和 EAX 符号扩展到 EDX
        idiv ecx          ; 有符号数除法，EAX= 平均值（余数在 EDX 中）
        pop edx           ; 恢复寄存器
```

```
        pop ecx
        pop ebx
        pop ebp
        ret
    mean    endp
```

上述程序执行过程中利用堆栈传递参数的情况如图 6-18 所示。主程序依次压入数据个数（LENGTHOF ARRAY）和数组偏移地址（OFFSET ARRAY），子程序调用时压入返回地址（EIP）。进入子程序后，压入 EBP 寄存器保护；然后设置基址指针 EBP 等于当前堆栈指针 ESP，这样利用 EBP 相对寻址（默认指向堆栈段）可以存取堆栈段中的数据。主程序压入了两个参数，使用了堆栈区的 8 字节；为了保持堆栈的平衡，主程序在调用 CALL 指令后用一条"ADD ESP,8"指令平衡堆栈。这就是调用程序平衡堆栈。平衡堆栈也可以规定被调用程序实现，则返回指令采用"RET 8"，使 ESP 加 8。

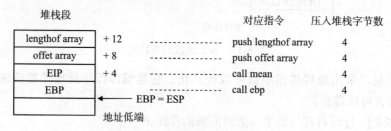

图 6-18　利用堆栈传递参数

在 GCC 编译的函数中，LEAVE 指令有"MOV ESP, EBP"指令功能，它将进入子程序时保存于 EBP 的堆栈指针 ESP 恢复，实现了子程序的堆栈平衡。

由此可见，由于堆栈采用"先进后出"原则存取，而且返回地址和保护的寄存器等也要存于堆栈，因此，用堆栈传递参数时，要时刻注意堆栈的分配情况，保证参数的正确存取以及子程序的正确返回。为了简化利用堆栈传递参数的编程难度，MASM 从 6.0 开始对过程定义伪指令 PROC 进行了扩展，并引入过程声明 PROTO 和过程调用 INVOKE 伪指令。利用这些高级语言的特性，程序员就可以不必关心具体的堆栈位移，直接使用变量名。

为简化问题，上述子程序没有处理求和过程中可能的溢出，这是一个潜在的错误。为了避免有符号数据运算的溢出，对被加数进行符号扩展，得到倍长数据（大小没有变化），然后求和。我们使用二进制 32 位表示数据个数，最大是 2^{32}，这样扩展到 64 位二进制数表达累加和，不再会出现溢出（考虑极端情况：数据全是 -2^{31}，共有 2^{32} 个，求和结果是 -2^{63}，64 位数据仍然可以表达）。改进的子程序如下：

```
        ;代码段，子程序
    mean        proc                ;计算 32 位有符号数平均值子程序
        push ebp                    ;入口参数：顺序压入数据个数和数据缓冲区偏移地址
        mov ebp,esp                 ;出口参数：EAX= 平均值
        push ebx                    ;保护寄存器
        push ecx
        push edx
        push esi
```

```
        push edi
        mov ebx,[ebp+8]              ;EBX= 堆栈中取出的偏移地址
        mov ecx,[ebp+12]            ;ECX= 堆栈中取出的数据个数
        xor esi,esi                 ;ESI= 求和的低 32 位值
        mov edi,esi                 ;EDI= 求和的高 32 位值
mean1:      mov eax,[ebx]            ;EAX= 取出一个数据
        cdq                         ;EAX 符号扩展到 EDX
        add esi,eax                 ; 求和低 32 位
        adc edi,edx                 ; 求和高 32 位
        add ebx,4                   ; 指向下一个数据
        dec ecx                     ; 数据个数减少一个
        jnz mean1                   ; 循环（这两条指令等同于 LOOP 指令）
        mov eax,esi                 ; 累加和在 EDX.EAX
        mov edx,edi
        idiv dword ptr [ebp+12]     ; 有符号数除法,EAX= 平均值（余数在 EDX 中）
        pop edi                     ; 恢复寄存器
        pop esi
        pop edx
        pop ecx
        pop ebx
        pop ebp
        ret
mean            endp
```

上述程序还隐含一个问题，如果将 0 作为元素个数压入堆栈，除法指令将产生除法错异常。改进的方法可以是在个数为 0 时，直接赋值 0 作为返回结果。

6.4.6　堆栈帧

堆栈在函数编程中起着重要的作用。不仅返回地址、参数、保护寄存器使用堆栈，高级语言的局部变量也使用堆栈。堆栈在过程调用中为传递参数、返回地址、局部变量和保护寄存器所保留的堆栈空间，称为堆栈帧（Stack Frame）。

1. 局部变量

高级语言在函数中定义的局部变量，编译程序标准的做法是利用堆栈实现。

【例 6-25】　有局部变量的 C 语言函数。

```
#include <stdio.h>
crlf(int x)
{   int y=x+100;
    printf("Hello!\n");
    return y;
}
int main()
{   int x=100;
    printf("%d",crlf(x));
}
```

为理解编译程序的标准方法，在 DEVC 环境生成汇编语言程序时，不要带优化参数，crlf 函数未优化的汇编语言代码如下（注释是编者添加的）：

```
_crlf:
```

```
push ebp
mov ebp, esp
sub esp, 8
mov eax, DWORD PTR [ebp+8]        # EAX 获得通过堆栈传递过来的参数 x
add eax,100                       # 计算 x+100
mov DWORD PTR [ebp-4], eax        # 将 x+100 结果保存到变量 y 中
mov DWORD PTR [esp], OFFSET FLAT:LC0
call _printf
mov eax, DWORD PTR [ebp-4]        # 变量 y 作为返回值
leave
ret
```

参照图 6-17 的堆栈区，可以看出本例的局部变量 y 使用了 "EBP-4" 的存储单元。

函数的局部变量往往需要频繁使用，也就是需要频繁访问主存。进行优化时，编译程序会使用通用寄存器作为局部变量。因为处理器内部的寄存器访问时间显然要快于存储器，使用寄存器将降低访问主存的频度，有利于减少程序执行时间。汇编语言习惯使用寄存器作为临时变量，起到了替代局部变量的作用，自然实现了优化。

例如，本例 crlf 函数的优化汇编语言代码如下：

```
_crlf:
    push ebp
    mov ebp, esp
    push ebx
    sub esp, 4
    mov ebx, DWORD PTR [ebp+8]
    add ebx,100
    mov DWORD PTR [esp], OFFSET FLAT:LC0
    call _puts
    mov eax, ebx
    add esp,4
    pop ebx
    pop ebp
    ret
```

这里看到，寄存器 EBX 起到了局部变量 y 的作用。

2. 函数的堆栈帧

结合例 6-25 的汇编语言代码，函数堆栈帧的一般创建步骤如下：

1）主程序把传递的参数压入堆栈。

2）调用子程序时，返回地址压入堆栈。

3）子程序中，EBP 压入堆栈。设置 EBP 等于 ESP，通过 EBP 访问参数和局部变量。

4）子程序有局部变量，ESP 减去一个数值，在堆栈预留局部变量使用的空间。

5）子程序要保护的寄存器压入堆栈。

具体来说，设置 EBP 作为帧（栈基）指针、ESP 为堆栈（顶）指针访问堆栈帧。32 位平台通常都以 32 位（4 字节）位为单位操作堆栈。这样，[EBP+8] 指向第 1 个参数，[EBP+12] 指向第 2 个参数，以此类推。[EBP-4] 指向第 1 个局部变量，[EBP-8] 指向第 2 个局部变量，以此类推。参数都要传值，但可以通过指针等指向参数值的地址实现传

递引用，如图 6-19 所示。进行优化时，局部变量常由寄存器替代，寄存器保护也可以在预留的局部变量之前。

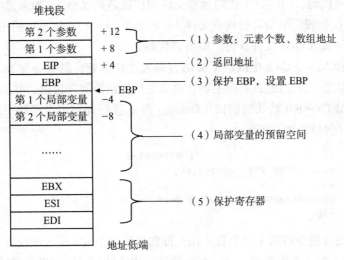

图 6-19　函数的堆栈帧

堆栈帧在函数调用时建立、返回后丢弃，因此局部变量在时间和空间上都只局限于函数内部。程序运行进行函数调用时，局部变量才通过堆栈创建，只有函数内的语句可以访问这个局部变量，函数调用结束则局部变量随之消失。

为了更深入地理解堆栈帧，下面使用 Visual C++ 6.0 实现例 6-24 同样的功能（与例 2-5 的 C 语言程序类同）。

【例 6-26】　计算数组平均值的 C++ 语言程序。

```
#include <iostream.h>                                              // 1
#define COUNT 10                                                   // 2
long mean(long d[], long num);                                     // 3
int main()                                                         // 4
{                                                                  // 5
    long array[COUNT] = {675,354,-34,198,267,0,9,2371,-67,4257};   // 6
    cout<<"The mean is \t"<<mean(array,COUNT)<<endl;               // 7
    return 0;                                                      // 8
}                                                                  // 9
long mean(long d[], long num)                                      // 10
{                                                                  // 11
    long i,temp=0;                                                 // 12
    for(i=0;i<num;i++) temp=temp+d[i];                             // 13
    temp=temp/num;                                                 // 14
    return(temp);                                                  // 15
}                                                                  // 16
```

为便于与后面的汇编语言代码对照，程序每一行最后加入了行号。

在 Visual C++ 6.0 集成开发环境中，建立一个 WIN32 控制台程序的项目，创建上述源程序后加入该项目。然后，进行编译、连接产生一个可执行文件。注意，项目配置中的"C/C++ 标签"的列表文件类型（Listing File Type）选择含有汇编代码的选项（建议选择：Assembly with Source Code），才会生成含汇编语言的列表文件（含有源代码和汇编语言代码，扩展名是 .ASM）。如果选项是 Assembly, Macine Code, and Source，列表文件还包括机器代码，但注意生成的列表文件的扩展名是 .COD。如果选项是 Assembly-Only Listing，仅生成汇编语言的列表文件（扩展名是 .ASM）。也可以使用 DUMPBIN 反汇编可执行文件或者 OBJ 文件获得汇编语言代码。

要完全读懂 Visual C++ 生成的汇编语言列表文件内容，需要补充 MASM 知识和有关编译技术（本书不再介绍），下面主要针对求平均值函数展开讨论，并关注其堆栈帧。

采用 Visual C++ 6.0 默认的调试（Debug）版本进行开发，主函数中调用 MEAN 函数的汇编代码（包括注释）如下：

```
push        10                          ; 0000000aH
lea         eax, DWORD PTR _array$[ebp]
push        eax
call        ?mean@@YAJQAJJ@Z            ; mean
add         esp, 8
```

第 1 条 PUSH 指令将第 1 个参数（10，即数组元素个数）压入堆栈。

第 2 条 LEA 指令获得数组（array）的地址。主函数同样使用堆栈区域安排数组，位置由"_array$[ebp]"指示，所以 LEA 获得其有效地址（不能使用 OFFSET 操作符）。

第 3 条 PUSH 指令压入堆栈第 2 个参数（数组地址）。

第 4 条 CALL 指令调用函数 MEAN，不过函数名被编译程序进行了修饰（详见后面调用规范的说明）。

第 5 条 ADD 指令增量 ESP，调用程序平衡堆栈。

求平均值 MEAN 函数的汇编代码（包括注释）如下：

```
_d$ = 8
_num$ = 12
_i$ = -4
_temp$ = -8
?mean@@YAJQAJJ@Z PROC NEAR              ; mean, COMDAT

; 11   : {

    push    ebp
    mov     ebp, esp
    sub     esp, 72                     ; 00000048H
    push    ebx
    push    esi
    push    edi
    lea     edi, DWORD PTR [ebp-72]
    mov     ecx, 18                     ; 00000012H
    mov     eax, -858993460            ; ccccccccH
    rep stosd

; 12   : long i,temp=0;

    mov     DWORD PTR _temp$[ebp], 0
```

```
; 13   :   for(i=0;i<num;i++) temp=temp+d[i];

    mov    DWORD PTR _i$[ebp], 0
    jmp    SHORT $L1298
$L1299:
    mov    eax, DWORD PTR _i$[ebp]
    add    eax, 1
    mov    DWORD PTR _i$[ebp], eax
$L1298:
    mov    ecx, DWORD PTR _i$[ebp]
    cmp    ecx, DWORD PTR _num$[ebp]
    jge    SHORT $L1300
    mov    edx, DWORD PTR _i$[ebp]
    mov    eax, DWORD PTR _d$[ebp]
    mov    ecx, DWORD PTR _temp$[ebp]
    add    ecx, DWORD PTR [eax+edx*4]
    mov    DWORD PTR _temp$[ebp], ecx
    jmp    SHORT $L1299
$L1300:

; 14   :   temp=temp/num;

    mov    eax, DWORD PTR _temp$[ebp]
    cdq
    idiv   DWORD PTR _num$[ebp]
    mov    DWORD PTR _temp$[ebp], eax

; 15   :   return(temp);

    mov    eax, DWORD PTR _temp$[ebp]

; 16   : }

    pop    edi
    pop    esi
    pop    ebx
    mov    esp, ebp
    pop    ebp
    ret    0
?mean@@YAJQAJJ@Z ENDP      ; mean
```

首先，这部分列表文件为两个实参和两个局部变量定义了符号常量，用于增加列表文件的可读性。这些变量都保存在堆栈帧中，通过 EBP+8 访问第 1 个参数（依次再加 4，访问后续参数），通过 EBP−4 访问第 1 个局部变量（依次再减 4 访问后续局部变量），参见图 6-19。

接着，函数开始的花括号对应源程序第 11 行（列表文件的表示是"; 11 : {"），创建函数的起始代码，包括寄存器保护（没有保护 ECX 和 EDX），预留局部变量的堆栈区域。预留 72 字节空间（对应 18 个 4 字节长整型变量），足够两个局部变量使用，还有余量。预留的堆栈空间使用串存储指令"REP STOSD"（本书未介绍）全部填入 CCH。CCH 是断点中断调用指令（INT 3）的机器代码。设置多余的堆栈空间并填入断点中断调用指令的目的是用于防止堆栈错误。因为如果由于非法操作，程序进入堆栈预留空间，执行了断点中断调用指令就将终止程序执行，不至于导致执行非法指令破坏系统（详见本章最后说明）。

源程序第 12 行，定义局部变量，并设置 TEMP 初值为 0，汇编语言使用一条 MOV指令将 0 传送到事先预留的堆栈空间中。

源程序第 13 行是循环语句，用于实现数组元素求和。在这个语句生成的汇编语言代码中，先设置计数变量 i 初值为 0，然后转移到标号 \$L1298 处；判断当前 i 没有超过元素个数，则实现数组元素相加。这时，使 EDX 等于 i 值，EAX 指向数组地址，ECX等于累加和 temp 值。完成一个元素求和，转移到标号 \$L1299，实现计数变量 i 的增量，并重复求和过程，直到将所有数组元素都进行了求和。

源程序第 14 行用除法指令 IDIV 求平均值，EAX 得到除法的商（即平均值），先暂存于临时变量 temp，然后又取出送到 EAX 作为函数的返回值，以对应 C++ 语言的源程序第 15 行的 return 语句。

最后，函数结束的花括号对应源程序第 16 行，生成子程序的结尾代码，恢复寄存器，返回调用程序，其中关键是恢复 ESP 值，保证其指向正确的返回地址。

3. Visual C++ 的发布版本

程序开发时生成调试（Debug）版本，主要是便于调试时发现问题，编译程序默认不进行优化。当程序完成、交付用户时，应采用发布（Release）版本。

Visual C++ 使用的编译程序 CL.EXE 支持许多优化参数，例如，以 O 开头的参数都是优化参数。在项目配置采用调试版本时，默认不进行优化，对应参数 "/Od"。在项目配置采用发布（Release）版本时，对应参数 "/O2"，它按照最快运行速度的原则进行优化（Maximize Speed）。另外，参数 "/O1" 按照最小空间的原则优化（Minimize Size）。它们都可以通过 Visual C++ 集成开发环境的项目（Project）菜单的设置（Setting）命令进行设置。另外，编译程序还支持针对处理器特性的优化。例如，参数 "/G3" 用于为80386 处理器进行优化，参数 "/G4" 用于为 80486 处理器进行优化，参数 "/G5" 用于为 Pentium 处理器进行优化，参数 "/G6" 用于为 Pentium Pro 处理器进行优化，包括Pentium Ⅱ、Pentium Ⅲ和 Pentium 4。Visual C++.NET 2003 还新增参数 "/G7"，表示为Pentium 4 或 AMD Athlon 处理器进行优化，"/GL" 参数表示进行整个程序的优化。

现在执行创建菜单的设置活动配置（Set Active Configuration）命令选择发布（Release）版本，重新进行编译和连接，生成经过编译器优化的发布版本的可执行文件。

同样通过列表文件获得汇编语言代码，我们关注的求平均值函数的部分如下：

```
_d$ = 8
_num$ = 12
?mean@@YAJQAJJ@Z PROC NEAR                ; mean, COMDAT

; 11   : {

    push  esi
```

```
; 12   :   long i,temp=0;
; 13   :   for(i=0;i<num;i++) temp=temp+d[i];

    mov    esi, DWORD PTR _num$[esp]
    xor    eax, eax
    test   esi, esi
    jle    SHORT $L1300
    mov    ecx, DWORD PTR _d$[esp]
    push   edi
    mov    edx, esi
$L1298:
    mov    edi, DWORD PTR [ecx]
    add    ecx, 4
    add    eax, edi
    dec    edx
    jne    SHORT $L1298
    pop    edi
$L1300:

; 14   :   temp=temp/num;

    cdq
    idiv   esi
    pop    esi

; 15   :   return(temp);
; 16   : }

    ret    0
?mean@@YAJQAJJ@Z ENDP                    ; mean
```

首先看到，堆栈帧没有按照常规使用 EBP 访问，而是直接利用 ESP，节省 EBP 操作指令是为了提高性能。程序中，ESI 保存数组元素个数，ECX 保存数组地址。

其次看到，局部变量似乎不见了，实际上直接使用寄存器实现了它们的功能。EAX 寄存器保存累加和，起到了 temp 局部变量的作用。EDX 寄存器先被赋值数组元素个数，每次循环减量，起到了计数变量 i 的作用。

接着分析程序代码。先对 ESI 进行测试，用 JLE（即 JNG）指令排除了元素个数为 0 的特殊情况。此处的 JLE 指令与 JE 指令的功能相同。标号 $L1298 后面的 5 条指令是循环体，比起调试版本的循环体部分要简单多了，性能自然也提高了。还可以对比直接使用汇编语言编写的循环体（例 6-24），显然其优于调试版本，不比发布版本差（至少阅读性更好些）。

最后看到，由于除法指令的结果是平均值，已经保存于 EAX 中，符合返回值的使用约定，所以不再需要其他指令实现 return 语句了。

4. 函数的调用规范

不同语言的混合编程需要约定相互调用的规则。调用规范（Calling Convntions）决定了调用程序的接口，主要约定了传递参数的方法、参数压入堆栈的顺序、平衡堆栈的程序以及过程名（用于连接程序识别）等。例如，传递参数是使用寄存器或堆栈，还是两种混合使用；堆栈传递参数时，压入参数的顺序是按语句中书写的顺序从右向左（例如，mean 函数最后一个参数，书写在语句右边，元素个数先被压入堆栈，成为图 6-19 所示的第 1 个参数），还是从左向右；平衡堆栈（也称清栈）是由调用程序实现的，还是由被调用程序实现的。

基于 IA-32 处理器的调用规范有多种，常见的有 cdecl、pascal、stdcall 和 fastcall 等。

（1）cdecl（C Declaration）

这是源于 C 语言且被许多 C 编译程序（如 GCC 和 Visual C++）默认采用的调用规范。参数通过堆栈传递，由右向左逐个压入堆栈。函数本身不清理堆栈，由调用函数的程序负责平衡堆栈区域。C 调用规范允许函数的参数个数可以不固定，这也是 C 语言的一大特色。EAX、ECX 和 EDX 由调用程序负责保护，其他通用寄存器由函数（被调用程序）保护。整数和地址通过 EAX 返回。

前面的各示例函数（包括 MASM 编写的子程序）均默认采用 C 语言调用规范。

（2）pascal

这是基于 Borland Pascal 语言的调用规范。参数也通过堆栈传递，但与 C 语言规范相反，参数由左向右逐个压入堆栈，堆栈平衡则由调用函数保持。

（3）stdcall

stdcall 调用规范类似 pascal，由被调用函数负责平衡堆栈。但是，参数压入堆栈的顺序又类似 cdecl，是从右到左逐个进行。stdcall 是 Microsoft 32 位 Windows 的 API 函数采用的标准调用规范。

（4）fastcall

fastcall 调用规范规定函数的前两个（小于 32 位的）参数通过寄存器 ECX 和 EDX 传递，其他参数则按照从右向左的顺序压入堆栈，由被调用函数清理堆栈。

IA-32 处理器的堆栈由主存构成，像优化局部变量一样，如果使用处理器内部的寄存器替代使用堆栈传递参数，甚至返回地址也使用寄存器保存，可以提高函数调用的速度。这就是快速（Fast）的含义。因此，现代处理器往往设计较多的通用寄存器，甚至设计了用于保存返回地址的寄存器。

GCC 编译程序支持 3 种调用规范：cdecl、pascal 和 fastcall。Visual C++ 语言具有 3 种调用规范：_cdecl、_stdcall 和 _fastcall。MASM 利用"语言类型"（Language Type）确定调用规范和命名约定，有 C、STDCALL 和 PASCAL 等，共 6 种。应该注意到，同样的调用规范在不同操作系统平台和编译程序会有一些差别，可能会不兼容，尤其是进行混合编程时必须关注所有的细节问题。

例如，使用 Visual C++ 的 _cdecl 调用规范要对应 MASM 的 C 语言类型，使用 Visual C++ 的 _stdcall 调用规范要对应 MASM 的 STDCALL 语言类型。例 6-26 默认采用 Visual C++ "_cdecl"调用规范的反汇编代码。对应主程序调用语句"mean(long d[], long num)"，先将右边（后边）最后一个参数 num 压入堆栈，左边（前边）第 1 个参数最后压入堆栈。主程序增量 ESP 值，平衡堆栈。但函数名不是变为"_mean"，而是增加了很多奇怪的字符，这是因为 Visual C++ 语言要对函数名进行修饰，以包含函数名、函数的参数类型、函数的返回类型等诸多信息。可以通过在声明语句中加上"extern

"C""去掉 Visual C++ 对函数名的修饰,也就是采用 C 语言修饰格式,此时函数名就是"_mean"。

5. 缓冲区溢出

函数执行过程中创建的堆栈帧起着重要作用,但是也存在风险。例如,如果错误地设置了局部变量,使其覆盖了返回地址、保护的寄存器等,就会导致堆栈溢出,程序不能正确返回到调用程序。

C 语言的许多常用库函数(如 gets、strcpy 等)没有对数组越界加以判断和限制,利用超长的字符数组就可能导致建立在堆栈中的缓冲区溢出(Buffer Overflow),即覆盖缓冲区之外的区域,这就是所谓的"缓冲区溢出"漏洞。如果利用这个漏洞,精心设计一段入侵程序代码,就是所谓的缓冲区溢出攻击。

现代编译器和操作系统使用多种机制对抗缓冲区溢出攻击,其中一种机制是"栈随机化"。其思想是使得堆栈位置在程序每次运行时都有变化(不同)。实现的方法是在程序开始时,在堆栈上分配一段 $0 \sim n$ 字节之间的随机大小的空间。程序不使用这段空间,但程序每次执行时后续的栈位置会发生变化。n 必须足够大,才能获得足够多样的栈地址变化;n 又必须足够小,不至于浪费程序太多的空间。这就是在例 6-26 所示函数的调试版本代码中预留远远超出局部变量所需要空间的原因。

为了更好地理解堆栈帧溢出现象,本章特别安排了一个探讨性的习题。

习题

6-1　简答题

(1)什么特点决定了目标地址的相对寻址方式应用最多?

(2)数据的直接寻址和指令的直接寻址有什么区别?

(3)Jcc 指令能跳转到代码段之外吗?

(4)助记符 JZ 和 JE 为什么表达同一条指令?

(5)为什么判断无符号数大小和有符号数大小的条件转移指令不同?

(6)双分支结构中两个分支体之间的 JMP 指令有什么作用?

(7)若循环体的代码量远超过 128 字节,还能用 LOOP 指令实现计数控制循环吗?

(8)什么是"先循环后判断"循环结构?

(9)子程序采用堆栈传递参数,为什么要特别注意堆栈平衡问题?

(10)堆栈帧是一个有什么作用的堆栈空间?

6-2　判断题

(1)指令指针或者还包括代码段寄存器值的改变将引起程序流程的改变。

(2)指令的相对寻址都是近转移。

(3)采用指令的寄存器间接寻址,目标地址来自存储单元。

(4)JMP 指令对应高级语言的 GOTO 语句,所以不能使用。

(5)因为条件转移指令 Jcc 要利用标志作为条件,所以也影响标志。

（6）JA 和 JG 指令的条件都是"大于"，所以它们是同一条指令的两个助记符。

（7）JC 和 JB 的条件都是 CF=1，所以它们是同一条指令。

（8）若 ECX=0，则 LOOP 指令和 JECX 指令都发生转移。

（9）CALL 指令的执行并不影响堆栈指针 ESP。

（10）子程序需要保护寄存器，包括保护传递入口参数和出口参数的通用寄存器。

6-3　填空题

（1）JMP 指令根据目标地址的转移范围和寻址方式，可以分成 4 种类型：段内转移、_____、段内转移、_____和段间转移、_____，段间转移、_____。

（2）MASM 给短转移、近转移和远转移定义的类型名依次是_____、_____和_____。

（3）假设在平展存储模型下，EBX=1256H，双字变量 TABLE 的偏移地址是 20A1H，线性地址 32F7H 处存放 3280H，执行指令"JMP EBX"后，EIP=_____，执行指令"JMP TABLE[EBX]"后，EIP=_____。

（4）"CMP EAX,3721H"指令之后是 JZ 指令，发生转移的条件是 EAX=_____，此时 ZF=_____。

（5）执行"SHR EBX,4"指令后，JNC 发生转移，说明 EBX 的 D_3=_____。

（6）在 EDX 等于 0 时转移，可以使用指令"CMP EDX,_____"，也可以使用"TEST EDX,_____"构成条件，然后使用 JE 指令实现转移。

（7）循环结构程序一般由 3 个部分组成，它们是_____、循环体和_____部分。

（8）JECXZ 指令发生转移的条件是_____，LOOP 指令不发生转移的条件是_____。

（9）指令"RET i8"的功能相当于"RET"指令和"ADD ESP,_____"组合。

（10）子程序的参数传递主要有 3 种，它们是_____、_____和_____。

6-4　已知 var1、var2（假设大于 7）、var3 和 var4 是 32 位无符号整数，用汇编语言程序片段实现如下 C 语言语句：

```
var4=(var1*6)/( var2-7)+ var3
```

　　　　同时可以将 var1、var2、var3 和 var4 定义为全局变量，在 C 语言程序中实现上述表达式。将该 C 语言程序汇编生成汇编语言程序，与直接用汇编语言编写的片段进行对比。

6-5　已知 var1、var2、var3 和 var4 是 32 位有符号整数，用汇编语言程序片段实现如下 C 语言语句：

```
var1=(var2*var3)/( var4+8)-47
```

　　　　同时可以将 var1、var2、var3 和 var4 定义为全局变量，在 C 语言程序中实现上述表达式。将该 C 语言程序汇编生成汇编语言程序，与直接用汇编语言编写的片段进行对比。提示：CDQ 指令的功能是将 EAX 中 32 位数据符号扩展为 64 位，保存于 EDX 和 EAX 寄存器中（EDX 各位均是符号位，EAX 不变）。

6-6　利用 C 语言的信息显示程序（如第 1 章的 Hello 程序），使用 GCC 生成汇编语言代码（.s 文件）。为显示处理器识别字符串，尝试在该汇编语言代码文件中，插入例 6-3 中 CPUID 等有关的汇编语言指令，然后使用 GCC 编译修改的汇编语言代码文件，实现处理器识别字符串的显示程序。

6-7　编写一个 MASM 程序，定义 COUNT（假设为 10）个元素的 32 位数组，输入元素编号

（0～COUNT-1），利用 DISPHD 子程序输出其地址，利用 DISPSID 子程序输出其值。

6-8 为了验证例6-4程序的执行路径，可以在每个标号前后增加显示一个数字的功能（利用 DISPC 子程序），使得程序运行后显示数码 1234。

6-9 执行如下程序片段后，CMP 指令分别使得 5 个状态标志 CF、ZF、SF、OF 和 PF 为 0 还是为 1 ？它会使得哪些条件转移指令 Jcc 的条件成立而发生转移？

```
mov eax,20h
cmp eax,80h
```

6-10 判断下列程序段跳转的条件：

（1）
```
xor ax,1e1eh
je equal
```

（2）
```
test al,10000001b
jnz here
```

（3）
```
cmp cx,64h
jb there
```

6-11 假设 EBX 和 ESI 存放的是有符号数，EDX 和 EDI 存放的是无符号数，请用比较指令和条件转移指令实现以下判断：

（1）若 EDX>EDI，转到 above 执行。

（2）若 EBX>ESI，转到 greater 执行。

（3）若 EBX=0，转到 zero 执行。

（4）若 EBX-ESI 产生溢出，转到 overflow 执行。

（5）若 ESI ≤ EBX，转到 less_eq 执行。

（6）若 EDI ≤ EDX，转到 below_eq 执行。

6-12 执行实现字母大小写转换的例6-7所示程序，假设输入了非小写字母（如数字"6"，或者字符"～"），说明程序执行流程。如果要实现将输入大写字母转换为小写显示，如何修改上述程序？

6-13 编写一个 MASM 程序，先提示输入数字"Input Number：0–10"，然后在下一行显示输入的数字，结束；如果不是输入了 0 ～ 10 数字，就提示错误"Error!"，继续等待输入数字。

6-14 进行底层程序设计，经常需要测试数据的某个位是 0 还是 1。例如，进行打印前，要测试打印机状态。假设测试数据已经进入 EAX，其 D_1 位为 0 反映打印机没有处于联机打印的正常状态，D_1 位为 1 可以进行打印。使用 MASM 编程测试 EAX，若 D_1=0，显示"Not Ready!"；若 D_1=1，显示"Ready to Go!"。

6-15 IA-32 处理器的指令 CDQ 将 EAX 符号扩展到 EDX。假若没有该指令，编写一个程序片段实现该指令功能。

（1）按照符号扩展的含义编程：EAX 最高为 0，则 EDX=0 ；EAX 最高为 1，则 EDX = FFFFFFFFH。

（2）使用移位等指令进行优化编程。

6-16 使用 MASM 编程，首先测试双字变量 DVAR 的最高位。如果最高位为 1，则显示字母

"L"；如果最高位不为 1，则继续测试最低位。如果最低位为 1，则显示字母 "R"；如果最低位也不为 1，则显示字母 "M"。

6-17   基于例 6-10 改进的地址表程序，如果把提示输入不在范围内的错误提示信息也纳入地址表，该如何修改程序，使其更加简洁高效？

6-18   编写一个闰年判断程序。程序要求输入年号，显示该年是闰年或平年。闰年的条件是：① 能被 400 整除的年份是闰年；②能被 4 整除但不能被 100 整除的年份是闰年。首先编写闰年判断的 C 语言程序，分析 GCC 生成的汇编语言程序，最后编写 MASM 汇编语言程序。程序是否正确可以使用如下年份进行验证：2000 年和 2012 年是闰年，2013 年和 2100 年是平年。

6-19   有一个首地址为 ARRAY 的 20 个双字的数组，说明下列程序段的功能。

```
        mov ecx,20
        mov eax,0
        mov esi,eax
sumlp:  add eax,array[esi]
        add esi,4
        loop sumlp
        mov total,eax
```

6-20   编写一个 MASM 程序片段，将一个 64 位数据逻辑左移 3 位，假设这个数据已经保存在 EDX.EAX 寄存器对中。

6-21   编程中经常要记录某个字符出现的次数。使用 MASM 编程记录某个字符串中空格出现的次数，结果保存在 SPACE 单元。

6-22   将一个已经按升序排列的数组（第 1 个元素最小，后面逐渐增大），改为按降序排列（即第 1 个元素最大，后面逐渐减小）。实际上只要第一个元素与最后一个元素交换，第 2 个元素与倒数第 2 个元素交换，以此类推就可以。使用 MASM 编程实现该功能。

6-23   编写计算 100 个 16 位正整数之和的 MASM 程序。如果和不超过 16 位字的范围（65535），则将其和保存到 WORDSUM，如超过，则显示 'Overflow！'。

6-24   进行自然数相减（0-1-2-3-…-N），如果（有符号整数的）差值用一个 32 位寄存器存储，求出有效差值的负数最大值及 −N 的界限。使用 C 语言编程（差值使用 int 类型），可以选择使用 WHILE 语句、DO-WHILE 语句、FOR 语句。使用 MASM 汇编语言编程。

6-25   斐波那契（Fibonacci）数列（1，1，2，3，5，8，13……）是用递推方法生成的一系列自然数：

$F(1)=1$

$F(2)=1$

$F(N)=F(N-1) + F(N-2)$，$N \geqslant 3$

也就是按 "从第 3 个数开始，每一个数是前两个数的和" 规律生成数列。使用 MASM 编程输出斐波那契数，一行一个，直到超出 32 位数据范围，不能表达为止。

6-26   为了验证例 6-15 排序的结果，使用 dispsid 子程序显示数据，在例题程序的前后增加数组元素逐个显示的功能。

6-27   利用 readsid 子程序，实现从键盘输入若干整数，最后输出其中最大值。

6-28   快速乘法程序。

只使用移位和加减法指令将两个任意的 32 位无符号整数相乘，求出乘积（假设不超过 32 位）。使用这个程序显示 3567 × 7653 的结果。算法的基本思想是将较小数进行右移决定是否累加，对较大数左移位并进行累加。

6-29 素数判断程序。

编写一个程序，提示用户输入一个数字，然后显示信息说明该数字是否是素数。素数（Prime）是只能被自身和 1 整除的自然数。

（1）采用直接简单的算法：假设输入 N，将其逐个除以 2 ~ N−1，只要能整除（余数为 0）说明不是素数，只有都不能整除才是素数。

（2）采用只对奇数整除的算法：1、2 和 3 是素数，所有大于 3 的偶数不是素数，从 5 开始的数字只要除以从 3 开始的奇数，只有都不能整除才是素数。

6-30 计算素数个数程序。

使用 Eratosthenes 筛法，求 1 ~ 100 000 共有多少个素数。

Eratosthenes 筛法是希腊数学家 Eratosthenes 发明的算法，给出了一种找出给定范围内所有素数的快速方法。该算法要求创建一个字节数组，以如下方式将不是素数的位置标记出来：2 是一个素数，从位置 2 开始，把所有 2 的倍数的位置标记 1；2 之后的素数是 3，同样将 3 的倍数的位置标记 1；3 之后下一个素数是 5，同样将 5 的倍数的位置标记 1；如此重复，直到标记所有非素数的位置。处理结束，数组中没有被标记的位置都对应一个素数。

（1）如果将该数组事先定义在数据段，则生成的可执行文件将包括这个数组，形成很大的一个文件。MASM 提供一个定义无初始化数据段的伪指令（.DATA?），其下定义的变量不能有初值，因为它们在程序执行时才被分配存储空间。但可以利用一段循环程序将初值 0 全部填入其中。伪指令".DATA?"在定义大量的无初值的变量（如数组）时特别有效。建议本程序采用这个方法。

（2）即使在程序执行时才分配存储空间，但对于求更大范围内的素数，存储空间仍然是一个编程关键。可以考虑进一步用一个二进制位表示一个数字的方法，这样 1 字节就可以表达 8 个数字，存储空间可以减少 1/8。

6-31 请按如下说明编写 MASM 子程序：

子程序功能：把用 ASCII 码表示的两位十进制数转换为压缩 BCD 码。

入口参数：DH= 十位数的 ASCII 码，DL= 个位数的 ASCII 码。

出口参数：AL= 对应 BCD 码。

6-32 编写计算字节校验和的 MASM 子程序。所谓"校验和"是指不记进位的累加，常用于检查信息的正确性。主程序提供入口参数，有数据个数和数据缓冲区的首地址。子程序回送求和结果这个出口参数。

6-33 利用 I/O 子程序库中的十六进制字节显示子程序 DISPHB 设计一个从低地址到高地址逐个字节显示某个主存区域内容的子程序 DISPMEM。其入口参数：EAX= 主存偏移地址，ECX= 字节个数（主存区域的长度）。同时编写一个主程序进行验证。

6-34 编写 MASM 子程序，它以二进制形式显示 EAX 中的 32 位数据，并设计一个主程序验证。

6-35 编制 MASM 子程序把一个 32 位二进制数以 8 位十六进制形式在屏幕上显示出来，分别运用如下 3 种参数传递方法，并配合 3 个主程序验证它。

（1）采用 EAX 寄存器传递这个 32 位二进制数

（2）采用 temp 变量传递这个 32 位二进制数

（3）采用堆栈方法传递这个 32 位二进制数

6-36　修改例 2-5 程序的变量为（长）整型：

```
#include <stdio.h>
#define COUNT 4
long mean(long d[], long num)
{   long i,temp=0;
    for (i=0; i<num; i++) temp=temp+d[i];
    temp=temp/num;
    return(temp); }
main()
{
    long array[COUNT]={32767, 32767, 0, -32767};
    printf("The mean is  %ld\n",mean(array,COUNT));
}
```

在 DEVC 中，生成未优化和优化的汇编语言代码，画出未优化时的堆栈帧，说明主要采用的优化方法。

6-37　数组越界导致的错误。

有一个题目给出如下 C 语言程序：

```
#include <stdio.h>
main()
{   int i;
    int array[10];
    for(i=1;i<=10;i++)
        {   array[i]=0;
            printf("%d\t",i); } }
```

要求说明上述程序的显示结果。

该题目的标准答案是：死循环，不停地循环显示"1 2 3 4 5 6 7 8 9 0"。

为了眼见为实，进行实验验证。使用 Visual C++ 6.0 的调试（Debug）版本编译后运行程序，确实如标准答案所述：结果是循环显示"1 2 3 4 5 6 7 8 9 0"，而且循环不停。但是，当使用 Visual C++ 6.0 的发布（Release）版本编译，运行程序的结果却是：显示"1 2 3 4 5 6 7 8 9 10"，正常结束。

为了一探究竟，将上述程序在 DEVC 5 开发环境中使用 GCC 进行编译：

（1）不带优化和带优化参数编译。

（2）将上述程序 for 语句中的 10 改为 15，不带优化和带优化参数编译。

记录不同情况下的显示结果，查阅汇编代码，分析导致各种现象的原因，并提交总结报告。

第7章 存储系统

计算机需要存储器保存程序和数据，存储器的速度、容量以及操作系统管理存储资源的方法等都会影响整个存储系统的性能。本章将介绍各种存储器如何构成存储系统，说明半导体存储器及其译码连接以及高速缓冲存储器和存储管理机制。

7.1 存储系统的层次结构

实现存储功能的器件有多种，它们各有特点（如表 7-1 所示），需要相互配合形成完整的存储系统。

表 7-1　常见存储器件的特点

存储器件	存储介质	读写属性	存取方式	易失属性	所起作用
主存条	半导体	读写	随机	易失	主存
硬盘	磁记录	读写	直接	非易失	辅存
U 盘、存储卡	半导体	读写	随机	非易失	辅存
光盘	光记录	只读	直接	非易失	辅存

存储器件基于存储信息的介质分类，有使用数字集成电路实现的半导体存储器（如主存、存储卡、U 盘等），有使用磁记录原理的磁表面存储器（简称磁盘，如目前主要使用的硬盘、早期曾使用的软盘），还有运用激光刻录方法的光记录存储器（即光盘）等。

存储器也可以按照读写属性分类。既可以读出存储的内容也可以随时写入信息的存储器，称为读写存储器，如主存、存储卡、硬盘等。但有些存储器写入后，正常情况下只允许读出，这称为只读存储器（Read Only Memory，ROM），如光盘，这个特性使得存储的信息不易被破坏。

半导体存储器采用随机存取方式，即可以从任意位置开始读写，存取位置可以随机确定，只要给出存取位置就可以读写内容，存取时间与所处位置无关。所以，半导体读写存储器常称为随机存取存储器（Random Access Memory，RAM）。与随机存取对应的是顺序存取方式，后者表示必须按照存储单元的顺序读写，存取时间与所处位置密切相关，如磁带存储器。磁盘和光盘则采用直接存取方式，磁头以随机方式寻道，以数据块为单位顺序读写扇区。

半导体读写存储器属于挥发性（Volatile）随机存取存储器，即断电后原保存信息丢失。只读存储器显然不会在断电后丢失信息，属于非易失的存储器件。

计算机组成结构中多处使用存储器件，按其所起作用，有主存和辅存，还有主要用于提高主存读写速度的高速缓冲存储器等。

7.1.1 技术指标

存储器性能主要用存储容量、存取速度和成本来评价。存储器成本通常用每位价格衡量。

1. 存储容量

计算机系统的存储容量以字节（Byte）为基本单位，国内教材习惯用大写字母 B 表示。为了表达更大容量，还有 KB（Kilobyte，千字节）、MB（Megabyte，兆字节、百万字节）、GB（Gigabyte，吉字节、千兆字节、十亿字节）、TB（太字节、兆兆字节、万亿字节）等单位。

表达存储容量基于不同的进制有两种倍数关系，如表 7-2 所示。计算机使用的格式化存储容量基于二进制，以 2^{10}（1024）为倍数关系。所以，$1KB=2^{10}B$，$1MB=2^{20}B$，$1GB=2^{30}B$，$1TB=2^{40}B$。因为 1024（2^{10}）近似为 1000（10^3），所以借用了日常生活中千、兆、吉等单位。但是，硬盘、U 盘等产品的生产厂商却采用 10^3 倍数关系标注存储容量，请注意分辨。

表 7-2   存储容量的常用单位

英文符号	中英文名称	格式化存储容量倍数关系	日常进位关系
K	千（Kilo）	$1KB=2^{10}B=1024\ B$	$1K=10^3$
M	兆（Mega）	$1MB=2^{10}KB=2^{10}B$	$1M=10^6$
G	千兆，吉（Giga）	$1GB=2^{10}MB=2^{30}B$	$1G=10^9$
T	兆兆，太（Tera）	$1TB=2^{10}GB=2^{40}B$	$1T=10^{12}$

半导体存储器芯片常以位（bit）为基本单位表达存储容量，国内教材常用小写字母 b 表示，以与表示字节的大写字母 B 区别。所以，标注为 4G 的存储容量，对于计算机主存是 $4GB=2^{32}B$，对于存储器芯片则是 $4Gb=2^{32}\div 8B=2^{29}B$，表示 U 盘的容量是 4×10^9B（由于 U 盘本身还使用了部分空间，所以用户实际可用的容量要小些）。

2. 存取速度

存储器主要采用存取时间（Access Time）衡量其存取速度。存取时间是指从读/写命令发出，到数据传输操作完成所经历的时间。有时还用存取周期（Access Cycle）表达两次存储器访问所允许的最小时间间隔。存取周期大于等于存取时间，它们的对应关系如图 7-1 所示。

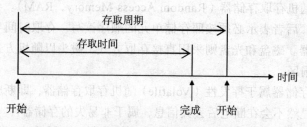

图 7-1   存取时间和存取周期的对应关系

半导体存储器的数据存取需要经过地址输出和数据交换两个基本阶段，存取时间从几纳秒到几百纳秒不等。磁盘存取时间还包括磁头移动寻找磁道的时间和磁盘旋转寻找扇区的时间等，通常达到了毫秒级。

7.1.2 层次结构

计算机的存储系统当然是容量越大越好，速度越快越好（存取时间越短越好），价格（成本）越低越好。但是，这 3 个存储系统的关键指标，对于当前制造工艺的存储器件来说是相互矛盾的：

- 对于工作速度较快的存储器，如半导体存储器，它的单位价格较高。
- 对于容量较大的存储器，如磁盘和光盘，虽然其单位价格较低，但存取速度较慢。

高性能计算机解决容量、速度和价格矛盾的方法，就是把几种存储器件结合起来，形成层次结构的存储系统，如图 7-2 所示。在这个容量和速度逐层增加的金字塔形结构中，单位价格（通常也称为每位成本）却是逐层减少。这个解决方案减少了高价存储器的用量，却能让大量的存储访问操作在高速存储器中进行，同时利用大容量的存储设备提供后备支持。

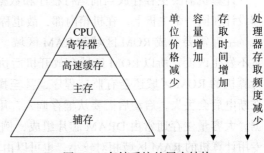

图 7-2 存储系统的层次结构

1. 寄存器

寄存器是处理器内部的存储单元，与控制核心电路具有同样的工作速度。通常程序员看到的是能够通过程序控制的寄存器，即可编程寄存器，主要是通用寄存器。例如，IA-32 处理器只有 8 个整数通用寄存器、8 个浮点寄存器和 8 个多媒体寄存器。鉴于 IA-32 处理器的通用寄存器较少，编程中需要频繁传送数据，现代处理器都设计了数量较多的通用寄存器，一般不少于 32 个，以编号（如 R0，R1，…，R31）区别。通用寄存器数量较多，就可以将当前运算局限于处理器内部，避免采用相对较慢的存储器操作数。

处理器内部还有相当数量的寄存器不直接面向程序员，即所谓的透明（不可见）寄存器。例如，在 IA-32 处理器保护方式下需要频繁使用段寄存器指向的段描述符，其内部就有代码段、堆栈段、数据段等的段描述符寄存器，只要没有段间转移或调用就无须改变代码段描述符寄存器内容。同样，如果程序使用同一个堆栈段和数据段，堆栈段基地址和数据段基地址就直接从处理器内部获得，不必访问主存。

2. 高速缓存

简单的、性能要求不高的计算机系统不需要高速缓冲存储器（Cache，简称高速缓存）。但对于高速处理器来说，当前各种用作大容量主存的动态存储器（Dynamic RAM，DRAM）芯片无法在速度上与之匹配。于是，主存与寄存器之间增加了高速缓存。高速缓存相对主存来说容量不大，使用静态存储器（Static RAM，SRAM）技术实现，并完全用硬件实现了主存的速度提高。高速缓存对于应用程序员来说是透明不可见的，程序员无须关心其具体实现，感受到的只是程序运行速度的提高。系统程序员有时需要考虑有效地管理高速缓存，处理器也配合有相关的指令。

8086 处理器有一个 6B 容量的指令队列，能够实现指令预取。实际上，它起到了指令缓冲的作用。由 80386 处理器组成的 PC 主机上设计有高速缓存，而 80486 处理器内部集成有 8KB 片内 Cache（也称第一级 Cache，即 L1 Cache），PC 主板上设计有第二级 Cache（L2 Cache）。Pentium 4 不仅将两级 Cache 与其集成一体，容量也可以达到 2MB，并支持第 3 级 Cache（L3 Cache）。

高速缓存原来特指主存层次之上的存储器，有时也泛指提高慢速存储部件的高速存储器件，用于平衡两个模块或系统之间数据传输的速度差别。

3. 主存

计算机需要主存存放当前运行程序和数据。主存由半导体存储器构成，通常与处理器设计在同一个主板上，在机箱内部，故也称内存。

主存需要分成 ROM 区域和 RAM 区域。半导体 ROM 的信息在断电后不消失，通常不发生改变，所以 ROM 区域存放开机后执行的启动程序、固定数据等，控制类专用计算机的 ROM 区域还会有监控程序，甚至操作系统和应用程序。半导体 RAM 的信息在断电后会丢失，启动后需要从辅存调入，用于存放操作系统、应用程序以及涉及的数据。大容量主存通常由 DRAM 芯片组成，例如，32 位 PC 可以支持 4GB 以上；控制类专用计算机的 RAM 区域相对较小，也可以由 SRAM 芯片组成。

4. 辅存

辅存以磁盘或光盘形式存放可读可写或只读内容。读取磁盘或光盘需要相应的驱动设备，并以外设方式连接和访问，故辅存也称外存。

PC 主要采用硬盘作为辅存，容量从最早的 10MB 一直到现在的 500GB 以上。软盘主要用于便携式存储器，现在逐渐被插于通用串行总线 USB 接口的 U 盘（由半导体闪存构成）替代。光盘有 CD-ROM 和 DVD-ROM 等形式，标准容量分别是 650MB 和 4.7GB。光盘驱动器可以方便地更换不同内容的光盘，还可以构成光盘塔等形式，所以常作为大容量后备辅存。

利用读写辅助存储器，操作系统可以在主存与辅存之间以磁盘文件形式建立虚拟存储器（Virtual Memory）。它一方面可以加快辅存的访问速度，另一方面为程序员提供了一个更大的存储空间，同时实现了存储保护等多种功能。

层次结构的存储系统是围绕主存组织的，高速缓冲存储器主要用于提高速度，而虚拟存储器主要用于扩大容量。

7.1.3 局部性原理

各种特性的存储器件互相折中形成的存储系统之所以具有出色的效率，是因为存储器访问的局部性原理（Locality of Reference）。由于程序和数据一般连续存储，所以处理器访问存储器时，无论是读取指令还是存取数据，所访问的存储单元在一段时间内都趋向于一个较小的连续区域中。存储访问的局部性原理有两方面的含义。一是空间局部

（Spatial Locality）：紧邻被访问单元的地方也将被访问，因为很多情况下程序顺序执行并集中于某个循环或模块执行，变量（尤其是数组）等数据也被集中保存。二是时间局部（Temporal Locality）：刚被访问的单元很快将再次被访问，如重复执行的循环体、反复处理的变量等。这样，程序运行过程中，绝大多数情况下能够直接从快速的存储器中获取指令和读写数据；当需要从慢速的下层存储器获取指令或数据时，每次都将一个程序片段或一个较大数据块读入上层存储器，后续操作就可以直接访问快速的上层存储器。

观察如下求平均值的函数。

```
long mean(long d[], long num)
{
    long i,temp=0;
    for(i=0; i<num; i++) temp=temp+d[i];
    temp=temp/num;
    return (temp);
}
```

函数中的变量 temp 体现了时间局部，因为每次循环都要使用它。顺序访问数组 d[] 的各个元素（相邻存放在主存中），体现了空间局部。循环体内的指令顺序存放，依次读取执行体现了空间局部；同时重复执行循环体，又体现了时间局部。

一维数组的各个元素按编号依次存于主存，而二维数组则按行优先顺序存储。例如，对于 M 行 N 列的二维整型数组 "int A[M][N];"，先保存 A[0] 行元素，依次是 A[0][0]，A[0][1]，…，A[0][$N-1$]；然后保存 A[1]，A[2]，…，A[$M-1$] 行，共占用 $M \times N \times 4$ 个存储单元。某个元素 A[i][j] 的存储器地址是 $A + i * N * 4 + j * 4 = A + (i * N + j) * 4$。

进行数组元素求和，可以按行访问，也可以按列访问，但两者访问数据的间隔不相同，如图 7-3 所示。图中假设 M 和 N 均取值 4，单元格中的数字表示访问的顺序。

```
#define M 4
#define N 4
int sumMN(int A[M][N])
{   int i,j,sum=0;
    for (i = 0; i < M; i++)
        for(j = 0; j < N; j++)
            sum = sum+A[i][j];
    return sum;
}
```

```
#define M 4
#define N 4
int sumNM(int A[M][N])
{   int i,j,sum=0;
    for (j = 0; j < N; j++)
        for(i = 0; i < M; i++)
            sum = sum+A[i][j];
    return sum;
}
```

存储顺序 →

A[i][j]	$j = 0$	$j = 1$	$j = 2$	$j = 3$
$i = 0$	1	2	3	4
$i = 1$	5	6	7	8
$i = 2$	9	10	11	12
$i = 3$	13	14	15	16

访问顺序 →

a）按行访问

存储顺序 →

A[i][j]	$j = 0$	$j = 1$	$j = 2$	$j = 3$
$i = 0$	1	5	9	13
$i = 1$	2	6	10	14
$i = 2$	3	7	11	15
$i = 3$	4	8	12	16

访问顺序 ↓

b）按列访问

图 7-3　二维数组的访问

按行访问的二维数组，其访问顺序与存储顺序一致，访问下一个数据在存储器中的位置仅相隔一个数据（访问步长为 1），空间局部性较好。按列访问的二维数组，其访问顺序与存储顺序不同，访问的下一个数据相隔 N 个数据位置（访问步长为 N），N 是列数，图 7-3 中 N 为 4。可见 N 值越大，访问数据相邻越远，空间局部性越差。

【例 7-1】 混合编程计算程序执行时间。

为了理解局部性对程序性能的影响，观察如下两个函数：

```
void copyij(int src[N][N],int dst[N][N])
{    int i,j;
    for (i = 0; i < N; i++)
        for (j = 0; j < N; j++)
            dst[i][j] = src[i][j];
}
```

```
void copyji(int src[N][N],int dst[N][N])
{    int i,j;
    for (j = 0; j < N; j++)
        for (i = 0; i < N; i++)
            dst[i][j] = src[i][j];
}
```

两个函数同样实现了将一个二维数组复制到另一个二维数组的功能，哪个局部性更好？哪个运行速度更快？可以利用集成开发环境的性能分析工具获得程序运行的性能指标，也可以嵌入计时函数记录程序运行时间，本例使用处理器指令直接记录时钟周期个数（相对来说，最精确）。

从 Pentium 开始的 IA-32 处理器有一条读时间标记计数器指令：

```
rdtsc        ;EDX.EAX ← 64 位时间标记计数器值
```

该指令将当前 64 位时间标记计数器（Time-stamp Counter）的值赋给 EDX（高 32 位）和 EAX（低 32 位）。上电复位时，该计数器清 0，然后每个时钟周期递增（加 1）。

不同程序设计语言间通过相互调用、参数传递、共享数据结构和数据信息而形成程序的过程就是混合编程。混合编程通常使用模块连接的方法。各种语言的程序（或函数）分别编写，利用各自的开发环境编译生成 OBJ 模块文件，然后将它们连接在一起。C/C++ 语言与汇编语言还支持"嵌入汇编"（也称行内（In-line）汇编）的混合编程方法。嵌入汇编是直接在 C/C++ 源程序中插入汇编语言指令。例如，Visual C++ 使用"＿＿asm"指示嵌入汇编，GCC 使用"asm"关键字指示嵌入汇编。这样，软件开发主要采用高级语言，以提高开发效率；某些部分利用汇编语言，以提高程序的运行效率。

使用 C 语言定义全局变量，用于传递时钟周期个数。嵌入汇编语言编写启动计数的函数，用于程序执行前记录当前的时钟个数：

```
unsigned int timehigh,timelow;
void startclock()
{
    asm (   "rdtsc \n\t"
            "mov %eax,_timelow \n\t"
            "mov %edx,_timehigh \n\t"
        );
}
```

DEVC 环境使用 GCC 编译程序，嵌入的汇编语言指令需使用 AT&T 语法，如果使用 MASM 语言表达，则代码如下：

```
rdtsc
mov timelow, eax
mov timehigh, edx
```

再编写一个用于程序执行后计算经过的时钟周期个数的 C 语言函数：

```
void getclock()
{
asm (    "rdtsc \n\t"
         "sub _timelow,%eax \n\t"
         "sbb _timehigh,%edx \n\t"
         "mov %eax,_timelow \n\t"
         "mov %edx,_timehigh \n\t"
    );
}
```

函数中嵌入的汇编语言指令使用 MASM 语言表达：

```
rdtsc
sub eax, timelow
sbb edx, timehigh
mov timelow, eax
mov timehigh, edx
```

C 语言主函数使用 64 位整型变量保存时钟周期数，并显示。

```
int main()
{
    unsigned long long time1,time2;
    startclock();
    copyij(src,dst);
    getclock();
    time1=timelow+timehigh*(1<<30)*4;
    printf("The clock cycles of copyij are\t%llu\n",time1);

    startclock();
    copyji(src,dst);
    getclock();
    time2=timelow+timehigh*(1<<30)*4;
    printf("The clock cycles of copyji are\t%I64u\n",time2);

    printf("The speedup of copyij to copyji is %u",time2/time1);
}
```

为了获得比较明显的对比结果，需要设置较大 N 值，例如 N=1024 或更大。主函数最后显示两者的倍数（或比例）。你在 PC 上运行的结果是什么？你得出什么结论？

总之，存储系统依据局部性原理构建。所以，程序员应该意识到，具有良好局部性的程序的性能将高于不遵循局部性原理的程序的性能。

7.2 主存储器

计算机的主存储器（简称主存）由半导体存储器构成。按制造工艺，半导体存储器可分为双极型器件和 MOS 型器件。双极型器件具有存取速度快、集成度低、功耗大、价格高等特点，主要用于高速存储场合。MOS 型器件集成度高、功耗低、价格便宜，但速度较双极型器件慢。随着 MOS 工艺技术的提高，其性能通常能够满足需要，故当前计算机的主存（包括 RAM 和 ROM）一般均由 MOS 型半导体器件构成。

按连接方式，半导体存储器可分为并行芯片和串行芯片。并行连接的存储器芯片设计有类似处理器地址总线和数据总线的引脚，使用较多的地址和数据引脚可以并行传输存储器地址和数据，以获得较高的传送速率，是通用计算机系统的主要存储器。串行连接的存储芯片主要采用 2 线制的 I2C 总线接口和 3 线制的 SPI 总线接口，只能串行传输存储器地址和数据，但引脚少可以减少封装面积，便于在嵌入式系统中使用。

通常按半导体存储器的读写特点和易失性质，将半导体存储器分为读写存储器（RAM）和只读存储器（ROM）两类，如图 7-4 所示。

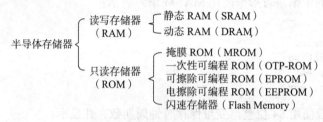

图 7-4　半导体存储器的分类

7.2.1　读写存储器

读写存储器是既可以读出也可以写入的存储器。半导体存储器采用随机存取方式，所以，半导体读写存储器习惯上称为 RAM。另外，半导体 RAM 具有易失性，这是其不足之处。虽然目前已经有非易失的半导体存储器，也可以进行较快速的读出和写入，但其读写速度远低于半导体 RAM，而且写入次数有限，仍然无法作为需要快速操作的主存，所以通常归类为 ROM。

1. 主要类型

半导体 RAM 主要分成两大类。

（1）SRAM

SRAM 芯片以触发器为基本存储单元，用其两种稳定状态表示逻辑 0 和逻辑 1。SRAM 不需要额外的刷新电路，只要不掉电，信息就不会丢失。SRAM 的优势是速度快，但其集成度低，功耗和价格较高。SRAM 多用在存储容量不大的系统（如嵌入式系统）中，也用于速度要求较高的部件（如高速缓冲存储器）。

（2）DRAM

DRAM 以单个 MOS 管为基本存储单元，以极间电容充放电表示两种逻辑状态。由于极间电容的容量很小，充电电荷自然泄漏会很快导致信息丢失，所以要不断对它进行刷新（Refresh）操作，即读取原内容，放大再写入。DRAM 的优势是集成度高、价格低、功耗小，但速度较 SRAM 慢，并且系统中必须配备刷新电路。DRAM 主要用于存储容量较大的通用计算机系统。例如，PC 主存的 RAM 部分由 DRAM 芯片构成，并配备刷新电路。

为了解决 DRAM 刷新问题，市场上有准静态（伪静态）RAM 芯片，其存储技术实为 DRAM，但内部配有自动刷新电路。为了提高 DRAM 读写速度，设计了改进其读写时序的更高性能的存储器芯片。为了克服 RAM 易失的缺点，设计时将微型电池与 RAM 电路封装在一起形成非易失 RAM（Non-Volatile RAM，NVRAM），使其断电后由电池供电，从而信息不丢失。

从 IBM AT 开始的 PC 采用 CMOS 工艺的 SRAM（称为 CMOS RAM）保存配置信息。为了保证关机后信息不丢失，设计了断电监测电路和后备电池，以维护实时时钟的正常计时。

2. 存储结构

存储器芯片的功能结构如图 7-5 所示，其主体是由大量存储单元组成的存储矩阵，每个存储单元拥有一个地址，可存储 1 位、4 位、8 位、16 位甚至 32 位二进制数据。所以存储器芯片的结构可以用"存储单元数 × 每个存储单元的数据位数"表示，这个乘法的运算结果恰好是芯片的存储容量。通常称每个存储单元保存 1 位数据的存储结构为"位片"结构，称保存多位数据的存储结构为"字片"结构。

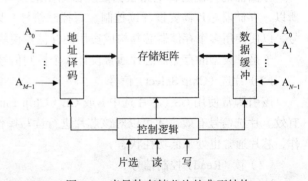

图 7-5　半导体存储芯片的典型结构

存储器的地址译码电路根据处理器输出的地址选择芯片内的某个存储单元。M 个地址信号可以区别 2^M 个存储单元，反过来说，2^M 个存储单元需要 M 个地址信号。简单直接的方法就是一个地址信号设计一个存储器地址引脚，如 $A_0 \sim A_{M-1}$。

存储器保存的数据经数据缓冲电路读出，传送到处理器，写入存储器的数据也要经过数据缓冲电路保存至选中的存储单元。假设每个存储单元保存的数据位数是 N，如果希望同时读写这 N 位数据（一次操作完成），则应该设计 N 个数据引脚，如 $D_0 \sim D_{N-1}$。

由此可知，存储结构还能够反映芯片地址引脚和数据引脚的个数，其关系如下：

$$芯片的存储容量 = 存储单元数 × 每个存储单元的数据位数 = 2^M × N$$

SRAM、EPROM、并行接口的 EEPROM 和 Flash Memory 多采用这个方法设计地址引脚和数据引脚。例如，SRAM 6264 是内部存储结构为 8K×8 的存储器芯片，具有 8K 个存储单元，设计了 13 个（$8K=2^{13}$）地址引脚。该芯片每个存储单元保存 8 位数据，设计了 8 个数据引脚，参见图 7-6。显然，芯片中的"存储单元"越多，其地址编码就越长，芯片也就需要越多的地址引脚；而每个存储单元容纳的二进制"位"越多，则一次可访问的数据位就越多，芯片也就需要越多的数据引脚。

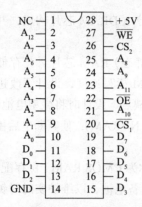

6264 SRAM 的引脚功能表

工作方式	$\overline{CS_1}$ CS$_2$		WE	OE	D$_7 \sim$ D$_0$
未选中	1	×	×	×	高阻
未选中	×	0	×	×	高阻
写入	0	1	0	1	输入
读出	0	1	1	0	输出

注：1 和 0 表示逻辑高电平和低电平，"×"
表示可以为 1，也可以为 0，即任意。

图 7-6   6264 SRAM 的引脚和功能表

3. 读写控制

存储器的控制逻辑电路根据处理器输出的读写控制信号实施对芯片的读写等操作。所以，存储器芯片需要设计读控制、写控制信号。另外，存储器芯片常需要设计片选信号，以便使用多个存储器芯片构成实用的存储器模块。

于是，典型的存储器芯片通常设计 3 个控制信号（引脚）。

（1）片选（Chip Select）信号

该引脚常使用 $\overline{CS}$（芯片选中）或 $\overline{CE}$（Chip Enable，芯片允许）表示，多为低电平有效。片选信号有效，才可以对该芯片进行读写操作；片选信号无效，不能进行读写操作，芯片通常也处于低功耗状态。

（2）读（Read）控制信号

该引脚常用 $\overline{OE}$（Output Enable，输出允许）来标记，低电平有效。在芯片被选中的前提下，若读控制信号有效，芯片读取指定存储单元的数据，并从数据引脚送出。读控制信号功能对应处理器的存储器读控制信号（$\overline{MEMR}$）。

（3）写（Write）控制信号

该引脚一般用 $\overline{WE}$（Write Enable，写允许）来标记，低电平有效。在芯片被选中的前提下，若写控制信号有效，则芯片将数据引脚上的数据写入地址信号选择的存储单元。写控制信号功能对应处理器的存储器写控制信号（$\overline{MEMW}$）。

4. RAM 芯片示例

（1）静态读写存储器（SRAM）

速度快、无须刷新、控制电路简单是 SRAM 的主要优势。常用的小容量 SRAM 芯片有 6116（2K × 8）、6264（8K × 8）、62128（16K × 8）、62256（32K × 8）、62512（64K × 8）等，其中括号前的数字表示芯片型号，对应其存储容量，括号内的数据表示其存储结构（存储单元数 × 位数）。更大容量的 SRAM 有 628128（128K × 8）、628512（512K × 8）等，其中括号前的型号反映了其存储结构。

例如，SRAM 6264 芯片为 28 脚双列直插（DIP）封装，图 7-6 是其引脚和功能表。

6264 芯片容量是 64K 位，存储结构是 8K×8，所以有 13 个地址线 $A_{12} \sim A_0$ 和 8 个数据线 $D_7 \sim D_0$。作为与处理器连接的存储器芯片，其引脚设计要方便连接，所以除包含地址引脚和数据引脚之外，还有控制引脚。控制引脚主要负责数据读写操作。

SRAM 6264 芯片设计了两个片选引脚：$\overline{CS_1}$（低电平有效）和 CS_2（高电平有效），它们必须同时有效才能选中芯片进行读写操作。设计两个有效信号互反的片选引脚，可为连接多个 6264 芯片带来方便。如果只使用一个，另一个可以连接为有效。

芯片引脚 NC 表示无连接（No Connect），即该引脚无作用。

（2）动态读写存储器（DRAM）

容量大、功耗低、价位低等优势使 DRAM 获得广泛应用，更高性能的产品也不断推出。传统的 DRAM 芯片有 2164/4164（61K×1）、21256/41256（256K×1）、414256（256K×4）等，新型 DRAM 也不断涌现。DRAM 常采用位片结构，也有 4 位、8 位、16 位甚至 32 位的字片结构，还有存储模块形式。

为了保持 DRAM 芯片容量大、芯片小即集成度高的优势，必须减少引脚数量。DRAM 芯片将地址引脚分时复用，即用一组地址引脚传送两批地址。第一批地址称为行地址，用行地址选通信号 $\overline{RAS}$（Row Address Strobe）的下降沿来进行锁存；第二批地址称为列地址，用列地址选通信号 $\overline{CAS}$（Column Address Strobe）的下降沿来进行锁存。例如，对于 256K 个存储单元的 DRAM（图 7-7a），其地址引脚有 9 个——$A_0 \sim A_8$；两批地址共 18 位（$2^{18}=256K$）。对于 4M 个存储单元的 DRAM（图 7-7b），其地址引脚有 11 个——$A_0 \sim A_{10}$。

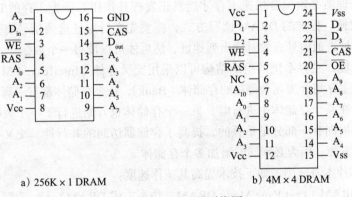

a) 256K×1 DRAM　　　　　b) 4M×4 DRAM

图 7-7　DRAM 的引脚图

在 DRAM 芯片中，没有像 SRAM 芯片那样的片选信号。对 DRAM 芯片进行读、写操作，$\overline{RAS}$ 和 $\overline{CAS}$ 先后有效是一个前提，这两个信号所起的作用类似于 SRAM 芯片上的片选信号。

有些存储器芯片采用一个信号实现读写控制，例如，$\overline{WE}$ 低电平时对芯片进行写入控制，高电平时对芯片进行读出控制。对于有些存储单元只有一位数据的 DRAM 芯片，数据输入/输出引脚设计两个：输入时使用 D_{in} 引脚，输出时使用 D_{out} 引脚。这时，存储系统需要通过缓冲器将它们接到一起，使其成为一根双向数据信号线。

芯片引脚 Vcc 表示电源正端，Vss 表示电源负端，对应地线 GND。

（3）DRAM 的刷新

动态读写存储器的每个存储单元需要在一定时间（早期产品为 2ms 或 4ms，目前可以是 64ms 等）之内刷新一次，才能保持数据不变。DRAM 芯片内部配备有读出再生放大电路，能够为存储单元进行刷新。但是，为了节省电路开销，DRAM 芯片的刷新电路每次只能对一行存储单元进行刷新，而不是刷新全部存储单元。刷新的一行存储单元究竟有多少，取决于 DRAM 芯片容量和内部结构，通常是芯片输入行地址后选择的所有存储单元。

DRAM 芯片的每次读写也具有刷新所在行的功能。但由于读写操作时的行地址没有规律，加上列选通有效会使消耗增大，所以不将它们用于刷新。DRAM 芯片设计有仅行地址有效的刷新周期，存储系统的刷新控制电路只要提供刷新行地址，就可以将存储 DRAM 芯片中的某一行选中刷新。实际上，刷新控制电路将刷新行地址同时送达存储系统中的所有 DRAM 芯片，所有 DRAM 芯片同时进行一行的刷新操作。

刷新控制电路设置每次行地址增量，并在一定时间间隔内启动一次刷新操作，就能够保证所有 DRAM 芯片的所有存储单元得到及时刷新。例如，256K × 1 的 DRAM 芯片行地址有效可以选中 1024（2^{10}）个存储单元，共有 256（2^8）行，需要在 4ms 之内刷新一次。如果将刷新操作平均分散到整个 4ms 的时间内，就需要每隔 4ms ÷ 256=15.6μs 时间进行一次刷新。尽管 DRAM 芯片容量不同，每行刷新的存储单元数不同，但每隔 15.6μs 时间必须进行一次刷新操作却成为 PC 标准的刷新方式。

（4）高性能 DRAM

高性能处理器必须配合快速主存才能真正发挥其作用。作为主存的 DRAM 芯片容量大但速度较慢。标准的 DRAM 读写方式，需要先在行地址选通信号有效时输出行地址，再在列地址选通信号有效时输出列地址，然后才可以读写一个数据。

为提高性能，主存系统的组织结构可以采用交叉存储（Interleaved Memory）方式。它的思想是将主存划分为几个等量的存储体（Bank），每个存储体都有一套独立的访问机构，当访问还在某个存储体中进行时，另一个存储体也开始进行下一个数据的访问，这样它们的工作周期有一部分是重叠的，提高了存储器访问的并行性。交叉存储的缺点是扩展存储器不方便，因为必须同时增加多个存储体。

DRAM 芯片本身运用了如下技术提高其工作速度：

- FPM DRAM（Fast Page Mode DRAM，快页方式 DRAM）——读写存储器时，存储单元往往是连续的，很多时候行地址并不改变，变化的只是列地址。在快页读写方式下，在对同一行的不同列（称为同一页面）进行访问时，第一个字节为标准访问。此后，行地址选通信号 $\overline{\text{RAS}}$ 一直维持有效，即行地址不变，但列地址选通信号 $\overline{\text{CAS}}$ 多次有效，即列地址多次改变。这样可节省重复传送行地址的时间，使页内（一般为 512 字节至几千字节）访问的速度加快。当行地址发生改变时，再改用一次标准访问。

- EDO DRAM（Extended Data-Out DRAM，扩展数据输出 DRAM）——在快页方式下，每次列地址选通信号有效才能开始一个数据传输。如果减少列地址选通信号有效时间，就可以加快数据传输速度，但是列地址选通信号无效将导致数据不再输出。于是 EDO DRAM 修改了内部电路，使得数据输出有效时间加长，即扩展了。

- SDRAM（Synchronous DRAM，同步 DRAM）——传统上，处理器采用半同步时序传输数据。处理器输出地址，发出控制信号，存储器在其控制下传输数据。如果存储器无法完成数据传输，则设置没有准备好信号，处理器需要在其总线时序中插入等待状态。换句话说，处理器的总线时序依赖于存储器的存取时间，与主存的数据传输并没有达到真正的同步。SDRAM 芯片与处理器具有公共的系统时钟，所有地址、数据和控制信号都同步于这个系统时钟，没有等待状态。

  具有公共系统时钟的 SDRAM 能够方便地支持猝发传送（从 80486 开始，IA-32 处理器就设计了猝发传送方式）。处理器只需提供首个存储单元的地址，后续地址由存储器芯片自动产生，猝发传送的数据长度可以通过编程设置。另外，SDRAM 芯片内部采用了交叉存储方式组织存储体，使性能得到进一步提高。

- DDR DRAM（Double Data Rate DRAM，双速率 DRAM）——传统上，每个系统时钟实现一次数据传输，DDR DRAM 则在同步时钟的前沿和后沿各进行一次数据传送，使传输性能提高一倍。

- EDO DRAM、SDRAM 和 DDR DRAM 是由工业界建立的标准，每个 DRAM 生产企业都支持它们。

- RDRAM（Rambus DRAM）——RDRAM 是由 Rambus 公司推出的一种专利技术，采用了全新设计的内存条，包括专用芯片、独特的芯片间总线和系统接口。RDRAM 能够以很高的时钟频率快速传输数据块。RDRAM 技术封闭，价格较高。

7.2.2　ROM

ROM 在正常的工作状态下，只能读出其中的数据；但数据可长期保存，断电亦不丢失，属于非易失性存储器件。在特殊的编程状态，多数半导体 ROM 芯片也能写入，俗称烧写（Burning）。有些 ROM 芯片需要特殊方法先将原数据擦除，然后才能编程。ROM 芯片的集成度较高，但速度较 DRAM 还要慢，一般用来保存固定的程序或数据。

1. 主要类型

半导体 ROM 可细分为以下几类。

（1）MROM（Masked ROM，掩膜 ROM）

该类芯片通过工厂的掩膜工艺，将要保存的信息直接制作在芯片当中，以后再也不能更改。MROM 适用于大批量的定型产品。

（2）OTP-ROM（One-Time Programmable ROM，一次性可编程 ROM）

该类芯片出厂时存储的信息为全"1"，允许用户进行一次性编程，此后便不能更改。OTP-ROM 主要用于批量不大的产品。它也称为 PROM。

（3）EPROM（Erasable Programmable ROM，可擦除可编程 ROM）

EPROM 芯片一般指用紫外光擦除并可重复编程的 ROM，也称 UV-EPROM（Ultraviolet EPROM）。EPROM 芯片的外观有一个显著特征，就是芯片顶部开有一个圆形石英窗口，用于让紫外光照射以擦除芯片中的原有信息。EPROM 主要用于科研试制和小批量生产。

（4）EEPROM（Electrically Erasable Programmable ROM，电擦除可编程 ROM）

EEPROM 也常表达为 E^2PROM，其擦除和编程（即擦写）通过加电的方法来进行，可实现在线编程（不需要将它从系统中取下）和在应用编程（通过系统中运行的程序自动擦写）。EEPROM 芯片大概有 100 万次的擦写寿命，可用于多种场合，如遥控器、IC 卡等数据固定但有可能改变的场合，或者智能仪表等固化软件有可能升级的场合。

（5）Flash Memory（闪速存储器）

Flash Memory 是一种新型的电擦除可编程 ROM 芯片，能够很快擦除整个芯片内容（擦除过程只在一闪之间，几毫秒），也称 Flash ROM，中文简称"闪存"。Flash ROM 也采用加电方法实现擦除和写入，与 EEPROM 非常类似。但 Flash ROM 目前只支持整片擦除和块擦除，不能像 EEPROM 那样逐字节擦写，擦写寿命也比 EEPROM 略短。与 EEPROM 相比，Flash ROM 具有集成度高、价格便宜、擦除速度快等特点，获得了广泛应用，尤其是数码产品和便携式存储设备，如 U 盘、存储卡、数码照相机、智能手机等。

在采用 Pentium 处理器之前，PC 主板上都采用 EPROM 芯片保存基本输入 / 输出系统，即 ROM-BIOS。现在 32 位 PC 均使用 Flash ROM 固化 BIOS 程序，所以也称其为 Flash BIOS。利用 Flash ROM 的在线快速擦写能力，普通 PC 用户就可以升级 ROM-BIOS 内容。

2. ROM 芯片示例

（1）EPROM

EPROM 是最早开发的可重复编程 ROM 芯片。要修改 EPROM 芯片的内容，首先需要从关机断电后的电路上拔出芯片；然后用波长 2537Å（$1Å = 10^{-10}m$）的紫外线光近距离照射打开的石英窗口约 20min（通常使用专门的紫外线擦除器），将原内容全部擦除，恢复为逻辑 1；接着将芯片插入专门的编程器（烧写器），由程序控制利用高压实现编程写入。编程后，EPROM 芯片窗口应贴上不透光的封条，这样可将信息保存 10 年以上。

EPROM 芯片型号以 27 开头，小容量有 2716（$2K \times 8$）、2732（$4K \times 8$）、2764（$8K \times 8$）、27128（$16K \times 8$）、27256（$32K \times 8$）、27512（$64K \times 8$），其中括号前的数字表示芯片型号，对应其以千（K）为单位的存储容量，括号内数据表示其存储结构（存储单元数 × 位数）；更大容量有 27010（$128K \times 8$）、27020（$256K \times 8$）、27040（$512K \times 8$）、27080（$1M \times 8$）等，其中括号前的型号反映了其以兆（M）为单位的存储容量。

为便于通用，相同容量的 SRAM 与 EPROM，以及并行接口的 EEPROM 和 Flash Memory 芯片，其引脚排列很多是兼容的；同类芯片，不同容量，其引脚排列和工作方式也相似。

例如，Intel EPROM 2764 存储容量为 64K 位，结构为 $8K \times 8$，所以它有 13 个地址线 $A_{12} \sim A_0$ 和 8 个数据线 $O_7 \sim O_0$，如图 7-8 所示。EPROM 2764 的控制信号有一个片选信号 $\overline{CE}$ 和一个输出控制信号 $\overline{OE}$，低电平有效时，分别选中芯片和允许芯片输出数据。EPROM 的编程由编程控制引脚 $\overline{PGM}$ 以及编程电源 Vpp 控制。在编程时，对 $\overline{PGM}$ 引脚加较宽的负脉冲；在正常读出时，$\overline{PGM}$ 引脚应该无效。编程状态，要求 Vpp 接 +25V 作为编程高电压。新型 EPROM 芯片内部设计有电压提升电路，无须外接编程高电压。

（2）EEPROM

EEPROM（E^2PROM）芯片不需要专门的擦除过程，在进行编程前自动用电实现擦除（称为擦写），使用起来比 EPROM 更加方便。

并行接口的 EEPROM 芯片型号多以 28 开头为主，如 2816（$2K \times 8$）、2864（$8K \times 8$）、28256（$32K \times 8$）、28512（$64K \times 8$）、28010（$128K \times 8$）、28020（$256K \times 8$）、28040（$512K \times 8$）等。串行接口的 EEPROM 芯片型号常见 24、25 和 93 开头的系列。

例如，EEPROM 2816 是 $2K \times 8$ 存储结构，即 16Kb（位）的存储器芯片，具有 11 个地址引脚 $A_{10} \sim A_0$ 和 8 个数据引脚 $I/O_7 \sim I/O_0$，读写控制与 SRAM 一样，采用典型的片选 $\overline{CE}$、输出允许 $\overline{OE}$ 和写允许 $\overline{WE}$ 的 3 个引脚形式。以 Atmel 公司 AT28C16 为例，其 DIP 封装引脚如图 7-9 所示。它采用 CMOS 工艺制造，可以进行 1～10 万次编程，数据保存可达 10 年。

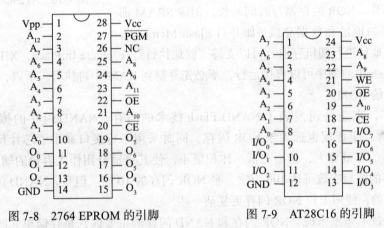

图 7-8　2764 EPROM 的引脚　　　　图 7-9　AT28C16 的引脚

（3）Flash Memory

Flash Memory 继承了 EPROM 集成度高和 EEPROM 电可擦写的优点，采用 +5V 或 3.3V 电压，编程和擦除所需的高电压由内部升压电路提供。Flash Memory 虽不能像 EEPROM 芯片那样进行逐字节修改，但能够快速进行数据块或整个芯片的擦写，可以说是一种特殊的以块为擦写单位的 EEPROM。

Flash Memory 具有容量大、集成度高、价格低廉的优势，不仅可以保存启动代码、系统程序等作为非易失只读的系统 ROM，还可以像磁盘一样保存各种文件作为辅存。例如，U 盘、存储卡、电子固态盘（SSD）等都是由 Flash Memory 构成的。不过，Flash Memory 虽然可读可写（号称"闪存"），但写入速度明显慢于读取速度，目前还不适合作为要求快速、频繁读写的系统 RAM。

Flash Memory 也采用加电擦写，所以并行接口的 Flash Memory 芯片型号有的也以 28 开头，但后面常跟 F 以示区别，如 28F010（$128K \times 8$）、28F020（$256K \times 8$）等。

并行接口的 Flash Memory 芯片型号还常以 29 开头，如 29C512 或 29F512（64K×8）、29C010 或 29F010（128K×8）、29C020 或 29F020（256K×8）、29C040 或 29F040（512K×8）等。

例如，512K×8 存储结构的 AT29C040A 为 32 脚双列直插 DIP 封装（见图 7-10），使用单一的 +5V 供电电压（Vcc 引脚），编程高压由内部产生，擦写寿命大于 1 万次。AT29C040A 有 19 个地址引脚 A_{18} ～ A_0、8 个数据引脚 I/O_7 ～ I/O_0 和 3 个控制引脚：$\overline{CE}$（片选）、$\overline{OE}$（输出允许）、$\overline{WE}$（写允许）。其引脚安排与典型 SRAM 芯片完全相同。

图 7-10　AT29C040A 的引脚

Flash Memory 的两种类型

1984 年，在东芝公司工作的 Fujio Masuoka 博士发明了 Flash Memory，它包括两种类型，根据其逻辑门特点被分别命名为 NOR 闪存和 NAND 闪存。

1988 年，Intel 公司首先推出了基于 NOR Flash 技术的存储器芯片。NOR 闪存擦写时间较长，但像 SRAM 那样提供完整的地址和数据总线（如并口 Flash Memory），允许对任何地址进行随机存取，可以支持"就地执行"（eXecute In Place，XIP），即保存在 NOR Flash 中的程序可以直接运行，不必先复制到 RAM 中再执行。所以，NOR 闪存适合作为系统 ROM。

1989 年，东芝公司发表了 NAND Flash 技术的闪存。NAND 闪存的擦写速度快于 NOR 闪存，集成度也远大于 NOR 闪存，同时采用串行接口减小了芯片尺寸，所以 NAND 闪存的容量更大、价格更低、体积更小，使其更适合用作大容量的辅助存储器。NAND 闪存的擦写次数可达 100 万次，是 NOR 闪存的 10 倍。但是，NAND 闪存的坏块是随机分布的，使用上较 NOR 闪存更复杂一些。

从实现技术角度来说，NOR 闪存和 NAND 闪存的主要区别是存储单元间的连接不同和读写存储器的接口不同（NOR 允许随机读取，而 NAND 只允许页存取）。NOR 闪存和 NAND 闪存的名称来自存储单元间的互连结构。在 NOR 闪存中，存储单元以并行方式连接到位线上（类似于 CMOS NOR 门晶体管的并行连接），这样就可以允许存储单元单独读取和编程。而 NAND 闪存的存储单元采用串连方式（像一个 NAND 门）。串连比并连节省芯片空间，这样就降低了 NAND 闪存的成本，不过却使其无法进行单独读取和编程。

NOR 闪存的预期目标是开发更经济、更方便的可重复写入 ROM 来替代过去的 EPROM 和 EEPROM，因此随机读取电路是必需的。不过，NOR 闪存 ROM 的读取要远多于写入，所以写入电路相对较慢，只支持以块模式进行擦除。NAND 的开发目标是在给定存储容量下减少芯片面积，这样降低每位成本，增加容量；通过去除外部地址和数据总线的电路，还可以进一步降低成本，但也使得 NAND 闪存无法实现随机存取。不过，NAND 闪存主要用于替代磁记录设备（如硬盘），而不是替代系统 ROM。

7.2.3 半导体存储器的连接

对比处理器与半导体存储器芯片的总线（信号、引脚），可以看到它们都具有数据、地址和控制总线（信号、引脚），并且功能对应，所以从功能上说多数可以直接相连，参见图7-11。如果进一步对比它们的读写周期，其操作时序也雷同。处理器输出地址编码，发出读写控制命令，实现数据存取；存储器芯片接受地址编码，通过内部译码选择某个存储单元，在读写信号的控制下，将数据读出或者写入。

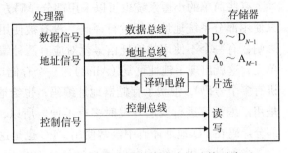

图 7-11 半导体存储芯片的连接示意

例如，执行读取变量 VAR 的指令"MOV EAX，VAR"时，变量的物理地址通过地址总线选中某个（些）存储芯片的某个（些）存储单元，在存储器读控制信号的驱动下，该存储单元的内容通过数据总线被传送到处理器的 EAX 寄存器中。

再如，执行指令"MOV VAR，EAX"时，寄存器 EAX 内容通过数据总线送出，由存储器写控制信号驱动，将数据写入变量地址所指示的存储单元中。

1. 存储器芯片的地址译码

半导体存储器芯片的数据、地址、读写控制引脚都对应有处理器总线的信号，从功能上说多数可以直接相连。但其中处理器的地址总线个数要远多于存储器芯片的地址引脚个数，而且通常需要多个存储器芯片才能组成一定容量的存储系统，也需要利用地址总线控制存储器片选信号。

例如，$32K \times 8$ 结构的存储芯片有 15 个地址引脚 $A_{14} \sim A_0$，如果与具有 20 个地址总线（$A_{19} \sim A_0$）的 8086 或 8088 处理器连接，处理器高 5 个地址信号（$A_{19} \sim A_{15}$）线需要通过译码电路产生片选信号。某个译码生成的片选信号连接存储芯片的片选引脚，确定这个存储芯片的地址范围。

译码（Decode）是指将某个特定的编码输入翻译为有效输出的过程。例如，有 8 盏电灯需要集中管理，每次只能打开一盏电灯，要求只使用 3 个开关。8 盏电灯可以分别编号为 $0 \sim 7$，对应二进制编码需要 3 位，依次是 $000 \sim 111$，每一个二进制位设计一个开关，共需要 3 个开关，开关向上 ON 对应 1，开关向下 OFF 对应 0。如果需要打开 5 号灯，对应编码 101，即前后两个开关向上为 1，中间开关向下为 0，则 5 号灯点亮（有效输出），其余灯都不亮（无效输出）。拨动开关形成编码输入到相应电灯点亮的过程需要译码，完成将编码变换成一路控制信号的电路就是译码电路。在该例中，输入为 3 位编码，输出为 8 路，每组编码都对应 1 路有效而其余 7 路无效，称为 3：8 译码或 8 选 1 译码。最简单的是 1：2 译码，还有 2：4 译码、4：16 译码等。

如果使用了全部的处理器地址总线，其中低位地址直接与存储器芯片的地址引脚相连实现片内寻址，高位地址经译码与存储器芯片的片选引脚相连实现片选寻址。这种使用全部系统地址总线的译码方法，称为全译码方式（Absolute Decoding）。全译码的特点是地址唯一：一个存储单元只对应一个存储器地址（反之亦然），组成的存储系统的地址空间连续。

有些简单的小型系统也可以采用部分译码方式（Linear Select Decoding）。部分译码只使用部分系统地址总线进行译码。没有被使用的地址信号对存储器芯片的工作不产生影响，有一个不使用的地址信号就对应有两种编码，这两个编码实际上指向同一个存储单元，这就出现了地址重复（Alias）：一个存储单元对应多个存储器地址（好像一部电话机有多个号码），浪费了存储器地址编码，也给地址空间的分配和使用带来了麻烦，尤其是用汇编语言进行底层开发时多有不便。所以，存储器地址译码一般使用全译码方式，部分译码在 I/O 地址译码中经常使用，PC 也是这样。

当前计算机系统的存储器地址译码多集成在各种可编程逻辑器件（Programmable Logic Device，PLD）中。有些小型系统或特殊应用场合也会使用简单的逻辑门和译码器电路。

当然，实际的存储系统不仅要处理译码问题，还需要考虑处理器时序与存储器芯片时序是否能够配合、设计插入等待状态的电路等问题。如果采用 DRAM 组成存储系统，还必须解决行地址、列地址两次输出以及刷新控制等问题。

2. 存储容量的扩充

一个存储器芯片的容量有限，主存通常需要使用多个 RAM 和 ROM 芯片。

假设某个计算机系统设计 128KB 容量的 ROM 空间和 512KB 的 RAM 空间。

对于 128KB 的 ROM 空间，如果使用 128K×8 结构的 EPROM（如 27010），则只需要 1 个芯片；如果使用 64K×8 结构的 EPROM（如 27512），则需要使用 2 个芯片。

对于 512KB 的 RAM 空间，如果使用 128K×8 结构的 SRAM（如 628128），则需要 4 片；如果使用 256K×4 结构的 DRAM（如 414256），也需要 4 片；如果使用 64K×1 结构的 DRAM（如 4164），则需要 8×8=64 片。

一般来说，如果使用同样存储结构的芯片构成一定容量的存储器模块，所需要的芯片个数可以通过如下公式计算：

$$芯片个数 = \frac{存储器模块的容量}{芯片的存储单元数 \times 数据位数}$$

例如，64K×1 存储结构的芯片构成 512KB 存储器模块，所需要的芯片个数是

$$芯片个数 = \frac{512KB}{64K \times 1} = \frac{512K \times 8}{64K \times 1} = 8 \times 8 = 64$$

SRAM 芯片的数据引脚多是 8 个，对 8 位数据总线的处理器，可以与数据信号一一对应直接相连。而 DRAM 常有每个存储单元是 1 或 4 位的结构，要组成 1B 的存储单元需要扩展数据位数，也就是使用多个同样结构的芯片，这就是所谓的"位扩展"。使用 64K×8 结构的存储器芯片无须位扩展就可以构成 64KB 存储容量，但要设计 128KB 存储容量，就需要再使用一个 64K×8 结构的存储器芯片扩展存储单元数，这就是所谓的"字扩展"。多个存储芯片可以制作在小印制电路板上构成大容量的存储模块或存储体，

在 PC 上被称为主存条。

多个芯片组成存储模块时，存储单元地址采用交叉方式编排。例如，Pentium 及以后的 IA-32 处理器采用 64 位数据总线和 32 位地址总线（没有地址 A_2、A_1 和 A_0），利用 8B 允许信号 $\overline{BE_7} \sim \overline{BE_0}$ 区别 8 个 8 位存储体，如图 7-12 所示。处理器地址总线 A_3 对应存储器芯片的地址引脚 A_0，8 个存储体的数据引脚分别连接到处理器数据总线的 8 位，每次读写最多 64 位数据，当然还可以实现 32 位、16 位和 8 位数据读写。

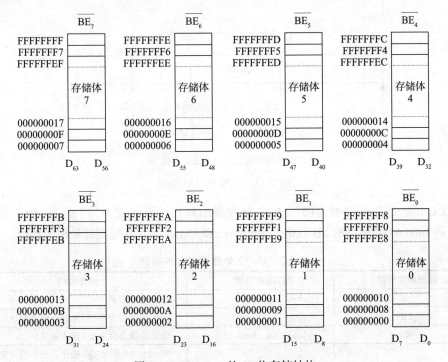

图 7-12　Pentium 的 64 位存储结构

这样，64 位数据如果对齐模 8 地址（能被 8 整除的地址、地址低 3 位都是 0，也就是图 7-12 右下角的存储体地址），就可以利用 64 位数据总线一次进行读写操作，否则就需要多次读写操作。这就是地址边界对齐（参见 5.3.2 节）的好处。所以，为了获得高性能，高级语言的编译程序往往会根据地址对齐原则优化程序代码。

【例 7-2】　C 语言的结构变量。

如下 C 语言的结构变量在主存占用多少字节呢？

```
struct stu1
{   char sex;
    long long id;
    short age;
    int num;
};
struct stu1 x1={1,201705,20,47};
```

也许你认为这个结构变量的存储形式如图 7-13a 所示，应占用 15B 存储单元。而实际上其存储形式如图 7-13b 所示，占用了 24B。其中的空白就是为了性能更优、进行地址对齐而留下的多余存储空间。一般来说，结构变量遵循的对齐原则是：结构体内满足每个元素的对齐要求，整个结构则满足最大元素的对齐要求。

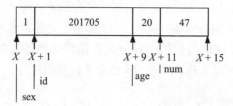

a）结构变量的不对齐地址存储

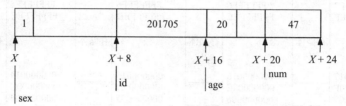

b）结构变量的对齐地址存储

图 7-13 结构变量的存储

以 C 语言的变量类型为例，IA-32 处理器的对齐规则如表 7-3 所示（"*p"表示指针）。而 Intel 64 处理器的 8B 数据，Windows 和 Linux 的对齐规则都是模 8 地址。

表 7-3   IA-32 处理器的对齐规则

数据的字节数	C 语言类型	对齐规则
1B	char	没有地址限制
2B	short	地址最低位为 0（偶地址，模 2 地址）
4B	long、int、float、* p	地址最低 2 位为 0（模 4 地址）
8B	double、long long	Windows（及大多数操作系统和指令集）： 地址最低 3 位为 0（模 8 地址） Linux（采用 4B 数据对齐原则）： 地址最低 2 位为 0（模 4 地址）

为此，结构类型在定义时，注意结构体内较多字节的数据类型在前较好。例如，如下定义的 stu2，其实质与前面定义的 stu1 相同，但只占用了 16B 的存储空间。

```
struct stu2
{   long long id;
    int num;
    short age;
    char sex;
};
struct stu2x2={201705,47,20,1};
```

再如，GCC 编译程序规定了函数的堆栈对齐原则，要求函数使用的栈空间必须是模 16 地址（最低 4 位为 0，可以整除 16 的地址）。在前面许多 C 语言程序生成的优化汇编语言代码中，主函数开始对应的代码如下：

```
_main:
```

```
push   ebp
mov    ebp, esp
sub    esp, 8
and    esp, -16
mov    eax, 16
call   __alloca
...
```

这里有一条逻辑与指令"and esp，-16"。其中，-16 = 0xFFFFFFF0，同 ESP 逻辑与之后，就是保证 ESP 栈顶指针的低 4 位全为 0，起始于模 16 地址。

另外，alloca 是主存分配函数（与 malloc、calloc 和 realloc 函数类似），用于动态申请主存空间，在 IA-32 处理器上使用 EAX 传递空间大小参数。这里，alloca 在堆栈区域申请空间，调用函数执行结束，申请的空间即释放。

7.3 高速缓冲存储器

现代计算机系统中，主存除了向处理器提供指令和数据外，还要承担同处理器并行工作的大量外设的输入/输出数据任务，负担很重。主存提供信息的速度，已经成为影响整个计算机系统运行速度的一个关键因素。

另外，处理器的运行速度不断提高，而由 DRAM 组成的主存的存取时间较慢，跟不上处理器的运行速度。相对于 DRAM，SRAM 的速度较快。但 SRAM 容量较小，价格较贵，无法大量用于计算机系统。正如层次存储结构所见到的那样，解决这个矛盾的方法就是采用高速缓冲存储器，简称高速缓存，英文为 Cache。高速缓存是完全用硬件实现的，对于程序员来说它是透明的（实际存在而好像不存在）。高速缓存的实现思想与虚拟存储器具有同工异曲之妙。虚拟存储器是虚拟的（实际不存在而好像存在），它是在主存与辅存之间主要由操作系统（配合硬件）以文件形式建立的，用于调度并加快对辅存的存取操作。

7.3.1 高速缓存的工作原理

高速缓存是在相对容量较大而速度较慢的主存 DRAM 与高速处理器之间设置的少量但快速 SRAM 组成的存储器，目前通常制作在处理器芯片内部。高速缓存中复制着主存的部分内容（通常是最近使用的信息）。当处理器试图读取主存的某个字时，高速缓存控制器首先检查高速缓存中是否已包含这个字。若有，则处理器直接读取高速缓存而不必访问主存，这种情况称为高速缓存读命中（Hit）；若无，则处理器读取主存中包含此字的一个数据块，将此字送入处理器，同时将此数据块传送到高速缓存，这种情况称为高速缓存读缺失（Miss），即未命中。高速缓存的数据传送如图 7-14 所示。

处理器通常以字为单位读写操作数，但高速缓存与主存之间则以数据块为单位存取。由于程序访问的局部性特点，不久的将来处理器要存取的字很有可能就是这个数据块中的其他字，那时，处理器就可以高速命中，从而减少访问主存的次数，加快存取速度。

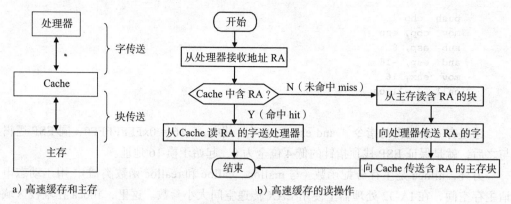

a）高速缓存和主存   b）高速缓存的读操作

图 7-14   高速缓存的数据传送

1. 高速缓存的结构

具有 n 位地址总线的主存由 2^n 个可寻址字（Word）组成，每个字都有一个唯一的 n 位地址。现代计算机以 8 位的字节（Byte）为基本存储单位，这里的"字"就是"字节"的概念。高速缓存与主存间的数据传送以数据块（Block）为单位，如 B 个字。以数据块为单位，主存可以划分成 $M = 2^n \div B$ 个"主存块"，如图 7-15b 所示。高速缓存包含 B 个字的一个单元称为一个"Cache 行"（线 Line 或槽 Slot），Cache 行与主存块的存储容量相同。假设高速缓存有 m 行，如图 7-15a 所示。每次操作都是主存中的一个块存取到高速缓存中的某个行。由于高速缓存的行数 m 远小于主存的块数 M，所以一个 Cache 行不可能只对应主存中的一个固定位置块。这样，高速缓存每个行中除具有一个存储主存信息的数据存储器外，还包含一个称为标签、标记（Tag）的存储器，用于表明被缓冲数据位置的。标签存储器保存着该数据所在主存的地址信息。

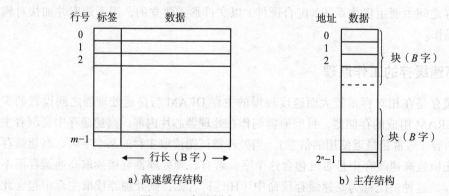

a）高速缓存结构   b）主存结构

图 7-15   高速缓存 Cache 和主存的组成结构

2. 高速缓存的容量和行大小

衡量一个高速缓存性能的主要指标是命中率（Hit Rate），即高速命中的概率。命中率越高，说明进行存储访问时，直接从高速缓存中存取信息的机会越多，需要花费较多时间存取主存的次数也少，通常高速缓存的性能就高。那么，高速缓存应该具有多大容量，Cache 行应该是多少字（节），才能使存储系统具有较高的性能呢？

对于高速缓存容量，既希望它足够大使得整个存储系统的存取时间能够接近单独使用高速缓存的存储器系统，同时又希望它尽量小以使整个存储系统的单位成本接近单独使用主存的存储器系统。较大的高速缓存容量，虽然会提高命中率，但也会使其访问速度略有降低。另外，高速缓存容量还受可用的芯片面积限制，同时还和运行的程序有关，所以实际上，几乎没有所谓"最优"的高速缓存容量。

Cache 行大小受多种因素的影响，与命中率间的关系较复杂，依赖于特定程序的局部特性，而没有固定的最优值。当 Cache 行从很小增大，命中率开始会有提高，这是局部性原理使然：因为程序使用该行中其他字的概率很大。但当 Cache 行进一步增大时，命中率可能反而减小，因为这个主存块可能带来了不少程序并不立刻使用的数据。

3. 高速缓存的数量

最初引入高速缓存时，系统只使用一个高速缓存。现在，高性能处理器普遍使用多个高速缓存。

（1）单级与多级 Cache

80386 时代的 PC 只能在主板上使用单级高速缓存。由于器件集成度的提高，在制作处理器的同一个芯片上可以集成高速缓存，这就是处理器芯片上（On-chip）的高速缓存。使用片上（或说内部）高速缓存可以减少处理器外部总线的活动，加速执行时间，进而提高整个系统的性能。80486 在处理器芯片中集成了 8KB 的片上高速缓存。

简单地增加片上高速缓存容量并不意味着整个高速缓存系统的访问速度就提高了。于是，存储系统在原来容量较小的片上，即第 1 级高速缓存（L1 Cache）基础上，又加入了第 2 级高速缓存（L2 Cache）。较大容量的 L2 Cache 可以进一步减少处理器访问主存的次数，提高系统性能。80486 和 Pentium 时代的 PC 支持主板上的第 2 级高速缓存（L2 Cache），容量是 128MB 或 256MB。Pentium II 开始将第 2 级高速缓存也制作在处理器芯片上，Pentium 4 处理器还支持更大容量的第 3 级高速缓存（L3 Cache）。

（2）统一与分离 Cache

在片上高速缓存刚出现时，类似冯·诺依曼计算机的主存结构，一般采用单个高速缓存，既用于高速缓冲保存指令，也用于保存数据，这就是统一（Unified）Cache 结构。现在，通常将高速缓存分成两个：一个专用于缓冲指令，称为指令 Cache（I-Cache）；而另一个专用于缓冲数据，称为数据 Cache（D-Cache），这就是分离（Split）Cache 结构。

统一高速缓存结构由于设计和实现上较容易，所以最先采用。相对于同容量的分离 Cache 结构来说，统一 Cache 因为可以自动调整缓冲指令和数据的数量，所以具有较高的命中率。例如，一个程序执行涉及更多的指令，则统一 Cache 主要用于缓冲指令；另一个程序执行需要大量的数据，则统一 Cache 主要用于缓冲数据。这是统一 Cache 的主要优点。80486 处理器的片上高速缓存就是采用统一 Cache 结构，第 2 级高速缓存和第 3 级高速缓存也都采用统一 Cache 结构。

像 Pentium 以后的 80x86 处理器都采用了多条可以同时执行的流水线部件，第 1 级高速缓存都采用分离 Cache 结构。分离 Cache 使多个执行部件可以同时预取指令和存取操作数，极大地减少了因为指令的并行执行带来的预取指令和存取操作数的冲突，因而提高了性能。通常，第2级高速缓存和第3级高速缓存仍采用统一 Cache 结构。

其实，将数据和指令分开保存在各自存储器的思想早已应用于主存，即哈佛存储结构（Harvard Architecture）。它与冯·诺依曼计算机结构诞生于同一个时代。例如，Intel 公司的 MCS-48/51/96 单片处理器系列就采用哈佛存储结构。

为了使高速缓存系统具有较高的性能，在设计高速缓存时有几个关键因素，除了前面介绍的高速缓存容量、行大小、数量之外，还有地址映射、查找方法、替换算法和写入策略等。

7.3.2　地址映射

由于高速缓存的行（槽）数远小于主存的数据块数，所以必须采用"地址映射"的方法确定主存块与 Cache 行之间的对应关系，以及主存块是否已存入高速缓存。高速缓存通过地址映射确定一个主存块应放到哪个 Cache 行组中。地址映射的方式决定了 Cache 的组织形式，也确定了在 Cache 查找主存数据块的方法，共有3种映射方式：直接映射、全相关映射和组相关映射。

1. 直接映射（Direct Mapping）

直接映射是最简单的映射方式，它将每个主存块固定地映射到某个 Cache 行。

假设一个简单的存储系统，高速缓存只有8行，标记为 L_0，L_1，…，L_7，主存有256块，记为 B_0，B_1，…，B_{255}。采用直接映射，主存 B_0，B_8，…，B_{248}（块号除以8、余数为0的数据块）只能保存于 Cache 的行 L_0，主存 B_1，B_9，…，B_{249}（块号除以8、余数为1的数据块）只能保存于 Cache 的行 L_1……主存 B_7，B_{15}，…，B_{255}（块号除以8、余数为7的数据块）只能保存于 Cache 的行 L_7，如图 7-16a 所示。或者说，主存块号除以 Cache 行数的余数，就是直接映射的 Cache 行号。在 Cache 清空的情况下，若依次顺序访问主存数据块 B_{22}、B_{26}、B_{22}、B_{26}、B_{16}、B_4、B_{16} 和 B_{18}，则 Cache 访问的情况如图 7-16b 所示。其中第8次访问 B_{18} 时，由于与 B_{26} 映射到同一个 Cache 行，不得不替换掉原来保存的 B_{26} 块。

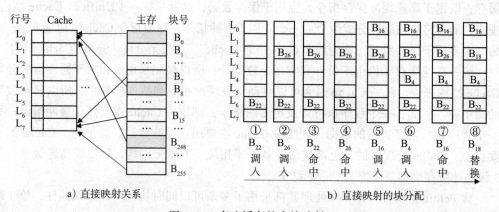

a) 直接映射关系　　　　　　　　　　　b) 直接映射的块分配

图 7-16　高速缓存的直接映射

一般性地假设，Cache 行为 2^w 个字（占用地址最低 w 位），具有 2^s 行，即高速缓存容量 $m=2^s$ 行 $=2^{s+w}$ 字。n 位地址的主存容量 $M=2^n$ 字 $=2^{n-w}$ 主存块，分成了 2^t 个主存页，每个主存页的容量等于高速缓存容量 2^{s+w}，即主存地址由 3 个部分组成：$n=t+s+w$。这样，在图 7-17 的直接映射组成图中，第 i 个 Cache 行只能用于存储所有主存页的第 i 个主存块，即某个主存块只能固定地映射到一个对应的 Cache 行。标签存储器只需要存储最高 t 位页号地址，就可以确定主存块对应的 Cache 行。

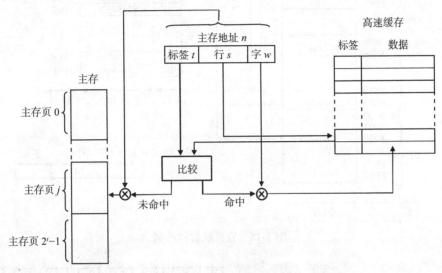

图 7-17　直接映射的组成

当处理器发送 n 位地址对存储器操作时，它将其中的 s 位地址作为索引，查看唯一对应的 Cache 行的标签存储器内容。然后将此标签存储器内容与主存地址的高 t 位比较。如果两者相同，说明高速命中，可进一步用最低 w 位区别某个字，直接从高速缓存中读取送处理器；如果两者不相同，说明高速未命中，则利用 n 位地址访问主存。

在图 7-18 所示的直接映射示例中，Cache 行为 $2^2=4B$，具有 $2^{14}=16K$ 行，故 Cache 容量 $m=2^{16}B=64KB$。24 位地址的主存容量 $M=16MB$，分成了 2^8 个主存页，每个主存页的容量都是 64KB。主存地址组成：$n（24）=t（8）+s（14）+w（2）$。

直接映射的优点是硬件简单，容易实现。但由于第 i 个 Cache 行只能用于存储所有主存页的第 i 个主存块，所以，当程序恰好要使用两个及以上主存页中同一个位置的主存块时，就要发生冲突，该 Cache 行不断地被交替存放，使性能下降；而且其他 Cache 行即使空闲也不能使用，又使高速缓存利用率变得很低。

2. 全相关映射（Full Associative Mapping）

全相关映射克服了直接映射固定对应关系的缺点，可以将一个主存块存储到任意一个 Cache 行，为系统提供了最大的灵活性，也简称为相关映射。

在高速缓存只有 8 行、主存只有 256 块的简单存储系统中，采用全相关映射，主存 B_0，B_1，…，B_{255} 可以保存于 Cache 的任一行 L_0，L_1，…，L_7，如图 7-19a 所示。在 Cache 清空的情况下，若依次顺序访问了主存数据块 B_{22}、B_{26}、B_{22}、B_{26}、B_{16}、B_4、B_{16}

和 B_{18}，则 Cache 访问的情况如图 7-19b 所示。

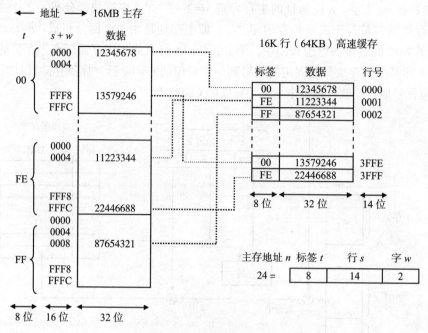

图 7-18　直接映射的示例

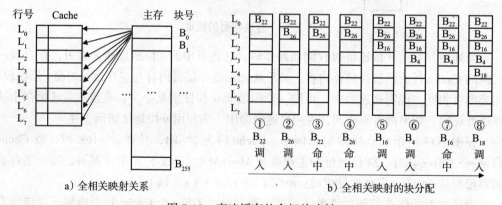

a）全相关映射关系　　　　　b）全相关映射的块分配

图 7-19　高速缓存的全相关映射

因为主存块可存入任一 Cache 行，所以标签存储器中必须保存完整的主存块地址：$t=n-w$。当进行高速缓存操作时，高速缓存控制逻辑必须比较全部标签存储器的内容，才能确定是否命中，如图 7-20 所示。在图 7-21 的示例中，主存和高速缓存容量仍分别为 16MB 和 64KB，4B 为一个 Cache 行。此时，标签存储器必须存放 t（22）位地址，即主存块地址。

由于 Cache 行很多（图 7-21 中为 16K 行），主存块地址位数也很多（图 7-21 中为 22位），希望都直接连接到比较器进行同时比较，连接线极多（16K×22 条），从全相关映射的组成（图 7-20）可以看出，这无法实现；而如果进行分级比较，又会增加比较时间，降低性能。所以，全相关映射的主要缺点是实现所有标签存储器内容并行比较的电路比较复杂，因而大容量 Cache 通常不采用全相关映射方式。全相关映射的优点是 Cache 行使用灵活、利用率高，因此冲突情况减少，命中率较高。另外，在全相关映射方式中，当 Cache 已满，需要采用替换算法（详见 7.3.3 节）确定哪个 Cache 行应该被替换，代之以新的数据块。

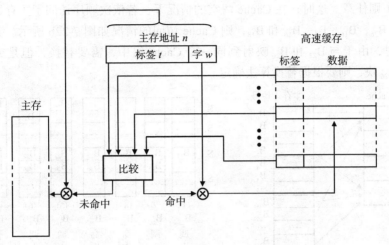

图 7-20　全相关映射的组成

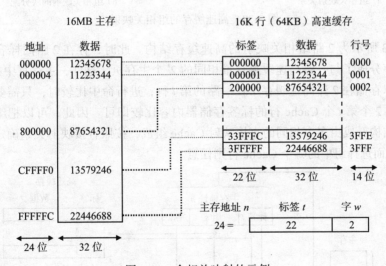

图 7-21　全相关映射的示例

3. 组相关映射（Set Associative Mapping）

组相关映射取直接映射的简单和全相关映射的灵活，而克服两者的不足，也称为组合相关。它将多个 Cache 行作为一个组（Set），所有组中同位置 Cache 行称为一路（Way），组内各个 Cache 行采用全相关映射，各个组之间采用直接映射。通常 2、4、8 或 16 个 Cache 行为一组，分别称为 2 路、4 路、8 路或 16 路组合相关映射高速缓存。

例如，把共 8 行的 Cache 设计成 2 路组相关，即分成 4 组 S_0、S_1、S_2 和 S_3，如图 7-22a 所示。采用 2 路组相关映射，主存 B_0，B_4，…，B_{252}（块号除以 4、余数为 0 的

数据块）只能保存于 Cache 的组 S_0，主存 B_1，B_5，…，B_{253}（块号除以 4、余数为 1 的数据块）只能保存于 Cache 的组 S_1……主存 B_3，B_7，…，B_{255}（块号除以 4、余数为 3 的数据块）只能保存于 Cache 的组 S_3，如图 7-16a 所示。或者说，主存块号除以 Cache 组数的余数，就是直接映射的 Cache 组号。确定组号之后，具体是该组中哪个行（或者说是哪一路）则任意。这时，在 Cache 清空的情况下，若依次顺序访问了主存数据块 B_{22}、B_{26}、B_{22}、B_{26}、B_{16}、B_4、B_{16} 和 B_{18}，则 Cache 访问的情况如图 7-22b 所示。其中第 8 次访问 B_{18} 时，由于与 B_{22} 和 B_{26} 映射到同一个 Cache 组中，需要替换，但是究竟是替换 B_{22} 还是 B_{26} 块，则要根据替换算法确定。

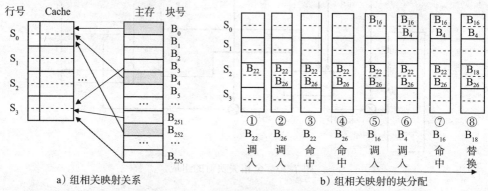

a) 组相关映射关系   b) 组相关映射的块分配

图 7-22　高速缓存的组相关映射

图 7-23 所示为 2 路组相关映射的高速缓存结构。此时，存在 2 路同样容量的高速缓存，主存分成了与一路高速缓存容量相同的 2^t 个主存页。这样，主存页中的第 i 个主存块就可以存储在 2 路高速缓存中任一路的第 i 行；进行命中比较时，只需要把主存地址高 t 位与 2 个第 i 个 Cache 行的标签存储器内容比较即可。因此，可以把组相关映射的 Cache 结构看成由多个相同的直接映射 Cache 组成，按照直接映射关系确定主存块与 Cache 组，而选择组中的哪个 Cache 行则任意。

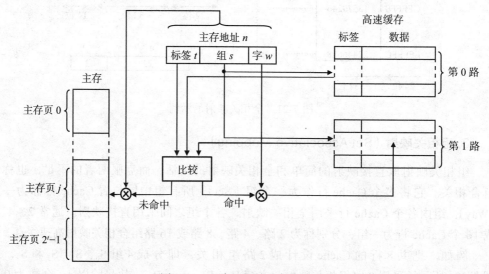

图 7-23　2 路组相关映射的组成

在图 7-24 的 2 路组相关映射的示例中，主存仍为 16MB，Cache 容量也仍为 64KB，但分成了 2 路直接相关的 32KB 高速缓存。从图中看到，第 000 和 1FEH 主存页的第 1 个主存块都进入了高速缓存。

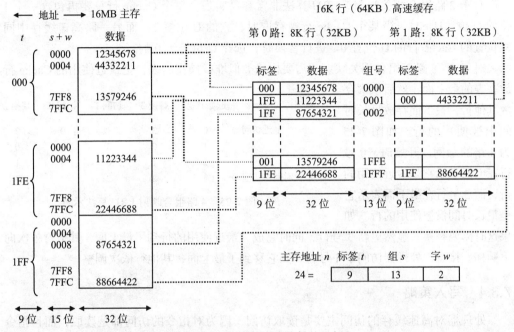

图 7-24　2 路组相关映射的示例

实际上，可以将直接映射和全相关映射看成组相关映射的特例。组相关只有一路（每组只有一个 Cache 行）就是直接映射，组相关只有一组（每个 Cache 行都是一路）就是全相关映射。

7.3.3　替换算法

当一个新的主存块要进入高速缓存，但允许存储这个主存块的 Cache 行都已经被占用时，就产生了替换问题，即要解决这个新主存块替换掉哪一个原主存块。对于直接映射的高速缓存来说，这不成问题，因为只能替换唯一的一个 Cache 行，别无选择。对于全相关映射和组相关映射结构，就需要选择替换算法，而且这种算法必须用硬件实现。

（1）随机（Random）算法

这种算法不依赖以前使用情况，随意地选择一个 Cache 行替换。这个方法的优点是简单，易于用硬件实现，但没有利用 Cache 行被访问的情况，不能反映局部性。

（2）先进先出（First-In-First-Out，FIFO）算法

FIFO 算法替换存放时间最长的 Cache 行。这种算法容易用循环或环形缓冲器实现。虽然它利用了进入高速缓存先后顺序，但不能正确地反映局部性原理。因为最先进入的 Cache 行，很可能是经常要使用的主存块。

（3）近期最少使用（Least-Recently Used，LRU）算法

LRU 算法本来是指替换近期最少被访问的 Cache 行，但由于实现困难，实际上是选

择最长时间未被访问的 Cache 行进行替换。LRU 算法是最常用、最有效的方法，因为它依据了存储访问局部性原理的推论：如果最近刚使用的 Cache 行很可能很快被再次使用，那么最久没有被使用的 Cache 行就是最好的被替换 Cache 行。

对于 2 路组合相关映射，LRU 算法非常容易实现。每个 Cache 行只要再包含一个 1 位的 U 位（Used）。当某个 Cache 行被存取时，它的 U 位置 1，而另一路高速缓存中同样位置的 Cache 行的 U 位置 0。进行替换时，选择 U 位等于 0 的行。

对于 4、8 路等组合相关映射，需要构建类似堆栈操作的表，把最近使用的 Cache 行放在表的最上面，然后依次存放其他行，最下面存放最长时间未被使用的行。如图 7-25 为 4 路的示例，开始时，0 号行在上面表示它是最近使用的行，而 3 号行在最下面表示它是最长时间没被使用的行。如果这时需要替换，显然更新 3 号行，同时它成为最近使用的行到了最上面，其他行依次向下顺移。接着，处理器访问了 1 号行，则它移到了最上面，其他行依次调整。

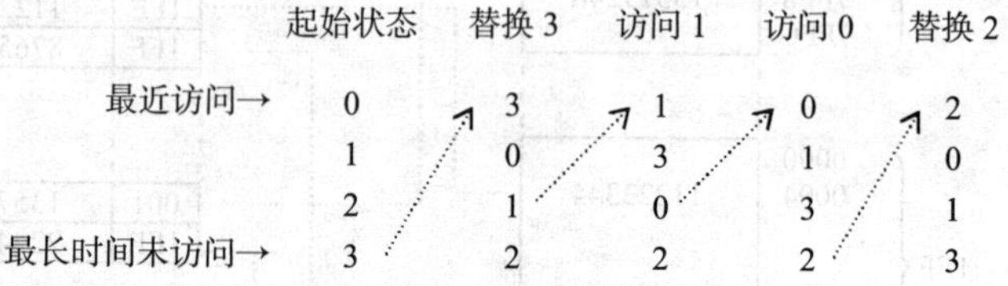

图 7-25　4 路组合映射 LRU 算法示意

7.3.4　写入策略

处理器对高速缓存的访问主要是读取访问，因为对指令的访问都是读取，而且指令读取操作数要多于写入操作数。由于存在高速缓存，写入操作数较复杂一些。

1. 写命中的处理

指令对主存进行写入操作，首先需要确认写入的数据在高速缓存中（即高速缓存写命中），才能对高速缓存进行写入操作。其次由于高速缓存的数据同时保存在主存中，当指令对高速缓存进行了写入操作，还要解决主存内容更新问题，以便保持数据的正确性，这就是写入策略。

（1）直写（Write Through）策略

直写策略是简单、可靠而直观的方法。它是指处理器对高速缓存写入的同时，将数据也写入到主存，这样来保证主存和高速缓存内容一致。指令写入的数据可能是字、双字或 4 字等单位，不会是整个 Cache 行。由于每次对高速缓存的更新都要启动一次主存的写操作，因此外部总线操作频繁，有时工作速度会受到影响。

为了解决直写高速缓存的速度问题，可在高速缓存与主存间增加一级或多级缓冲器，形成更加实用的缓冲直写高速缓存。这时，处理器在写入高速缓存后，便可以执行下一个操作，不必等待数据写入主存；被写入高速缓存的数据同时进入缓冲器中，由缓冲器电路负责将数据写入主存（可与处理器并行操作）。

（2）回写（Write Back）策略

回写策略在每个 Cache 行的标签存储器中增加一个更新（Update）位，当处理器更新高速缓存时，并不立刻写入主存，而是使该行的更新位置位（Update=1），表示该

Cache 行中数据已经修改但相应主存块并没有修改。随后,处理器对该行同一个或其他字写操作时,也做同样处理,没有写入主存。只有当另一个主存块需要被高速缓存到该Cache 行发生替换时,在确认更新位为 1 后,才进行一次回写主存的操作,当然同时也应该使此时的更新位清零(Update=0)。

回写策略只有在 Cache 行替换时才可能写入主存,写入主存的次数会少于处理器实际执行的写入操作数。所以,回写策略的性能要高于直写策略,但实现结构略为复杂。

2. 写未命中的处理

指令对主存进行写入操作,也会出现操作数并没有在高速缓存中的情况,这是高速缓存的写缺失,即写未命中。此时,写入主存的数据是否需要读回高速缓存呢?有两种选择:

(1)不写分配法(No-Write Allocate)

写未命中高速缓存时,直接把数据写入主存,不将相应的块调入高速缓存,也称绕写法(Write Around)。

(2)写分配法(Write Allocate)

写未命中高速缓存时,先把数据所在的主存块调入高速缓存,然后进行写入。这类似读未命中方式,也称写时取(Fetch On Write)。

上述两种处理写未命中的方法都可配合处理写命中的直写策略和回写策略。但直写策略通常配合不写分配法,因为以后再对该主存块写入还要直接访问主存。回写策略一般采用写分配法,这样以后再对该主存块写入就可以命中,而不需要访问主存。

3. 数据一致性协议

当系统存在两级 Cache 时,主存数据就有了两个副本,这三个位置的同一个数据自然要保持一致。在现代多处理器系统中,每个处理器可能都有一级或多级高速缓存,这样同一个数据就可能具有更多个副本,这使得多个副本数据的一致性问题更加复杂。

高速缓存的数据一致性问题可以用软件方法解决,但更有效的方法是用硬件解决,称之为高速缓存的数据一致性协议。MESI 协议是广泛应用的数据一致性协议。

MESI 协议在高速缓存的每个标签存储器中增加了两个位,用于表达相应 Cache 行数据的 4 种一致性状态:

- 修改(Modified)——该 Cache 行已经被修改(与主存不同),而且只在这个Cache 中可用。
- 唯一(Exclusive)——该 Cache 行与对应主存块相同,而且不存在于其他 Cache 中。
- 共享(Shared)——该 Cache 行与对应主存块相同,但可能存在于其他 Cache 中。
- 无效(Invalid)——该 Cache 行包含的数据无效。

【例 7-3】 80486 的 L1 Cache。

80486 第一级高速缓存共有 8KB 容量,采用 4 路组相关映射方式,如图 7-26 所示。它以 16B 为一个 Cache 行(块),4 个全相关映射的 Cache 行为一组(Set),共 128 组使用直接映射。也可以把 8KB 容量看成 4 路 2KB 的高速缓存,每路 2KB 高速缓存分成128 个 Cache 行,采用直接映射;同一位置的 4 个 Cache 行为一组,采用全相关映射。

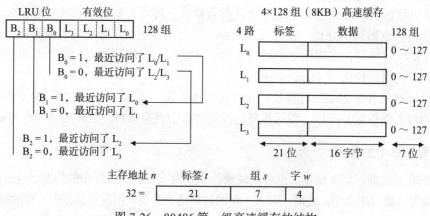

图 7-26   80486 第一级高速缓存的结构

80486 第一级高速缓存每路包含 2KB=2^{11}B。对于 32 位地址、4GB 容量的主存来说，可以分成 4GB÷2KB=2^{32}÷2^{11}=2^{21} 个主存页（每页对应 2KB）。这样每个 Cache 行只要设计一个 21 位的标签存储器（记录该 Cache 行映射到哪个主存页），再结合直接映射的组号就可以明确该 Cache 行对应哪个主存块。

每个 Cache 行都有一个有效位，表明此行中的数据是否有效可用。LRU 替换算法用硬件实现比较复杂，80486 片上高速缓存采用近似的 LRU 算法，称为伪 LRU（Pseudo-LRU）算法。每组的 4 个 Cache 行都对应 3 位 LRU 位，用于实现伪近期最少使用 LRU 替换算法。如果某组的 4 个 Cache 行都有效，数据还要写入该组则需要替换。假设组中 4 个 Cache 行分别用 $L_0 \sim L_3$ 表示。B_0 位说明最近访问的是 L_0 或 L_1（B_0=1），还是 L_2 或 L_3（B_0=0）；B_1 位说明最近访问的是 L_0 和 L_1 其中的 L_0（B_1=1），还是 L_1（B_1=0）；B_2 位说明最近访问的是 L_2 和 L_3 其中的 L_2（B_2=1），还是 L_3（B_2=0）。

80486 第一级高速缓存采用缓冲直写式写入策略。如果写操作命中 Cache，则除了将信息写入片上 Cache 外，还要写入写缓冲器中，然后由总线接口单元驱动一次外部的写总线周期。总线接口单元设置了 4 个写缓冲器（4 级锁存器），最多可允许 6 个连续写操作而无须等待。如果写操作未命中高速缓存，则总线接口单元只将数据写入主存，不进行高速缓存的回填。这样，虽然写入主存需要几个时钟，但处理器可以在一个时钟周期执行一条存储指令。

【例 7-4】 Pentium 的 L1 Cache。

Pentium 第一级高速缓存采用指令和数据分离的 Cache 结构，每种都是 8KB，共 16KB，如图 7-27 所示。8KB 高速缓存采用 2 路组相关映射方式，分成 2 路 4KB 高速缓存；每路分成 128 行，每个 Cache 行为 32B。Pentium 第一级高速缓存采用 LRU 算法，每对 Cache 行只需要 1 位表示。

数据 Cache 采用回写策略，但可以动态设置为直写策略。Pentium 支持外部 L2 Cache，它采用指令和数据统一的 Cache 结构，可以是 256KB 或 512KB，2 路组合映射，每个 Cache 行为 32、64 或 128B。

为了解决 L1 Cache 和 L2 Cache 数据一致性问题，Pentium 支持 MESI 协议，所以每个 Cache 行的标签存储器中都有 2 位表达 MESI 协议的状态。

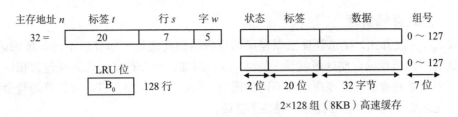

图 7-27　Pentium 第一级高速缓存的结构

互联网上有处理器检测的免费软件（如 CPU_Z），不妨利用它检测不同的 PC，了解其 Cache 组成结构。

7.4　存储管理

存储器是计算机系统的重要资源，如何动态地为多个任务分配存储器就是存储管理，它是操作系统的主要功能之一。IA-32 处理器的分段和分页机制构成存储管理单元（Memory Management Unit，MMU），从硬件上支持构成虚拟存储器，便于操作系统实现有效的存储管理。

7.4.1　虚拟存储器

虚拟存储器（Virtual Memory）处于主存和辅存之间，是一个通过硬件的存储管理单元（MMU），在核心软件或操作系统管理下，利用磁盘文件为用户创建的比实际主存空间大的虚拟存储空间。因为不是实体的存储器，在存储系统的层次结构中，虚拟存储器似乎并不存在。其实在 Windows 操作系统中，磁盘上一个隐藏的系统文件 pagefile.sys 就是构成虚拟内存的页面文件。

相对于完全使用硬件实现，旨在提高主存访问速度的高速缓冲存储器，虚拟存储器由硬件辅助、系统核心软件管理，侧重于增大主存容量。它不仅可以有效地使用主存空间，而且为各个程序（进程）呈现统一的地址空间，这样就简化了存储管理，实现了程序间的保护。

在简单的计算机系统中，如自动控制等领域的嵌入式微控制器等，处理器可以直接通过地址总线输出的物理地址（真实地址）访问主存。而服务器、台式机等通用计算机使用虚拟地址（逻辑地址）编程，通过存储管理单元将虚拟地址转换为物理地址之后访问主存，如图 7-28 所示。

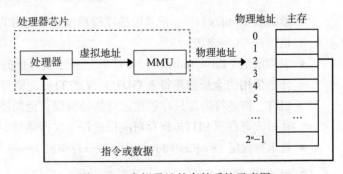

图 7-28　虚拟寻址的存储系统示意图

7.4.2 段式存储管理

段式（分段方式）存储管理根据程序的逻辑结构将地址空间分成不同长度的区域。这个具有共同属性的存储区域就是（逻辑）段。例如，一个程序的代码应包含在一个段中，不同任务的数据或程序应该在不同的段中。所以，将存储器进行分段管理符合程序的模块化思想，同时也为存储保护提供了基础。

一个程序通常包含多个段，需要有代码段、数据段和堆栈段等。每个段需要段基地址表明该段在主存的起始地址，需要段界限表明段的长度。一个程序使用一个段表保存各个段的属性，每个段的地址和界限等属性形成一个段表项。段表本身也是一个特殊的段，由操作系统维护。进行存储访问，需要说明所在的段和段内的偏移地址，通过段表获得段地址，与偏移地址相加得到线性地址。

保护方式下，IA-32 处理器必须使用分段机制，无法禁止。程序使用逻辑地址（Logical Address）访问存储器，逻辑地址由段选择器和偏移地址组成。段选择器指向段表的一个段表项，IA-32 处理器称段表项为段描述符（Descriptor），称段表为段描述符表。

1. 段选择器

16 位段寄存器在保护方式被定义为段选择器（Selector），包含 3 个域，用于指向一个段描述符，如图 7-29 所示（图中数字表示二进制位）。

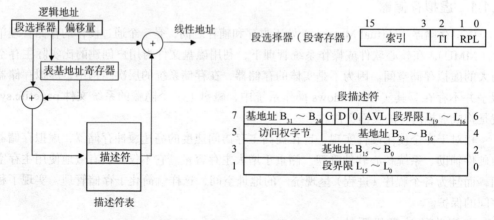

图 7-29　IA-32 处理器的分段机制

- 索引域（Index）——记录段描述符在描述符表内的位置序号，13 位可选择 8K 个描述符（0 ~ 8191）。
- 表指示位（Table Indicator，TI）——指示要寻址的描述符表：若 TI=0，寻找全部任务使用的全局描述符表 GDT；反之 TI=1，则寻找该任务使用的局部描述符表 LDT。描述符表是只存放描述符的特殊段，全局描述符表寄存器 GDTR、局部描述符表寄存器 LDTR 保存对应描述符表在存储器中的地址。
- 请求特权层（Requested Privilege Level，RPL）——反映请求本次存取的特权级别。

2. 描述符

描述符是保护方式引入的数据结构，共 8 字节 64 位。IA-32 处理器利用这个间接层，就能实现存储管理、特权与保护。段描述符有代码段描述符、数据段描述符、堆栈段描述符等，用于"描述"段的属性，有 3 个域，如图 7-29 所示（两侧数字表示第几个字节）。

- 段界限（Segment Limit）——20 位，反映该段的长度，用于存储空间保护。
- 基地址（Base Address）——32 位，给出该段的段基地址，用于形成线性地址。
- 访问权字节（Access Right Byte）——说明该段的访问权限：只读、读写、只执行等，该段当前是否已在主存，以及该段所在特权层等，用于特权保护。
- 粒度位 G（Granularity bit）——G=0，说明段界限的基本单位为字节（1B），20 位界限表达最大 1MB 的段长度；G=1，说明段界限的基本单位为页（4KB），20 位界限能表达最大 4GB（1MB×4KB）的段长度。
- 默认操作长度 D（Default Operation Size）——在代码段描述符中使用时，指明代码段中指令采用 16 位或 32 位操作。D=0 为 16 位操作，指令默认使用 16 位操作数和 16 位寻址方式，这是实方式和虚拟方式的默认状态。D=1 为 32 位操作，指令默认使用 32 位操作数和 32 位寻址方式，这是保护方式的默认状态。

然而，不论默认状态是什么，都可以使用操作数长度超越（66H）和地址长度超越（67H）前缀改变。也就是说，16 位操作模式下的指令也可以使用 32 位操作数和寻址方式，32 位操作模式下的指令仍然可以使用 16 位操作数和寻址方式，只要在相应指令前使用上述超越前缀指令就可以了。

- 可用位 AVL（Available Field）——该位的使用不做任何定义，可理解为保留给操作系统或应用程序使用。

描述符还有一类：门描述符。门描述符有任务门、调用门、中断门和自陷门，用于从一个程序转移到另一个程序过程中的保护。

3. 操作数寻址过程

保护方式下，IA-32 处理器通过段选择器从描述符表中取出相应的描述符，获得此段的 32 位段基地址，与 32 位偏移地址相加便形成了 32 位线性地址（Linear Address），如图 7-30 所示。

1）段选择器的 TI 域指明描述符表。例如，TI=0，表明描述符表全局描述符表，从全局描述符表寄存器 GDTR 得到其基地址。

如果 TI=1，情况更复杂些。除从全局描述符表寄存器 GDTR 得到全局描述符表基地址外，还需要通过局部描述符表寄存器 LDTR 在全局描述符表中获得局部描述符表的描述符，这样才能获得局部描述符表的基地址。

2）将段选择器的索引值乘 8 后为位移量加上描述符表基地址指向该段的段描述符，经过界限检查之后，取出描述符并送入不可见的段描述符高速缓冲器中。

为了加快段描述符的存取速度，处理器内部对应每个段寄存器设置有段描述符高速缓冲器。每当把一个段选择器装入段寄存器时，这个段选择器指向的描述符就自动加载到相应的段描述符缓冲器中。以后对该段的访问，就可以直接利用缓冲器内的段描述符实现。

3）从段描述符中取出段基地址，从逻辑地址中取出段内偏移地址；

4）通过界限检查之后，基地址与偏移地址相加，最终得到操作数的线性地址。

在上述步骤中，系统还要自动进行特权检查和段类型检查，只有通过了这些保护性检查，数据的存取才可以进行，否则将产生中断。

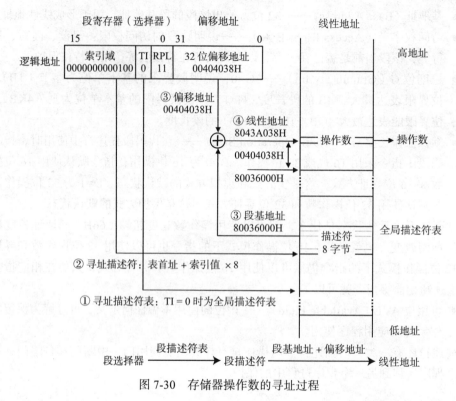

图 7-30　存储器操作数的寻址过程

7.4.3　页式存储管理

分页是另一种存储管理方式。与把模块化的程序和数据，分成不同长度的若干段的分段方式不同，分页方式将存储空间分成为大小相同的区域［称为页（Page）］，各页与程序的逻辑结构没有直接的关系，一个页保存程序或数据模块的一部分。

页式存储管理便于构成虚拟存储器。虚拟存储器使用虚拟地址区别以字节为单位的各个存储单元，操作系统维护页表建立虚拟存储页与物理存储页的对应关系。程序的虚拟地址通过页表转换为物理地址。

1. 分页组织

IA-32 处理器经过分段机制由逻辑地址获得 32 位线性地址，如果不采用分页机构，则 32 位线性地址就是 32 位物理地址；如果允许分页，32 位线性地址就是虚拟地址，由分页机制转换成 32 位物理地址（图 7-31）。这涉及控制寄存器 CR3、页目录、页表等结构。

1）页目录基地址寄存器 CR3——包含页目录的物理起始地址。页目录的低 12 位总是零，以保证页目录始终是页对齐的，即每页为 4KB（2^{12}B）。

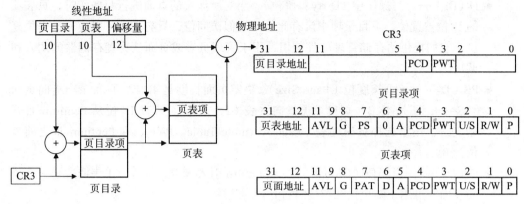

图 7-31　分页机制

2）页目录（Page Directory）——页目录的长度是 4KB，它最多可包含 1024 个页目录项。每个页目录项为 4B，32 位，包含页表的地址及有关页表的信息。

作为第一级的页目录，将 4GB 物理主存分成 1024 个页组，每个页组为 4MB，可由一个页表指明。

3）页表（Page Table）——页表的长度是 4KB，它最多可包含 1024 个页表项。每个页表项为 4B，32 位，包含主存页面的起始地址及有关页面的信息。

作为第二级的页表，又将 4MB 页组分成 1024 个存储页面，每个页面为 4KB，可由一个页表项指明。

IA-32 处理器首先支持 4KB 的页。Pentium 处理器开始支持 4MB 的页，此时不需要页表，页目录项直接指向主存页的起始地址，线性地址的低 22 位作为页内偏移量。

页目录项和页表项都是 32 位的，它们的格式基本相同，各位含义如下：

- P（D_0）——存在位（Present），表示该页表或页面在物理存储器（P=1），或不在物理存储器（P=0）中。
- R/W（D_1）——读 / 写位（Read/Write），指明页面是可读可写（R/W=1），还是只读（R/W=0）。
- U/S（D_2）——用户 / 管理员位（User/Supervisor），指明页面可以被用户层（特权层 3）和管理员层的程序使用（U/S=1），还是仅能由管理员层（特权层 0 ~ 2）的程序使用（U/S=0）。页目录项的 R/W 和 U/S 位用于对指向的所有页面进行保护，而页表项的 R/W 和 U/S 位仅对指向的页面进行保护。
- PWT（D_3）——页直写位（Page-level Write Through），控制页表或页面使用直写（PWT=1）还是回写（PWT=0）的高速缓存写入策略。CR3 中的该位控制页目录的写入策略。
- PCD（D_4）——页高速缓存禁止位（Page-level Cache Disable），控制页表或页面禁止（PCD=1）还是使用（PCD=0）高速缓存。CR3 中的该位控制页目录的是否禁止高速缓存。
- A（D_5）——访问位（Accessed）。当页表或页面进行读或写操作后，处理器将该位置位。处理器一旦置位该位不再清除它，只有软件可以使其复位。

- D（D_6）——写操作位（Dirty：脏位）。当对所涉及的页面进行写操作时，页表项的 D 位被置位。页目录项中没有此位。类似访问位，只有软件可以使写操作位复位。它们提供给存储管理软件使用，用于管理页表或页面从物理存储器的调入和调出。
- PS（D_7）——页长度位（Page Size），决定页面长度是 4MB、页目录项指向页面（PS=1），还是 4KB、页目录项指向页表（PS=0）。页表项 D_7 位从 Pentium Ⅲ 开始支持，用于选择页属性表（Page Attribute Table，PAT），在 Pentium Ⅲ 之前该位为 0。
- G（D_8）——全局位（Global）。Pentium Pro 引入该位，设置为 1 表明这是一个全局页面，可用于防止任务切换时将其内容清除。
- AVL（$D_9 \sim D_{11}$）——操作系统专用位（Available for System's Programmer Use）。这 3 位由系统软件定义，操作系统可以根据需要设置和使用这些位。例如，操作系统可以用于"最近最少使用 LRU"页面替换算法。
- 地址（$D_{12} \sim D_{31}$）——页目录项中这 20 位地址指定页表的基地址（一个页表为 4KB，其地址的低 12 位始终是 0，说明页表的地址总是页对齐的）；页表项中这 20 位地址指定页面的基地址（一个页面为 4KB，其地址的低 12 位始终是 0，说明页面的地址也总是页对齐的），也就是一个页面的起始地址。

2. 分页操作

当程序访问一个存储单元时，4KB 的分页机制需要通过 2 级查表来实现将 32 位线性地址 $A_{31} \sim A_0$ 转换为 32 位物理地址。

1）CR3 包含当前任务的页目录的起始地址，将其加上线性地址最高 10 位 $A_{31} \sim A_{22}$ 确定的页目录项的偏移量，便访问到指定的页目录项。

2）此页目录项包含指向的页表的起始地址，将其加上线性地址中间的 10 位 $A_{21} \sim A_{12}$ 确定的页表项的偏移量，便访问到指定的页表项。

3）此页表项包含要访问的页面的起始地址，将其加上线性地址最低 12 位 $A_{11} \sim A_0$ 的偏移量，就从这一页中访问到所寻址的物理单元。

但是，如果每次存储器访问都要读取 2 级表，就会大大降低访问速度。所以，与段描述符高速缓冲器的思路一样，处理器中设置了一个最近存取页面的页表项的高速缓冲器。这个高速缓冲器称为转换后备缓冲器（Translation Lookaside Buffer，TLB），也就是所谓的"快表"。TLB 自动保持着处理器最常使用的 32 个页表项，由于每页长度为 4KB，这样就覆盖了 128KB 的存储器空间。

实际的分页操作如下：分页单元首先将线性地址的高 20 位与 TLB 中所有的 32 项相比较。如果有一个地址匹配（即 TLB 命中），就直接得到页面的基地址，只要加上线性地址的低 12 位偏移量，即可计算出 32 位物理地址。

如果没有地址匹配，即页表项不在 TLB 中，则处理器将进行如上所述的 2 级查表过程。查表过程中，还将检查 P 位。两个表的 P 位都为 1，说明页面已在物理存储器中可以存取，则处理器按需要修改 A 位和 D 位，存取操作数。同时，从页表中读到的高 20 位线性地址被存入 TLB 中，以便以后存取。

如果两个表之一的 P 位为 0，处理器将产生分页异常，在异常处理程序中将需要的页面从磁盘调入物理主存。如果存储器访问违反了页保护属性（即 U/S 和 R/W 确定的属性），处理器也将产生页异常，进行相应处理。

处理器本身管理着页地址的转换过程，从而在要求分页的系统中减轻了操作系统的负荷，而且直接由硬件完成转换，使得转换过程非常快速。

习题

7-1　简答题

（1）存储系统为什么不能采用一种存储器件构成？

（2）存储器的存取时间和存取周期有什么区别？

（3）什么是高速命中和高速缺失（未命中）？

（4）什么是 Cache 的地址映射？

（5）Cache 的写入策略用于解决什么问题？

7-2　判断题

（1）通用计算机大容量主存一般采用 DRAM 芯片组成。

（2）ROM 芯片的烧写或擦写就是指对 ROM 芯片的编程。

（3）存储系统每次给 DRAM 芯片提供刷新地址，被选中的芯片上的所有单元都刷新一遍。

（4）存储系统的高速缓存需要操作系统的配合才能提高主存访问速度。

（5）指令访问的操作数可能是 8、16 或 32 位，但主存与 Cache 间以数据块为单位传输。

7-3　填空题

（1）计算机存储容量的基本单位：1 B（Byte）= _____ b（bit），1KB= _____ B，1MB= _____ KB，1GB= _____ MB，1TB= _____ GB= _____ B。

（2）在半导体存储器中，RAM 指的是 _____，它可读可写，但断电后信息一般会 _____；而 ROM 指的是 _____，正常工作时只能从中 _____ 信息，但断电后信息 _____。

（3）存储结构为 8K×8 位的 EPROM 芯片 2764，共有 _____ 个数据引脚、_____ 个地址引脚。用它组成 64KB 的 ROM 存储区共需 _____ 片芯片。

（4）高速缓冲存储器的地映址射有 _____、_____ 和 _____ 方式。

（5）80486 片上 Cache 的容量是 _____，采用 _____ 路组相关映射。Pentium 的 L1 Cache 采用 _____ 映射方式。

7-4　举例说明存储访问的局部性原理。

7-5　简述存储系统的层次结构及各层存储部件特点。

7-6　在半导体存储器件中，什么是 SRAM 和 DRAM？

7-7　SRAM 芯片的片选信号有什么用途？对应读写控制的信号又是什么？

7-8　DRAM 为什么要刷新？存储系统如何进行刷新？

7-9　什么是掩膜 ROM、OTP-ROM、EPROM、EEPROM 和 Flash ROM？

7-10　什么是存储器芯片的全译码和部分译码？各有什么特点？

7-11　什么是 LRU 替换算法？80486 片内 Cache 中，如果 3 个替换算法位 $B_2B_1B_0=010$，则将替换哪个 Cache 行？给出你的判断过程。

7-12　高速缓冲存储器（Cache）的写入策略是解决什么问题的？有哪两种写入策略，各自的写入策略是怎样的？

7-13　80486 片上 8KB Cache 的标签存储器为什么只需要 21 位？

7-14　高速缓存的写入操作有几个很近似的英文词汇，它们分别表示什么含义？

（1）Write Through　　　　（2）Write Back

（3）Write Around　　　　（4）Fetch on Write

7-15　区别如下高速缓存中的概念：

（1）主存数据块 Block　　　（2）高速缓存行 Line

（3）高速缓存组 Set　　　　（4）高速缓存路 Way

7-16　IA-32 处理器在保护方式下，段寄存器是什么内容？若 DS=78H，说明在保护方式下其具体的含义。

7-17　说明 IA-32 处理器的段描述符结构。已知某个段描述符为 0000B98200002000H，则该段的基地址和界限分别是什么？

第8章 输入/输出接口

由处理器和主存储器组成的计算机基本系统，通过输入/输出（Input/Output，I/O）接口与外部设备实现连接，在接口硬件电路和驱动程序控制下完成数据交互。本章在介绍 I/O 接口电路特性及 I/O 指令基础上，介绍主机与外设数据的无条件传送、查询传送、中断传送和直接存储器存取 DMA 传送方式，并介绍 IA-32 处理器的中断控制系统，最后简介常用 I/O 接口。

8.1 I/O 接口概述

计算机系统根据需要会连接各种各样的 I/O 设备，如键盘、鼠标器、显示器、打印机、扫描仪等；在控制领域，常使用模拟数字转换器、数字模拟转换器、发光二极管、数码管、按钮和开关等。这些外部设备在工作原理、驱动方式、信息格式及工作速度等方面差别很大，与处理器的工作方式也大大不同。所以，外设不会像存储器芯片那样直接与处理器相连，必须经过一个转换电路。这部分电路就是 I/O 接口电路，简称 I/O 接口（Input/Output Interface）。也就是说，I/O 接口是位于基本系统与外设间，实现两者数据交换的控制电路。例如，PC 主板上的中断控制器、DMA 控制器、定时控制电路，以及连接键盘、鼠标的电路等都属于 I/O 接口。再如，插在系统总线插槽（Slot）中用来连接外设的电路卡（Card）也是 I/O 接口电路。早期的 PC 主机板上的功能模块有限，许多功能模块都需要通过总线插槽扩展，这些电路卡被通俗地称为适配器（Adapter），也属于 I/O 接口电路。

8.1.1 I/O 接口的典型结构

从应用角度，I/O 接口有许多特性值得注意，下面概括地对其加以说明。

1. 内部结构

实际的 I/O 接口电路可能很复杂，但从应用角度，往往可以归结为 3 类可编程的寄存器（对应 3 类信号），如图 8-1 所示。

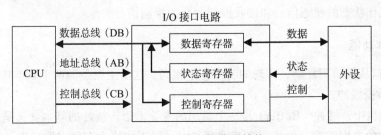

图 8-1 I/O 接口的典型结构

（1）数据寄存器

数据寄存器保存处理器与外设之间交换的数据，又可以分成数据输入寄存器和数据输出寄存器。在接口电路连接输入设备时，需要从输入设备获取数据。数据从输入设备出来就暂时保存在数据输入寄存器，处理器选择合适的方式进行读取。同样，当接口电路连接输出设备时，处理器发往输出设备的数据被临时保存在数据输出寄存器中，适时到达输出设备。很多外设既可以输入，又可以输出，常共享同一个 I/O 地址与处理器交换数据，所以数据输入寄存器和数据输出寄存器统一称为数据寄存器。

（2）状态寄存器

状态寄存器保存外设或其接口电路当前的工作状态信息。处理器与外设交换数据，很多时候都需要明确外设或其接口电路当前的工作状态，所以接口电路设置状态寄存器以便处理器读取。处理器掌握了外设工作状态，数据交换的可靠性才有保障。

（3）控制寄存器

控制寄存器保存处理器控制接口电路和外设操作的有关信息。接口电路常有多种工作方式可以选择，与外设交换数据的过程中也需要控制其操作，处理器通过向接口电路的控制寄存器写入控制信息实现这些功能。

I/O 接口的寄存器有 3 类，每种类型的寄存器也可能有多个。计算机系统使用编号区别各个 I/O 接口寄存器，这就是 I/O 地址，常用更形象化的术语来表示——I/O 端口（Port）。这 3 类接口寄存器也被对应称作数据端口、状态端口和控制端口，或简称数据口、状态口和控制口。处理器指令通过 I/O 地址与接口寄存器联系，实现与外设的数据交换。

2. 外部特性

接口电路的外部特性由其引出信号来体现。由于 I/O 接口处于处理器与外设之间，起着桥梁的作用，所以它的引出信号常可以分成与处理器连接部分和与外设连接部分。

面向处理器一侧的信号与处理器总线或系统总线类似，也有数据信号、地址信号和控制信号，以方便与处理器的连接。前面章节已经了解，处理器读写存储器的总线周期和读写 I/O 端口的总线周期一样，所以 I/O 接口与处理器的连接类似存储器与处理器的连接。

面向外设一侧的信号与外设有关，以便连接外设。由于外设种类繁多，其工作方式和所用信号可能各不相同，所以与外设的连接需要针对具体的外设来进行讨论。不过，也可以像接口寄存器一样，笼统地将外设信号分成与 I/O 接口交换数据的外设数据信号、提供外设工作状态的状态信号和接收控制命令的控制信号。

3. 基本功能

I/O 接口从简单到复杂，实现的功能各不相同，这里主要强调两个基本功能。

（1）数据缓冲

在计算机中，缓冲（Buffer）是一个常用的专业术语。缓冲的基本含义是实现接口双方数据传输的速度匹配。例如，高速缓存 Cache 用于加快主存的存取速度，实现与处理器处理速度的匹配。再如，打印机内部电路通常设计一个数据缓冲区，用于保存由主机发送过来的打印信息，然后按照打印速度打印。在各种具体的应用场合，缓冲作用的实现电路可能是通用数字集成电路的缓冲器、锁存器，也可能是存储器芯片，还可能是计算机主存的一个区域等。

I/O 接口的数据缓冲用于匹配快速的处理器与相对慢速的外设的数据交换，对应数据寄存器的作用。

（2）信号变换

数字计算机直接处理的信号为一定范围内的数字量（0 和 1 组成的信号编码）、开关量（只有两种状态的信号）和脉冲量（多数时间是高电平、短时间是低电平的低脉冲信号，或者多数时间是低电平、短时间是高电平的高脉冲信号）。外设所使用的信号多种多样，可能完全不同。所以，I/O 接口需要把信号相互转换为适合对方的形式。例如，将电平信号变为电流信号，将数字信号变为模拟信号，将并行数据格式变为串行数据格式，将弱电信号变为强电信号，以及相反的转变等。

4. 软件编程

I/O 接口电路早期由分立元件构成，后改用集成芯片。它可能是一块中、小规模集成电路，也可能是一块大规模通用或专用的集成电路，有些接口电路的复杂程度不亚于主板（如图形加速卡等）。接口电路的核心往往是一块或几块大规模集成电路芯片，常称其为接口芯片。

为了能够具有一定的通用性，I/O 接口芯片设计有多种工作方式。针对特定的应用情况或外设，处理器需要选择相应的工作方式。处理器通过向接口芯片写入命令字（Command Word）或控制字（Control Word），选择其工作方式。所以，接口芯片往往具有可编程性（Programmable），或称之为可编程芯片。

选择 I/O 接口工作方式、设置原始工作状态等的程序段常称为初始化程序，操纵 I/O 接口完成具体工作的程序常称为驱动程序。驱动程序有多个层次。最底层的驱动程序需要结合硬件电路编写，实现基本数据传输、操作控制等功能，适合采用汇编语言编写。操作系统则利用最底层的驱动程序提供更加便于使用的程序模块或函数，应用程序为最终用户呈现操作界面。

总之，设计 I/O 接口不仅有接口电路的硬件部分，还包括编写初始化程序和驱动程序的软件方面。所以，在学习这部分知识时，要注意软硬结合的特点。

8.1.2 I/O 端口的编址

外设，准确地说是 I/O 接口的各种寄存器，需要利用 I/O 地址（即 I/O 端口）区别。计算机系统已经存在存储器地址，那么这两种地址是独立还是统一编排呢？这就是 I/O 端口的编址问题。

1. I/O 端口与存储器地址独立编址

独立编址是将 I/O 端口单独编排地址，独立于存储器地址，如图 8-2a 所示。这样的计算机系统有两种地址空间：一种是 I/O 地址空间，用于访问外设，通常较小；另一种是存储器空间，用于读写主存储器，一般很大。

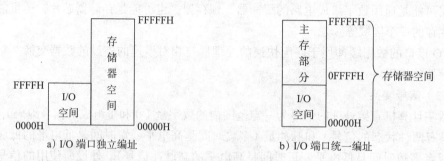

图 8-2   I/O 端口的编址

采用 I/O 端口独立编址方式，处理器除要具有存储器访问的指令和引脚外，还需要设计 I/O 访问的 I/O 指令和 I/O 引脚，因为两者不同。独立编址的优点是：不占用宝贵的存储器空间；I/O 指令使程序中 I/O 操作一目了然；较小的 I/O 地址空间使地址译码简单。独立编址的不足主要是 I/O 指令的功能简单，寻址方式没有存储器指令丰富。

Intel 80x86 系列处理器采用 I/O 独立编址方式，只使用最低 16 个地址信号，对应 64K 个 8 位 I/O 端口，只能使用输入指令 IN 和输出指令 OUT 访问。

2. I/O 端口与存储器地址统一编址

统一编址是将 I/O 端口与存储器地址统一编排，共享一个地址空间，或者说，I/O 端口使用部分存储器地址空间，如图 8-2b 所示。这种方式也称作"存储器映像"方式，因为它将 I/O 地址映射（Mapping）到了存储器空间。

采用 I/O 端口统一编址方式，处理器不再区分 I/O 口访问和存储器访问。统一编址的优点是处理器不用设计 I/O 指令和引脚，丰富的存储器访问方法同样能够运用于 I/O 访问。统一编址的缺点是 I/O 端口会占用存储器的部分地址空间，通过指令不易辨认 I/O 操作。

ARM 处理器采用统一编址处理 I/O 端口。80x86 处理器也可以形成统一编址的 I/O 端口，或者将部分 I/O 端口按照统一编址原则映射到特定存储器空间。

3. I/O 地址译码

I/O 接口与处理器的连接，类似于存储器与处理器的连接，主要问题也是处理好高位地址的译码。I/O 地址译码与存储器地址译码在原理和方法上完全相同，但 I/O 地址不太强调连续，多采用部分译码，这样可节省译码的硬件开销。在进行部分译码时，用高位地址总线参与接口电路芯片的片选译码，用低位地址总线参与片内译码。有时中间部分地址总线不参与译码，有时部分最低地址总线不参与译码。

在 32 位 PC 中，处理器和 PCI 总线与外设连接的数据总线是 32 位，可以连接 8 位、16 位和 32 位 I/O 接口。设计 16 位 I/O 接口时，总是让它占用以偶地址开始的两个连续 I/O 地址，偶地址对应的 8 位数据通过低 8 位数据总线 $D_7 \sim D_0$ 传输，增量后的奇地址对应的 8 位数据通过高 8 位数据总线 $D_{15} \sim D_8$ 传输，与 "低对低、高对高" 的小端存储方式一样。同时，这样的 16 位 I/O 接口可以用偶地址在低 8 位数据总线与 8 位外设交换数据。设计 32 位 I/O 接口时，它占用模 4 地址开始的 4 个连续 I/O 地址，也可以利用这个地址传输 8 位和 16 位数据。

32 位 PC 的 I/O 地址空间分成两部分。源于原 IBM PC 系列的限制，0000 ~ 03FFH 地址范围用于主板或接口卡上的系统设备，如定时器、中断控制器等；0400H ~ FFFFH 用于 I/O 扩展设备，如 PCI 总线设备。

8.1.3　I/O 指令

IA-32 处理器的常用指令都可以存取存储器操作数，但存取 I/O 端口实现 I/O 的指令数量很少。简单地说，I/O 指令只有两种：输入指令 IN 和输出指令 OUT。

助记符 IN 表示输入指令，实现数据从 I/O 接口输入到处理器，格式如下：

```
IN AL/AX/EAX, i8/DX
```

助记符 OUT 表示输出指令，实现数据从处理器输出到 I/O 接口，格式如下：

```
OUT i8/DX, AL/AX/EAX
```

1. I/O 寻址方式

IA-32 处理器有多种存储器寻址方式可以访问存储单元。但是，访问 I/O 接口时只有两种寻址方式：直接寻址和 DX 间接寻址。

I/O 地址的直接寻址是由 I/O 指令直接提供 8 位 I/O 地址，只能寻址最低 256 个 I/O 地址（00 ~ FFH）。指令格式中用 i8 表示这个直接寻址的 8 位 I/O 地址。虽然形式上与立即数一样，但它们被应用于 IN 或 OUT 指令就表示直接寻址的 I/O 地址。

I/O 地址的间接寻址是用 DX 寄存器保存访问的 I/O 地址。由于 DX 是 16 位寄存器，所以可寻址全部 I/O 地址（0000 ~ FFFFH）。I/O 指令中直接书写成 DX，表示 I/O 地址。

IA-32 处理器的 I/O 地址共 64K 个（0000 ~ FFFFH），每个地址对应一个 8 位端口，不需要分段管理。最低 256 个地址（00 ~ FFH）可以用直接寻址或间接寻址访问，高于 256 的 I/O 地址只能使用 DX 间接寻址访问。

2. I/O 数据传输量

IN 指令和 OUT 指令只允许通过累加器 EAX 与外设交换数据。8 位 I/O 指令使用 AL，16 位 I/O 指令使用 AX，32 位 I/O 指令使用 EAX。执行输入指令 IN，外设数据进入处理器的 AL/AX/EAX 寄存器（作为目的操作数，书写在左边）。执行 OUT 输出指令，处理器数据通过 AL/AX/EAX 送出去（作为源操作数，写在右边）。例如：

```
in al,21h      ; 从地址为 21H 的 I/O 端口读一个字节数据到 AL
mov dx,300h    ; DX 指向 300H 端口
out dx,al      ; 将 AL 中的字节数据送到地址为 300H(DX) 的 I/O 端口
```

16 位 80x86 处理器只支持使用 AL、AX 的 8 位和 16 位 I/O 指令。IA-32 处理器还

可用 32 位寄存器 EAX 实现对 I/O 接口的 32 位访问。能够使用 16 位或 32 位 I/O 指令的前提是设计有 16 位或 32 位的 I/O 接口，并相应使用偶地址或模 4 地址。例如，电路设计从 60H 端口读取一个字节，从 61H 端口读取另一个字节，于是可以利用如下指令实现数据输入：

```
in al,61h        ; 从 I/O 地址 61H 的读一个字节数据到 AL
mov ah,al        ; AH=AL
in al,60h        ; 从 I/O 地址 60H 的读一个字节数据到 AL
```

如果没有相应的电路支持，上述程序片段并不能使用"IN AX,60H"指令替代，虽然该指令实现的功能是从 60H 和 61H 端口读取一个字到 AX。

3. I/O 保护

I/O 指令以及中断标志设置指令的执行涉及 I/O 端口，称为 I/O 敏感指令（I/O Sensitive）。工作在 IA-32 处理器的保护方式下，I/O 特权和 I/O 许可位图将限制对 I/O 端口的访问，也就是限制这些 I/O 敏感指令的执行。

标志寄存器 EFLAGS 有一个 IOPL（I/O Privilege Level）字段，表示程序具有的 I/O 特权。只有程序的当前特权高于或等于程序的 I/O 特权时，I/O 敏感指令才可以执行。特权低的程序执行 I/O 敏感指令会产生"通用保护异常"信号。

每个程序都有一个任务状态段 TSS，其中包含 I/O 许可位图，一个 I/O 地址对应 I/O 许可位图中的一个位。程序当前特权低于 I/O 特权或处理器工作在虚拟 8086 方式时，处理器将检测 I/O 许可位图以确定是否允许访问这个 I/O 地址。I/O 许可位图给特权低的程序或虚拟 8086 方式的程序提供了有限的 I/O 地址访问权限。

32 位 Windows 操作系统工作在 IA-32 处理器的保护方式下，拥有最高特权，其应用程序处于最低特权，所以 Windows 限制应用程序访问 I/O 地址。16 位 DOS 操作系统设计运行于 Intel 8086 和 8088 处理器，也可以运行于 IA-32 处理器的实地址工作方式，没有特权保护功能，无所谓 I/O 敏感指令，可以任意执行 I/O 指令。

8.2 外设数据的传送方式

实现外设与主机的数据传送是 I/O 接口的主要功能之一，根据外设的工作特点等，可以采用多种具体实现方式，如图 8-3 所示。数据传送可以通过处理器执行 I/O 指令完成，又分成无条件传送、查询传送和中断传送。外设数据传送还可以以硬件为主，加快传输速度，如直接存储器存取（DMA），或者使用专门的 I/O 处理机。

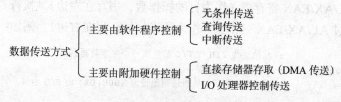

图 8-3 数据传送方式

1. 主要由软件程序控制的数据传送

处理器通过执行驱动程序中的 I/O 指令完成数据交换，进一步还可以分为：

- 无条件传送——对工作方式简单的外设，无须事先进行确认，处理器随时可以与之进行数据传送。
- 查询传送——对实时性要求不高的外设，处理器可以在不繁忙的时候询问外设的工作状态。当外设准备好数据后，处理器才与之进行数据传送。
- 中断传送——需要及时处理外设数据时，外设可以主动向处理器提出请求。满足条件的情况下，处理器暂停执行当前程序，转入执行处理程序与外设进行数据传送。

2. 主要由附加硬件控制的数据传送

在 I/O 接口中，增加专用硬件电路，控制外设与主机的数据传送，减轻处理器负担。

- DMA 传送——对需要快速传送大量数据的外设，处理器让出总线的控制权，由 DMA 控制器接管，并在外设与存储器之间建立直接的通路进行数据传送。
- I/O 处理器控制传送——如果有大量外设需要接入系统，可以专门设计 I/O 处理器管理外设的数据交换，甚至数据处理等工作。这种方式主要在大型计算机系统中采用。

8.2.1 无条件传送

有些简单设备，如发光二极管（Light-Emitting Diode，LED）和数码管、按键和开关等，它们的工作方式十分简单，相对处理器而言，其状态很少发生变化。例如数码管，只要处理器将数据传给它，就可立即获得显示；又如按键，每次按键将持续几十毫秒，其状态对于处理器来说变化很慢，所以可随时读取。因此，当这些设备与处理器交换数据时，可以认为它们总是处于就绪（Ready）状态，随时可以进行数据传送。这就是无条件传送，有时也称它为立即传送或同步传送。

用于无条件传送的 I/O 接口电路十分简单，接口中只考虑数据缓冲，不考虑信号联络。

由于某个时刻只能有一个设备向总线发送数据，所以在输入接口中，至少要安排一个隔离环节。只有当处理器选通该隔离环节时，才允许被选中设备将数据送到系统总线，此时其他输入设备与数据总线断开。隔离环节常用数字电路的三态缓冲器实现。

在输出接口电路中，一般会安排一个锁存环节（如锁存器），以便将数据总线的数据暂时锁存，使较慢的设备有足够的时间进行处理，此时处理器可以利用系统总线完成其他工作。锁存器使用数字电路的 D 触发器构成。

接口电路中也常常需要既有锁存能力又有三态缓冲能力的器件，将锁存器输出再接一个三态缓冲器就可以了（参见第 3 章）。

图 8-4 示例了无条件输入接口电路连接开关，无条件输出接口电路连接发光二极管 LED。

三态缓冲器 74LS244 构成输入端口，其两个控制端被连接在一起。它连接 8 个开关

$K_7 \sim K_0$，开关的输入端通过电阻挂到高电平上，另一端接地。这样，开关打开时缓冲器输入高电平（逻辑 1），开关闭合时缓冲器输入低电平（逻辑 0）。

在这个简单的输入电路，8 位三态缓冲器构成数据输入寄存器，假设其 I/O 地址被译码为 8000H。以 DX=8000H 为 I/O 地址，执行"IN AL, DX"输入指令就产生读控制 $\overline{\text{IOR}}$ 信号低有效。译码输出和读控制同时低有效，使得三态缓冲器控制端低有效；开关的当前状态被三态缓冲器传输到数据总线 $D_7 \sim D_0$，此时处理器恰好读取数据总线的数据，于是开关状态被传送到 AL 寄存器：其中某位 $D_i=0$，说明开关 K_i 闭合；$D_i=1$，说明开关 K_i 断开。不以 8000H 为地址，或者不是执行 IN 指令，这个三态缓冲器的控制端无效，相当于与数据总线断开。

8 位锁存器 74LS273（无三态控制）构成输出端口。当其时钟控制端 CLK 出现上升沿时锁存数据，被锁存的数据输出，经反相驱动器 74LS06 驱动 8 个发光二极管（$L_7 \sim L_0$）发光。74LS06 是集电极开路（OC）输出，它的每个输出线需要通过电阻挂到高电平上。当处理器的某个数据总线 D_i 输出高电平（逻辑 1）时，经反相为低电平接到发光二极管 L_i 负极，发光二极管正极接高电平。这样，二极管形成导通电流，发光二极管 L_i 将点亮。当微处理器输出 D_i 低电平时，对应发光二极管 L_i 不会导通，将不发光。

对于这个简单的输出电路，8 位锁存器就是数据输出寄存器，假设译码其 I/O 地址为 8000H。以 DX=8000H 为 I/O 地址，执行"OUT DX, AL"输出指令就产生写控制 $\overline{\text{IOW}}$ 信号低有效。译码输出和写控制同时低有效，使得 8 位锁存器控制输入 CLK 为低。经过一个时钟周期，译码输出或写控制无效将使得 CLK 恢复为高。在 CLK 的上升沿，8 位锁存器将锁存此时出现在其输入端（即数据总线 $D_7 \sim D_0$）的数据，而此时处理器输出的正是 AL 寄存器的内容。

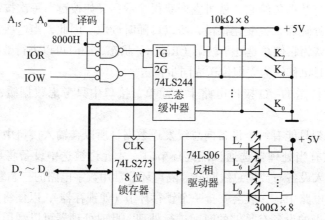

图 8-4   无条件传送接口

下面的程序用于读取 8 个开关状态。当开关闭合时，相应 LED 点亮。开关闭合读取为 0，但输出为 1，LED 才会点亮，所以中间进行了简单的数据处理，即求反。

```
mov dx,8000h        ; DX 指向输入端口
in al,dx            ; 从输入端口读开关状态
not al              ; 求反
out dx,al           ; 送输出端口显示
```

本示例中输入端口和输出端口使用了同一个 I/O 地址，由于有读写控制信号参与打开不同的控制端并访问不同的对象，需要分别执行 IN 指令和 OUT 指令，所以并不会混淆。

在 I/O 接口电路中，一个 I/O 地址可以被设计为输入端口或输出端口，也可以被设计为既能输入又能输出的双向端口。而且对同一个 I/O 地址，输入 / 输出也可能连接不同的接口电路。写入某个 I/O 端口的内容，不一定能够读取，即使可以读取，也不一定就是写入的内容。这些都与 I/O 接口电路的具体设计有关，或者说 I/O 接口的译码电路决定了 I/O 地址的访问方式。注意这与主存访问不同：写入某个主存单元的内容，你可以从中读回，而且应该是原来写入的内容，除非它被改变了。

8.2.2　程序查询传送

查询传送也称为异步传送（与无条件传送被称为同步传送对应）。当处理器需要与外设交换数据时，首先查询外设工作状态，只有在外设准备就绪时才进行数据传输。所以，查询传送有查询和传送两个环节，如图 8-5 所示。

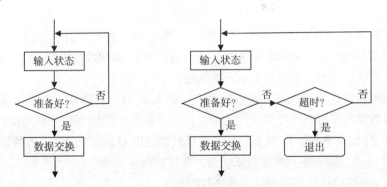

图 8-5　查询传送流程图

1. 查询过程

为了获知外设的工作状态，I/O 接口需要设计实现查询功能的电路。它与外设状态输入信号连接，外设的工作状态被保存在状态寄存器中。处理器通过状态端口，读取状态寄存器，然后检测外设是否就绪：如果没有就绪，程序将通过循环继续查询；如果就绪，则进行数据传送。在外设就绪后，处理器通过数据端口进行数据传送。如果是输入，执行输入指令从数据端口读入数据；如果是输出，执行输出指令向数据端口输出数据。

外设的工作状态在状态寄存器中使用一位或若干位表达，查询是通过输入指令来实现的。检测是否就绪利用检测 TEST 等指令。如果有多个状态需要查询，可以按照一定原则轮流查询。一般来说，先检测到就绪的外设先开始数据传送。

为避免设备故障使查询陷入死循环，在实际的查询程序中常引入超时判断。当查询超过了规定的时间，但设备仍未就绪时，可引发超时错误来退出查询，此次数据交换也将无法实现。

相对简单的无条件转送，查询传送工作可靠，具有较广的适用性。但是，查询需要大量处理器时间，效率较低。

2. 查询输入接口

图 8-6 为一个采用查询方式输入数据的 I/O 接口示意图。8 位锁存器与 8 位三态缓冲器构成数据输入寄存器（即数据端口），其 I/O 地址译码为 5000H。它一侧连接输入设备，另一侧连接系统的数据总线。1 位锁存器和 1 位三态缓冲器构成状态寄存器（即状态端口），其 I/O 地址译码为 5001H，1 位状态使用数据总线的最低位 D_0。

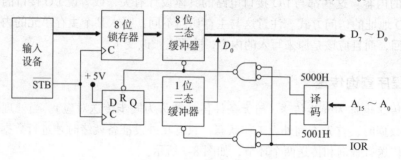

图 8-6　查询输入接口

在输入设备通过选通信号 $\overline{STB}$ 将数据打入数据寄存器的同时，该信号使 D 触发器输出 Q 信号置位为 1（因为其输入端 D 总是为高电平），说明数据寄存器中已经有外设数据，可以提供给处理器，也就是表示数据就绪。

处理器可随时读取状态端口来查询状态。如果 D_0=1，说明输入数据已就绪，此时，处理器读取数据端口得到外设提供的数据。读取数据产生的控制信号被连接到 D 触发器的复位信号 R（低电平有效），该复位信号使触发器输出 Q 恢复为 0，表示数据已被取走。如果检测到 D_0=0，说明输入数据尚未就绪，程序应继续查询。

配合该 I/O 接口电路的查询输入程序片段如下：

```
        mov dx,5001h        ; DX 指向状态端口
status:     in al,dx        ; 读状态端口
        test al,01h         ; 测试状态位 D₀
        jz status           ; D₀=0, 未就绪，继续查询
        mov dx,5000h        ; D₀=1, 就绪，DX 改指数据端口
        in al,dx            ; 从数据端口输入数据
```

程序使用测试指令 TEST（参见第 5 章）判断外设状态。TEST 指令对两个操作数按位进行逻辑与，结果不保存，但影响处理器的状态标志。AL 寄存器与 01H 进行逻辑与操作，将使除最低位 D_0 外的其他位为 0，但保持 D_0 位不变。这样，AL 最低位 D_0 是 0（也就是外设状态位为 0，表示还没有可以输入的数据），逻辑与的结果是 0，将使得条件转移指令 JZ（Z 表示结果等于 0）的条件成立，程序转移到 status 标号处继续输入外设状态。如果输入状态使 D_0=1，逻辑与的结果不为 0，JZ 指令的条件不成立，则顺序执行下一条指令，从数据端口输入数据。

3. 查询输出接口

图 8-7 为一个采用查询方式输出数据的接口电路示意图。8 位锁存器构成数据输出

寄存器（即数据端口），其 I/O 地址译码为 5000H。它一侧连接系统的数据总线，另一侧连接输出设备。1 位锁存器和 1 位三态缓冲器构成状态寄存器（即状态端口），其 I/O 地址译码为 5001H，1 位状态使用数据总线 D_7 位。

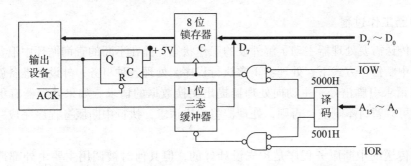

图 8-7　查询输出接口

当处理器要输出数据时，应先查询状态端口。该接口电路设计 $D_7=0$，表示外设可以接收数据。此时，处理器可将数据写入数据端口，写入数据产生的控制信号也作为 D 触发器的控制信号，它将 D 触发器置位为 1，以便通知外设接收数据。这样，$D_7=1$ 说明接口电路的数据尚没有被外设取走，此时处理器只能继续查询，而不能贸然写入新的数据。

输出设备可利用状态锁存器输出信号 Q 接收数据。数据处理结束时，它将给出应答信号 $\overline{ACK}$，该信号将状态寄存器重新复位为 0，表示外设准备就绪。

配合该 I/O 接口电路的查询输出程序片段如下：

```
    mov dx,5001h      ; DX 指向状态口
status:   in al,dx    ; 读取状态口的状态数据
    test al,80h       ; 测试标志位 D7
    jnz status        ; D7=1，未就绪，继续查询
    mov dx,5000h      ; D7=0，就绪，DX 改指数据口
    mov al,buf        ; 将变量 BUF 送 AL
    out dx,al         ; 将 AL 中的数据送数据口
```

本程序仍然使用测试指令 TEST 判断外设状态。状态位是 D_7 位，要与 80H 进行逻辑与操作，才能让其决定操作结果。$D_7=1$ 使 JNZ（NZ 表示不为 0 条件）的条件成立，继续查询。如果输入状态 $D_7=0$（可以给外设提供数据），JNZ 指令的条件不成立，则顺序执行，从数据端口输出数据。

8.2.3　中断传送

处理器在执行程序过程中，被内部或外部的事件打断，转去执行一段预先安排好的中断服务程序，服务结束后，又返回原来的断点，继续执行原来的程序，这个过程称为中断（Interrupt），如图 8-8 所示。

在计算机系统中，凡是能引起中断的事件或原因，称为中断源。中断发生的原因可来自处理器内部，常称

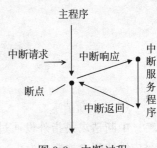

图 8-8　中断过程

为异常（Exception）；也可来自处理器外部，即由处理器的中断请求引脚引入。外部中断又分为可屏蔽中断和不可屏蔽中断。可屏蔽中断可以被处理器控制，用于与外设交换数据。

1. 中断工作过程

查询传送需要处理器主动了解外设的工作状态，并在不断的查询循环中浪费了很多时间。在中断传送方式下，处理器正常执行程序，处理各种事务；外设在准备就绪的条件下通过请求引脚信号，主动向处理器提出交换数据的请求。如果处理器有更紧迫的任务，它可以暂时不响应；否则，处理器将响应请求，执行中断服务程序完成一次数据传送。

中断传送的中断服务程序是预先设计好的，但其何时被调用主要由外部请求所决定，对于处理器来说是随机的。执行中断服务程序的时间通常很短，处理器和外设在大部分时间内各自独立地工作。所以，中断传送方式的效率较高。

可屏蔽中断的整个工作过程可以划分成几个阶段，如图 8-9 所示。有些阶段由处理器自动完成，有些阶段要由用户编程完成。

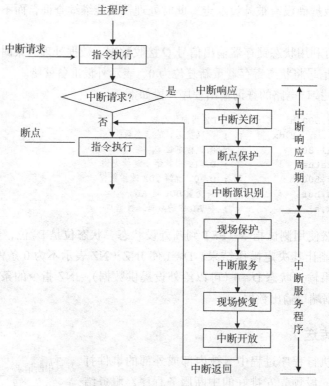

图 8-9　中断传送工作过程

（1）中断请求

中断请求是指外设通过硬件信号的形式，向处理器引脚发送有效的请求信号（该信号应维持到它被响应为止）。

中断请求是外设向处理器提出的，对于处理器来说它是随机发生的。但处理器对中断请求的检测是有规律的，即它在每条指令的最后一个时钟周期去采样中断请求输入引脚。所以，外设提出的中断请求，在未得到响应前必须维持有效。

（2）中断响应

中断响应是指在满足一定条件时，处理器进入中断响应总线周期。

处理器能够响应外设中断请求是有条件的，其中两个条件很关键：

● 处理器只在每条指令执行完时才会去检测中断输入引脚，才可能响应。

● 对于可屏蔽中断请求来说，处理器应处在允许可屏蔽中断响应的状态。

另外，处理器响应中断还需要满足以下条件：

● 在中断请求时，没有更高级的请求发生。处理器有多个请求信号，最高优先权的是复位信号 RESET，其他依次是总线请求 HOLD、不可屏蔽中断请求 NMI 和可屏蔽中断请求 INTR。如果它们同时发生，处理器将首先处理优先级别较高的请求。

● 中断请求应保持到它被响应为止，如果中途撤销，则处理器将不再响应。

● 如果遇到处理器正在执行中断返回、开中断等指令，则它必须在现行指令执行完后，再接着执行一条其他指令，然后才能响应新的中断。这么做的目的是隔离两个中断。

（3）中断关闭

处理器在响应中断后会自动关闭中断，不经用户打开，不再受理其他中断请求。如果允许中断服务程序也被中断，即中断嵌套，需要用户编程再次打开中断。

（4）断点保护

处理器在响应中断后将自动保护断点地址（即被中断执行的那条指令的逻辑地址），以便中断后接续原来的程序。有的处理器此时还会保护标志寄存器，以便在中断后恢复原来的程序状态。

（5）中断源识别

计算机系统可能有多个发生中断的原因（即中断源），所以，处理器需要首先识别出当前究竟是哪个中断源提出了请求，并明确与之相应的中断服务程序所在主存位置。

识别中断源有多种方法，同时还涉及中断优先权和中断嵌套相关内容，后面将展开。

（6）现场保护

现场保护是指对处理器执行程序有影响的工作环境（主要是寄存器）进行保护，以便将来恢复。

除了断点地址和标志寄存器一般会由处理器自动加以保护外，其他的保护需要由用户编程进行。凡希望不被破坏的寄存器数据，用户都应该加以保护。通常的做法是将它们依次压入堆栈，或者将工作现场切换为另一批寄存器。

（7）中断服务

中断服务指处理器执行相应的中断服务程序，进行数据传送等处理工作。中断服务是整个中断处理过程中唯一的实质性环节，也是中断的目的所在。为了尽量减少占用的处理器时间，中断服务程序应该短小简洁。

（8）现场恢复

完成中断服务后，处理器为能返回断点继续执行原来的程序，此时应恢复处理器原来的工作环境。如果现场是通过压栈保护的，恢复时就应该通过出栈实现。

（9）中断开放

处理器响应中断后，一般都会自动关闭中断。如果用户不将它打开，在整个中断过程中，处理器将不会再响应其他的中断。因此，用户至少应在中断返回的前一刻将它打开；否则，处理器在中断返回后将无法再次响应可屏蔽中断。

（10）中断返回

中断服务程序的最后是一条中断返回指令 IRET。处理器执行中断返回指令，会将断点地址从堆栈中弹出，于是程序返回断点继续执行原来的程序。中断返回指令 IRET 不同于子程序返回指令 RET，前者会进行更多的恢复工作，如恢复标志寄存器。

2. 中断源的识别

中断源的识别主要采用中断向量（Vector）方法。处理器响应中断请求时，生成中断响应总线周期。在中断响应周期，处理器的中断响应信号选通中断接口电路，后者将中断向量号送至数据总线。一个中断向量号对应一个中断，处理器读取后便获知中断的来源，并自动转向相应的中断服务程序。

外设的中断请求信号一方面可以引到处理器的中断请求引脚上提出中断请求，另一方面也可以像查询传送方式一样保存在状态寄存器，即中断请求的状态寄存器。处理器获知有中断请求后，依次查询中断状态寄存器，发现某个中断请求状态有效说明其提出了请求。这就是中断源的查询识别方式。

图 8-10 用锁存器和三态缓冲器构成了一个中断查询接口。中断请求状态被保存在锁存器中，并通过"或门"向处理器申请中断。处理器在中断服务程序中，用输入指令选通三态缓冲器读取已经锁存的中断请求状态，并依次查询它们是否有效。

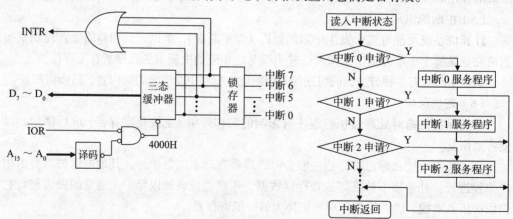

图 8-10   中断查询接口与流程

3. 中断优先权排队

当处理器发现有多个中断源提出了中断请求时，该怎么办呢？为此，可以为每个中断源分配一级中断优先权（Interrupt Priority），根据它们的高低顺序决定响应的先后。中断优先权排队是指系统设计者事先为每个中断源所确定的优先处理顺序。

例如，在图 8-10 中假设中断优先权顺序是中断 0、中断 1…、中断 7，中断查询流程从中断 0 开始。如果中断 0 提出了请求，就响应它，转向其中断服务程序；否则，查询中断 1 是否请求。如果中断 1 有请求，响应它；否则，再查询中断 2……所以，先查询的中断具有较高的优先权，如果有请求会被先行服务。

用查询方法实现中断优先权排队比较花费时间，适用于小型微机系统，或者是针对某个外设的多种中断情况。复杂的计算机系统通常用硬件电路实现中断优先权排队，类似总线仲裁。硬件优先权排队电路常使用编码电路和比较电路构成。编码电路为每个中断进行编号，比较电路则比较编号大小，用编号的大小对应优先权的高低。硬件优先权排队电路还常采用链式排队电路。每个中断源都是中断优先权链条上的一个节点，链条前面的中断优先权高，后面的优先权低。

4. 中断嵌套

当处理器正在为某个中断进行服务时，又有中断提出请求，该怎么办呢？这时也涉及中断优先权排队问题。一般的处理原理如下：

- 如果新提出中断请求的优先权低于或等于当前正在服务的中断，处理器可以不予理会，待完成当前中断服务后再处理。
- 如果新提出中断请求的优先权高于当前正在服务的中断，处理器应当暂停当前工作，先行服务于级别更高的中断，待优先权更高的中断处理完成后接着处理被打断的中断。一个中断处理过程中又有一个中断请求并被响应处理，称为中断嵌套或多重中断（参见图 8-11）。只要条件满足，这样的嵌套可以发生多层。

处理器响应中断后通常自动关闭可屏蔽中断，所以某个中断如果允许被中断嵌套，需要在中断服务程序中打开中断。这样，在中断优先权排队配合下，可以实现中断套。

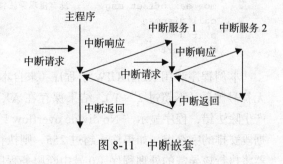

图 8-11 中断嵌套

8.2.4 中断控制系统

前面介绍了利用中断实现主机与外设的数据传送。实际上，中断是计算机系统中非常重要的一种技术，是对处理器功能的有效扩展。利用外部中断，计算机系统可以实时响应外部设备的数据传送请求，能够及时处理外部意外或紧急事件。利用内部中断，处理器为用户提供了发现、调试并解决程序执行时异常情况的有效途径。本节以 IA-32 处理器的中断控制系统为例进一步展开。

IA-32 处理器的中断系统采用向量中断机制，能够处理 256 个中断，用中断向量号

0～255 区别。其中可屏蔽中断还需要借助外部的中断控制器实现优先权管理。

1. 内部异常

内部异常（Exception）是由处理器内部执行程序出现异常情况引起的程序中断，也称为内部中断。IA-32 处理器内部支持多种异常情况，如执行除法指令时出现错误的除法错异常（向量号 0）、用于程序调试的调试异常（向量号 1）和断点异常（向量号 3）、执行溢出中断指令时溢出标志 OF 置位情况下的溢出异常（向量号 4）、程序执行了无效代码引起的异常（向量号 6）、违反基本特权保护原则的通用保护异常（向量号 13）、虚拟存储管理需要将辅存内容调入主存出现的页面失效异常（向量号 14）等。

下面举例说明除法错异常。产生除法错异常的情况是：处理器在执行除法指令（DIV 或 IDIV）时，发现除数为 0 或商超过了寄存器所能表达的范围（详见 5.5.2 节）。例如，处理器执行"DIV BL"指令，如果设置除数 BL 等于 1，只要被除数 AX 超过 255，则执行"DIV BL"后商就超过 255，用 AL 无法表达，将产生除法错异常。

【例 8-1】 产生除法错异常的程序。

```
    include io32.inc
    .data
msg byte 0dh,0ah,'No divide overflow !',0
    .code
start:
    call readuiw
    mov bl,1
    div bl                  ; 出现除法错，执行服务程序
    mov eax,offset msg      ; 没有出现除法错，显示信息
    call dispmsg
    exit 0
    end start
```

本例程序利用 READUIW 子程序（来自本书配套的 I/O 子程序库）从键盘输入一个无符号整数（不超过 $2^{16}-1$），结果保存在 AX。如果输入不超过 255，除以 1 之后不会产生除法错，程序显示"No divide overflow !"（无除法溢出）信息，这是本例程序在数据段安排的字符串。如果输入超过 255，则执行"DIV BL"指令产生除法错异常，处理器将执行该异常的处理程序（0 号中断服务程序）。Windows 系统的异常处理程序将弹出"应用程序错误"的消息窗口，并终止该程序。

图 8-12 是本例程序生成可执行文件后，正常运行和出现异常情况的屏幕截图。

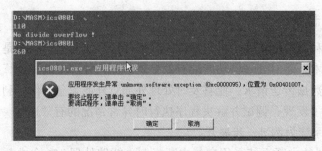

图 8-12　除法错异常

2. 外部中断

外部中断是由处理器外部提出中断请求引起的程序中断。相对于处理器来说，外部中断是随机产生的，所以是真正意义上的中断。它可以分成两种。

（1）非屏蔽中断

对于外部通过非屏蔽中断（Non-Maskable Interrupt，NMI）请求信号向处理器提出的中断请求，处理器在当前指令执行结束就予以响应，这个中断就是非屏蔽中断。IA-32处理器给非屏蔽中断分配的中断向量号是 2，设计的 NMI 信号是上升沿触发。

非屏蔽中断主要用于处理系统的意外或故障，如电源掉电、存储器读写错误或受到严重干扰。例如，在 IBM PC 系列微机中，若主板上存储器产生奇偶校验错或 I/O 通道上产生奇偶校验错或数值协处理器产生异常都会引起一个 NMI 中断。

（2）可屏蔽中断

对来自外部可屏蔽中断（Interrupt Request，INTR）请求信号的中断，处理器在允许可屏蔽中断的条件下，在当前指令执行结束后予以响应，同时输出可屏蔽中断响应信号 $\overline{\text{INTA}}$（Interrupt Acknowledge）。这个中断就是可屏蔽中断。

IA-32 处理器的可屏蔽中断通常需要中断控制器负责处理多个中断优先权排队等管理工作，主要用于与外设进行数据交换。INTR 信号是高电平触发的，通常与中断控制器连接，外设的中断请求信号只接到中断控制器的中断请求信号线上。

除要求当前指令执行结束外，对可屏蔽中断请求，处理器是否响应还要取决于中断标志的状态。在 IA-32 处理器中，若 IF=1，则处理器是开中断的，可以响应；若 IF=0，则处理器是关中断的，不能响应。因为受到处理器的控制，所以这种中断称为可屏蔽中断（Maskable Interrupt）。而对于出现在 NMI 信号上的中断请求，因其不受控制，这种中断对应称为非屏蔽中断。显然非屏蔽中断的优先权高于可屏蔽中断的优先权。

IA-32 处理器中，IF=0 关中断的情况如下：系统复位后，任何一个中断（包括外部中断和内部中断）被响应后，执行关中断指令 CLI 后。要使其处于开放中断的状态，需要执行开中断指令 STI 使 IF=1。另外注意，中断服务程序最后执行中断返回指令 IRET，将恢复到进入该中断前的 IF 状态，即中断前是开中断的，则中断处理结束返回后还是开中断的，否则就是关中断的。

其他种类中断的向量号或包含在指令中或是预定好的，而可屏蔽中断的向量号需要外部（通常是中断控制器）提供，处理器产生中断响应周期的同时读取一个字节的中断向量号数据。这也是中断响应周期的主要目的。

3. 中断控制器

IA-32 处理器只有一个外部可屏蔽中断请求信号，需要中断控制器管理外设的多个中断请求并进行优先权排队等工作。从 8 位 Intel 8080/8085、16 位 Intel 8086/80286 到 32 位 80 386/80486 和早期 Pentium 处理器，它们需要配合 Intel 8259A 可编程中断控制器（Programmable Interrupt Controller，PIC）。后来的 Pentium 处理器一直到现在的 Pentium 4 处理器内部集成有高级可编程中断控制器（Advanced Programmable Interrupt Controller，APIC），称为局部 APIC，外部配合集成在芯片组的 I/O APIC。它们兼容了

8259A 的功能。

中断控制器 Intel 8259A 可以管理 8 级中断，每一级中断都可单独被屏蔽或允许。多个 8259A 芯片级联可最多扩展至 64 级中断。8259A 在中断响应总线周期，可为每级中断提供相应的中断向量号。

IBM PC/XT 使用一片 8259A 管理 8 级可屏蔽中断，称为 $IRQ_0 \sim IRQ_7$。IBM PC/AT 在原来保留的 IRQ2 中断请求端上，又扩展了一个从片 8259A，所以相当于主片的 IRQ2 又扩展了 8 个中断请求端 $IRQ_8 \sim IRQ_{15}$，形成主从结构提供 16 级中断。

中断控制器以 I/O 接口形式与处理器连接，根据主板 I/O 地址译码电路，PC 为其分配 20H 和 21H（主片）、A0H 和 A1H（从片）的 I/O 地址。PC 对 16 级中断的一般使用情况如下：

- IRQ_0 与计数器 0 的输出信号 OUT_0 连接，用作微机系统的时钟中断请求。
- IRQ_1 与键盘输入接口电路送来的中断请求信号连接，用来请求处理器读取键盘扫描码。
- IRQ_2 连接从片 8259A，从片的 IRQ_9 替代其原在 IBM PC/XT 的作用，供用户使用。
- IRQ_3 用于第 2 个串行异步通信接口 COM_2。
- IRQ_4 用于第 1 个串行异步通信接口 COM_1。
- IRQ_7 用于并行打印机。
- IRQ_8 连接实时时钟电路，用于其周期中断和报警中断。
- IRQ_{13} 来自协处理器。

8.2.5　DMA 传送

计算机系统中，处理器主要进行数据处理工作，数据来自主存或外设。在上述程序控制的数据传送方式中，所有传送都必须通过处理器执行 I/O 指令来完成。要实现外设和存储器间的数据交换，需要走"外设→处理器→存储器"路径，或者走"存储器→处理器→外设"路径。总之，存储器与外设间的数据传输都需要处理器这个中间桥梁。不论是简单的无条件传送、效率较低的查询传送，还是实时性较高的中断传送，都是如此。例如，中断工作过程中，为了实现数据传送，即执行中断服务程序这个实质性阶段，在其前后需要许多其他阶段，花费了不少时间。

那么，能不能实现主存与外设之间直接传送呢？当然可以，只要在它们之间设置一条专用通道就可以了，但是这种方法不太经济。于是，考虑利用计算机系统现有的系统总线实现。这时，处理器控制系统总线的"大权旁落"，其他控制器接管系统总线实现存储器与外设之间的数据直接传输。这种方法称为直接存储器存取（Direct Memory Access，DMA），这个控制器称为 DMA 控制器或 DMAC（DMA Controller）。

1. DMA 传送过程

在计算机系统中，DMA 控制器有双重"身份"：在处理器掌管总线时，它是总线的被控设备（I/O 设备），处理器可以对它进行 I/O 读和 I/O 写；在 DMA 控制器接管总线后，它是总线的主控设备，通过系统总线来控制存储器和外设直接进行数据交换。

图 8-13 是 DMA 传送示意图，其工作过程（图 8-13a）如下。

1）DMA 预处理。DMA 控制器作为主控设备前，处理器要将有关参数（DMA 控制器的工作方式、要访问的存储单元首地址及传送字节数等）预先写到 DMA 控制器的内部寄存器中。

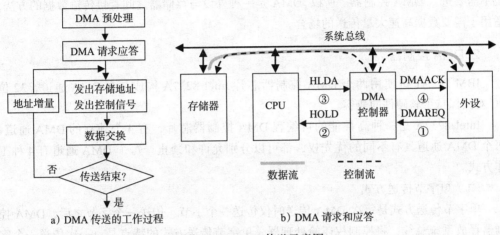

a) DMA 传送的工作过程　　　　　b) DMA 请求和应答

图 8-13　DMA 传送示意图

2）DMA 请求和应答（图 8-13b）。外设需要进行 DMA 传送，应首先向 DMA 控制器发 DMA 请求信号（DMAREQ），该信号应维持到 DMA 控制器响应为止。DMA 控制器收到请求后，需向处理器发总线请求信号（HOLD），申请借用总线，该信号在整个传送过程中应一直维持有效。处理器在当前总线周期结束时将响应该请求，并向 DMA 控制器回答总线响应（HLDA）信号，表示它已放弃总线（即处理器向总线输出高阻）。此时，DMA 控制器向外设回答 DMA 响应信号（DMAACK），DMA 传送即可开始。

3）DMA 数据交换。DMA 控制器接管并利用系统总线，实现数据在存储器与外设间的 DMA 传送。DMA 传送有两种类型：

- DMA 读——存储器的数据被读出传送给外设。DMA 控制器提供存储器地址和存储器读控制信号（$\overline{\text{MEMR}}$），使被寻址存储单元的数据放到数据总线上；同时向提出 DMA 请求的外设提供响应信号和 I/O 写控制信号（$\overline{\text{IOW}}$），将数据总线上的数据打入外设。
- DMA 写——外设的数据被写入存储器。DMA 控制器向提出 DMA 请求的外设提供响应信号和 I/O 读控制信号（$\overline{\text{IOR}}$），令其将数据放到数据总线上；同时提供存储器地址和存储器写控制信号（$\overline{\text{MEMW}}$），将数据总线上的数据送入所寻址的存储单元。

4）DMA 控制器对传送次数进行计数，据此判断数据块传送是否完成。如果传送尚未完成，则 DMA 控制器增量或减量存储器地址，并不断重复以上步骤；如果传送完成，DMA 控制器发往处理器的总线请求信号（HOLD）将转为无效，表示传送结束并将总线交还。此时，处理器将重新接管对总线的控制。

DMA 传送中，DMA 控制器同时访问存储器和外设，一个读一个写，但只提供存储器地址。外设不需要利用 I/O 地址访问，因为针对它的响应信号就选择了这个 I/O 端口。

与中断一样，系统中可以安排多个 DMA 传送通道，以便为多个外设提供 DMA 服务。DMA 优先权排队由硬件来处理，不进行 DMA 的嵌套。

DMA 数据传送使用硬件完成，不需要处理器执行指令，数据不需要进入处理器，也不需要进入 DMA 控制器。所以，DMA 是一种外设与存储器之间直接传输数据的方法，适用于需要数据高速大量传送的场合。

2. DMA 控制器

IBM PC/AT 机使用两个 DMA 控制器芯片 Intel 8237A 构成 7 个 DMA 通道，32 位 PC 对其保持了软硬件的兼容。

Intel 8237A 是一种高性能的可编程 DMA 控制器芯片，有 4 个独立的 DMA 通道，每个 DMA 通道具有不同的优先权，都可以分别允许和禁止。每个 DMA 通道有 4 种工作方式。

（1）单字节传送方式

单字节传送方式是每次 DMA 传送时仅传送一个字节。传送一个字节之后，DMA 控制器释放系统总线，将控制权还给处理器。单字节传送方式的特点是：一次传送一个字节，效率略低；但它将保证在两次 DMA 传送之间处理器有机会重新获取总线控制权，执行一个处理器总线周期。

（2）数据块传送方式

这种 DMA 传送启动后就连续地传送数据，直到规定的字节数传送完。数据块传送方式的特点是：一次请求传送一个数据块，效率高；但整个 DMA 传送期间处理器长时间无法控制总线（无法响应其他 DMA 请求，无法处理中断等）。

（3）请求传送方式

这种方式下，DMA 传送由请求信号控制。如果请求信号一直有效，就连续传送数据；但当请求信号无效时，DMA 传送被暂时中止，处理器接管总线。一旦请求信号再次有效，DMA 传送又可以继续进行下去。请求传送方式的特点是：DMA 操作可由外设利用请求信号控制传送的速率。

（4）级联方式

级联是指多个 DMA 控制器连接起来扩展 DMA 通道。

另外，DMA 控制器 8237A 还可以编程为存储器到存储器传送的工作方式。存储器间的 DMA 传送是对传统的存储器与外设直接数据传送的外延，用于将存储器某个数据块通过 DMA 控制器传送到另一个存储区域。有些 DMA 控制器还支持外设到外设的 DMA 传送。

32 位 PC 有 7 个 DMA 通道，优先权依次为通道 0、通道 1、…、通道 7（通道 4 用于级联，不能用于其他目的）。由于 DRAM 刷新需要利用总线，所以 DMA 传送不能长时间占用总线（不应超过 15μs），一般只能使用单字节传送方式。另外，系统还配置有页面寄存器与 DMA 控制器配合使用。

大型计算机系统需要管理许多外部设备，常采用更加智能化的 DMA 控制器，称为 I/O 处理器。I/O 处理器设计有专门的 I/O 指令，可以通过执行 I/O 控制程序管理各种设备控制器，独立完成外设操作。这种外设控制方式称为通道（Channel）方式。

8.3 常用接口技术

计算机通过 I/O 接口与外设连接。虽然外设及其接口有多种形式，但这些接口具有共性的问题。本节将介绍几种计算机系统的常用 I/O 接口，如定时控制接口（以期对接口电路的工作原理、编程和应用有基本认识）、并行接口、异步串行通信接口和模拟接口。

8.3.1 定时控制接口

定时控制在计算机系统中具有极为重要的作用。例如，计算机控制系统中常需要定时中断、定时检测、定时扫描等，实时操作系统和多任务操作系统中需要定时进行进程调度，PC 的日时钟计时、DRAM 刷新定时和扬声器音调控制都采用了定时控制技术。

计算机系统常采用软硬件相结合的方法，用可编程定时器芯片构成一个方便灵活的定时电路。专用的小型微机系统有时采用软件延时方法实现定时，即让处理器执行一个延时子程序。

1. 8253 定时器

定时器由数字电路中的计数电路构成，记录输入脉冲的个数，故又称为计数器。如果脉冲信号具有一定随机性，往往通过脉冲的个数可以获知外设的状态变化次数（计数）。如果脉冲信号的周期固定（如使用高精度晶振产生脉冲信号），个数乘以周期就是时间间隔（定时）。

IBM PC 和 PC/XT 机采用 Intel 8253 构成定时控制接口，IBM PC/AT 采用 Intel 8254 构成定时控制接口，32 位 PC 使用芯片组兼容它们的功能。Intel 8253 是可编程间隔定时器（Programmable Interval Timer），也可以用作事件计数器（Event Counter）。每个 8253 芯片有 3 个独立的 16 位计数器通道，每个计数器有 6 种工作方式。Intel 8254 是 8253 的改进型，内部工作方式和外部引脚与 8253 完全相同，只是增加了一个读回命令和状态字。

8253 有 3 个相互独立的计数器通道，分别称为计数器 0、计数器 1 和计数器 2。每个计数器通道的结构完全相同，都有一个 16 位减法计数器（从计数初值逐渐减量），还有对应的 16 位预置寄存器和输出锁存器，如图 8-14 所示。计数开始前写入的计数初值存于预置寄存器；在计数过程中，减法计数器的值不断递减，而预置寄存器中的预置不变。输出锁存器用于写入锁存命令时锁定当前计数值。

8253 的每个计数器通道都有 3 个信号与外界接口：

- CLK（时钟输入信号）——在计数过程中，此引脚上每输入一个时钟信号（下降沿），计数器的计数值减 1。由于该信号通过"与门"才到达减 1 计数器，所以计数工作受到门控信号 GATE 的控制。
- GATE（门控输入信号）——这是控制计数器工作的一个外部输入信号。不同工作方式下，其作用不同，还可分成电平控制和上升沿控制两种类型。

● OUT（计数器输出信号）——当一次计数过程结束（计数值减为 0）时，OUT 引脚上将产生一个输出信号，它的波形取决于工作方式。

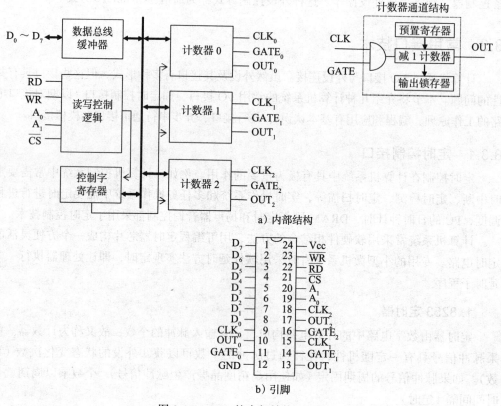

a) 内部结构

b) 引脚

图 8-14　8253 的内部结构和引脚

8253 芯片面向处理器连接的引脚类似处理器的数据信号、地址信号和控制信号。8253 内部通过数据总线缓冲器引出 8 位数据引脚 $D_7 \sim D_0$，与系统数据总线相连，用于接收处理器的控制字（保存于控制字寄存器）、计数值及发送计数器的当前计数值和工作状态。

8253 内部的读写控制逻辑接收来自系统总线的读写控制信号，控制整个芯片的工作。地址引脚有 A_0 和 A_1，控制引脚有读信号 $\overline{RD}$、写信号 $\overline{WR}$ 和片选信号 $\overline{CS}$，其功能见表 8-1。PC 主板 I/O 地址译码电路译码输出与 8253 片选信号连接，系统地址总线 A_1 和 A_0 与 8253 芯片对应地址引脚 A_1 和 A_0 连接，这样得到定时器的 4 个 I/O 地址。

表 8-1　8253 的端口选择

$\overline{CS}$ A_1 A_0	读操作（$\overline{RD}$）	写操作（$\overline{WR}$）	PC I/O 地址
0 0 0	读计数器 0	写计数器 0	40H
0 0 1	读计数器 1	写计数器 1	41H
0 1 0	读计数器 2	写计数器 2	42H
0 1 1	无操作	写控制字	43H
1 × ×	无操作	无操作	—

2. 8253 的工作方式

8253 有 6 种工作方式，由处理器写入的方式控制字确定，它们的工作过程大致相同：

① 处理器写入方式控制字，设定工作方式。

② 处理器写入预置寄存器，设定计数初值。

③ 对于方式 1 和方式 5，需要硬件启动，即 GATE 端出现一个上升沿信号；对于其他方式，不需要这个过程，直接进入下一步，即设定计数值后软件启动。

④ 在 CLK 端的下一个下降沿，将预置寄存器的计数初值送入减 1 计数器。

⑤ 计数开始，CLK 端每出现一个下降沿（GATE 为高电平时），减 1 计数器就将计数值减 1。计数过程受 GATE 信号的控制，GATE 为低电平时，不进行计数。

⑥ 当计数值减至 0 时，一次计数过程结束。OUT 端一般在计数值减至 0 时发生改变，以指示一次计数结束。

对于方式 0、1、4、5，如果不重新设定计数初值或提供硬件启动信号，计数器就此停止计数过程；对于方式 2 和方式 3，计数值减至 0 后，自动将预置寄存器的计数初值送入减 1 计数器，同时重复下一次的计数过程，直到写入新的方式控制字才停止。

有一个细节需要注意：处理器写入 8253 的计数初值只是写入了预置寄存器，之后到来的第一个 CLK 输入脉冲（需先由低电平变高，再由高变回低）才将预置寄存器的初值送到减 1 计数器。从第二个 CLK 信号的下降沿，计数器才真正开始减 1 计数。因此，若设置计数初值为 N，则从输出指令写完计数初值到计数结束，CLK 信号的下降沿有 $N+1$ 个，但从第一个下降沿到最后一个下降沿，它们之间正好又是 N 个完整的 CLK 信号，具体请参见各工作方式的波形图。

（1）方式 0：计数结束中断

当某一个计数器通道设置为方式 0 后，其输出信号 OUT 随即变为低电平。在计数初值经预置寄存器装入减 1 计数器后，计数器开始计数，OUT 输出仍为低电平。以后 CLK 引脚上每输入一个时钟信号（下降沿），计数器的计数值减 1。当计数值减为 0 计数结束时，OUT 端变为高电平，并且一直保持到该通道重新装入计数值或重新设置工作方式为止。由于计数结束 OUT 端输出一个从低到高的信号，该信号可作为中断请求信号使用，所以方式 0 称为"计数结束中断"方式。图 8-15 为方式 0 时 CLK、GATE 和 OUT 三者的对应关系，图中写信号 $\overline{\text{WR}}$ 的波形仅是示意（下同）。

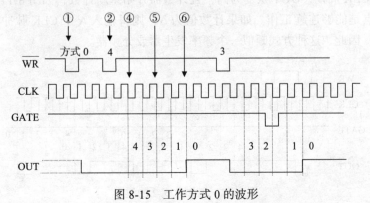

图 8-15 工作方式 0 的波形

GATE 输入信号可控制计数过程。当它为高电平时，允许计数；当它为低电平时，暂停计数。当 GATE 重新为高电平时，将接着当前的计数值继续计数。计数期间给计数器装入新值，则会在写入新计数值后重新开始计数过程。

（2）方式1：可编程单稳脉冲

当处理器写入方式1的控制字之后（$\overline{WR}$ 的上升沿），OUT 将为高（若原为低，则由低变高；若已经为高，则不变）。当处理器写完计数值后，等待外部门控脉冲 GATE 启动。硬件启动后的 CLK 下降沿开始计数，同时输出 OUT 变低。在整个计数过程中，OUT 都维持为低，直到计数到0，输出才变为高。因此，OUT 端输出一个低脉冲。若外部再次触发启动，则可以再产生一个低脉冲，如图 8-16 所示。由此可见，方式1的特点是由 GATE 触发后，OUT 将产生一个宽度等于计数值乘时钟周期的低脉冲。由信号启动产生一个一定宽度脉冲的电路为单稳电路，所以方式1相当于一个可以通过编程确定低脉冲宽度的单稳电路。

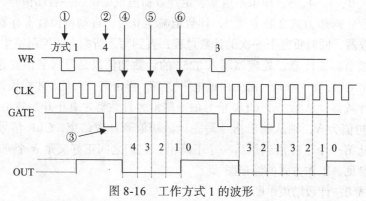

图 8-16 工作方式 1 的波形

计数过程中写入新计数值，将不影响当前计数；但若再次由 GATE 触发启动，则按新值开始计数。计数过程结束前，GATE 再次触发，则计数器重新装入计数值，从头开始计数。

（3）方式2：频率发生器（分频器）

当处理器输出方式2的控制字后，OUT 将为高。写入计数初值后，计数器开始对输入时钟 CLK 计数。在计数过程中，OUT 始终保持为高，直到计数器减为1时，OUT 变低。经一个 CLK 周期，OUT 恢复为高，且计数器开始重新计数，如图 8-17 所示。方式2的一个特点是能够连续工作。如果计数值为 N，则每输入 N 个 CLK 脉冲，OUT 输出一个负脉冲。因此，这种方式颇似一个频率发生器或分频器。

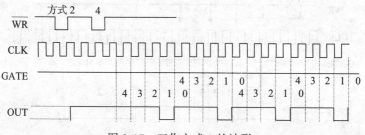

图 8-17 工作方式 2 的波形

计数过程中装入新值，将不影响现行计数，但从下个周期开始按新计数值计数。GATE 为低电平，将禁止计数，并输出高电平。GATE 变高电平，计数器将重新装入预置计数值，开始计数。这样，GATE 能用硬件对计数器进行同步。

（4）方式 3：方波发生器

方式 3 和方式 2 输出都是周期性的。它们的主要区别是：方式 3 在计数过程中输出 OUT 有一半时间为高电平，另一半时间为低电平。所以，方式 3 的 OUT 输出一个方波。

在这种方式，当处理器设置控制字后，输出为高电平；在写完计数值后就自动开始计数，输出仍为高电平。当计数值为偶数时，每来一个脉冲，计数值减 2（其他工作方式都是减 1），这样前一半输出为高电平，后一半输出为低电平，如图 8-18 中 $N=4$ 时的 OUT 输出所示。如果计数值为奇数，第一个脉冲使计数值减 1，后续脉冲使计数值减 2：计数值减为 0 的同时重置计数初值，输出信号变低，接着的一个脉冲使计数值减 3，后续脉冲使计数值减 2。上述过程重复进行，这样前 $(N+1)/2$ 个时钟脉冲的时间输出为高电平，后 $(N-1)/2$ 个时钟脉冲的时间输出为低电平，如图 8-18 中 $N=5$ 时的 OUT 输出所示。但一次计数结束，输出又变高，并重新开始计数。

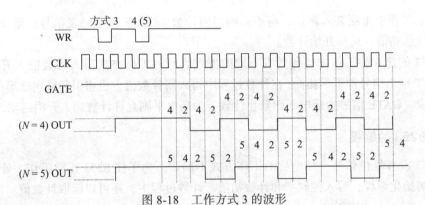

图 8-18　工作方式 3 的波形

（5）方式 4：软件触发选通信号

当处理器写入方式 4 的控制字后，OUT 为高电平；写入计数值后开始计数（软件启动），当计数值减为 0 时，OUT 变低电平；经过一个 CLK 时钟周期，OUT 又变高电平；计数器停止计数。这种方式计数是一次性的，只有在输入新的计数值后，才能开始新的计数，如图 8-19 所示。

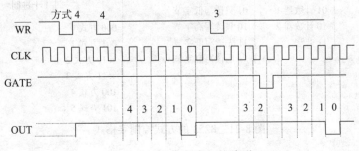

图 8-19　工作方式 4 的波形

计数过程中重新装入新值，将不影响当前计数。GATE 为低电平则禁止计数，变为高电平则计数器重新装入计数初值，开始计数。

（6）方式 5：硬件触发选通信号

当写入方式 5 的控制字后，OUT 为高电平；写入计数初值后，由 GATE 的上升沿启动计数过程（硬件启动）。当计数到 0 时，OUT 变低电平，经过一个 CLK 脉冲，OUT 恢复为高电平，停止计数，如图 8-20 所示。

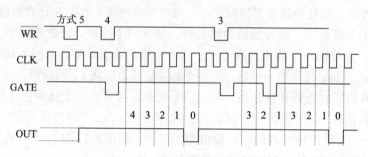

图 8-20　工作方式 5 的波形

计数过程中重新装入新值，将不影响当前计数。GATE 又有触发信号，则计数器重新装入计数初值，从头开始计数。

8253 的这 6 种工作方式各具有不同的特点。每种工作方式写入计数值 N 开始计数后，OUT 输出信号都不尽相同；在计数过程中写入新计数值，也将引起输出波形的改变。总的来说，GATE 信号为低电平则禁止计数，为高电平则允许计数，上升沿启动计数。

3. 8253 的编程

8253 没有复位信号，加电后的工作方式不确定。为了使 8253 正常工作，处理器必须对其初始化编程，写入控制字和计数初值。计数过程中，还可以读取计数值。

（1）写入方式控制字

虽然 8253 的每个计数器通道都需要方式控制字，但控制字格式相同，如图 8-21 所示。而且写入控制字的 I/O 地址也相同，要求 $A_1A_0=11$（控制字地址），在 PC 上是 43H。

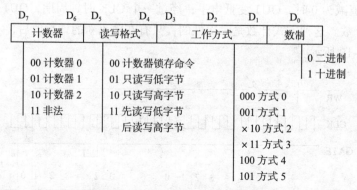

图 8-21　8253 的方式控制字格式

方式控制字有 8 位。最高两位（D_7D_6）表明当前控制字是哪一个通道的控制字。在

8253 中，D_7D_6=11 的编码是非法的，而 8254 利用它作为读回命令。

方式控制字的 D_5D_4 两位确定读写计数值的格式。8253 的数据线为 8 位，一次只能进行一个字节的数据交换，但计数器是 16 位的，所以 8253 设计了几种不同的读写计数值的格式。如果只需要 1 ～ 256 之间的计数值，则用 8 位计数器即可，这时可以令 D_5D_4=01 只读写低 8 位，则高 8 位自动置 0。若是 16 位计数，但低 8 位为 0，则可令 D_5D_4=10，只读写高 8 位，低 8 位自动为 0。在令 D_5D_4=11 时，就必须先读写低 8 位，后读写高 8 位。

D_5D_4=00 的编码是锁存命令，用于把当前计数值保存到输出锁存器，供以后读取。

8253 的每个通道可以有 6 种不同的工作方式，由 $D_3D_2D_1$ 这 3 位决定（其中 × 表示任意，一般为 0）。

8253 的每个通道都有两种计数制：二进制（D_0=0）和 BCD 码形式的十进制（D_0=1）。采用二进制计数，读写的计数值都是二进制数形式，例如，64H 表示计数值为 100。在直接将计数值进行输入或输出时，使用十进制较方便，读写的计数值采用 BCD 编码，例如，64H 表示计数值为 64。

例如，已知某个 8253 的计数器 0、1、2 和控制端口地址依次是 40H ～ 43H。要求设置其中计数器 0 为方式 0，采用二进制计数，先低字节后高字节写入计数值。初始化程序片段如下：

```
mov al,30h          ; 方式控制字 :30H=00 11 000 0B
out 43h,al          ; 写入控制端口 :43H
```

（2）写入计数值

每个计数器通道都有对应的计数器 I/O 地址，用于读写计数值。读写计数值时，必须按方式控制字规定的读写格式进行。

因为计数器是先减 1，再判断是否为 0，所以以写入 0 实际代表最大计数值。选择二进制时，计数值范围为 0000H ～ FFFFH，其中 0000H 是最大值，代表 65536。选择十进制（BCD 码）时，计数值范围为 0000 ～ 9999，其中 0000 代表最大值 10000。

在上例中，要求计数器 0 写入计数初值 1024（400H），初始化程序接着是：

```
mov ax,1024         ; 计数初值 :1024(400H)，写入计数器 0 地址 :40H
out 40h,al          ; 写入低字节计数初值
mov al,ah           ; 高字节已在 AH 中
out 40h,al          ; 写入高字节计数初值
```

经过初始化编程，定时器可以开始计数工作。在工作过程中，可以读取当前计数值和状态，这时需要利用锁存命令，8254 还可以利用读回命令。

4. 定时器的应用

定时器的 3 个计数器通道在 PC 中分别用于日时钟计时、DRAM 刷新定时和控制扬声器发声声调，图 8-22 是 8253 在 IBM PC/XT 机的连接示意图。3 个计数器的时钟输入 CLK 均连接到频率为 1.19318MHz 的时钟信号，周期为 0.838μs（1 ÷ 1.19318MHz）。

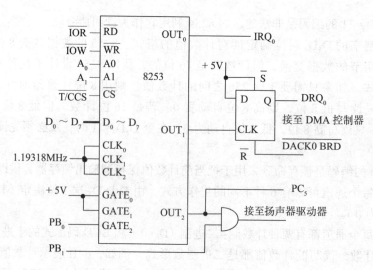

图 8-22   IBM PC/XT 机上的 8253

（1）定时中断

下面通过阅读系统 ROM-BIOS 的初始化编程，结合硬件连接图分析计数器 0 的作用。

```
mov al,36h          ; 计数器 0 为方式 3, 采用二进制计数, 先低后高写入计数值
out 43h,al          ; 写入方式控制字
mov al,0            ; 计数值为 0
out 40h,al          ; 写入低字节计数值
out 40h,al          ; 写入高字节计数值
```

由此可知，计数器 0 采用工作方式 3；计数值写入 0 产生最大计数初值 65536，因而 OUT_0 输出频率为 1.19318MHz ÷ 65536=18.206Hz 的方波信号。结合硬件连接，门控 GATE0 接 +5V 为常启状态，这个方波信号将周而复始不断产生。OUT_0 端接中断控制器 8259A 的 IRQ_0，用作中断请求信号，即每秒产生 18.206 次中断请求，或说每隔 55ms（54.925493ms）申请一次中断。

DOS 系统利用计数器 0 的这个特点，通过 08 号中断服务程序实现了日时钟计时功能，即记录 18 次中断就是时间经过了 1s。

（2）定时刷新

下面利用计数器 1 实现 DRAM 定时刷新请求。

DRAM 刷新需要重复不断进行，所以门控 GATE1 接 +5V 为常启状态；同时应该配合工作方式 2 或方式 3 重复生成刷新请求信号。输出 OUT_1 从低变高使 D 触发器置 1，Q 端输出一正电位信号，作为内存刷新的请求信号；一次刷新结束，响应信号将触发器复位。

PC 要求每隔 15.6μs 必须进行一次刷新操作。所以，设置计数初值为 18，每隔 18 × 0.838μs=15.084μs 产生一次刷新请求，满足刷新要求。计数器 1 选择方式 2（方式 3 也可以），初始化程序如下：

```
mov al,54h          ; 计数器 1 为方式 2, 采用二进制计数, 只写低 8 位计数值
out 43h,al          ; 写入方式控制字
```

```
mov al,18          ; 计数初值为 18
out 41h,al         ; 写入计数值
```

PC 计数器 2 的作用参见习题。

8.3.2 并行接口

并行数据传输以计算机的字长（通常是 8 位、16 位、32 位或 64 位）为传输单位，利用 8、16、32 或 64 个数据信号线一次传送一个字长的数据。它适合于外部设备与计算机之间进行近距离、大量和快速的信息交换，如计算机与并行接口打印机、磁盘驱动器等。并行传输方式是计算机系统中最基本的信息交换方法，如系统板上各部件之间的数据交换。并行数据传输需要并行接口的支持。

1. 并行接口电路 8255

并行接口电路有多种，但必须包含基本的三态缓冲器和锁存器。除此之外，接口电路还要有状态寄存器和控制寄存器，以便于接口电路与处理器之间交换信息，也便于接口电路与外设间传送信息。接口电路中还要有端口的译码和控制电路，以及用于中断交换方式的有关电路等，这样才能实现各种控制，保证可靠地与外设交换信息。Intel 8255 就是这样一种具有上述多种功能的可编程并行接口电路芯片。

8255 具有 24 条可编程 I/O 引脚，分成 3 个端口：端口 A、端口 B 和端口 C。每个端口都是 8 位，都可以编程设定为输入或输出端口，共 3 种工作方式。3 个端口对应的引脚分别是 $PA_0 \sim PA_7$、$PB_0 \sim PB_7$ 和 $PC_0 \sim PC_7$，如图 8-23 所示。

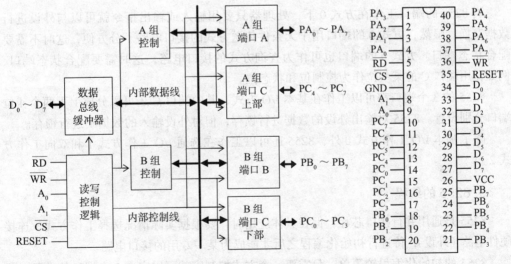

图 8-23　8255 的内部结构和引脚

8255 的 3 个数据端口分成两组进行控制：A 组控制端口 A 和端口 C 的上（高）半部（$PC_7 \sim PC_4$）；B 组控制端口 B 和端口 C 的下（低）半部（$PC_3 \sim PC_0$）。

通常，端口 A 和端口 B 作为 I/O 数据端口，而端口 C 作为控制或状态端口。这是因为端口 C 可分成高 4 位和低 4 位两部分，分别与数据端口 A 和 B 配合使用，作为控制

信号输出或状态信号输入。另外，端口 C 的 8 个引脚可直接按位置位或复位。

8255 与处理器接口部分与 8253 对应部分功能一致，还有一个复位输入信号 RESET。当复位信号为高电平时，复位 8255。

2. 8255 的基本 I/O 方式

8255 支持 3 种工作方式，工作方式 0 是一种基本的输入或输出方式。

8255 没有时钟输入信号，其时序是由引脚控制信号定时的，如图 8-24 为方式 0 的输入时序和输出时序。其中 $D_0 \sim D_7$ 是 8255 与处理器间的数据引脚，而端口是指 8255 与外设间的数据引脚 $PA_0 \sim PA_7$、$PB_0 \sim PB_7$ 和 $PC_0 \sim PC_7$。当处理器执行输入 IN 指令时，产生读信号 $\overline{RD}$，控制 8255 从端口读取外设的输入数据，然后从 $D_0 \sim D_7$ 输入处理器。当处理器执行输出 OUT 指令时，产生写信号 $\overline{WR}$，将处理器的数据从 $D \sim D_7$ 提供给 8255，然后控制 8255 将该数据从端口提供给外设。由此可见，8255 在此处起到了数据缓冲作用。

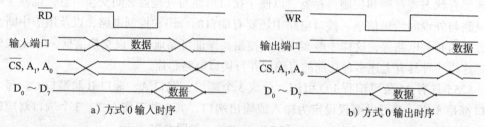

a) 方式 0 输入时序　　　　　　b) 方式 0 输出时序

图 8-24　8255 基本工作方式

当 8255 的端口工作在方式 0 下，处理器只要用输入或输出指令就可以与外设进行数据交换。显然，方式 0 的端口用于无条件传送方式的接口电路十分方便，这时不需要配合状态端口。方式 0 的端口也可作为查询方式的接口电路，这时需要配合状态端口，例如，用端口 C 的某些位作为控制位和状态位。

8255 的 3 个端口都可以工作在基本 I/O 方式，其中端口 C 还可以分成上下两个 4 位端口分别设置。8255 对输出外设的数据进行锁存，但对外设输入的数据不进行锁存。

除了基本 I/O 工作方式 0 外，8255 还可以工作在选通 I/O 工作方式 1 和双向工作方式 2。

3. 8255 的编程

8255 是通用并行接口芯片，但在具体应用时，要根据实际情况选择工作方式、连接硬件电路（外设），待进行初始化编程之后才能成为某一专用的接口电路。

8255 的初始化编程较简单，只需要一个方式控制字就可以完成 3 个端口的设置。工作过程中，还需要对数据端口进行外设数据的读写。对控制字的写入要采用控制 I/O 地址：$A_1A_0=11$（即控制端口）。外设数据的读写利用端口 A、B 和 C 的 I/O 地址：地址 A_1A_0 依次等于 00、01 和 10。

（1）写入方式控制字

方式控制字决定 3 个端口的工作方式，只用一条输出指令即可，其格式如图 8-25 所示。端口 A 和端口 B 的工作方式可分别规定，端口 C 分成上、下两部分，随端口 A 和 B 的工作方式定义。工作方式不同，端口 C 各位的功能也不相同。工作方式改变时，所有的输出寄存器均被复位。方式控制字的最高位 $D_7=1$ 是一个标志位。

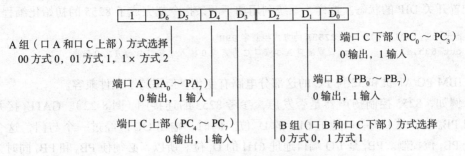

图 8-25　8255 的方式控制字

例如，要把端口 A 指定为方式 1 输入，端口 C 上半部定为输出，端口 B 指定为方式 0 输出，端口 C 下半部定为输入，则方式控制字应是 10110001B 或 B1H。

若将此控制字的内容写入 8255 的控制寄存器，即实现了对 8255 工作方式的指定，或者说完成了对 8255 的初始化。初始化的程序片段如下：

```
mov dx,0fffeh    ; 假设控制端口的地址为 FFFEH
mov al,0b1h      ; 方式控制字
out dx,al        ; 送到控制端口
```

（2）读写数据端口

经过初始化编程后，处理器执行输入指令 IN 和输出指令 OUT，对 3 个数据端口进行读写就可以实现处理器与外设间的数据交换。

当数据端口作为输入接口时，执行输入指令将从输入设备得到外设数据。当数据端口作为输出接口时，执行输出指令将把处理器的数据送给输出设备。

值得指出的是，8255 具有锁存输出数据的能力。这样，对输出方式的端口同样可以输入，当然不是读取外设数据，而是读取上次处理器给外设的数据。利用这个特点，可以控制某个引脚（被称为位控制）。其具体做法是：先对输出端口进行读操作，将读出的原输出值"或"上一个字节（该位为 1，其他位为 0），或者"与"上一个字节（该位为 0，其他位为 1），然后回送到同一个端口，即可实现对该引脚的置位、复位控制。

例如，对输出端口 B 的 PB_7 位置位的程序段如下：

```
mov dx,0fffah    ; B 端口地址假设为 FFFAH
in al,dx         ; 读出 B 端口原输出内容
or al,80h        ; 使 D7=PB7=1
out dx,al        ; 输出新的内容
```

这种方法显然还可以使几位同时置位和复位。

4. 8255 的应用

IBM PC/XT 使用一片 8255 管理键盘、控制扬声器和输入系统配置等，这片 8255 的端口 A、B 和 C 的地址分别为 60H、61H 和 62H，63H 为控制字寄存器地址。在 IBM

PC/XT 机中，8255 工作在基本 I/O 方式。端口 A 工作于方式 0 输入，用来读取键盘扫描码。端口 B 工作于方式 0 输出，例如，PB$_6$ 和 PB$_7$ 进行键盘管理，PB$_0$ 和 PB$_1$ 控制扬声器发声。端口 C 工作于方式 0 输入，高 4 位为状态测试位，低 4 位用来读取系统板的系统配置开关 DIP 的状态。这样，系统利用如下两条指令就完成了 8255 的初始化编程：

```
mov al,10011001b    ; 8255A 的方式控制字 99H
out 63h,al          ; 设置端口 A 和端口 C 为方式 0 输入，端口 B 为方式 0 输出
```

IBM PC/AT 机和 32 位 PC 的这部分电路有变化，但保持了软件兼容。

例如，8255 控制扬声器是否发声，参考 8253 的连接图（图 8-22）。GATE$_2$ 接并行接口 PB$_0$ 位，是 I/O 端口地址 61H 的 D$_0$ 位。同时，输出 OUT$_2$ 经过一个与门，这个与门受 PB$_1$ 位控制。PB$_1$ 是 I/O 端口地址 61H 的 D$_1$ 位。所以，必须使 PB$_0$ 和 PB$_1$ 同时为高电平，扬声器才能发出预先设定频率的声音。扬声器开的程序片段：

```
in al,61h      ; 读取 61H 端口的原控制信息
or al,03h      ; D₁D₀=PB₁PB₀=11，其他位不变
out 61h,al     ; 直接控制发声
```

扬声器关的程序片段：

```
in al,61h
and al,0fch    ; D₁D₀=PB₁PB₀=00，其他位不变
out 61h,al     ; 直接控制闭音
```

8.3.3 异步串行通信接口

串行通信是将数据分解成二进制位，用一条信号线一位一位顺序传送的方式。串行通信的优势是用于通信的线路少，因而在远距离通信时可以极大地降低成本。另外，它还可以利用现有的通信信道（如电话线路等），使数据通信系统遍布千千万万个家庭和办公室。相对并行通信方式，串行通信速度较慢。串行通信适合于远距离数据传送，如计算机系统之间或与其他系统之间。串行通信也常用于速度要求不高的近距离数据传送，如同房间的微型机之间。PC 上都有两个串行异步通信接口，键盘、鼠标器与主机之间也采用串行数据传送方式。

串行通信有两类：一类是速度较快的同步通信，它以数据块为基本传输单位，主要应用在网络中；另一类是速度较慢的异步通信，它以字符为单位传输，主要用于近距离通信。

1. 异步串行通信字符格式

在串行通信时，数据信息、控制信息和状态信息使用同一根信号线传送。所以，收发双方必须遵守共同的通信协议（通信规程，Protocol），才能解决传送速率、信息格式、位同步、字符同步、数据校验等问题。串行异步通信（Asynchronous Data Communication）以字符为单位进行传输，其通信协议是起止式异步通信协议，其传输的字符格式如图 8-26 所示。

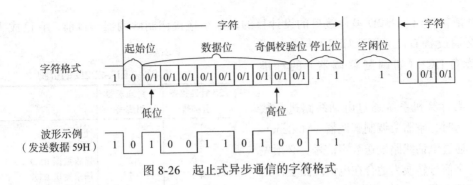

图 8-26 起止式异步通信的字符格式

字符格式的各位说明如下：

- 起始位（Start Bit）——起始位是异步通信传输的每个字符开始传送的标志，用于实现"字符同步"。起始位采用逻辑 0 电平。
- 数据位（Data Bit）——数据位紧跟着起始位传送。数据可以由 5～8 个二进制位组成，但总是先传送低位。
- 奇偶检验位（Parity Bit）——数据位传送完成后可以选择一个奇偶检验位，用于校验是否正确传送了数据。可以选择奇检验，也可以选择偶校验，还可以不传送奇偶校验位。
- 停止位（Stop Bit）——字符最后必须有停止位，以表示这个字符传送结束。停止位采用逻辑 1 电平，可选择 1 位、1.5 位或 2 位长度。
- 空闲位——一个字符传输结束，可以接着传输下一个字符，也可以停一段时间再传输下一个字符。空闲位为逻辑 1 电平。

字符格式中的"位"表示二进制位。每位持续的时间都是一样的，为数据传输速率的倒数。数据传输速率反映数据传送的快慢，称为比特率（Bit Rate），即每秒传输的二进制位数（Bit per Second），单位为 b/s。例如，数据传输速率为 1200 b/s，则一位的传输时间为 0.833ms（1/1200）；对于采用 1 个停止位、不用校验的 8 位数据传送来说，一个字符共有 10 位，每秒能传送 120（1200÷10）个字符。

当进行二进制数码传输，且每位传输时间相等时，比特率还等于波特率（Baud Rate）。波特率表示数据调制速率，定义为每秒信号变化的次数，其单位为波特（Baud）。当采用非两相调制方法（如四相调制）时，比特率数值大于波特率数值，但两者成倍数关系。

过去，串行异步通信的数据传输速率限制在 50～9600 b/s 之间，常采用 110、300、600、1200、2400、4800、9600 b/s。现在，数据传输速率可以达到 115 200 b/s 或更高。

2. 串行接口标准

串行异步通信使用最广泛的总线接口标准是 RS-232C。RS-232C 是美国电子工业协会（Electronic Industry Association，EIA）于 1962 年公布，并于 1969 年修订的串行接口标准。它事实上已经成为国际上通用的标准串行接口。1987 年 1 月，RS-232C 经修改后，正式改名为 EIA-232D。由于标准修改得并不多，因此，现在很多厂商仍沿用旧的名称。

最初，EIA-232D 串行接口的设计目的是用于连接调制解调器。目前，它已成为数据终端设备 DTE（如计算机）与数据通信设备 DCE（如调制解调器）的标准接口。

当计算机系统通过电话线路进行数据传送时，常需要调制解调器（Modem）。为了通过电话线路发送数字信号，必须先把数字信号转换为适合在电话线路上传送的模拟信号，这就是调制（Modulating）；经过电话线路传输后，在接收端再将模拟信号转换为数字信号，这就是解调（Demodulating）。多数情况下，通信是双向的，即半双工或全双工制式，具有调制和解调功能的器件设计在一个装置中，就是调制解调器。

EIA-232D 接口标准使用一个 25 针连接器。表 8-2 罗列了它的引脚排列和名称。绝大多数设备只使用其中 9 个信号，所以就有了 9 针连接器。表 8-2 中也给出 9 针连接器的引脚。EIA-232D 接口包括两个信道：主信道和次信道。次信道为辅助串行通道提供数据控制和通道，但其传输速率比主信道要低得多，其他跟主信道相同，通常较少使用。

表 8-2　EIA-232D 的引脚

25 针连接器引脚号	9 针连接器引脚号	名称
1		保护地
2	3	发送数据 TxD
3	2	接收数据 RxD
4	7	请求发送 RTS
5	8	清除发送 CTS
6	6	数据装置准备好 DSR
7	5	信号地 GND
8	1	载波检测 CD
20	4	数据终端准备好 DTR
22	9	振铃指示 RI
15		发送器时钟 TxC
17		接收器时钟 RxC
12		次信道载波检测
13	3	次信道清除发送
14	2	次信道发送数据
16	7	次信道接收数据
19	8	次信道请求发送
21	6	信号质量检测
23	5	数据信号速率选择器
24	1	终端发送器时钟
9、10	4	保留，供测试用
11	9	未定义
18		未定义
25		未定义

部分引脚说明如下：

- TxD（Transmitted Data）发送数据——串行数据的发送端。
- RxD（Received Data）接收数据——串行数据的接收端。
- RTS（Request To Send）请求发送——当数据终端设备准备好送出数据时，就发出有效的 RTS 信号，用于通知数据通信设备准备接收数据。
- CTS（Clear To Send）清除发送——当数据通信设备已准备好接收数据终端设备的传送数据时，发出 CTS 有效信号来响应 RTS 信号，其实质是允许发送。RTS 和 CTS 是数据终端设备与数据通信设备间一对用于数据发送的联络信号。
- DTR（Data Terminal Ready）数据终端准备好——通常当数据终端设备一加电，该信号就有效，表明数据终端设备准备就绪。
- DSR（Data Set Ready）数据装置准备好——通常表示数据通信设备（即数据装置）已接通电源连到通信线路上，并处在数据传输方式，而不是处于测试方式或断开状态。DTR 和 DSR 也可用作数据终端设备与数据通信设备间的联络信号，如应答数据接收。

- GND（Ground）信号地——为所有的信号提供一个公共的参考电平。
- CD（Carrier Detected）载波检测——当本地调制解调器接收到来自对方的载波信号时，就从该引脚向数据终端设备提供有效信号。该引脚也缩写为 DCD。
- RI（Ring Indicator）振铃指示——当调制解调器接收到对方的拨号信号时，该引脚信号作为电话铃响的指示，保持有效。
- 保护地（机壳地）——这是一个起屏蔽保护作用的接地端，一般应参照设备的使用规定，连接到设备的外壳或机架上，必要时要连接到大地。
- TxC（Transmitter Clock）发送器时钟——控制数据终端发送串行数据的时钟信号。
- RxC（Receiver Clock）接收器时钟——控制数据终端接收串行数据的时钟信号。

3. EIA-232D 的连接

利用 EIA-232D 接口可以实现远距离通信，也可以近距离连接两台计算机或电子设备。

数据终端设备与数据通信设备（如微机与调制解调器），通过 EIA-232D 接口连接很简单，就是对应引脚直接相连。两台计算机进行短距离通信，可以不使用调制解调器，直接利用 EIA-232D 接口连接，如图 8-27 所示，这种连接方式称为零调制解调器（Null Modem）连接。

- 图 8-27a 是不使用联络信号的 3 线相连方式。很明显，为了交换信息，TxD 和 RxD 应当交叉连接。程序中不必使 RTS 和 DTR 有效，也不应检测 CTS 和 DSR 是否有效。
- 图 8-27b 是"伪"使用联络信号的 3 线相连方式，是常用的一种方法。双方的 RTS 和 CTS 各自互接，用请求发送 RTS 信号来产生允许发送信号 CTS，表明请求传送总是允许的。同样，DTR 和 DSR 互接，由数据终端准备好信号产生数据装置准备好信号。这样的连接可以满足通信的联络控制要求。

由于通信双方并未进行联络应答，所以采用 3 线连接方式，应注意传输的可靠性。例如，发送方无法知道接收方是否可以接收数据、是否接收到了数据。传输的可靠性需要利用软件提高，例如，先发送一个字符，等待接收方确认之后（回送一个响应字符）再发送下一个字符。

- 图 8-27c 是使用联络信号的多线相连方式。这种连接方式通信比较可靠，但所用连线较多，不如前者经济。

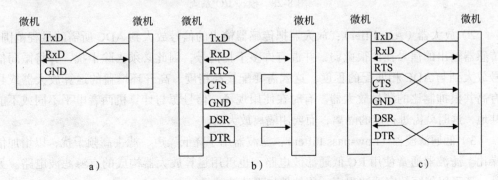

图 8-27 不用 Modem 的 EIA-232D 接口

8.3.4　模拟接口

现实世界的许多对象（如温度、速度、压力、电压、声音等）都对应连续变化的物理量。这种时间和数值都连续的物理量通常被转换为模拟电压或电流，称为"模拟量"。当计算机参与数据处理时，计算机要求输入的信号为"数字量"，它是时间和数值都离散的数据量。相对模拟量，数字量的优势是便于保存、处理和传输。能将模拟量转换为数字量的器件为模拟 / 数字转换器（Analog-Digital Converter，ADC）。计算机的处理结果是数字量，不能直接控制执行部件，需要转换为模拟量。能将数字量转换为模拟量的器件称为数字 / 模拟转换器（Digital-Analog Converter，DAC）。

计算机通过 ADC 和 DAC 电路，与外界模拟量电路连接，这就是模拟接口。在一个实际的模拟 I/O 系统中，要用计算机来监视和控制过程中产生的各种参数，就首先要用传感器把各种物理量测量出来，且转换为电信号，再经过 A/D 转换，传送给计算机；计算机对各种信号计算、加工处理后输出，经过 D/A 转换再去控制各种设备，其过程如图 8-28 所示。

1）传感器（Transducer）：传感器的作用是将各种现场的物理量测量出来并转换成电信号，如模拟电压、模拟电流，或者电阻、电容。常用的传感器有温度传感器、压力传感器、流量传感器、振动传感器和重量传感器等。过去传感器主要是指能够进行非电量和电量之间转换的敏感元件（Sensor）；现在的传感器除敏感元件外，还包括与输入变换器相连接的信号调理、传递、放大等功能的二次变换器，以及具有显示功能的输出变换器等。随着处理器的采用，还出现了带处理器的所谓"智能传感器"。

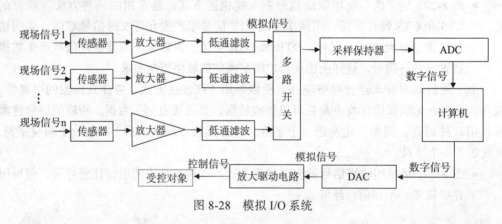

图 8-28　模拟 I/O 系统

2）放大器（Amplifier）：放大器把传感器输出的信号放大到 ADC 所需的量程范围。传感器输出的信号往往很微弱，并混有许多干扰信号，因此必须去除干扰，并将微弱信号放大到与 ADC 相匹配的程度，这就需要配接高精度、高开环增益的运算放大器或具有高共模抑制比的测量放大器。有时在使用现场，信号源与计算机两者电平不同或不能共地，这时就需进行电的隔离，而要用隔离放大器。

3）低通滤波器（Low-pass Filter）：滤波器用于降低噪声、滤去高频干扰，以增加信噪比。滤波器通常使用 RC 低通滤波电路，也可用运算放大器构成的有源滤波电路。另外，还可以编写数字滤波程序，用软件加强滤波效果。

4）多路开关（Multiplexer）：实际应用中，常常要对多个模拟量进行转换，而现场信号的变化多是比较缓慢的，没有必要对每一路模拟信号单独配置一个 ADC。这时，可以采用多路开关，通过微型机控制，把多个现场信号分时地接通到 ADC 上转换，达到共用 ADC 以节省硬件的目的。

5）采样保持器（Sample & Hold）：对高速变化的信号进行 A/D 转换时，为了保证转换精度，需要使用采样保持器。它周期性地采样连续信号，并在 A/D 转换期间保持不变。

经微型机处理的数字量经 D/A 转换成为模拟信号。这个模拟信号一般要经过低通滤波器使输出波形平滑。同时，为了能驱动受控设备，需采用功率放大器作为模拟量的驱动电路。有时，被控对象是多个，也需要采用多路开关通过一个 DAC 分时控制多个对象。

例如，PC 声卡可以看作一个模拟接口电路。首先通过麦克风把声音转换为连续变化的电流或电压，这是传感器的作用。然后采样模拟信号，如果要得到 CD 品质的声音需要 44.1kHz 的采样频率。接着经 ADC 将模拟信号转换为 8 位、16 位甚至 32 位数字编码，这样就可以保存或者进行压缩处理。还原声音时，则需要通过 DAC 将数字编码转换为模拟信号使扬声器发声。

习题

8-1　简答题

（1）外设为什么不能像存储器芯片那样直接与主机相连？

（2）计算机两个功能部件、设备等之间为什么一般都需要数据缓冲？

（3）什么是接口电路的命令字或控制字？

（4）什么是查询超时错误？

（5）为什么说外部中断才是真正意义上的中断？

8-2　判断题

（1）I/O 接口的状态端口通常对应其状态寄存器。

（2）I/O 接口的数据寄存器保存处理器与外设间交换的数据，起着数据缓冲的作用。

（3）向某个 I/O 端口写入一个数据，一定可以从该 I/O 端口读回这个数据。

（4）程序查询方式的一个主要缺点是需要处理器花费大量循环查询、检测时间。

（5）一次实现 16 位并行数据传输需要 16 个数据信号线。进行 32 位数据的串行发送只用一个数据信号线就可以。

8-3　填空题

（1）计算机能够直接处理的信号是＿＿＿＿、＿＿＿＿和＿＿＿＿形式。

（2）在 Intel 80x86 系列处理器中，I/O 端口的地址采用＿＿＿＿编址方式，访问端口时要使用专门的＿＿＿＿指令，有两种寻址方式，其具体形式是：＿＿＿＿和＿＿＿＿。

（3）DMA 的意思是＿＿＿＿，主要用于高速外设和主存间的数据传送。进行 DMA 传送的一般过程是：外设先向 DMA 控制器提出_____，DMA 控制器通过_____信号有效向处理器提出总线请求，处理器回以_____信号有效表示响应。此时处理器的三态信号线将输出_____状态，即将它们交由_____进行控制，完成外设和主存间的直接数据传送。

（4）假设某 8253 的 CLK_0 接 1.5MHz 的时钟，欲使 OUT_0 产生频率为 300kHz 的方波信号，则 8253 的计数值应为_____，应选用的工作方式是_____。

（5）EIA-232D 用于发送串行数据的引脚是_____，接收串行数据的引脚是_____，信号地常用_____名称表示。

8-4 一般的 I/O 接口电路安排有哪三类寄存器？它们各自的作用是什么？

8-5 什么是 I/O 独立编址和统一编址，各有什么特点？

8-6 简述主机与外设进行数据交换的几种常用方式。

8-7 现有一个输入设备，其数据端口地址为 FFE0H，状态端口地址为 FFE2H。当状态标志 $D_0=1$ 时，表明一个字节的输入数据就绪。请使用汇编语言编写利用查询方式输入一个数据的程序片段。

8-8 某个字符输出设备，其数据端口和状态端口的地址均为 80H。在读取状态时，当标志位 $D_7=0$ 时，表明该设备闲，可以接收一个字符。请使用汇编语言编写利用查询方式将字母"Z"输出的程序片段。

8-9 以可屏蔽中断为例，说明一次完整的中断过程主要包括哪些环节。

8-10 什么是中断源？为什么要安排中断优先级？什么是中断嵌套？什么情况下程序会发生中断嵌套？

8-11 明确如下中断有关的概念：中断源、中断请求、中断响应、关中断、开中断、中断返回、中断识别、中断优先权、中断嵌套、中断处理、中断服务。

8-12 什么是 DMA 读和 DMA 写？什么是 DMA 控制器 8237A 的单字节传送、数据块传送和请求传送？

8-13 8253 芯片每个计数通道与外设接口有哪些信号线，每个信号的用途是什么？

8-14 8253 芯片需要几个 I/O 地址，各用于何种目的？

8-15 试按如下要求分别编写 8253 的初始化程序，已知 8253 的计数器 0 ～ 2 和控制字 I/O 地址依次为 204H ～ 207H。

（1）使计数器 0 工作在方式 1，计数值为 3000。

（2）使计数器 1 工作在方式 0，仅用 8 位二进制计数，计数初值为 128。

（3）使计数器 2 工作在方式 2，计数值为 02F0H。

8-16 PC 利用计数器 2 的输出，控制扬声器的发声音调，作为机器的报警信号或伴音信号。如下程序片段完成对计数器 2 的初始化，请分析它采用何种工作方式，产生多少频率的信号。

```
mov al,0b6h
out 43h,al
mov ax,1139
out 42h,al
mov al,ah
out 42h,al
```

8-17 有一工业控制系统，有4个控制点，分别由4个对应的输入端控制，现用8255的端口C
实现该系统的控制，如图8-29所示。开关 $K_0 \sim K_3$ 打开则对应发光二极管 $L_0 \sim L_3$ 亮，表
示系统该控制点运行正常；开关闭合则对应发光二极管不亮，说明该控制点出现故障。编
写8255的初始化程序和这段控制程序。假设8255端口A、B、C和控制端口的地址依次是
FFF8H、FFF9H、FFFAH和FFFBH。

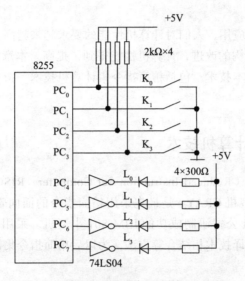

图8-29 习题8-17图

8-18 串行异步通信发送8位二进制数 01010101：采用起止式通信协议，使用奇校验位和2个停
止位。画出发送该字符时的波形图。若数据传输速率为1200 b/s，则每秒最多能发送多少
数据？

8-19 计算机与调制解调器通过EIA-232D总线连接时，常使用哪些信号线？各自的功能是什么？
利用EIA-232D进行两个计算机直接相连通信时，可采用什么连接方式，画图说明。

8-20 说明在模拟 I/O 系统中，传感器、放大器、滤波器、多路开关、采样保持器的作用。DAC
和ADC芯片是什么功能的器件？

第 9 章　处理器性能提高技术

随着计算机的广泛应用，人们对计算机性能的要求越来越高。伴随着集成电路制造工艺的发展和处理器结构的改进，计算机性能得到了提高。本章以 IA-32 处理器为例介绍提高处理器性能的基本技术，包括精简指令集计算机技术、指令流水线技术以及并行处理技术。

9.1　精简指令集计算机技术

精简指令集计算机（Reduced Instruction Set Computer，RISC）技术起源于 20 世纪 70 年代初期，向量巨型机 CRAY-I 是最先采用精简指令的面向寄存器操作的高速计算机。70 年代中期，IBM 公司研制成功的 IBM 801 小型机，采用单周期固定格式指令、高速缓冲存储器以及编译技术相结合等方法，为以后精简指令集计算机技术的研究和应用奠定了基础。

1982 年，美国加州大学伯克利分校的 Paterson 等人研制成功了第一个精简指令集计算机处理器芯片 RISC-I，随后又完成了 RISC-II 32 位处理器。在此之后，精简指令集计算机技术得以推广，并在要求较高的工程工作站得到广泛应用。最新开发的处理器芯片，包括嵌入式控制器（单片机）、数字信号处理器（DSP 芯片），普遍采用了精简指令集计算机设计思想。

9.1.1　复杂指令集和精简指令集

1. CISC 和 RISC

指令系统是计算机软件和硬件的接口。传统处理器的指令系统含有功能强大但复杂的指令，所有指令的机器代码长短不一，而且指令条数很多，通常都在 300 条以上。这就是复杂指令集计算机（Complex Insruction Set Computer，CISC）。

CISC 的指令系统丰富、程序设计方便、程序短小、执行性能高。功能强大的指令系统能使高级语言同机器指令间的语义差别缩小，使编译简单。这些都是 CISC 的优势，也是它能够长期生存并广泛应用的原因。但是庞大的指令系统和功能强大的复杂指令使处理器硬件复杂，也使微程序加大，更主要的是指令代码和执行时间长短不一，不易使用先进的流水线技术，导致其执行速度和性能难以进一步提高。

统计分析表明，计算机大部分时间是在执行简单指令，复杂指令的使用频度比较低。有的复杂指令并没有被系统程序员所使用，有的编译程序设计员也没有把某些复杂指令用上。对一个 CISC 结构的指令系统而言，只有约 20% 的指令被经常使用，其使用量约占整个程序的 80%；而该指令系统中大约 80% 的指令却很少使用，其使用量仅占整个程序的 20%。使用频度较高的指令通常是那些简单指令。

于是，产生了这样的想法：设计一种指令系统很简单的计算机，它只有少数简单、常用的指令。指令简单可以使处理器的硬件变得简单，能够比较方便地实现优化，使每个时钟周期完成一条指令的执行，并提高时钟频率，这样整个系统的总性能达到很高，有可能超过指令庞大复杂的计算机。基于这种思想设计的计算机就是精简指令集计算机（RISC）。相对传统的 CISC 而言，它是处理器结构上的一次重大革新。

2. RISC 技术的主要特点

RISC 从简单性出发，形成了一些比较明显的共同特点。

（1）指令条数较少

RISC 的思想是非常明确的，那就是"简单"，即必须减少处理器的指令条数。RISC 的指令系统由经常使用（使用频度较高）的简单指令组成，现在也根据需要增加了一些富有特色的指令，如多媒体指令等。

（2）寻址方式简单

RISC 的数据寻址方式很少，一般少于 5 种。除基本的立即数寻址和寄存器寻址外，访问存储器只采用简单的直接寻址、寄存器间接寻址或相对寻址，复杂的寻址方式可以用简单寻址方式在软件中合成。

（3）面向寄存器操作

为了提高所谓"存储效率"，传统的 CISC 设置了很多存储器操作指令。然而，处理器每次与存储器交换数据，都可能存取较慢速的主存系统，因此功能较强的存储器访问指令的实际执行性能可能很低。

RISC 处理器内部设置较多的通用寄存器（通常在 32 个以上），使多数操作（算术逻辑运算）都在寄存器与寄存器之间进行，并只能通过载入指令 Load 和存储指令 Store 访问存储器。因此 RISC 处理器也常称为 Load-Store 结构。

（4）指令格式规整

RISC 处理器的指令格式一般只有一种或很少的几种，指令（机器代码）长度也是固定的，典型为 4 字节。固定指令的各个字段，尤其是操作码字段，可以使得译码操作码和存取寄存器操作数同时进行。

（5）单周期执行

RISC 中的指令条数少，寻址简单，指令格式固定，所以其指令译码和执行部件较容易实现。因此，可以放弃微程序执行指令方法，而直接用硬布线逻辑电路实现，以提高指令执行速度。这些保证了 RISC 可以用一个周期完成一条指令的执行。

（6）先进的流水线技术

RISC 指令系统的简单性，使其非常适合采用指令流水线增强性能，同时流水线技术也是保证 RISC 指令能在一个时钟周期内执行完成的关键因素之一。

现代的 RISC 结构处理器往往将流水线的步骤（阶段）划分得更多，并加倍内部时钟频率，使紧接着的两个步骤可以部分重叠执行，使得每个时钟可以完成多条指令的执行，进而提高指令流水线的性能。这就是所谓的"超级流水线（Superpipelining）"技术。

此外，RISC 处理器还普遍采用超标量结构，内部设置多个相互独立的执行单元，使得一个周期可以同时执行多条指令，每个时钟周期能够完成多条指令。

（7）编译器优化

RISC 需要用多条简单指令实现复杂指令的功能，为了更好地支持高级语言，需要优化编译程序，把复杂性"推给"编译程序。再如，算术逻辑运算等指令不使用存储器操作数，所有操作数都在通用寄存器中，大数量的通用寄存器也便于编译程序进行优化。所以，运行在 RISC 上的编译程序需要进行优化，这给编译程序的开发提出了较高的要求。

（8）其他

RISC 结构一般还具有一些其他特点。例如，RISC 的简单，使得其研制开发相对容易，能将宝贵的芯片有效面积用于最频繁使用的功能上去，还能在芯片上集成高速缓冲存储器（Cache）和浮点处理单元（FPU）等功能部件。

3. 处理器性能公式

许多年来，计算机的组织与结构都是朝着增加处理器复杂性方向发展的：更多的指令、更多的寻址方式、更多的专用寄存器等等。RISC 挣脱了这个思想，超着简单化方向发展，从另一个角度认识问题，提高了计算机性能。那么，究竟是 CISC 好，还是 RISC 性能更优？这就是曾经的"RISC 与 CISC 之争"。

衡量性能最可靠的标准是真实程序的运行时间。时间与性能成反比，时间越少，性能越高。计算处理器执行程序的时间可使用经典的处理器性能公式：

$$处理器时间 = IC \times CPI \times T$$

其中，IC 为程序的指令条数，CPI（Cycles Per Instruction）为执行每条指令所需的平均时钟周期数，T 为每个时钟周期的时间（长度），也就是时钟频率的倒数。

这个公式揭示了处理器性能取决于 3 个参数。提高处理器工作的时钟频率（减少时钟周期时间 T）、减少程序的指令数量、降低执行指令的时间都可以提高处理器性能，但这 3 个参数相互关联，涉及程序编写的好坏、编译程序的优劣、指令集结构、计算机实现技术等多个方面。

提高处理器时钟频率（即减小时钟周期时间 T），既可以提升 CISC 性能，也可以提升 RISC 性能。CISC 通过使用复杂指令减少程序的指令条数，提升处理器性能。而 RISC 虽然需要更多的简单指令实现程序功能，但简单指令所需的平均时钟周期数减小了，同样也可以实现性能提升。不少研究人员对此进行探讨，然而却没有得到明确的结果。现在，逐渐认识到 RISC 可以包含 CISC 结构特点以增强性能，而 CISC 同样可以加入 RISC 特点增强性能。

IA-32 处理器从 Intel 80486 开始借鉴 RISC 思想。Intel 80486 将常用指令改用硬件逻辑直接实现，设计了 5 级指令流水线，芯片上集成了 L1 Cache 和浮点处理单元，常用的简单指令可以用一个时钟周期执行完成。Pentium 采用通常只有 RISC 中才具有的超标量结构，单独设计了一条只执行简单指令的 V 流水线，将 L1 Cache 扩大，还将浮点指令纳入指令流水线中。Pentium Pro 及以后的 IA-32 处理器在译码阶段将复杂指令分解成非常简单的微代码，后续阶段就按照 RISC 思想进行设计和实现。这样，Intel 80x86 既保持了处理器的兼容性，又提高了它的运行速度。可以说，Pentium Pro 及以后的 IA-32 处理器的核心就是一个 RISC 处理器，只是比纯 RISC 处理器多了一个 CISC 到 RISC 的译码器。

9.1.2　MIPS 处理器

MIPS 处理器最初由美国斯坦福大学的 Hennessy 和他的同事们在 1981 年发布，MIPS 系列处理器是在其基础上发展而成的，有 32 位处理器 MIPS32、64 位处理器 MIPS64，近来又发布了 16 位扩展处理器 MIPS16。MIPS 处理器是一个典型的 RISC 结构，具有广泛的影响，在许多控制、通信、数码产品中都有应用，我国自主开发的"龙芯"系列处理器就兼容 MIPS 指令系统。

MIPS 处理器现属 Imagination Technologies Limited 公司（https://imgtec.com/mips）旗下产品，下面以 MIPS64 为例介绍其特点。

1. MIPS 的寄存器和数据寻址

MIPS64 有 32 个 64 位整数寄存器，也称通用寄存器，即 R0、R1、R2、…、R31，其中硬件设计 R0 使其永远为 0；还有 32 个 64 位浮点寄存器，即 F0、F1、F2、…、F31，浮点寄存器可用来存放 64 位双精度浮点数，也可以存放 32 位单精度浮点数（只用一半，另一半没有用）；当然还有一些专用寄存器。

MIPS 支持 8 位、16 位、32 位和 64 位整数类型，以及 32 位单精度浮点数、64 位双精度浮点数。最初的 MIPS 处理器是 32 位的，所以 32 位称为字（Word），16 位为半字（Half Word），64 位为双字（Double Word）。MIPS64 的操作是针对 64 位整数和 32、64 位浮点数的。当字节、半字或者字量数据装入 64 位整数寄存器时，用零位扩展或者符号扩展填充高位，然后按照 64 位整数进行运算。

除寄存器寻址外，MIPS 还直接支持立即数寻址和偏移寻址。MIPS 的偏移寻址就是存储器寻址的寄存器相对寻址，例如，100(R3) 表示访问 R3+100 指向的存储单元。如果偏移量为 0，就等同于寄存器间接寻址，如 0(R4)；如果用 R0 作为寄存器，由于 R0 总是为 0，所以等同于直接寻址，如 8(R0)。

2. MIPS 的指令格式

MIPS 采用定长指令编码，每个指令都是 32 位，为单字长指令，分成 3 类指令格式，如图 9-1 所示（上方数字表示所占位数）。操作码字段固定为高 6 位，最多有 3 个寄存器操作数，5 位编码指定处理器的 32 个整数或浮点寄存器。

I 类指令包括 Load 指令和 Store 指令、立即数寻址指令、条件转移指令、寄存器跳转指令等。其中立即数字段占 16 位，用于提供立即数或偏移量。

R 类指令包含算术运算指令、专用寄存器读写指令等。功能字段是具体的运算操作编码，属于操作码的扩展，否则高 6 位操作码只能有 64 个指令，不能满足要求。

J 类指令包括跳转、调用和返回等指令等。指令字低 26 位是指令相对寻址的偏移量。

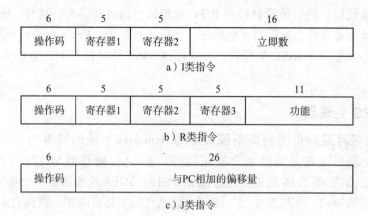

图 9-1 MIPS 处理器的指令格式

3. MIPS 的指令系统

MIPS 指令主要分成 4 类：载入存储、ALU 运算、控制转移、浮点操作。

1）MIPS 是 Load-Store 结构，存储器与整数、浮点寄存器的数据传送均通过 Load-Store 指令实现。所有通用寄存器（除 R0）和浮点寄存器都可以载入和存储，例如：

```
LD R1,16(R2)      ; 双字整数载入 :R1=(R2+16)
SD R3,500(R0)     ; 双字整数存储 :(500)=R3
L.D F0,0(R4)      ; 双精度浮点数载入 :F0=(R4)
S.D F10,-8(R5)    ; 双精度浮点数存储 :(R5-8)=F10
```

2）MIPS 所有 ALU 运算均在寄存器与寄存器、或立即数之间进行。例如：

```
DADD R1,R2,R3     ; 64 位加法 :R1=R2+R3
DADDI R4,R5,45    ; 64 位立即数（助记符 I 表示）加法 :R4=R5+45
AND R6,R7,R8      ; 逻辑与运算 :R6=R7 ∧ R8
DSSL R9,R10,3     ; 将 R10 逻辑左移 3 位传送到 R9
```

R0 总是 0，可以用来合成一些常用操作：

```
DADDIU R1,R0,100  ; 实现立即数传送 (U 表示无符号数 ):R1=100
DADDIU R10,R0,R5  ; 实现寄存器间传送 :R10=R5
```

3）控制转移的指令寻址支持相对寻址和寄存器间接寻址，条件转移指令（也称分支指令）包含比较功能，没有条件（不需要比较或测试指令生成状态标志构成条件）。子程序调用将返回地址保存在 R31 中，子程序返回就是跳转到 R31 指定的地址。例如：

```
J next            ; 跳转到 next 标号处
JAL sum           ; 调用 sum 子程序 , 返回地址保存在 R31
JR R31            ; 跳转到 R31 指定的地址 , 即子程序返回
BEQ R5,R6,again   ; 如果 R5=R6, 则转移到 again 标号处
BNEZ R4,loop      ; 如果 R4 ≠ 0, 则转移到 loop 标号处
SLT R10,R2,R3     ; 如果 R2<R3, 则 R10=1, 否则 R10=0
MOVZ R7,R8,R5     ; 如果 R5=0, 则 R7=R8
```

4）浮点操作指令包括单精度浮点数和双精度浮点数的加、减、乘、除指令。例如：

```
ADD.D F8,F4,F5     ; 双精度浮点加法 :F8=F4+F5
SUB.D F12,F12,F6   ; 双精度浮点减法 :F12=F12-F6
MUL.D F14,F2,F7    ; 双精度浮点乘法 :F14=F2×F7
DIV.D F16,F9,F3    ; 双精度浮点除法 :F16=F9÷F3
```

9.2　指令流水线技术

指令流水线（Instruction Pipelining）技术是一个多条指令重叠执行的处理器实现技术，是目前提高处理器执行速度的一个成熟技术。

9.2.1　指令流水线思想

指令流水线的思想类似于现代化工厂的生产（装配）流水线。在工厂的生产流水线上，把生产某个产品的过程，分解成若干个工序；每个工序用同样的单位时间，在各自的工位上，完成各自工序的工作。各个工序连接起来就像流水用的管道（Pipe）。这样，若干个产品可以在不同的工序上同时被装配，每个单位时间都能完成一个产品的装配，生产出一个成品。虽然完成一个产品的时间并没有因此减少，但是单位时间内的成品流出率大大提高了。

1. 指令的分解

指令的执行过程也可以像现代化生产的流水线一样分解成许多个步骤（Step），或称阶段（Stage）。在简单的情况下，可以将指令执行过程分成读取（Fetch）指令和执行（Execute）指令两个步骤。在执行指令时，可以利用处理器不使用存储器的时间读取指令这一特点实现这两个步骤的并行操作，这就是所谓的"指令预取（Prefetch）"。指令预取实际上在 Intel 8086 处理器中已经采用，可以说是最简单的指令流水线。

处理器执行指令的过程还可以分解成"译码"和"执行"阶段，这就是所谓的处理器"取指—译码—执行"的指令周期。为了充分利用流水线思想，可以将指令的执行进一步分解，例如典型的 5 个步骤（阶段）：

指令读取 S1：将下一条指令从存储器读出，保存到处理器内部的指令寄存器。

指令译码 S2：确定指令操作码和操作数（地址码），翻译指令功能。

地址计算 S3：计算存储器操作数的有效地址。

指令执行 S4：读取源操作数，进行算术逻辑运算等指令操作。

结果回写 S5：保存执行结果（目的操作数）。

按照传统的串行顺序执行方式，一条指令执行完成接着开始执行下一条指令。如果每条指令都需要经过这 5 个步骤，每个步骤执行时间为一个单位时间（如时钟周期），则执行 N 条指令的时间是 $5N$ 个单位时间。

如果把这 5 个步骤分别安排在 5 个互相独立的硬件处理单元中运行，一条指令在一个处理单元完成一个操作后进入下一个处理单元，下一条指令就可以进入这个处理单元进行操作，这样就可以实现多条指令在流水线各个步骤中重叠执行、同时操作。当然，并不是每种指令都需要 5 个步骤（例如，没有存储器操作数的指令并不需要进行地址计算步骤），每个步骤的操作时间也可能不尽相同。然而，为了简化指令流水线硬件电路，通常设计所有指令都经过同样的操作步骤，并且每个步骤的操作时间也相同。

图 9-2 是描绘流水线操作的时间空间图，简称时空图，其横坐标表示时间，纵坐标是指令处理的各个阶段，表示空间，方框内的数字表示指令。在理想的流水线操作情况下，每个单位时间可以完成一条指令的执行，N 条指令的运行时间是 $N+4$ 个单位时间。显然，采用指令流水线提高了处理器的指令执行速度。

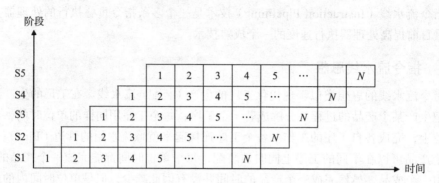

图 9-2   指令流水线的时空图

指令流水线技术实际上把执行指令这个过程分解成多个子过程，执行指令的功能单元也设计成多个相应的处理单元，多个子过程在多个处理单元并行操作，同时处理多条指令。从图 9-2 可以看出，流水线技术并没有减少每个指令的执行时间，但有助于减少整个程序（多条指令）的执行时间。指令流水线开始需要"填充时间（Fill）"才能让所有处理单元都处于操作状态，最后有一个"排空时间（Drain）"。流水线只有处理连续不断的指令时才能发挥其效率。

2. 指令相关

指令在流水线中的执行情况并不都像图 9-2 那样理想，因为程序的指令之间往往存在相互依赖关系。例如，后一条指令可能要使用前面指令的执行结果，分支体是否执行需要首先确定分支条件，这些就是程序的指令相关（依赖，Dependence）现象。指令相关有 3 种类型：数据相关、名相关和控制相关。

（1）数据相关（Data Dependence）

本条指令的操作数、偏移量等正好是前面指令的执行结果，这两条指令存在数据相关。数据相关具有传递性，如果本条指令 j 与指令 k 相关，而指令 k 又与指令 i 相关，则指令 j 和 i 也相关。

观察第 5 章例 5-12 用移位指令实现乘法的程序片段：

```
mov eax,512      ; 指令 1
shl eax,1        ; 指令 2
mov ebx,eax      ; 指令 3
```

指令 2 的操作数 EAX 需要指令 1 执行的结果，所以指令 2 和指令 1 存在数据相关。

同样指令 3 需要指令 2 的执行结果 EAX，所以它们也存在数据相关，同时也与指令 1 存在数据相关。

（2）名相关（Name Dependence）

这里的名是指令所访问的寄存器或存储单元的名称。如果两条指令使用了相同的名称，但是并没有数据流动（即并不是同一个数据），则称这两条指令存在名相关。

示例程序片段：

```
add eax,ebx      ; 指令 4
mov ebx,0        ; 指令 5（与指令 4 存在反相关）
mov ebx,var      ; 指令 6（与指令 5 存在输出相关）
```

指令 5 写入的寄存器 EBX 与前一条指令 4 读取的寄存器同名，指令 6 写入的寄存器 EBX 与指令 5 写入的寄存器也同名，但是它们实际上并不是同一个数据，所以指令 5 和指令 4、指令 6 和指令 5 存在名相关，前者称为反相关（Anti-Dependence），后者称为输出相关（Output Dependence）。

名相关只是使用了相同的名称，保存的数据之间没有关系，更换名称就可以消除相关，所以也称假数据相关。对应地，数据相关则是真数据相关。通过变量名判断是否为同一个存储单元比较困难，更名技术主要应用于寄存器更名（Register Renaming）。

为消除名相关，上述程序片段可以修改如下：

```
add eax,ebx      ; 指令 4
mov ecx,0        ; 指令 5（寄存器更名为 ECX）
mov edx,var      ; 指令 6（寄存器更名为 EDX）
```

（3）控制相关（Control Dependence）

控制相关是由控制转移类指令引起的前后指令的互相依赖关系，因为控制转移类指令后的指令是否执行取决于转移指令的执行结果。

3. 流水线冲突

在指令流水线中存在指令相关，常使得下一条指令无法在设计的单位时间内执行，由此导致流水线"断流"，即停顿（阻塞，Stall），这就是流水线冲突（Pipeline Hazard）。指令相关是程序本身的属性，但是否发生流水线冲突则与流水线实现技术有关。流水线冲突有 3 种类型：结构冲突、数据冲突和控制冲突。

（1）结构冲突（Structural Hazard）

结构冲突是指多个指令同时使用（竞争）同一个资源，如存储器、高速缓存、总线、寄存器和功能单元（如 ALU 加法器）而产生的冲突，也叫资源冲突（Resource Conflicts）。消除结构冲突可以通过设置多个同样的资源来实现。

典型的资源冲突是当指令访问存储器操作数时，处理器进行指令读取操作，即"存储冲突"，因为它们都涉及存储器操作，而一般存储器系统不支持多端口访问。所以，这时就需要暂停指令读取。由于访问存储器操作数和指令读取都是经常性的操作，所以存储冲突是常见的情况。鉴于此，现代处理器采用了数据和指令分离的高速缓冲存储器结构。

（2）数据冲突（Data Hazard）

数据冲突由数据相关引起，本条指令的操作数是前面指令的结果，即本条指令需要等待前面的指令执行完成，并把结果写到寄存器或主存中之后才能执行。

在前面数据相关的示例中，指令2可以被取出译码，但必须等待指令1执行完才可以执行，这会使流水线产生停顿。按照操作数读写顺序，这种数据冲突称为写后读（Read After Write，RAW）冲突。

解决这个问题的一个方法是，在产生结果的单元与需要结果的单元之间建立直接数据通道，使得出现上述情况时，可以在保存结果的同时将结果传递到需要的单元，减少流水线停顿。这种技术称为数据旁路（Bypassing）或数据直通（Forwarding）。

（3）控制冲突（Control Hazard）

控制相关常导致控制冲突的产生，造成流水线停顿。因为控制转移类指令之后的指令，需要等到转移条件判断出来才能确定是否需要执行。即使无条件转移指令，也需要计算出目标地址才能实现跳转。

转移类指令尤其是条件转移指令（分支指令）是影响流水线性能的关键。软件上可以尽量减少使用分支指令，硬件上可以设计许多处理控制相关的方法，以便尽量减少其造成的流水线停顿时间。

例如，在发现条件转移指令后，同时向两个分支方向预取指令。也就是说，处理器除了继续按原来顺序方向预取指令外，还按转移目标方向预取指令，最后根据真正的方向取它对应的指令执行。这种方法不管转移是否产生，总有一部分指令可以使用，减少了流水线的停顿时间。这称为预取分支目标（Prefetch Branch Target）。

分支预测（Branch Prediction）是广泛应用的方法，它是在译码单元发现条件转移指令后，采用某种技巧预测是否发生分支，并按照预测的方向执行指令序列。等到条件码产生后，如果预测正确，已执行的指令可以使用，流水线没有停顿；如果预测错误，已执行的指令作废，重新按另一个方向执行指令，这时流水线仍出现停顿。

9.2.2　80486 的指令流水线

8086 使用指令预取实现简单的指令重叠操作，80286 和 80386 也设计了多个处理单元实现指令重叠操作。80486 为其整数处理的功能单元设计了 5 个步骤的指令流水线，每个步骤一般需要一个时钟周期。

1）PF 步骤——指令预取（Prefetch）。处理器总是从高速缓存读取一个 Cache 行（16 字节），平均包括 5 条指令。80486 具有 32 字节的预取指令队列。多数指令可以不需要这个步骤。

2）D1 步骤——指令译码 1（Decode Stage 1）。指令译码分成了两个步骤，D1 步骤对所有操作码和寻址方式信息进行译码。由于所需信息（包括指令长度信息）都在一条指令的前 3 个字节中，所以最多可以有 3 个字节从预取指令队列传送到 D1 单元。然后，D1 步骤指导 D2 步骤获取指令的其他字节（位移量和立即数）。

3）D2 步骤——指令译码 2（Decode Stage 2）。D2 步骤将每个操作码扩展为 ALU 的控制信号，并进行较复杂的存储器地址计算。

4）EX 步骤——指令执行（Execute）。EX 步骤完成 ALU 操作和 Cache 存取。涉及存储器（包括转移指令）的指令在这个步骤存取 Cache，在读高速命中时只需一个 EX 时钟周期就可以完成取数据操作。在 ALU 中，执行运算的指令从寄存器读得数据，计算并锁存结果。

5）WB 步骤——回写（Write Back）。WB 步骤更新在 EX 步骤得到的寄存器数据和状态标志。如果需要改变存储器内容，则计算结果写入高速缓存，同时写入总线接口单元的写缓冲器。

通过将指令译码划分成两个步骤，以及 L1 Cache 的使用，80486 处理器可以维持每个时钟执行将近一条指令。对于复杂指令和转移指令，这个比率会降低。图 9-3 举例说明了 80486 指令流水线的运行情况。这是一个更容易理解的时空图，横坐标方向仍然是时间，而纵坐标方向是执行的指令，方框内表达指令所在的流水线步骤。

（1）无数据读取停顿

图 9-3a 为读取存储器、加法和写入存储器 3 条单周期指令的流水线步骤。

第 1 条读取主存数据指令在它的 EX 步骤存取高速缓存。如果高速命中，数据将在 EX 步骤结束时可用，处理器在 WB 步骤将其写入寄存器。与此同时，第 2 条加法指令在它的 EX 步骤就要使用这个数据。80486 指令流水线电路中设计了"数据旁路"，这个数据在写入寄存器的同时，还直接传递到了算术逻辑单元（ALU），这样就避免了一次数据读取停顿。第 3 条写入指令同样避免了一次停顿。

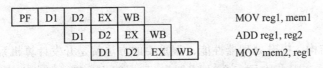

a）无数据读取停顿

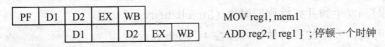

b）指针读取停顿

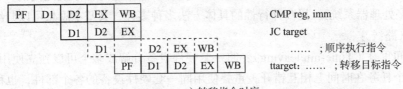

c）转移指令时序

图 9-3　80486 的指令流水线示例

（2）指针读取停顿

在图 9-3b 中，第 2 条加法指令在 D2 步骤就需要寄存器 reg1 的值计算位移量，而此时第 1 条读取数据指令正在进行 EX 步骤的操作，还没有产生这个数据，此时，第 2 条指令不得不停顿一个时钟周期。由于要使用前一条指令的寄存器作为寻址存储器的指针，所以虽然利用了数据旁路，第 2 条指令的 D2 步骤也只能与第 1 条指令的 WB 步骤同时操作，停顿了一个时钟周期。

（3）转移指令时序

在图 9-3c 的产生指令分支的示例中，第 1 条比较指令在其 WB 步骤得到条件码，并利用数据旁路直接传递到第 2 条条件转移指令的 EX 步骤（进行比较操作），与此同时，处理器启动一次对转移目标的预取操作（因为译码后确定了转移指令）。

如果比较的结果条件为假，则废弃这次预取，继续顺序执行（已经被取出和译码）。此时，由于用了一个时钟进行预取，所以多花费了一个时钟。如果条件为真，处理器已预取的目标指令再次填满流水线。这样，目标指令在分支后的 3 个时钟周期即可达到 EX 步骤。由此可见，80486 利用"预取转移目标"方法，加快了指令分支操作。

总之，若条件为假，条件转移指令只需多花一个时钟周期；若条件为真，发生分支，则需要 3 个时钟周期才能完成指令分支。无条件转移指令和子程序调用指令也需要 3 个时钟周期。

9.3 并行处理技术

提高性能的关键是并行处理，计算机系统存在许多并行处理形式。例如，用户看到多个应用程序在同时运行，操作系统同时维护着多个进程，处理器同时执行多条指令等。

9.3.1 并行性概念

革新计算机组织和结构，提升处理器性能，很重要的方法就是开发计算机系统的并行性。并行性（Parallelism）是指在同一个时刻或同一段时间内处理（完成）多个（两个或两个以上）任务。它包含两种性质的并行性：

- 同一个时刻发生的并行性称同时性（Simultaneity）。
- 同一段时间内发生的并行性称并发性（Concurrency）。

并行性存在于计算机系统的各个层次，如多条指令之间的并行（指令级并行）、多个线程或进程之间的并行（线程级并行或进程级并行）、多个处理器系统之间的并行（系统级并行、多处理器系统）。提高并行性的具体方法多种多样，其基本思想可以归纳为 3 种技术途径（路线）：

- 时间重叠（Time-inteleaving）：将一套硬件设备分解成多个可以独立使用的部分，多个任务在时间上相互错开，重叠使用同一套硬件设备的各个部件，也称为时间并行。例如，指令流水线技术就是典型的时间重叠方法。
- 资源重复（Resource-replication）：通过重复设置资源（尤其是硬件资源），使得多个任务可以同时被处理，也称为空间并行。例如，在处理器执行单元中设计多个整数处理单元、单个芯片多个处理器核心、多处理器系统等。
- 资源共享（Resource-replication）：多个任务按一定时间顺序轮流使用同一套硬件设备。例如，多道程序、分时操作系统、网络打印机等都是利用资源共享方法建立的，这样可以降低成本，提高设备的利用率。

基于处理器中并行操作的指令个数和数据个数，1966 年 Flynn 提出了一个简单的计算机结构分类模型，这就是至今还在使用的 Flynn 分类法（Flynn's Taxonomy）。其中，指令流是指计算机执行的指令序列，数据流是指由指令流调用的数据序列。

1）单指令流单数据流（Single Instruction stream, Single Data stream，SISD）

这是传统的串行处理的单处理器（Uniprocessor）系统，一条指令只进行一个数据流的处理。很多过去的计算机都是这种 SISD 系统。

2）单指令流多数据流（Single Instruction stream, Multiple Data streams，SIMD）

同一个指令使用不同的数据流被多个处理器执行。向量处理器（Vector Processor）是最大一类的 SIMD 计算机，多媒体指令（SIMD 指令）也利用了单指令流多数据流的思想。

3）多指令流单数据流（Multiple Instruction streams, Single Data stream，MISD）

多个指令同时处理一个数据流，尚没有这种类型的商用多处理器系统。

4）多指令流多数据流（Multiple Instruction streams, Multiple Data streams，MIMD）

每个处理器读取各自的指令，使用各自的数据进行操作。多核处理器、多计算机系统、分布计算机系统、机群系统等都属于 MIMD 系统。

9.3.2 数据级并行

科学计算和多媒体应用等领域有许多问题需要对大量数据进行重复处理，这些数据处理往往可以并行操作，即数据间存在着并行性，这就是数据级并行（Data Level Parallelism，DLP）。数据级并行处理可以采用单指令流多数据流 SIMD 结构实现。

科学研究和工程设计的很多应用领域都需要对巨大的向量数据进行高精度的计算。向量（Vector）是由一组具有相同类型的元素组成的数据，如数组。进行向量数据操作的处理器称为向量处理器，由此核心构成的计算机系统就是向量处理机。向量处理器的一条向量指令可以执行大量运算，各个结果之间并不相关，所以多个操作可以并行执行。这些特点使得它从 20 世纪 70 年代中期的一个新结构发展到为工程师和科学家提供高效计算能力的向量超级计算机（Supercomputer）。向量机价格昂贵，已逐渐被各种机群系统替代。

计算机的传统应用领域是科学计算、信息处理和自动控制。随着个人计算机大量进入家庭，人们希望通过计算机感受多彩的现实世界和虚幻的未来世界。计算机不仅要处理文字，还要处理图形图像，以及声频、动画和视频等多种媒体形式，于是多媒体计算机在 20 世纪 90 年代初出现了，多媒体技术也就应运而生了。多媒体技术是将多媒体信息，经计算机设备的获取、编辑、存储等处理后，以多媒体形式表现出来的技术。为了满足多媒体技术对大量数据快速处理的需要，高性能通用处理器和专用处理器（如数字信号处理器）都增加了多媒体指令。多媒体指令的关键技术是采用了 SIMD 结构，即利用一条多媒体指令同时处理多对数据，从而极大地提高了处理器性能。所以，多媒体指令也常称为 SIMD 指令。现在，多媒体指令已经广泛应用于高性能通用处理器和专用处理器（如数字信号处理器）当中，并通过计算机、多媒体播放器和多功能手机等各种电子设备影响着我们的工作和生活。

Intel 公司从 Pentium 处理器开始，在原有的整数指令集、浮点指令集基础上陆续增加了多媒体指令集，随时间顺序依次是 MMX（MultiMedia eXtension，多媒体扩展）指令、SSE（Streaming SIMD Extension，数据流 SIMD 扩展）指令、SSE2 指令、SSE3 指令和 SSE4 指令等。

1. 多媒体数据类型

多媒体数据将多个 8 位、16 位、32 位、64 位整数或者 32 位单精度、64 位双精度浮点数组合为一个 128 位紧缩（Packed）数据，如图 9-4 所示。

紧缩单精度浮点数据：4个32位单精度浮点数紧缩成1个128位数据

d3	d2	d1	d0

127　　　　　　　96 95　　　　　　　64 63　　　　　　　32 31　　　　　　　0

128位紧缩双精度浮点数据：2个64位双精度浮点数

q1	q0

127　　　　　　　　　　64 63　　　　　　　　　　　0

128位紧缩字节整数：16个字节整型数据

b15	b14	b13	b12	b11	b10	b9	b8	b7	b6	b5	b4	b3	b2	b1	b0

128位紧缩字整数：8个字整型数据

w7	w6	w5	w4	w3	w2	w1	w0

128位紧缩双字整数：4个双字整型数据

d3	d2	d1	d0

128位紧缩4字整数：2个4字整型数据

q1	q0

图 9-4　多媒体数据格式

例如，紧缩单精度浮点数将 4 个互相独立的 32 位单精度浮点数据，组合在一个 128 位的数据中，而紧缩字节数据组合了 16 个 8 位整数。紧缩数据中的各个数据是相互独立的，可以使用一条多媒体指令同时进行处理。

2. SIMD 指令

1996 年，Pentium 处理器首先引入针对 64 位紧缩整数的 57 条 MMX 整型多媒体指令，还含有 8 个 64 位的 MMX 寄存器（MM0 ~ MM7），只有 MMX 指令可以使用。MMX 寄存器是随机存取的，但实际上是借用 8 个浮点数据寄存器实现的。MMX 指令（除传送指令和清除指令）的助记符采用字母 P 开头，可以分成如下几类：MMX 算术运算指令、MMX 比较指令、MMX 移位指令、MMX 类型转换指令、逻辑指令、传送指令和状态清除指令 EMMS。

1999 年，Pentium III 针对紧缩单精度浮点数增加了 SSE 指令集，共有 70 条指令，其中有 12 条增强和完善 MMX 指令集而新增加的 SIMD 整数指令、8 条高速缓冲存储器优化处理指令，最主要的是 50 条 SIMD 浮点指令，一条指令一次可以处理 4 对 32 位单精度浮点数据。SSE 技术还提供 8 个随机存取的 128 位 SIMD 浮点数据寄存器（XMM0 ～ XMM7）及一个新的控制 / 状态寄存器 MXCSR。

2000 年，Pentium 4 针对双精度浮点数据推出 SSE2 指令集，包含 76 条新的 SIMD 指令和原有的 68 条整数 SIMD 指令，共 144 条 SIMD 指令。SSE2 指令支持图 9-4 所示的全部紧缩数据类型，可进行两组双精度浮点数据或 64 位整数操作，还可以进行 4 组单精度浮点数或 32 位整数、8 组 16 位整数和 16 组 8 位整数操作。

2004 年，新一代 Pentium 4 处理器引入 13 条 SSE3 指令。SSE3 指令主要用于提升复杂算术运算、图形处理、视频编码、线程同步等方面的性能，没有增加新的数据类型。2006 年，Core 2 Duo 处理器对 SSE3 指令进行了补充，又引入了 32 条指令，称为 SSSE3（Supplemental SSE3）指令。

2007 年 Intel 公司在 54nm 酷睿 2 处理器中增加了 47 条 SSE 4.1 指令，致力于提升多媒体、3D 处理等性能。2008 年，Core i7 在 SSE4.1 的基础上又新增了 7 条指令（称为 SSE4.2 指令），包括 SSE4.1 和 SSE4.2 共 54 条指令，它们统称为 SSE4 指令集。

3. SIMD 指令的典型执行模型

SIMD 指令最主要的特点就是一条指令能够同时进行多组紧缩数据的操作，类似向量处理器的向量指令。例如，SIMD 浮点指令一次可以处理 4 对 32 位单精度浮点数据，SIMD 整数指令可以对 4 个 32 位整数进行运算，得到 4 个独立操作结果，如图 9-5 所示。

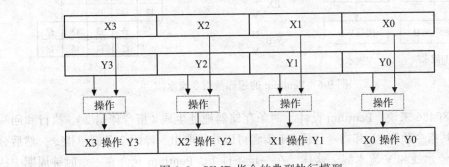

图 9-5　SIMD 指令的典型执行模型

9.3.3　指令级并行

指令是处理器执行的基本单位，多条指令之间可能存在某种依赖关系，但也存在很多没有依赖关系的情况。没有相关的多条指令可以同时执行，存在相关的多条指令如果消除相关，也可以同时执行。所以，处理器需要发掘指令之间的并行执行能力，也就是提高处理器内部操作的并行程度，这就是指令级并行（Instruction-Level Parallelism，ILP）。

1. 超标量技术

指令流水线实现了多条指令重叠执行，是指令级并行的一个成熟实现技术。例如，Intel 80486 整数指令就实现 5 级指令流水线（9.2 节）。为进一步提高指令级并行执行的程度，Pentium 系列处理器还引入了超标量技术和动态执行技术。

标量（Scalar）数据是指仅含一个数值的量。传统的处理器进行单值数据的标量操作，设计的是进行单个数值操作的标量指令，可以称之为标量处理器。"超标量（Superscalar）"这一术语是在 1987 年提出的，它是指提高标量指令的执行性能。处理器采用超标量技术，是指它的常用指令可以同时启动，并相互独立地执行。这样，处理器采用多条（超）标量指令流水线，就可以实现一个时钟周期完成多条指令的执行，大大提高指令流水线的指令流出（完成）率，实现了处理器性能的提高。

Pentium 处理器采用超标量技术，设计了两个可以并行操作的执行单元，形成了两条指令流水线，这是 Pentium 处理器在结构方面的最大更新之处。Pentium 的超标量整数指令流水线的各个阶段类似 80486，仍分成 5 个步骤，但是其后 3 个步骤可以在它的两个流水线（U 流水线和 V 流水线）同时进行，如图 9-6 所示。

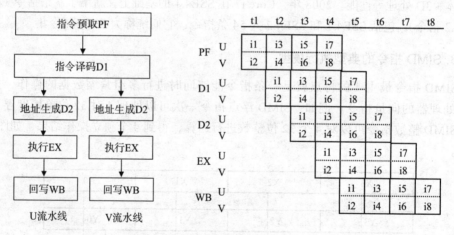

图 9-6 Pentium 的超标量指令流水线

相对 80486 来说，Pentium 设计了两条存储器地址生成（指令译码 2）、执行和回写流水线，其指令预取 PF 和指令译码 D1 步骤可以并行取出、译码 2 条简单指令，然后分别发向 U 流水线和 V 流水线。这样，在一定条件下，Pentium 允许在一个时钟周期中执行完两条指令。

2. 动态执行技术

动态执行是 P6 微结构（Pentium Pro、Pentium II 和 Pentium III）、NetBurst 微结构（Pentium 4）和 Core 微结构（酷睿系列）的 IA-32 处理器中，为提高并行处理指令能力所采用的一系列技术的总称：诸如寄存器更名、乱序执行、分支预测、推测执行等。寄存器更名用于解决操作数之间的假数据相关；在指令间无相关的情况下，指令的实际执行可以不按指令的原始顺序执行，而是乱序执行；分支预测判断程序的执行方向，并沿预测的分支方向执行指令，此时产生的是推测执行的结果；乱序和推测执行的临时结果暂存起来，并最终按照指令顺序输出执行结果，以保证程序执行的正确性。

Pentium 处理器采用两个执令流水线来获得超标量性能，P6 微结构和 NetBurst 微结构运用 3 路超标量提高性能，Core 微结构则是 4 路超标量。Pentium 4 处理器基于 NetBurst 微结构，其流水线主要由 3 部分组成：顺序前端、乱序执行核心、顺序退出，其框图参见图 9-7。

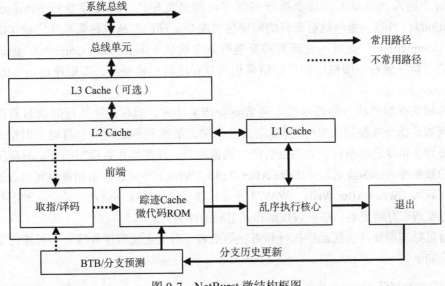

图 9-7　NetBurst 微结构框图

1）顺序前端：负责读取指令，并将 IA-32 指令译码成微操作，以原始程序顺序连续地向执行核心提供微操作代码流。

NetBurst 微结构的一个特色是将 L1 指令 Cache 改进为执行踪迹 Cache（Execution Trace Cache）。不同于存储原始指令代码的指令 Cache，踪迹 Cache 存储已译码指令，即微操作。存储已译码指令使得 IA-32 指令的译码从主要执行循环中分离出来。指令只被译码一次，并被放置于踪迹 Cache，然后就像常规指令 Cache 一样重复使用。IA-32 指令译码器只有在没有命中踪迹 Cache 时需要从 L2 Cache 取得并译码新 IA-32 指令。其中复杂指令的译码由微代码 ROM 生成。

2）乱序执行核心：抽取代码流的并行性，按照微操作需要以及执行资源的就绪情况，乱序调度和分派微操作的执行。执行过程中的操作数存取于 L1 Cache。

NetBurst 微结构的另一个特色是快速执行引擎。这个快速执行引擎由若干执行单元组成，包括两个倍频整数 ALU、一个复杂整数 ALU、读取操作数和存储操作数地址生成单元、一个复杂浮点 / 多媒体执行单元、一个浮点 / 多媒体传送单元。

3）顺序退出部分：将以乱序执行后的微操作以原来的程序顺序重新排序，退出流水线最终完成指令执行，并据此更新状态。退出部分同时跟踪程序分支情况，更新分支目标缓冲器 BTB 的分支目标信息和分支历史。

例如，观察如下 4 条指令组成的程序片段（VAR1 和 DVAR2 是两个变量）：

```
mov eax,var1        ; 指令 1
mov ebx,eax         ; 指令 2
add ecx,100         ; 指令 3
mov eax,var2        ; 指令 4
```

指令 2 的 EAX 数据相关于指令 1，两者不能同时执行。如果按照顺序处理指令，则后续指令也必须等待。而事实上，指令 3 与前面指令并没有相关，完全可以将其提前发送到执行单元。采用了超标量技术和乱序发送（Out-of-order Issue）技术，会有多条指令进入执行单元，指令执行的顺序可能是乱序的，即乱序执行（Out-of-order Execution）；自然，指令执行完成的顺序也可能是乱序的，故也称为乱序完成（Out-of-order Completion）。此时，处理器需要进行指令确认（Instruction Commit），保证程序执行的逻辑一致性，即最终的执行结果仍然是程序的正确顺序，即顺序退出（In-order Retirement）。

名相关在顺序执行的流水线上通常不会产生冲突，但在乱序执行时就容易产生冲突。例如，指令 4 使用的 EAX 与指令 2 名相关，虽然并不是同一个数据，但指令 4 不能被提到 2 指令之前执行，否则也会产生数据冲突。按照操作数读写顺序，对应反相关引起的数据冲突称为读后写（Write After Read，WAR）冲突，输出相关引起的数据冲突称为写后写（Write After Write，WAW）冲突。读后读的情况不会产生冲突。动态执行使用硬件实现寄存器更名，解决假数据相关引起的冲突。

通过处理器硬件实现乱序执行和寄存器更名，对应上述程序片段一个可能的实际执行顺序如下：

```
mov eax,var1        ; 指令 1
add ecx,100         ; 指令 3( 乱序执行 )
mov edx,var2        ; 指令 4( 寄存器更名、乱序执行 )
mov ebx,eax         ; 指令 2
```

超标量处理器使用复杂的硬件电路、动态调度指令执行顺序实现指令级并行。使用硬件动态调度的优势是不需要修改软件或者重新编译就可以实现性能提高。当然，如果按照处理器的结构特点进行软件优化，程序性能会获得更大的提升。

3. 超长指令字技术

指令级并行也可以通过编译器软件的静态调度实现，称为超长指令字（Very Long Instruction Word，VLIW）技术。它利用智能编译程序确定指令是否相关，并把许多不相关的简单指令合并为一条很长的指令字。当超长指令字进入处理器后，它被分解为原来指令的许多操作，这些操作可以分别送到独立的执行单元中同时执行。从 1994 年开始，Intel 公司和 HP 公司合作开发的 64 位处理器就源于超长指令字技术，并被赋予了新的名称——显式并行计算（Explicitly Parallel Instruction Computing，EPIC）。

EPIC 在超长指令字技术基础上融合了超标量结构的优点，希望充分利用编译器软件和有限的硬件开销的相互协作开发出更多的指令级并行。它的设计理念是编译器根据对程序运行特征的统计信息，从应用程序中尽可能多地挖掘指令级并行，在编译期间构造和优化执行计划，并将执行计划有效地传递给硬件。流水线硬件则提供丰富的处理资源实现这些指令级并行，并通过专门的机制确保在程序执行过程中出现预测错误时仍然能得到正确的运行结果，尽量减少由此引起的额外开销。

Intel 公司称基于 EPIC 技术的 64 位处理器体系结构为 IA-64（Intel Architecture-64），HP 公司更愿意称其为安腾处理器系列结构 IPF（Itanium Processor Family Architecture）。2000 年 8 月，Intel 公司推出基于 IA-64 结构的安腾（Itanium）处理器，2002 年 6 月推出 Itanium 2，目前已有多核版本的安腾处理器。

IA-64 结构提供大量硬件资源，如具有 128 个通用整数寄存器和 128 个浮点寄存器，还有 64 个一位判定寄存器、8 个分支寄存器和大量应用寄存器。IA-64 结构内部有多种执行部件：存储器 M（Memory）、整数 I（Integer）、浮点 F（Floating-Point）、分支 B（Branch）。

IA-64 结构的指令采用 41 位编码，称为指令槽（Slot）。每个 41 位的指令槽包含 14 位操作码、3 个 7 位的通用寄存器域和 6 位判定标识域，如图 9-8 所示（下面数字表示位数）。3 条指令编码加上 5 位模板域（Template）拼装成一个指令束（Bundle），构成一个 128 位的超长指令字。

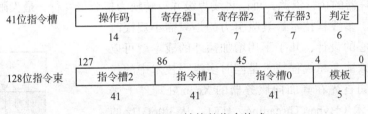

图 9-8　IA-64 结构的指令格式

指令束的模板域非常关键，它是由编译程序根据程序指令的并行特性写入的属性位，它清楚地告诉处理器哪些指令可以并行执行以及指令需要使用的执行部件。

IA-64 采用指令组（Group）形式实现并行执行语义。指令组是一段指令序列，由一条或任意多条指令束构成。编译程序创建指令组，使得一个指令组中的所有指令可以安全地并行执行。

超长指令字技术的一个主要问题是代码兼容，同时编译器的智能程度也无法满足要求，所以超长指令字技术的应用并不理想。例如，由于 IA-64 结构不与 Intel 80x86 结构相兼容，所以超长指令字技术主要面向高端服务器应用领域，未能在桌面应用得到普及、走向大众。

9.3.4　线程级并行

高性能处理器在经历了 CISC 和 RISC 的发展过程之后，已经过渡到优化超标量和新型超长指令字结构。但是超标量复杂的硬件电路和超长指令字固有的技术特点都限制了指令级并行能力的进一步提高，发掘指令级并行的时代似乎走到尽头，而从更高层次发掘线程级并行（Thread Level Parallelism，TLP）自然是下一步。服务器应用程序、在线处理、Web 服务甚至桌面应用程序都包含可以并行执行的多个线程。

另外，功耗等问题也是提高处理器性能所面临的难题。虽然单处理器结构发展正在走向尽头的观点有些偏激，但现在确实转向了多处理器。Intel 公司放弃了更高时钟频率 Pentium 4 处理器的生产，转向多核处理器的研究和开发。同时，过去的十多年来，并行计算机软件也有了较大进展。这些都说明计算机系统结构面临一个重大转折：从单纯依靠指令级并行转向开发线程级并行和数据级并行，多处理器系统已经成为重要和主流的技术。

进程（Process）是一个运行状态的程序实例，系统中可以有许多进程在运行，进程切换需要较多时间和资源。线程是进程内一个相对独立且可调度的执行单元，一个进程可以创建许多线程。线程只拥有运行过程中必不可少的一点资源，如程序计数器、寄存器、堆栈等。线程切换时只需保存和设置少量寄存器内容，开销很小。

实现线程级并行的处理器采用的典型技术有同时多线程（Simultaneous Multi-Threading，SMT）和单芯片多处理器（Chip Multi-Processor，CMP）。

1. 同时多线程技术

同时多线程技术通过复制处理器上的结构状态，让同一个处理器上的多线程同时执行并共享处理器的执行资源，可以将线程级并行转换为指令级并行，最大限度地提高部件的利用率。多线程技术最具吸引力的是只需小规模改变处理器核心的设计，几乎不用增加额外的成本就可以显著地提升效能。超线程技术是同时多线程技术中的一种，Intel 公司首先在其面向服务器的 Xeon 处理器上采用超线程技术（Hyper Threading，HT）。从 3.06GHz 的 Pentium 4 开始支持 HT 技术。

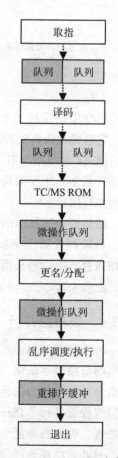

超线程技术为 IA-32 结构引入了同时多线程概念。它使一个物理处理器看似有两个逻辑处理器，每个逻辑处理器维持一套完整的结构状态，共享物理处理器上的执行资源。结构状态包括通用寄存器、控制寄存器、先进可编程中断控制器（Advanced Programmable Interrupt Controller，APIC）和部分机器状态寄存器。执行资源有 Cache、执行单元、分支预测器、控制逻辑、总线等。从软件角度看，这意味操作系统和用户程序像传统多处理器系统一样在逻辑处理器上调度线程或进程；从微结构角度看，这意味两个逻辑处理器的指令可以在共享的执行资源上同时保持和执行。

结合 Pentium 4 的流水线结构（图 9-9）和微结构（图 9-7），理解超线程技术的主要思想。

1）流水线前端负责为后续阶段提供已译码指令，即微操作。指令通常来自执行踪迹 Cache（TC），即 L1 指令 Cache。只有踪迹 Cache 未命中时，才从 L2 Cache 读取指令并译码。邻近踪迹 Cache 的是微代码 ROM（MS-

图 9-9　Pentium 4 TH 流水线

ROM），它保存长指令和复杂指令的已译码指令。

这里有两套相互独立的指令指针跟踪着两个软件线程的执行过程。每个时钟周期，两个逻辑处理器都可以随机访问踪迹 Cache。如果两个逻辑处理器同时需要访问踪迹 Cache，则一个时钟周期给其中一个逻辑处理器，下一个时钟周期就给另一个逻辑处理器。如果一个逻辑处理器被阻塞或不能使用踪迹 Cache，另一个逻辑处理器可以在每个时钟周期利用踪迹 Cache 的全部带宽。微代码 ROM 由两个逻辑处理器共享，像踪迹 Cache 一样被交替使用。

踪迹 Cache 未命中，取指得到的指令字节就保存在每个逻辑处理器各自的队列缓冲器中。当两个线程同时需要译码指令时，队列缓冲器在两个线程之间交替，这样两个线程就可以共享同一个译码逻辑，当然，译码器必须保存两套译码指令所需的所有状态。

微操作从踪迹 Cache、微代码 ROM 取得或从译码逻辑传递过来之后，就被放置于微操作队列中。微操作队列使前端和乱序执行核心分离。它划分为两个区域，每个逻辑处理器占有一半。这样，不管前端还是执行阻塞，两个逻辑处理器都可以独立继续其处理过程。

2）乱序执行核心由分配、更名、调度、执行等功能组成，它以尽量快的速度乱序执行指令，不关心原始程序顺序。

分配逻辑从微操作队列取出微操作，然后分配需要的缓冲器。部分关键缓冲器被分成两个区域，每个逻辑处理器最多使用其中一半。寄存器更名功能用于将 IA-32 寄存器转换为机器的物理寄存器，这将允许 8 个通用寄存器被动态扩展成 128 个物理寄存器。每个逻辑处理器都包含一个寄存器别名表（Register Alias Table，RAT），用于跟踪各自寄存器的使用情况。

微操作一旦完成分配和更名过程，便被放置于两套队列中。一套用于存储器操作，另一套用于其他操作，两套队列也同样划分成两个区域。每个时钟交替地从两个逻辑处理器的微操作队列取出微操作，它们被尽快送达调度器。调度器不区别微操作来自哪个逻辑处理器，只要该微操作的执行资源得到满足，就分派它去执行。

执行单元也不区别逻辑处理器，微操作被执行后被置于重排序缓冲器。重排序缓冲器将执行阶段与退出阶段分离。它也被分区，每个逻辑处理器可以使用一半项目。

3）退出逻辑跟踪两个逻辑处理器可以退出的微操作，并在两个逻辑处理器之间交替以程序顺序退出微操作。如果一个逻辑处理器没有可以退出的微操作，则另一个逻辑处理器就使用全部的退出带宽。

两个逻辑处理器保持各自状态，共享几乎所有执行资源，保证了以最小的花费实现超线程。另外，超线程还保证即使一个逻辑处理器被阻塞或不活动，另一个逻辑处理器能够继续处理，并使用全部处理能力。而这些目标的实现得益于有效的逻辑处理器选择算法、创建性的区域划分和许多关键资源的重组算法。

2. 单芯片多处理器技术

指令流水线可以让处理器重叠执行多条指令，超标量处理器利用多条指令流水线同时执行多条指令。多线程技术是在一个处理器中复制结构状态，形成多个逻辑处理器，可以同时执行多个线程。多处理器（Multiprocessors）系统则使用多个处理器并行执行多个进程或线程。随着集成电路技术的提高，可以实现在一个半导体芯片上制作多个物理处理器，这就是单芯片多处理器技术。

多核（Multi-core）技术将多个处理器核心集成在一个半导体芯片上构成多处理器系统，这是目前主要的单芯片多处理器实现技术。多核技术在一个半导体芯片的物理封装内制作了两个或多个处理器执行核心，使多个处理器耦合得更加紧密，同时共享系统总线、主存等资源，可以有效地执行多线程的应用程序。

Intel 多核处理器基于不同的微结构有多种形式。例如，Intel Pentium 至尊版处理器是第一个引入多核技术的 IA-32 系列处理器，有两个物理处理器核心，每个处理器核心都包含超线程技术，共支持 4 个逻辑处理器，如图 9-10a 所示。Intel Pentium D 提供两个处理器核心，但不支持超线程技术，如图 9-10b 所示。这些是基于 NetBurst 微结构实现的多核技术。

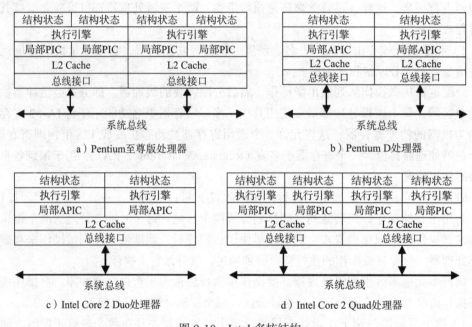

a）Pentium至尊版处理器   b）Pentium D处理器

c）Intel Core 2 Duo处理器   d）Intel Core 2 Quad处理器

图 9-10   Intel 多核结构

Intel Core Duo 处理器是基于 Pentium M 微结构的多核处理器。Intel 酷睿系列处理器才是基于 Intel Core 微结构的多核处理器，双核共享 L2 Cache。例如，Intel Core 2 Duo 处理器支持双核，如图 9-10c 所示；Intel Core 2 Quad 处理器支持 4 核，如图 9-10d 所示。

随着技术的发展和时间的推移，多核技术必将集成更多个处理器核心，多核还会向众核（Many Core）发展。对于 Intel 来说，多核到众核不仅仅是处理器核心数量的增加，主要的区别在于：多核技术的核心是相同的 80x86 处理器核心，而众核技术是 80x86 处理器核心配合特定用途的核心。例如，Intel 酷睿 i 系列集成了图形处理器。

通过对处理器结构的深入了解，我们应该认识到现代 IA-32 处理器虽然与原 80x86

处理器在二进制代码上完全兼容；但是，如果要充分利用其特性，需要优化指令代码序列，这样程序的性能才能得到更大的提高。随着处理器结构的不断发展，对于软件开发者来说知道硬件如何工作也变得越来越重要。因为多数应用程序不是在汇编语言一级进行仔细的手工编码，所以优化高级语言的编译程序就非常重要。作为最终程序员，自然要关心选用的编译器是否对被编译的程序进行了优化处理，因为它关系所生成的应用程序的执行效率。

在过去 30 年里，处理器设计通过提高时钟频率、优化执行指令流和加大高速缓存容量等方法提高处理器性能。随着处理器性能的提高，软件程序不用改进就可以获得执行性能的提高，软件开发人员自然享受着这道免费"性能午餐"。当然，如果软件能够针对处理器特性进行优化，会获得更多的性能提升。

然而，近年来新一代处理器的性能提高主要依赖超线程、多核和高速缓存等技术。虽然由于高速缓存等技术的应用，这道"性能午餐"还会提供，但不再免费，因为当前的大多数应用程序并不能直接从超线程和多核技术当中获益。多线程技术将迫使软件开发人员改进其单线程的、串行执行的程序，并行性程序设计也许是自面向对象程序设计以来的又一个革新。高性能程序设计也越来越需要软件开发人员了解处理器硬件结构。

习题

9-1　简答题

（1）为什么说 RISC 是计算机结构上的革新？

（2）指令流水线没有减少指令的执行时间，那整个程序的执行时间如何减少了？

（3）并行性概念中同时性和并发性有什么区别？

（4）多媒体指令为什么常称为 SIMD 指令？

（5）为什么说各种优化指令执行的硬件技术为软件提供了免费"性能午餐"？

9-2　判断题

（1）处理器性能可以用程序执行时间反映。

（2）通常，RISC 处理器只能通过"取数 LOAD"和"存数 STORE"指令访问存储器。

（3）指令流水线技术使得每条指令的执行时间大大减少，提高了性能。

（4）向量机与 SIMD 指令都运用了数据并行处理的特点。

（5）超线程技术形成了两个逻辑处理器核心，多核技术实现了多个物理处理器核心。

9-3　填空题

（1）CISC 是英文＿＿＿＿的缩写，常称为＿＿＿＿。对应 RISC 中的 R 来自英文＿＿＿＿，含义是＿＿＿＿。IA-32 处理器属于＿＿＿＿结构。

（2）处理器工作频率是 2GHz，每个时钟平均可以执行两条指令，某个程序需要执行 8×10^9 条指令，则该程序的执行时间是＿＿＿＿。

（3）Intel 80486 把整数指令的执行过程分成 5 个阶段，依次是＿＿＿＿、＿＿＿＿、＿＿＿＿、＿＿＿＿和＿＿＿＿。

（4）程序中某个指令的操作数需要前条指令的执行结果，这种情况称为＿＿＿＿＿＿；如果处理器的指令流水线执行该指令需要因此而停顿，就是出现了＿＿＿＿＿＿。

（5）多核处理器属于多处理器系统，对应 Flynn 分类法的＿＿＿＿＿＿系统。

9-4　RISC 技术有哪些方面的主要特色？

9-5　通过处理器性能公式，说明影响程序执行时间的 3 个方面。

9-6　什么是指令流水线？ 80486 采用哪几级流水线，各级的主要操作分别是什么？

9-7　程序中主要存在哪 3 个方面的指令相关，会导致流水线冲突的主要有哪 3 种？

9-8　什么是紧缩整型数据和紧缩浮点数据？扩展有 SSE3 指令的 Pentium 4 支持哪些紧缩数据类型？

9-9　SIMD 是什么？说明多媒体指令如何利用这个结构特点？

9-10　简单说明如下名词（概念）的含义：

（1）超标量技术；

（2）数据级并行；

（3）指令级并行；

（4）超线程技术；

（5）多核处理器。

9-11　追踪处理器技术最新发展，选择某个方面，做一篇新技术发展的论文。

附录 A　32 位通用指令列表

表 A-2　16/32 位基本指令的汇编格式

指令类型	指令汇编格式	指令功能简介
传送指令	MOV reg/mem, imm	dest ← src
	MOV reg/mem/seg, reg	
	MOV reg/seg, mem	
	MOV reg/mem, seg	
交换指令	XCHG reg, reg/mem	reg ↔ reg/mem
	XCHG reg/mem, reg	
转换指令	XLAT label	AL ← DS:[(E)BX+AL]
	XLAT	
堆栈指令	PUSH reg/mem/seg	寄存器 / 存储器入栈
	PUSH imm	立即数入栈
	POP reg/seg/mem	出栈
	PUSHA	保护所有 r16
	POPA	恢复所有 r16
	PUSHAD	保护所有 r32
	POPAD	恢复所有 r32

（续）

指令类型	指令汇编格式	指令功能简介
标志传送	LAHF	AH ← FLAG 低字节
	SAHF	FLAG 低字节 ← AH
	PUSHF	FLAGS 入栈
	POPF	FLAGS 出栈
	PUSHFD	EFLAGS 入栈
	POPFD	EFLAGS 出栈
地址传送	LEA r16/r32, mem	r16/r32 ← 16/32 位有效地址
	LDS r16/r32, mem	DS: r16/r32 ← 32/48 位远指针
	LES r16/r32, mem	ES: r16/r32 ← 32/48 位远指针
	LFS r16/r32, mem	FS: r16/r32 ← 32/48 位远指针
	LGS r16/r32, mem	GS: r16/r32 ← 32/48 位远指针
	LSS r16/r32, mem	SS: r16/r32 ← 32/48 位远指针
输入输出	IN AL/AX/EAX, i8/DX	AL/AX/EAX ← I/O 端口 i8/[DX]
	OUT i8/DX, AL/AX/EAX	I/O 端口 i8/[DX] ← AL/AX/EAX
加法运算	ADD reg, imm/reg/mem	dest ← dest+src
	ADD mem, imm/reg	
	ADC reg, imm/reg/mem	dest ← dest+src+CF
	ADC mem, imm/reg	
	INC reg/mem	reg/mem ← reg/mem+1
减法运算	SUB reg, imm/reg/mem	dest ← dest-src
	SUB mem, imm/reg	
	SBB reg, imm/reg/mem	dest ← dest-src−CF
	SBB mem, imm/reg	
	DEC reg/mem	reg/mem ← reg/mem−1
	NEG reg/mem	reg/mem ← 0-reg/mem
	CMP reg, imm/reg/mem	dest-src
	CMP mem, imm/reg	
乘法运算	MUL reg/mem	无符号数值乘法
	IMUL reg/mem	有符号数值乘法
	IMUL r16, r16/m16/i8/i16	r16 ← r16 × r16/m16/i8/i16
	IMUL r16, r/m16, i8/i16	r16 ← r/m16 × i8/i16
	IMUL r32, r32/m32/i8/i32	r32 ← r32 × r32/m32/i8/i32
	IMUL r32, r32/m32, i8/i32	r32 ← r32/m32 × i8/i32
除法运算	DIV reg/mem	无符号数值除法
	IDIV reg/mem	有符号数值除法
符号扩展	CBW	把 AL 符号扩展为 AX
	CWD	把 AX 符号扩展为 DX.AX
	CWDE	把 AX 符号扩展为 EAX
	CDQ	把 EAX 符号扩展为 EDX.EAX
	MOVSX r16, r8/m8	把 r8/m8 符号扩展并传送至 r16
	MOVSX r32, r8/m8/r16/m16	把 r8/m8/r16/m16 符号扩展并传送至 r32
	MOVZX r16, r8/m8	把 r8/m8 零位扩展并传送至 r16
	MOVZX r32, r8/m8/r16/m16	把 r8/m8/r16/m16 零位扩展并传送至 r32

（续）

指令类型	指令汇编格式	指令功能简介
十进制调整	DAA	将 AL 中的加和调整为压缩 BCD 码
	DAS	将 AL 中的减差调整为压缩 BCD 码
	AAA	将 AL 中的加和调整为非压缩 BCD 码
	AAS	将 AL 中的减差调整为非压缩 BCD 码
	AAM	将 AX 中的乘积调整为非压缩 BCD 码
	AAD	将 AX 中的非压缩 BCD 码扩展成二进制数
逻辑运算	AND reg, imm/reg/mem	dest ← dest AND src
	AND mem, imm/reg	
	OR reg, imm/reg/mem	dest ← dest OR src
	OR mem, imm/reg	
	XOR reg, imm/reg/mem	dest ← dest XOR src
	XOR mem, imm/reg	
	TEST reg, imm/reg/mem	dest AND src
	TEST mem, imm/reg	
	NOT reg/mem	reg/mem ← NOT reg/mem
移位	SAL reg/mem, 1/CL/i8	算术左移 1/CL/i8 指定的次数
	SAR reg/mem, 1/CL/i8	算术右移 1/CL/i8 指定的次数
	SHL reg/mem, 1/CL/i8	与 SAL 相同
	SHR reg/mem, 1/CL/i8	逻辑右移 1/CL/i8 指定的次数
循环移位	ROL reg/mem, 1/CL/i8	循环左移 1/CL/i8 指定的次数
	ROR reg/mem, 1/CL/i8	循环右移 1/CL/i8 指定的次数
	RCL reg/mem, 1/CL/i8	带进位循环左移 1/CL/i8 指定的次数
	RCR reg/mem, 1/CL/i8	带进位循环右移 1/CL/i8 指定的次数
串操作	MOVS[B/W/D]	串传送
	LODS[B/W/D]	串读取
	STOS[B/W/D]	串存储
	CMPS[B/W/D]	串比较
	SCAS[B/W/D]	串扫描
	INS[B/W/D]	I/O 串输入
	OUTS[B/W/D]	I/O 串输出
	REP	重复前缀
	REPZ/REPE	相等重复前缀
	REPNZ/REPNE	不等重复前缀
转移	JMP label	无条件直接转移
	JMP r16/r32/m16	无条件间接转移
	Jcc label	条件转移
	JCXZ label	CX 等于 0 转移
	JECXZ label	ECX 等于 0 转移
循环	LOOP label	(E)CX ← (E)CX-1；若 (E)CX ≠ 0，循环
	LOOPZ/LOOPE label	(E)CX ← (E)CX-1；若 (E)CX ≠ 0 且 ZF=1，循环
	LOOPNZ/LOOPNE label	(E)CX ← (E)CX-1；若 (E)CX ≠ 0 且 ZF=0，循环

（续）

指令类型	指令汇编格式	指令功能简介
子程序	CALL label	直接调用
	CALL r16/m16	间接调用
	RET	无参数返回
	RET i16	有参数返回
中断	INT i8	中断调用
	IRET	中断返回
	INTO	溢出中断调用
高级语言支持	ENTER i16, i8	建立堆栈帧
	LEAVE	释放堆栈帧
	BOUND r16/r32, mem	边界检测
处理器控制	CLC	CF ← 0
	STC	CF ← 1
	CMC	CF ← ~ CF
	CLD	DF ← 0
	STD	DF ← 1
	CLI	IF ← 0
	STI	IF ← 1
	NOP	空操作指令
	WAIT	等待指令
	HLT	停机指令
	LOCK	封锁前缀
	SEG:	段超越前缀
保护方式类指令	略	略

表 A-3　新增 32 位指令的汇编格式

指令类型	指令汇编格式	指令功能简介
双精度移位	SHLD r16/r32/m16/m32, r16/r32, i8/CL	将 r16/r32 的 i8/CL 位左移进入 r16/r32/m16/m32
	SHRD r16/r32/m16/m32, r16/r32, i8/CL	将 r16/r32 的 i8/CL 位右移进入 r16/r32/m16/m32
位扫描	BSF r16/r32, r16/r32/m16/m32	前向扫描
	BSR r16/r32, r16/r32/m16/m32	后向扫描
位测试	BT r16/r32, i8/r16/r32	测试位
	BTC r16/r32, i8/r16/r32	测试位求反
	BTR r16/r32, i8/r16/r32	测试位复位
	BTS r16/r32, i8/r16/r32	测试位置位
条件设置	SETcc r8/m8	条件成立，r8/m8=1；否则，r8/m8=0
系统寄存器传送	MOV CRn/DRn/TRn, r32	装入系统寄存器
	MOV r32, CRn/DRn/TRn	读取系统寄存器
多处理器	BSWAP r32	字节交换
	XADD reg/mem, reg	交换加
	CMPXCHG reg/mem, reg	比较交换

（续）

指令类型	指令汇编格式	指令功能简介
高速缓存	INVD	高速缓存无效
	WBINVD	回写及高速缓存无效
	INVLPG mem	TLB 无效
Pentium 指令	CMPXCHG8B m64	8 字节比较交换
	CPUID	返回处理器的有关特征信息
	RDTSC	EDX.EAX ← 64 位时间标记计数器值
	RDMSR	EDX.EAX ←模型专用寄存器值
	WRMSR	模型专用寄存器值← EDX.EAX
	RSM	从系统管理方式返回
Pentium Pro 指令	CMOVcc r16/r32, r16/r32/m16/m32	条件成立，r16/r32 ← r16/r32/m16/m32
	RDPMC	EDX.EAX ← 40 位性能监控计数器值
	UD2	产生一个无效操作码异常

附录 B　MASM 伪指令和操作符列表

表 B-1　MASM 6.11 的主要伪指令

伪指令类型	伪指令
变量定义	DB/BYTE/SBYTE、DW/WORD/SWORD、DD/DWORD/SDWORD/REAL4 FWORD/DF、QWORD/DQ/REAL8、TBYTE/DT/REAL10
定位	EVEN、ALIGN、ORG
符号定义	RADIX、=、EQU、TEXTEQU、LABEL
简化段定义	.MODEL、.STARTUP、.EXIT、.CODE、.STACK、.DATA、.DATA?、.CONST .FARDATA、.FARDATA?
完整段定义	SEGMENT/ENDS、GROUP、ASSUME、END、.DOSSEG/.ALPHA/.SEQ
复杂数据类型	STRUCT/STRUC、UNION、RECORD、TYPEDEF、ENDS
流程控制	.IF/.ELSE/.ELSEIF/.ENDIF、.WHILE/.ENDW、.REPEAT/.UNTIL[CXZ]、.BREAK/.CONTINUE
过程定义	PROC/ENDP、PROTO、INVOKE
宏汇编	MACRO/ENDM、PURGE、LOCAL、PUSHCONTEXT、POPCONTEXT、EXITM、GOTO
重复汇编	REPEAT/REPT、WHILE、FOR/IRP、FORC/IRPC
条件汇编	IF/IFE、IFB/IFNB、IFDEF/IFNDEF/IFDIF/IFIDN、ELSE、ELSEIF、ENDIF
模块化	PUBLIC、EXTEN/EXTERN[DEF]、COMM、INCLUDE、INCLUDELIB
条件错误	.ERR/.ERRE、.ERRB/.ERRNB、.ERRDEF/.ERRNDEF、.ERRDIF/.ERRIDN
列表控制	TITLE/SUBTITLE、PAGE、.LIST/.LISTALL/.LISTMACRO/.LISTMACROALL/.LISTIF .NOLIST、.TFCOND、.CREF/.NOCREF、COMMENT、ECHO
处理器选择	.8086、.186、.286/.286P、.386/.386P、.486/.486P、.8087、.287、.387、.NO87
字符串处理	CATSTR、INSTR、SIZESTR、SUBSTR

表 B-2　MASM 6.11 的主要操作符

操作符类型	操作符
算术运算符	+、−、*、/、MOD
逻辑运算符	AND、OR、XOR、NOT
移位运算符	SHL、SHR
关系运算符	EQ、NE、GT、LT、GE、LE
高低分离符	HIGH、LOW、HIGHWORD、LOWWORD
地址操作符	[ ]、$、:、OFFSET、SEG
类型操作符	PTR、THIS、SHORT、TYPE、SIZEOF/SIZE、LENGTHOF/LENGTH
复杂数据操作符	( )、< >、.、MASK、WIDTH、?、DUP、'、"
宏操作符	&、< >、!、%、;;
流程条件操作符	==、!=、>、>=、<、<=、&&、‖、!、& CARRY?、OVERFLOW?、PARITY?、SIGN?、ZERO?
预定义符号	@CatStr、@code、@CodeSize、@Cpu、@CurSeg、@data、@DataSize、@Date @Environ、@fardata、@fardata?、@FileCur、@FileName、@InStr、@Interface @Line、@Model、@SizeStr、@SubStr、@stack、@Time、@Version、@WordSize

附录 C I/O 子程序库

为了便于在汇编语言程序中进行键盘输入和显示器输出编程，本书作者基于 MASM 编写了基本的 I/O 子程序库。IO32.LIB 和 IO16.LIB 分别是 32 位 Windows 控制台环境和 16 位 DOS 环境的 I/O 子程序库文件，并分别配合有 IO32.INC 和 IO16.INC 包含文件。

使用 I/O 子程序库的子程序，32 位 Windows 控制台程序使用语句"INCLUDE IO32.INC"、16 位 DOS 程序使用"INCLUDE IO16.INC"声明，并且将库文件和包含文件保存在当前目录下。

这些子程序的调用方法如下：

```
mov eax, 入口参数
call 子程序名
```

子程序名以 READ 开头表示键盘输入，以 DISP 开头表示显示器输出，参见表 C-1。中间字母 B、H、UI 和 SI 依次表示二进制、十六进制、无符号十进制和有符号十进制数；结尾字母 B、W 和 D 依次表示 8 位字节量、16 位字量和 32 位双字量。另外，C 表示字符，MSG 表示字符串，R 表示寄存器。

数据输入时，二进制、十六进制和字符输入规定的位数自动结束，十进制和字符串需要用回车表示结束（超出范围显示出错 ERROR 信息，要求重新输入）。输出数据在当前光标位置开始显示，不返回任何错误信息。入口参数和出口参数都是计算机中运用的二进制数编码，有符号数用补码表示。

另外，子程序对输入参数的寄存器进行了保护，但无法保护输出参数的寄存器。如果仅返回低 8 位或低 16 位参数，高位部分不保证不会改变。输出的字符串要以 0 结尾，返回的字符串自动加入 0 作为结尾字符。

表 C-1 I/O 子程序

子程序名	参数及功能说明	
READMSG	入口参数：EAX= 缓冲区地址。	功能说明：输入一个字符串（回车结束）。
	出口参数：EAX= 实际输入的字符个数（不含结尾字符 0），字符串以 0 结尾	
READC	出口参数：AL= 字符的 ASCII 码。	功能说明：输入一个字符（回显）
DISPMSG	入口参数：EAX= 字符串地址。	功能说明：显示字符串（以 0 结尾）
DISPC	入口参数：AL= 字符的 ASCII 码。	功能说明：显示一个字符
DISPCRLF	功能说明：光标回车换行，到下一行首个位置	
READBB	出口参数：AL=8 位数据。	功能说明：输入 8 位二进制数据
READBW	出口参数：AX=16 位数据。	功能说明：输入 16 位二进制数据
READBD	出口参数：EAX=32 位数据。	功能说明：输入 32 位二进制数据
DISPBB	入口参数：AL=8 位数据。	功能说明：以二进制形式显示 8 位数据
DISPBW	入口参数：AX=16 位数据。	功能说明：以二进制形式显示 16 位数据

（续）

子程序名	参数及功能说明	
DISPBD	入口参数：EAX=32 位数据。	功能说明：以二进制形式显示 32 位数据
READHB	出口参数：AL=8 位数据。	功能说明：输入 2 位十六进制数据
READHW	出口参数：AX=16 位数据。	功能说明：输入 4 位十六进制数据
READHD	出口参数：EAX=32 位数据。	功能说明：输入 8 位十六进制数据
DISPHB	入口参数：AL=8 位数据。	功能说明：以十六进制形式显示 2 位数据
DISPHW	入口参数：AX=16 位数据。	功能说明：以十六进制形式显示 4 位数据
DISPHD	入口参数：EAX=32 位数据。	功能说明：以十六进制形式显示 8 位数据
READUIB	出口参数：AL=8 位数据。	功能说明：输入无符号十进制整数（$\leqslant 255$）
READUIW	出口参数：AX=16 位数据。	功能说明：输入无符号十进制整数（$\leqslant 65535$）
READUID	出口参数：EAX=32 位数据。	功能说明：输入无符号十进制整数（$\leqslant 2^{32}-1$）
DISPUIB	入口参数：AL=8 位数据。	功能说明：显示无符号十进制整数
DISPUIW	入口参数：AX=16 位数据。	功能说明：显示无符号十进制整数
DISPUID	入口参数：EAX=32 位数据。	功能说明：显示无符号十进制整数
READSIB	出口参数：AL=8 位数据。	功能说明：输入有符号十进制整数（$-128 \sim +127$）
READSIW	出口参数：AX=16 位数据。	功能说明：输入有符号十进制整数（$-32768 \sim +32767$）
READSID	出口参数：EAX=32 位数据。	功能说明：输入有符号十进制整数 $\left[-2^{31} \sim (+2^{31}-1) \right]$
DISPSIB	入口参数：AL=8 位数据。	功能说明：显示有符号十进制整数
DISPSIW	入口参数：AX=16 位数据。	功能说明：显示有符号十进制整数
DISPSID	入口参数：EAX=32 位数据。	功能说明：显示有符号十进制整数
DISPRB	功能说明：显示 8 个 8 位通用寄存器内容（十六进制）	
DISPRW	功能说明：显示 8 个 16 位通用寄存器内容（十六进制）	
DISPRD	功能说明：显示 8 个 32 位通用寄存器内容（十六进制）	
DISPRF	功能说明：显示 6 个状态标志的状态	

注：本汇编语言 I/O 子程序库系统 V1.0 已获得中华人民共和国国家版权局颁发的"计算机软件著作权登记证书"，证书号：软著登字第 2022584 号，登记号：2017SR437300。

附录 D　列表文件符号说明

汇编过程中可以生成列表文件，其中包含伪指令生成的数据和硬指令生成的机器代码，有时需要使用一些符号表达，常用的符号含义如下所示。

表 D-1　列表文件常见符号

符号	含义	示例
=	表示符号常量等价的数值或者字符串	=000A
[ ]	括号之前的数值表示重复个数，括号内是重复内容	000A [24]
R	现在的地址只是相对地址（Relative）	BA 0032 R
E	现在的地址是子程序等在外部模块（External）中的地址	E8 0000 E
----	汇编时无法确定的地址	BA ---- R
|	操作数长度前缀指令代码（注 1）	66|8B 0E 0022 R
&	寻址方式长度前缀指令代码（注 2）	67& 8A 03
:	段超越前缀指令代码	26: A1 2000
/	字符串前缀指令代码	F3/AB
C	源程序文件包含的汇编语句	C .model flat,stdcall
*	汇编程序生成的指令	* call ExitProcess
1	宏定义包含的指令	1 xor ebx, ebx

注 1：操作数长度前缀指令代码是 66H，表示改变默认的操作数长度。

　　例如，32 位 Windows 操作系统默认是 32 位操作数环境，指令 MOV CX,WVAR 是 16 位操作数，所以 MASM 自动加入操作数长度前缀指令。

　　同样，MS-DOS 平台默认是 16 位操作数环境，指令 MOV ECX,DVAR 是 32 位操作数，所以 MASM 自动加入操作数长度前缀指令。

注 2：寻址方式长度前缀指令代码是 67H，表示改变默认的寻址方式长度。

　　例如，32 位 Windows 操作系统默认采用 32 位有效地址寻址方式，指令 MOV EDI, [SI] 中的 [SI] 是 16 位有效地址寻址方式，所以 MASM 自动加入寻址方式长度前缀指令。

　　同样，MS-DOS 平台默认采用 16 位有效地址寻址方式，指令 MOV DI, [ESI] 中的 [ESI] 是 32 位有效地址寻址方式，所以 MASM 自动加入寻址方式长度前缀指令。

附录 E 常见汇编错误信息

使用 ML.EXE 进行汇编过程中如果出现非法情况，会提示非法编号，并显示 ML.ERR 文件中的非法信息。

非法编号以字母 A 开头，后跟 4 位数字，形式是：Axyyy。其中 x 是非法的情况，yyy 是从 0 开始的顺序编号。

A1yyy 是致命错误（Fatal Errors），常见的致命错误信息如表 E-1 所示。

A2yyy 是严重错误（Severe Errors），常见的严重错误信息如表 E-2 所示。

A4yyy、A5yyy 和 A6yyy 依次是级别 1、2 和 3 的警告（Warnings），常见的警告信息如表 E-3 所示。

表 E-1 常见致命错误信息及中文含义

英文原文	中文含义
cannot open file	不能打开指定文件名的（源程序、包含或输出）文件
invalid command-line option	无效命令行选项（ML 无法识别给定的参数）
nesting level too deep	汇编程序达到了嵌套（20 层）的限制
line too long	源程序文件中语句行超出字符个数（512）的限制
unmatched macro nesting	模块没有结束标识符，或没有起始标识符
too many arguments	汇编程序的参数太多了
statement too complex	语句太复杂（汇编程序不能解析）
missing source filename	ML 没有找到源程序文件

表 E-2 常见严重错误信息及中文含义

英文原文	中文含义
memory operand not allowed in context	不允许存储器操作数
immediate operand not allowed	不允许立即数
extra characters after statement	语句中出现多余字符
symbol type conflict	符号类型冲突
symbol redefinition	符号重新定义
undefined symbol	未定义的符号
syntax error	语法错误
syntax error in expression	表达式中出现语法错误
invalid type expression	无效的类型表达式
.MODEL must precede this directive	该语句前必须有 .MODEL 语句
expression expected	当前位置需要一个表达式
operator expected	当前位置需要一个操作符
invalid use of external symbol	外部符号的无效使用
instruction operands must be the same size	指令操作数的类型必须一致（长度相等）

（续）

英文原文	中文含义
instruction operand must have size	指令操作数必须有数据类型
invalid operand size for instruction	无效的指令操作数类型
constant expected	当前位置需要一个常量
operand must be a memory expression	操作数必须是一个存储器表达式
multiple base registers not allowed	不允许多个基址寄存器（如 [BX+BP]）
multiple index registers not allowed	不允许多个变址寄存器（如 [SI+DI]）
must be index or base register	必须是基址或变址寄存器（不能是 [AX] 或 [DX]）
invalid use of register	不能使用寄存器
DUP too complex	使用的 DUP 操作符太复杂了
invalid character in file	文件中出现无效字符
instruction prefix not allowed	不允许使用指令前缀
no operands allowed for this instruction	该指令不允许有操作数
invalid instruction operands	指令操作数无效
jump destination too far	控制转移指令的目标地址太远
cannot mix 16- and 32-bit registers	地址表达式不能既有 16 位寄存器又有 32 位寄存器
constant value too large	常量值太大了
instruction or register not accepted in current CPU mode	当前 CPU 模式不支持的指令或寄存器
END directive required at end of file	文件最后需要 END 伪指令
invalid operand for OFFSET	OFFSET 的参数无效
language type must be specified	必须指明语言类型
ORG needs a constant or local offset	ORG 语句需要一个常量或者一个局部偏移
too many operands to instruction	指令的操作数太多
macro label not defined	发现未定义的宏标号
invalid symbol type in expression	表达式中的符号类型无效
byte register cannot be first operand	字节寄存器不能作为第一个操作数
cannot use 16-bit register with a 32-bit address	不能在 32 位地址中使用 16 位寄存器
missing right parenthesis	缺少有括号
divide by zero in expression	表达式出现除以 0 的情况
INVOKE requires prototype for procedure	INVOKE 语句前需要对过程声明
missing operator in expression	表达式中缺少操作符
missing right parenthesis in expression	表达式中缺少右括号
missing left parenthesis in expression	表达式中缺少左括号
reference to forward macro definition	不能引用还没有定义的宏（先定义、后引用）
16 bit segments not allowed with/coff option	/coff 选项下不允许使用 16 位段
invalid .model parameter for flat model	无效的平展（flat）模型参数

表 E-3 常见警告信息及中文含义

英文原文	中文含义
start address on END directive ignored with .STARTUP	.STARTUP 和 END 均指明程序起始位置，END 指明的起始点被忽略
too many arguments in macro call	宏调用时的参数多于宏定义的参数
invalid command-line option value, default is used	无效命令行选项值，使用默认值
expected '>' on text literal	宏调用时参数缺少 ">" 符号

（续）

英文原文	中文含义
multiple .MODEL directives found : .MODEL ignored	发现多个 .MODEL 语句，只使用第一个 .MODEL 语句
@@: label defined but not referenced	定义了标号，但没有被访问
types are different	INVOKE 语句的类型不同于声明语句，汇编程序进行适当转换
calling convention not supported in flat model	平展（flat）模型下不支持的调用规范
no return from procedure	PROC 生成起始代码，但在其过程中没有 RET 或 IRET 指令

参 考 文 献

[1] 钱晓捷 . 计算机硬件技术基础 [M]. 北京：机械工业出版社，2010.

[2] 钱晓捷 . 32 位汇编语言程序设计 [M]. 2 版 . 北京：机械工业出版社，2016.

[3] 钱晓捷 . 微机原理与接口技术：基于 IA-32 处理器和 32 位汇编语言 [M]. 5 版 . 北京：机械工业出版社，2014.

[4] BRYANT R E, O'HALLARON D R. 深入理解计算机系统（原书第 2 版）[M]. 龚奕利，雷迎春，译 . 北京：机械工业出版社，2010.

[5] 袁春风 . 计算机系统基础 [M]. 北京：机械工业出版社，2014.

[6] 白中英 . 计算机组成与系统结构 [M]. 5 版 . 北京：科学出版社，2011.

[7] PATTERSON D A, HENNESSY J L. 计算机组成与体系结构：硬件 / 软件接口（英文版 · 第 3 版）[M]. 北京：机械工业出版社，2006.

推荐阅读

计算机系统基础 第2版

书号：978-7-111-60489-1 作者：袁春风 余子濠 编著 定价：59.00元

计算机教学的改革是一项需要付出艰苦努力的长期任务，"系统思维"能力的提高更是一件十分困难的事。计算机的教材还需要与时俱进，不断反映技术发展的最新成果。一本好的教材应能激发学生的好奇心和愿意终身为伴的激情。愿更多的学校参与"计算机系统"教学的改革，愿这本教材在教学实践中不断完善，为我国培养从事系统级创新的计算机人才做出更大贡献。

—— 中国工程院院士 李国杰

本书在培养学生计算机系统能力方面的积极作用受到国内许多高校的认可，第2版修订广泛吸取了这些高校的反馈意见，并结合近年来计算机系统相关技术的变革，拓宽了领域知识的覆盖面，更加合理地构建了知识框架。

本书基于"IA-32+Linux+GCC+C语言"平台介绍计算机系统基础内容，通过讲解高级语言中的数据、运算、语句、过程调用和I/O操作等在计算机系统中的实现细节，使读者能够很好地将高级语言程序、汇编语言、编译和链接、组成原理、操作系统等相关的基础内容有机贯穿起来，以建立完整的计算机系统概念，从而能深刻理解计算机系统中各个抽象层之间的等价转换关系；同时，由于本书描述了高级语言程序对应的机器级行为，因此它可以为程序员解疑答惑，从而帮助程序员在了解程序的机器级行为的基础上编写出高效的程序，并在程序调试、性能提升、程序移植和保证健壮性等方面成为高手。

本书主要内容

· 计算机系统概述
· 数据的机器级表示与处理
· 程序的转换及机器级表示
· 程序的链接
· 程序的执行
· 层次结构存储系统
· 异常控制流
· I/O操作的实现

计算机体系结构基础 第2版

书号：978-7-111-60548-5 作者：胡伟武 等著 定价：55.00元

"我国学者在如何用计算机的某些领域的研究已走到世界前列，例如最近很红火的机器学习领域，中国学者发表的论文数和引用数都已超过美国，位居世界第一。但在如何造计算机的领域，参与研究的科研人员较少，科研水平与国际上还有较大差距。"

"摆在读者面前的这本《计算机体系结构基础》就是为满足本科教育而编著的……希望经过几年的完善修改，本书能真正成为受到众多大学普遍欢迎的精品教材。"

—— 中国工程院院士 李国杰

本书作者皆为国内从事微处理器设计的一线科研人员，针对我国"计算机体系结构"课程本土化教材欠缺的现状，计划出版一套分别面向本科、硕士、博士教育的"计算机体系结构"教材，目的是建设完整的课程体系，由浅入深地培养"造计算机"的人才。

教材特点

· 系统性。计算机系统结构研究的是"系统"而非"结构"，既要上知应用程序、编译程序和操作系统等"天文"知识，还要下知逻辑、电路和集成电路工艺等"地理"知识，把体系结构、基础软件、电路和器件融会贯通，才能做好体系结构设计。

· 基础性。计算机体系结构千变万化，但几十年发展下来，沉淀下来的原理性的东西不多，作者对计算机体系结构技术进行了仔细的鉴别、分析、选择，仅将一些内在的、本质的东西写入教材。

· 实践性。计算机体系结构是实践性很强的学科，作者强调要设计在"硅"上实现而非"纸"上实现的体系结构。

计算机科学与工程导论：基于IoT和机器人的可视化编程实践方法 第2版

作者：陈以农 陈文智 韩德强 著 ISBN：978-7-111-57444-6 定价：39.00元

从问题到程序——用Python学编程和计算

作者：裴宗燕 ISBN：978-7-111-56445-4 定价：59.00元

数据结构与算法：Python语言描述

作者：裴宗燕 ISBN：978-7-111-52118-1 定价：45.00元

算法设计与分析

作者：黄宇 编著 ISBN：978-7-111-57297-8 定价：49.00元